Grundzüge der Ausgleichungsrechnung

nach der Methode der kleinsten Quadrate nebst Anwendungen in der Geodäsie

Von

Dr.-Ing. Walter Großmann

o. Professor an der Technischen Hochschule Hannover

Mit 54 Abbildungen

Springer-Verlag
Berlin Heidelberg GmbH 1953

ISBN 978-3-662-23591-1 ISBN 978-3-662-25670-1 (eBook)
DOI 10.1007/978-3-662-25670-1

Ursprünglich erschienen bei Springer-Verlag OHG., Berlin/Göttingen/Heidelberg 1953
Softcover reprint of the hardcover 1st edition 1953

Vorwort.

Dieses Buch ist, wie meine bei der Wissenschaftlichen Verlagsanstalt Hannover im Jahre 1949 erschienenen „Rechnungen und Abbildungen in der Landesvermessung", auf der einen Seite als Vorlesungshilfe gedacht, zum anderen will es den Praktiker, der für den Einzelfall Belehrung sucht, instand setzen, sich schnell und möglichst vollständig zu unterrichten. Da ich die Kenntnis der Matrizenrechnung noch nicht allgemein glaube voraussetzen zu dürfen, habe ich die klassische GAUSSsche Schreibweise beibehalten und mich bemüht, in diesem Rahmen für alle in der breiteren Praxis benutzten Ausgleichungsverfahren leichtverständliche Formelentwicklungen und übersichtliche Rechenanleitungen zu geben. Die Beispiele behandeln in den ersten 4 Abschnitten vorwiegend die gängigen Aufgaben aus der Vermessungspraxis, wobei, wie es der Praxis entspricht, die Winkelwerte teils in alter, teils in neuer Teilung gegeben sind. Im 5. Abschnitt werden Ansätze allgemeiner Art gebracht, deren Anwendung auf andere Wissensgebiete nicht schwer fallen wird. In Zweifelsfällen ist nicht der knappsten, sondern der durchsichtigsten Lösung der Vorzug gegeben. Die Texterläuterungen sind so ausführlich gehalten, daß sie auch ein Selbststudium erlauben. Einen Überblick über Stoff und Gliederung des Inhalts findet man auf den Seiten 4 und 5.

In der vorliegenden Form ist dieser Band die Erweiterung einer im Jahre 1952 erschienenen Autographie, die über den Kreis meiner Hörer hinaus freundliche Aufnahme gefunden hat. Gegenüber jener Darstellung hat das Buch vor allem durch den dem Verlag und seinen geschulten Mitarbeitern zu dankenden ansprechenden Satz und den klaren Druck gewonnen. Hinzugekommen sind neben kleinen Ergänzungen die HAGENsche Begründung des GAUSSschen Fehlergesetzes, das BOLTZsche Entwicklungsverfahren, eine kurze Darstellung der vermittelnden Beobachtungen mit Bedingungsgleichungen, der Gebrauch von äquivalenten Fehlergleichungen, die Darstellung von Funktionen durch Potenzreihen und ein Überblick über die mittleren Fehler der Genauigkeitsmaße. Das Buch hält damit etwa die Mitte zwischen den von HEGEMANN, WEITBRECHT, WERKMEISTER u. a. herausgebrachten Kurzdarstellungen und den umfassenderen Werken von JORDAN und HELMERT.

In der Zusammenstellung und Zurichtung des Stoffes haben mich die Herren Dr.-Ing. Höpcke und Dipl.-Ing. Wandelt sehr wesentlich unterstützt. Für die Neugestaltung sind mir aus dem In- und Auslande wertvolle Anregungen zugegangen, für die ich an dieser Stelle meinen Dank ausspreche.

Hannover, im September 1953.

W. Großmann.

Inhaltsverzeichnis.

Verzeichnis der Beispiele und Aufgaben.

I. Grundzüge der Fehlerlehre.

II. Ausgleichung von direkten Beobachtungen.

§ 1. Überblick über die Methode der kleinsten Quadrate[1].

Die *Methode der kleinsten Quadrate* ist zu Beginn des 19. Jahrhunderts von A. M. LEGENDRE und CARL FRIEDRICH GAUSS unabhängig voneinander ungefähr gleichzeitig gefunden worden. LEGENDRE hat sie erstmalig im Jahre 1806 am Schluß eines kleinen Werkes über die Berechnung der Kometenbahnen entwickelt und eine zweite Abhandlung im Jahre 1810 veröffentlicht. Von ihm stammt der Name „méthode des moindres carrés" (englisch „method of the least squares"). GAUSS hat von 1809 bis 1826 eine Anzahl von Abhandlungen meist in lateinischer Sprache erscheinen lassen, von denen die wichtigsten die Theoria motus corporum coelestium (1809) und die Theoria combinationis observationum erroribus minimis obnoxiae, pars prior (1821), pars posterior (1823) und supplementum (1826) sind.

Den ersten bedeutenden Erfolg bei der Anwendung seines, wie er selbst angibt, von ihm bereits seit 1794 gebrauchten Prinzips erzielte GAUSS im Jahre 1802. Im Jahre zuvor hatte der italienische Astronom PIAZZI den kleinen Planeten Ceres entdeckt und ihn an 41 Tagen über nur 9° seiner Bahn beobachten können. Als PIAZZI seine Entdeckung einige Monate später bekanntgab, machten sich namhafte Astronomen, darunter der junge Dr. GAUSS in Göttingen, daran, aus den spärlichen Beobachtungsdaten die Bahnelemente zu ermitteln. Die Wiederentdeckung gelang dem Astronomen v. ZACH in Gotha auf Grund der Angaben von GAUSS, dem es mit Hilfe seines Ausgleichungsprinzips gelungen war, alle Beobachtungen gleichmäßig zu berücksichtigen und damit, wie ZACH schrieb, eine „zur Bewunderung genaue" Ellipse zu berechnen.

Die Methode der kleinsten Quadrate ist zuerst zur Ausgleichung astronomischer Beobachtungen benutzt worden. Sie wurde jedoch bald auch auf geodätische Messungen angewandt. Insbesondere hat sich GAUSS ihrer bei seiner hannoverschen Gradmessung bedient. Um den Ausbau der Methode hat sich u. a. F. W. BESSEL verdient gemacht. Für den allgemeinen Gebrauch waren jedoch die GAUSSschen und BESSELschen Abhandlungen zu schwierig. Von entscheidender Bedeutung für die Verbreitung der Methode war das Lehrbuch der „Ausgleichungsrechnungen in der praktischen Geometrie oder die Methode der

[1] Vgl. Schrifttum.

kleinsten Quadrate", das CHR. L. GERLING, ein Schüler von GAUSS und Professor in Marburg, im Jahre 1843 herausgab.

Eine Aufsehen erregende Bewährung in der Geodäsie fand die neue Methode bei der badischen Landesvermessung. Dort hatte man unendlich viele Winkel gemessen und jahrzehntelang hin und her gerechnet, bis endlich der Obergeometer RHEINER trotz vorgerückten Alters die Methode der kleinsten Quadrate erlernte und mit ihrer Hilfe die Triangulierungsarbeiten etwa im Jahre 1850 zu Ende brachte.

War damit die Bedeutung der Methode für die Haupttriangulierungen bewiesen, so dauerte es bis zur Einführung in die Triangulationen der II. bis IV. Ordnung noch 3 bis 4 Jahrzehnte. FRIEDRICH GUSTAV GAUSS, der Organisator des preußischen Katasters, hielt die Methode der kleinsten Quadrate in der 1876 erschienenen 1. Auflage seiner „Trigonometrischen und polygonometrischen Messungen in der Feldmeßkunst" noch für entbehrlich. Im Jahre 1881 jedoch führte er sie mit der Katasteranweisung IX in die Vermessungspraxis ein. Seitdem ist sie in alle Zweige des Vermessungswesens eingedrungen und ist heute aus ihnen nicht mehr fortzudenken. Die Methode der kleinsten Quadrate führt aber nicht nur auf günstigste Werte für die Unbekannten, sondern sie gibt darüber hinaus erwünschte Einblicke in die Größenordnung, die Verteilung und die Auswirkungen der unvermeidlichen Messungsungenauigkeiten. Mit deren Kenntnis ist aber auch die Möglichkeit ihrer Bekämpfung gegeben; daher steht heute die Lehre von den Beobachtungsfehlern und von der Fortentwicklung der Messungsverfahren durch Ausschaltung der Fehlerursachen gleichrangig neben der eigentlichen Ausgleichungsrechnung.

Unter dem Einfluß der Methode der kleinsten Quadrate ist — das ist ihr dritter Vorzug — das früher übliche Vertuschen der Messungswidersprüche verschwunden. Heute gehört zu jeder geodätischen Arbeit das Berechnen und Zusammenstellen der restlichen Fehler, so daß man schnell ein Urteil über die erzielte Genauigkeit gewinnen kann. Ferner ist das verwerfliche Auswählen und Ausschließen von Beobachtungen beseitigt. Die Methode der kleinsten Quadrate hat daher die geistigen Grundlagen der Vermessungstechnik entscheidend gewandelt. An die Stelle eines Systems von oft nicht ganz ehrlichen Aushilfen hat sie einen klaren, in allen Einzelheiten übersehbaren Aufbau gesetzt. Sie ist dadurch geradezu das Kernstück der geodätischen Wissenschaft geworden.

Zwar sind die Näherungsausgleichungen noch nicht ganz ausgestorben. Sie werden insbesondere immer wieder von denen empfohlen, die die Methode der kleinsten Quadrate nicht beherrschen. Eine Berechtigung haben sie jedoch nur dann, wenn der Ausgleichungsaufwand in keinem rechten Verhältnis zum Erfolg steht, wie es etwa bei der Berechnung der landläufigen Polygonzüge der Fall ist. Die allermeisten

Näherungsverfahren lassen entweder der Willkür gewissen Spielraum und bedeuten daher Rückfälle in überwundene Zeiten, oder sie verursachen aufs Ganze gesehen ebensoviel oder mehr Arbeit als eine strenge Ausgleichung. Als Ergebnis einer hundertjährigen Erfahrung ist daher mit den Worten SCHREIBERS, des langjährigen Chefs der Preußischen Landesaufnahme, festzuhalten, daß die Methode der kleinsten Quadrate auf eine willkürfreie Art zu widerspruchsfreien und plausiblen Ergebnissen führt und daß sie dieses Ziel in der denkbar einfachsten und elegantesten Weise erreicht.

Neben den Geodäten und Astronomen, die von C. F. GAUSS selbst dazu angeregt sind, bedienen sich die Physiker gern der Methode der kleinsten Quadrate. In jüngerer Zeit haben sich ihr auch die Biologen und andere Vertreter der Naturwissenschaften und der Technik zugewandt. Zusammen mit den verwandten Disziplinen der Korrelationsrechnung und der Statistik ist sie berufen, auch auf diesen Gebieten die Beobachtungstechnik zu verfeinern und viele Arbeitsgänge in ähnlicher Weise wirtschaftlicher zu gestalten, wie sie das seit nunmehr 100 Jahren auf dem Gebiet der Geodäsie getan hat.

Für die Unterweisung in der Methode der kleinsten Quadrate hat C. F. GAUSS selbst einen auch heute noch gültigen Hinweis gegeben. Er schreibt am 25. 11. 1844 an seinen Freund SCHUMACHER: „Beim mündlichen Vortrag der Lehre von der Methode der kleinsten Quadrate pflege ich gerade den umgekehrten Weg von demjenigen zu nehmen, den in einer gedruckten Abhandlung einzuschlagen verständig ist. Ich lehre nämlich zuerst die Art, sie anzuwenden, nach Maßgabe der Umstände mehr oder weniger von den feineren Kunstgriffen einmischend. Dann erst nehme ich, soweit dazu Zeit übrigbleibt, die verschiedenen Begründungsarten vor, welche kennenzulernen erst für den ein lebhaftes Interesse haben kann, der die Methode schon zu gebrauchen versteht. Ich pflege drei Begründungsarten vorzutragen: 1. eine bloß auf Prinzipien der Zweckmäßigkeit basierte, die sich sehr einleuchtend, leicht machen läßt, 2. die in der Theoria motus corporum coelestium gelehrte Anknüpfungsart an die Wahrscheinlichkeitsrechnung, 3. die davon durchaus verschiedene Anknüpfungsart an die Wahrscheinlichkeitsrechnung, welche in der Theoria combinationis observationum vorgetragen und nach meiner Überzeugung die ausschließlich einzig zulässige ist. Für jeden, der mit dieser Lehre noch ganz unbekannt ist, halte ich diese Reihenfolge für die zweckmäßigste."

Da dieses Buch in der Hauptsache für den Gebrauch bei Vorlesungen bestimmt ist, konnte das GAUSSsche Rezept beibehalten werden. In Verbindung mit der üblichen Einteilung in Fehlerlehre, direkte, vermittelnde und bedingte Beobachtungen ergab sich dann folgende Aufgliederung des Stoffes:

Der Abschn. I bringt, nachdem einleitend eine auf die Prinzipien der Zweckmäßigkeit basierte Begründung der Methode der kleinsten Quadrate bereits vorgetragen ist, in den §§ 2 bis 6 eine vorwiegend auf die Anschauung ausgerichtete Einführung in die Fehlerlehre. Im § 7 werden die gewonnenen Erkenntnisse durch Anknüpfung an die Wahrscheinlichkeitsrechnung theoretisch verfestigt; diese Ausführungen können indessen bei der ersten Durcharbeitung überschlagen werden.

Im Abschn. II wird die Ausgleichung nach dem Verfahren der direkten Beobachtungen gelehrt und dabei im § 8 die oben von Gauss an zweiter Stelle angeführte, sogenannte ältere Gausssche Begründung vorgetragen. § 11 bringt einen nicht unbedingt notwendigen Vorgriff auf die bedingten Beobachtungen.

Der Abschn. III enthält die wichtige Methode der vermittelnden Beobachtungen. Die §§ 19 und 21, welche ,,feinere Kunstgriffe" lehren, sowie die Aufgaben 20 und 21 möge man so lange zurückstellen, bis man einige Rechenübung erworben hat. In den § 17 ist die im obigen Gauss-Zitat zuletzt erwähnte, sogenannte jüngere Gausssche Begründung eingeflochten.

Der IV. Abschnitt bringt die Ausgleichung nach der Methode der bedingten Beobachtungen, wobei wieder die §§ 31 und 35 bis 39, welche speziellere Fragen behandeln, zunächst übergangen werden können.

Im V. Abschnitt werden einige Beispiele für das Verfahren der Ausgleichung durch allmähliche Annäherung gezeigt, das, wenn nur von strengen Ansätzen ausgegangen wird, auf die gleichen Werte führt wie die Ausgleichungen nach den Abschn. II bis IV. Für die Praxis können diese Lösungen recht wertvoll sein. Für die erste Einarbeitung in die Ausgleichungsrechnung sind sie entbehrlich. Ferner wird in diesem Abschnitt die Darstellung von Funktionen durch Potenzreihen und trigonometrische Reihen und als Anwendung die Bestimmung von Barometerkonstanten und Uhrgängen sowie von Teilkreisfehlern nach dem Verfahren von Heuvelink behandelt. Den Abschluß bildet im § 42 eine kritische Untersuchung der Wege zur Bestimmung der in den vorangegangenen Abschnitten eingeführten Genauigkeitsmaße. Auch diese Betrachtungen können zunächst zurückgestellt werden.

Die Anwendung der Fehlerlehre wird an 18 Zahlenbeispielen und die der verschiedenen Ausgleichungsverfahren an 38 Aufgaben erläutert. Beispiele und Aufgaben sollen nicht nur das Erlernen der Methode der kleinsten Quadrate erleichtern, sondern sie geben gleichzeitig einen Überblick über die wichtigsten geodätischen Anwendungen. Die Aufgaben sind im Inhaltsverzeichnis besonders aufgeführt. Wo mehrere Lösungen für die gleiche Aufgabe gegeben sind, wurden diese mit römischen Ziffern unterschieden.

Die höheren Formen der Ausgleichungsrechnung, die vermittelnden Beobachtungen mit Bedingungsgleichungen und die Bedingungsgleichungen mit Unbekannten, konnten ebenso wie die zahlreichen Verfahren der gruppenweisen Ausgleichungen im Rahmen dieser Grundzüge in den §§ 35 bis 39 nur angedeutet werden. Von einer Darstellung der besonderen Verfahren, mit denen die Ausgleichung sehr ausgedehnter Systeme bewältigt werden kann, mußte gänzlich abgesehen werden.

I. Grundzüge der Fehlerlehre.

§ 2. Fehlerarten und Genauigkeitsmaße.

Wer Messungen irgendwelcher Art vornimmt, macht die Erfahrung, daß dabei Messungsfehler unterlaufen. Bei näherer Untersuchung ergibt sich, daß nur ein Teil dieser Fehler auf Versehen oder Irrtümer bei der Messung zurückzuführen und daher vermeidbar ist, während andere Fehler, die auf der Unvollkommenheit der menschlichen Sinne, den Mängeln der Meßeinrichtungen und dergleichen beruhen, auch bei Anwendung aller erdenklichen Sorgfalt nicht vermieden werden können. Damit die aus den Messungen abgeleiteten Größen dennoch für einen bestimmten Zweck verwendet werden können, müssen die Fehler durch Anwendung entsprechend feiner Meßverfahren innerhalb gewisser Grenzen gehalten werden. Nun ist aber von dem verlangten Genauigkeitsgrade der Arbeits- und Kostenaufwand abhängig, wodurch der Verfeinerung der Messungen feste Grenzen gesetzt sind. Daher sind für eine bestimmte Messung diejenigen Meßinstrumente und Beobachtungsverfahren auszuwählen, die mit möglichst geringem Arbeits- und Kostenaufwand den Genauigkeitsgrad erreichen, der für die Zwecke der Arbeit hinreichend und erforderlich ist. Die Wege zu diesem Ziel zu erforschen, ist die Aufgabe der Fehlerlehre.

Wir beginnen damit, eine Anzahl von Grundbegriffen zunächst rein aus der Anschauung zu erklären.

1. Grobe, regelmäßige und unregelmäßige Fehler.

Um die Messungsfehler beurteilen und bekämpfen zu können, muß man die Art ihrer Entstehung beachten. Man spricht infolgedessen geradezu von Fehlerarten und unterscheidet dabei grobe, regelmäßige und unregelmäßige Fehler.

a) Grobe Fehler sind vorhanden, wenn die Messungswidersprüche beträchtlich größer sind, als bei dem angewandten Messungsverfahren zu erwarten war. Sie beruhen meistens auf fehlerhaften Ablesungen, wie z. B. Meterfehlern bei der Streckenmessung, Gradfehlern bei der Winkelmessung, und sie können jedes Vorzeichen und jede beliebige Größe annehmen. Verursacht werden sie meistens durch Unachtsamkeit oder Übermüdung. Für den Zweck der Messungen sind Beobachtungen mit solchen Fehlern nicht zu gebrauchen. Alle Messungen sind daher durch Proben so zu sichern, daß die groben Fehler entdeckt und durch Nachmessungen beseitigt werden können; die groben Fehler scheiden damit bei unseren ferneren Betrachtungen aus.

b) **Regelmäßige oder systematische Fehler** beeinflussen die Messungsergebnisse stets in demselben Sinne. Sie entstehen teils durch Instrumentalfehler, z. B. beim Nivellieren durch Latten, die vom Normalmaß abweichen, oder durch mangelnde Parallelität von Zielachse und Libellenachse, teils durch einseitige Handhabung der Meßgeräte, z. B. durch ständiges Schräghalten der Nivellierlatten. Man bekämpft sie *vor* der Messung durch Justieren der Instrumente, *während* der Messung durch ein Beobachtungsverfahren, das die systematischen Fehler nach Möglichkeit durch Fehler in entgegengesetzter Richtung kompensiert, und *nach* der Beobachtung, indem man die erkennbaren Fehlerbeträge in Rechnung stellt. So kann schließlich ein Ergebnis erzielt werden, das von regelmäßigen Fehlern im wesentlichen frei ist. Zu den regelmäßigen Fehlern zählt man meistens auch die „konstanten Fehler", die alle Messungen um einen konstanten Betrag verfälschen, z. B. den Nullpunktsfehler eines Maßstabes, und die „einsinnig wirkenden Fehler", die zwar mit verschiedenen Beträgen, aber immer im gleichen Sinne auftreten, z. B. das Ausweichen aus der Geraden bei der Streckenmessung. Das Erkennen und Bekämpfen der regelmäßigen Fehler ist ein wichtiger Teil der Fehlerlehre.

c) **Unregelmäßige oder zufällige Fehler** sind die nach Ausscheiden der groben und der regelmäßigen Fehler übrigbleibenden unvermeidbaren Beobachtungsfehler, die das Messungsergebnis rein zufällig bald in positivem und bald in negativem Sinne beeinflussen. Sie beruhen auf der Unvollkommenheit der menschlichen Sinne, auf den durch die Justierung nicht beseitigten, im Vorzeichen schwankenden restlichen Instrumentalfehlern sowie auf der Veränderlichkeit der äußeren Umstände verschiedener Art, wie Temperatur, Luftdruck, Luftbewegung, Luftfeuchtigkeit, Beleuchtung und dergleichen. Meistens treten mehrere von diesen Fehlerursachen auf, so daß der zufällige Fehler eines Meßergebnisses als algebraische Summe zahlreicher, gleichwahrscheinlich positiver und negativer Einzelfehler angesehen werden kann. Man bekämpft die zufälligen Fehler durch Wiederholung der Messung unter anderen Umständen, z. B. der Winkelmessung durch Beobachtung an verschiedenen Stellen des Teilkreises und zu verschiedenen Tageszeiten, bei der Basismessung durch Wechsel der Meßrichtung, der Drähte und der Beobachter. Ihre restlose Beseitigung glückt jedoch nie. Man muß daher, um zu einem eindeutigen Ergebnis zu gelangen, die Messungswidersprüche ausgleichen.

Den Gesamtbetrag der bei einer einzelnen Beobachtung nach Ausmerzen der groben Fehler übrigbleibenden regelmäßigen und unregelmäßigen Fehler nennt man den „wahren Fehler“ dieser Messung. Messungsergebnis plus wahrer Fehler ergeben den „wahren Wert“ der beobachteten Größe.

2. Durchschnittlicher, mittlerer und wahrscheinlicher Fehler.

Wohl zu unterscheiden von den bei jeder Messung auftretenden Messungsfehlern sind die vielfach ebenfalls mit dem Namen Fehler belegten Genauigkeitsmaße, die die Zuverlässigkeit einer Meßzahl kennzeichnen. Als solche haben sich der durchschnittliche Fehler, der mittlere Fehler und der wahrscheinliche Fehler eingebürgert.

a) Der durchschnittliche Fehler *t*. Ist eine Größe, deren wahrer Wert bekannt ist, mehrfach mit der gleichen Genauigkeit beobachtet, so erhält man einen sehr naheliegenden Mittelwert für die Genauigkeit der Messungsreihe, wenn man die wahren Fehler der Messungen, die nachstehend ε genannt werden, mit ihren Absolutbeträgen addiert und die Summe durch die Anzahl der Messungen dividiert. Dieser Durchschnittswert wird die einer Messung innewohnende Genauigkeit um so zutreffender charakterisieren, je größer die Anzahl der Messungen ist. Als „durchschnittlicher Fehler“ wird daher definiert der Grenzwert

$$t = \pm \frac{[|\varepsilon|]}{n} \qquad n \longrightarrow \infty \tag{1}$$

wobei nach dem Vorgange von C. F. Gauss die eckigen Klammern als Summenzeichen gelten. Das Zeichen $\pm$ ist hinzugesetzt, weil der Betrag mit gleicher Wahrscheinlichkeit positiv oder negativ sein kann.

Der Fall $n \to \infty$ kommt allerdings in der Praxis nicht vor; es kann vielmehr immer nur ein Näherungswert für t aus einer endlichen Anzahl von Beobachtungen ermittelt werden. Die Berechnung dieses genäherten t ist sehr bequem. Unbefriedigend ist dabei, daß größere Ausschläge, wie das nachfolgende Zahlenbeispiel zeigen wird, in t nicht besonders zum Ausdruck kommen.

b) Der mittlere Fehler *m*. Wenn man die wahren Fehler quadriert, die Quadrate addiert, die Summe durch die Anzahl der Messungen teilt und aus dem so erhaltenen Mittelwert der Quadrate die Wurzel zieht, so erhält man den „mittleren Fehler“

$$m = \pm \sqrt{\frac{[\varepsilon\varepsilon]}{n}} \qquad n \longrightarrow \infty \tag{2}$$

Die Berechnung von m ist etwas umständlicher als die von t. In m finden aber, wie das Zahlenbeispiel zeigt, die großen Fehler durch das Quadrieren stärkere Berücksichtigung als in t; m ist deshalb nach den praktischen Erfahrungen von nunmehr über 100 Jahren als das zweckmäßigere Genauigkeitsmaß anzusehen. Selbstverständlich muß man sich auch für m mit einem Näherungswert aus einer endlichen Zahl von Beobachtungen begnügen, der um so zutreffender ist, je größer die Anzahl der verwandten Beobachtungen ist.

c) Der wahrscheinliche Fehler r ist definiert durch die Forderung, daß für einen Fehler ε die Wahrscheinlichkeit, zwischen die Grenzen $-r$ und $+r$ zu fallen, gleich $1/2$ sein soll. Es liegen also ebenso viele Fehler innerhalb der Grenzen $\varepsilon = \pm r$ wie außerhalb derselben. Man bestimmt einen Näherungswert für r, indem man die wahren Fehler nach ihrer absoluten Größe ordnet und den mittelsten Wert herauszählt. Wie beim durchschnittlichen Fehler wird das Vorzeichen $\pm$ hinzugefügt. Der „wahrscheinliche Fehler" ist keinesfalls der wahrscheinlichste Fehler im Sinne der Wahrscheinlichkeitsrechnung. Er darf auch nicht verwechselt werden mit dem später (§ 4) einzuführenden „scheinbaren Fehler".

Nochmals sei betont, daß t, m und r weder Fehler noch Verbesserungen sind; sie charakterisieren vielmehr, was schon ihr unbestimmtes Vorzeichen anzeigt, die mittlere Unsicherheit eines Messungsergebnisses. Zwischen ihnen bestehen bestimmte Beziehungen, die in § 7 theoretisch untersucht werden. Erste praktische Einblicke möge das nachstehende Beispiel vermitteln.

Beispiel 1. *Genauigkeitsmaße.*

Mit einem Präzisionskoordinatographen wurde auf Korrektostatpapier ein Quadrat von 10 cm Seitenlänge so genau konstruiert, daß der wahre Flächeninhalt bis auf zu vernachlässigende Abweichungen gleich 100 cm² war. Diese Figur wurde von zwei Beobachtern mit Zirkel und Maßstab je 10 mal ausgemessen. Die beiden Beobachter erhielten die in den nachstehenden Tabellen unter l aufgeführten Ergebnisse. Gesucht werden für jede Messungsreihe der durchschnittliche, der mittlere und der wahrscheinliche Fehler einer Beobachtung.

1. l	$\varepsilon = 100{,}0 - l$ +	−	$\varepsilon\varepsilon$
100,3		0,3	0,09
99,5	0,5		0,25
99,8	0,2		0,04
100,2		0,2	0,04
100,0	0,0		0,00
99,9	0,1		0,01
99,8	0,2		0,04
100,3		0,3	0,09
100,1		0,1	0,01
100,0	0,0		0,00
	$[\lvert\varepsilon\rvert] = 1{,}9$		0,57

$$t_1 = \pm \frac{1{,}9}{10} = \pm 0{,}19 \text{ cm}^2$$

2. l	$\varepsilon = 100{,}0 - l$ +	−	$\varepsilon\varepsilon$
100,0	0,0		0,00
99,9	0,1		0,01
100,0	0,0		0,00
100,7		0,7	0,49
100,1		0,1	0,01
99,5	0,5		0,25
100,1		0,1	0,01
100,0	0,0		0,00
99,6	0,4		0,16
100,0	0,0		0,00
	$[\lvert\varepsilon\rvert] = 1{,}9$		0,93

$$t_2 = \pm \frac{1{,}9}{10} = \pm 0{,}19 \text{ cm}^2$$

$$m_1 = \pm \sqrt{\frac{0,57}{10}} = \pm 0,24\,\text{cm}^2 \qquad m_2 = \pm \sqrt{\frac{0,93}{10}} = \pm 0,31\,\text{cm}^2$$

Ordnen der Fehler nach ihrem absoluten Betrag gibt

	0 0 1 1 2 2 2 3 3 5	0 0 0 0 1 1 1 4 5 7
also	$r_1 = \pm 0,2\,\text{cm}^2$	$r_2 = \pm 0,1\,\text{cm}^2$.

Das Beispiel zeigt bei der ersten Reihe einen ruhigen, bei der zweiten einen sprunghaften Verlauf der Fehlerbeträge. Für unser Gefühl ist daher die erste Reihe zweifelsohne die bessere. Dieser Unterschied ist bei der Berechnung des durchschnittlichen Fehlers nicht zum Ausdruck gekommen. Der mittlere Fehler dagegen läßt durch das Quadrieren die „Ausreißer" in der zweiten Reihe sehr stark in die Erscheinung treten. Er ist daher offenbar ein gerechterer Wertmesser als der durchschnittliche Fehler. Die Ermittlung des wahrscheinlichen Fehlers nach dem Verfahren des Abzählens hat keine zutreffenden Werte ergeben. Das ist bei kleineren Messungsreihen fast immer der Fall. In der Geodäsie wird daher so gut wie ausschließlich der mittlere Fehler benutzt.

3. Der Grenz- oder Maximalfehler.

Die Erfahrung hat gezeigt, daß die zufälligen Messungsfehler bei Anwendung genügender Sorgfalt eine gewisse Grenze äußerst selten überschreiten. Man bezeichnet diese Grenze als Grenz- oder Maximalfehler und pflegt Beobachtungen, die über diese Grenze hinausgehen, von der weiteren Verwendung auszuschließen. Auf Grund langjähriger praktischer Erfahrungen, die in § 7 ihre theoretische Verfestigung finden werden, ist in den behördlichen Vermessungsanweisungen in der Regel der dreifache Betrag des bei einer bestimmten Messungsart zu erwartenden mittleren Fehlers als Grenz- oder Maximalfehler festgesetzt worden. Für besondere Verhältnisse wird diese Grenze wohl auch bis auf den vierfachen Betrag erweitert, etwa um für das Auftreten der bei praktischen Arbeiten nicht immer zu vermeidenden regelmäßigen Fehler einen weiteren Spielraum zu gewähren.

4. Der relative Fehler.

Das Verhältnis des (wahren, durchschnittlichen, mittleren oder wahrscheinlichen) Fehlers zu der gemessenen Größe selbst ist der relative Fehler. Ein besonderes Symbol ist dafür nicht eingeführt. Man sagt, die Messung habe die Genauigkeit 1 zu . . . und denkt dabei in der Regel an das Verhältnis des mittleren Fehlers zur Messungsgröße selbst. Wenn also z. B. der mittlere Fehler einer 6,3 km langen Basis $B \pm 9,6$ mm beträgt, so ist ihr relativer Fehler oder ihre Genauigkeit

$$\frac{m_B}{B} = \frac{0,0096}{6300} = 1:660000.$$

§ 3. Das Fehlerfortpflanzungsgesetz.

1. Die Fortpflanzung wahrer Fehler.

Die Beobachtungsfehler gehen in alle Größen ein, die aus den Beobachtungen rechnerisch abgeleitet werden. Es sei

$$x = f(l_1, l_2, \ldots, l_n) \tag{1}$$

eine Funktion der Beobachtungen $l_1, l_2, \ldots, l_n$, denen die wahren Fehler $\varepsilon_1, \varepsilon_2, \ldots, \varepsilon_n$ zukommen. Wird dann unter ε_x der wahre Fehler von x verstanden, so ist ohne Zweifel

$$x + \varepsilon_x = f(l_1 + \varepsilon_1, l_2 + \varepsilon_2, \ldots, l_n + \varepsilon_n).$$

Da die Fehler um mindestens eine Größenordnung kleiner zu sein pflegen als die Beobachtungsergebnisse, dürfen sie als Differentiale im Sinne der Differentialrechnung behandelt werden. Mithin kann auf die rechte Seite der TAYLORsche Satz für mehrere Veränderliche angewandt werden. Dieser ergibt bei Beschränkung auf die Glieder der 1. Ordnung

$$x + \varepsilon_x = f(l_1, l_2, \ldots, l_n) + \frac{\partial f}{\partial l_1}\varepsilon_1 + \frac{\partial f}{\partial l_2}\varepsilon_2 + \cdots + \frac{\partial f}{\partial l_n}\varepsilon_n, \tag{2}$$

und es bleibt, wenn hiervon die Gl. (1) abgezogen wird,

$$\varepsilon_x = \frac{\partial f}{\partial l_1}\varepsilon_1 + \frac{\partial f}{\partial l_2}\varepsilon_2 + \cdots + \frac{\partial f}{\partial l_n}\varepsilon_n. \tag{3}$$

Dieser Ausdruck kann auch als totales Differential gedeutet werden. (Vgl. Beisp. 2.)

2. Die Fortpflanzung mittlerer Fehler.

Wieder sei x wie in (1) eine Funktion von n unabhängigen Beobachtungen $l_1, l_2, \ldots, l_n$; doch seien nicht deren wahre, sondern ihre *mittleren Fehler* $m_1, m_2, \ldots, m_n$ bekannt. Gesucht werde der mittlere Fehler von x. Eine einfache Wiederholung des Gedankenganges unter Ziff. 1 führt nicht zum Ziel, weil der mittlere Fehler, wie schon sein unbestimmtes Vorzeichen erkennen läßt, keine eindeutige algebraische Größe ist. Er ist seiner Natur nach ein (gem. der Regel § 2 (2) ermittelter) Durchschnittswert, und wenn man ihn irgendwelchen algebraischen Operationen unterwirft, so hat man wieder Durchschnittsbetrachtungen zu Hilfe zu nehmen.

Um Einblick in das Verhalten mittlerer Fehler zu bekommen, geht man demnach davon aus, daß die mittleren Fehler definitionsgemäß aus wahren Fehlern hergeleitet sind. Man denke sich daher die für (1) benutzten Beobachtungen ν-mal wiederholt ($\nu \to \infty$); dann erhält man ν Gln. (3), die sich mit einfacherer Koeffizientenbezeichnung umschreiben lassen in die Form

$$\varepsilon_x = \alpha_1\varepsilon_1 + \alpha_2\varepsilon_2 + \cdots + \alpha_n\varepsilon_n. \tag{4}$$

Ins Quadrat erhoben lauten die Gleichungen

$$\begin{aligned}\varepsilon_x^2 = \alpha_1^2 \varepsilon_1^2 + \alpha_2^2 \varepsilon_2^2 + \cdots + \alpha_n^2 \varepsilon_n^2 &+ 2\alpha_1 \varepsilon_1 (\alpha_2 \varepsilon_2 + \cdots + \alpha_n \varepsilon_n)\\ &+ 2\alpha_2 \varepsilon_2 (\alpha_3 \varepsilon_3 + \cdots + \alpha_n \varepsilon_n)\\ &\vdots\\ &+ 2\alpha_{n-1} \varepsilon_{n-1} \alpha_n \varepsilon_n\end{aligned}$$

Wird dann aus den ν Gleichungen die Summe gebildet und diese durch ν dividiert, so ist

$$\left.\begin{aligned}\frac{[\varepsilon_x \varepsilon_x]}{\nu} = \alpha_1^2 \frac{[\varepsilon_1 \varepsilon_1]}{\nu} + \cdots + \alpha_n^2 \frac{[\varepsilon_n \varepsilon_n]}{\nu} &+ 2\alpha_1 \frac{[\varepsilon_1 (\alpha_2 \varepsilon_2 + \cdots + \alpha_n \varepsilon_n)]}{\nu}\\ &+ 2\alpha_2 \frac{[\varepsilon_2 (\alpha_3 \varepsilon_3 + \cdots + \alpha_n \varepsilon_n)]}{\nu}\\ &\vdots\\ &+ 2\alpha_{n-1} \frac{[\varepsilon_{n-1} \alpha_n \varepsilon_n]}{\nu}\end{aligned}\right\} \tag{5}$$

Gemäß § 2 (2) darf man hierin, wenn ν hinreichend groß ist, für den Ausdruck auf der linken Seite den Durchschnittswert m_x^2 einführen, während die quadratischen Glieder rechter Hand die Durchschnittswerte $m_1^2, m_2^2, \ldots, m_n^2$ haben.

Den Durchschnittswert der gemischten Glieder muß man abschätzen. Die $\varepsilon_1, \varepsilon_2, \ldots, \varepsilon_n$ sind zufällige Fehler, die mit gleicher Wahrscheinlichkeit positiv oder negativ sind. Mithin werden die gemischten Produkte etwa gleich oft positiv und negativ ausfallen; sie werden einander also weitgehend aufheben. Da gleichzeitig ν als eine theoretisch sehr große Zahl vorausgesetzt ist, werden die einzelnen Quotienten sehr kleine Werte mit wechselnden Vorzeichen annehmen. Ihr Gesamtbetrag aber wird sich der Null so weit nähern, daß er vernachlässigt werden kann. Genau gesehen sind nicht nur die in (5) angedeuteten Produkte möglich, sondern die ε können, da die Beobachtungen unabhängig voneinander sind, in den durch die Formel gesetzten Grenzen frei miteinander kombiniert werden. Die Überlegungen bleiben indessen dieselben: Die Summe aller gemischten Glieder wird mit wachsendem ν schnell nach Null gehen. (Vgl. Beisp. 3.)

Es bleibt als Ergebnis also

$$m_x^2 = \alpha_1^2 m_1^2 + \alpha_2^2 m_2^2 + \cdots + \alpha_n^2 m_n^2,$$

und wenn wieder die Werte der α aus (3) eingeführt werden, so erhält man als mittleren Fehler der Funktion

$$x = f(l_1, l_2, \ldots, l_n)$$

$$m_x = \pm \sqrt{\left(\frac{\partial f}{\partial l_1}\right)^2 m_1^2 + \left(\frac{\partial f}{\partial l_2}\right)^2 m_2^2 + \cdots + \left(\frac{\partial f}{\partial l_n}\right)^2 m_n^2}. \tag{6}$$

Das ist das Fehlerfortpflanzungsgesetz oder die Fehlerhäufungsregel in der allgemeinsten Form. Man kann den Sachverhalt auch so ausdrücken, daß die Gl. (6) eine Vorschrift für die Berechnung des mittleren Fehlers einer Funktion von n unabhängigen Beobachtungen enthält.

Für die Rechnung besagt die Gl. (6), daß man zur Ermittlung des mittleren Fehlers einer Funktion gemessener Größen die Funktion nach TAYLOR zu linearisieren oder ihr totales Differential zu bilden hat. Diese Vorschrift gilt für den allgemeinsten Fall, insbesondere den einer beliebigen nichtlinearen Funktion, von der lediglich verlangt wird, daß sie differenzierbar ist. In der Praxis treten indessen vorwiegend Sonderfälle auf, für die die Vorschrift sich beträchtlich vereinfacht:

a) Lineare Funktion einer Beobachtung. Versteht man unter α_i Zahlenkonstanten, so lautet die Funktion und ihr mittlerer Fehler

$$x = \alpha_0 + \alpha l,$$
$$m_x = \pm \alpha m. \tag{7}$$

In Worten: *Der mittlere Fehler einer Größe x, die aus einer Größe l durch Multiplikation mit einer Konstanten abgeleitet ist, wird erhalten, indem der mittlere Fehler von l mit derselben Konstanten multipliziert wird.* (Vgl. Beisp. 4a.)

b) Lineare Funktion von n unabhängigen Beobachtungen. Wieder seien die α_i Zahlenkonstanten, dann ist

$$x = \alpha_0 + \alpha_1 l_1 + \alpha_2 l_2 + \cdots + \alpha_n l_n,$$
$$m_x = \sqrt{\alpha_1^2 m_1^2 + \alpha_2^2 m_2^2 + \cdots + \alpha_n^2 m_n^2}. \tag{8}$$

Diese Formel gilt auch dann, wenn in dem Ausdruck für x einzelne oder alle Glieder negatives Vorzeichen haben.

Handelt es sich um gleich genaue Beobachtungen mit dem mittleren Fehler m, so vereinfacht sich (8) zu

$$m_x = \pm \sqrt{[\alpha\alpha]}\, m. \tag{9}$$

Endlich gilt für eine einfache Summe von n gleich genauen Beobachtungen, deren Glieder indessen beliebige Vorzeichen haben können,

$$x = l_1 + l_2 + \cdots + l_n,$$
$$m_x = \pm \sqrt{n}\, m. \tag{10}$$

Für diesen Fall, der vor allem beim Nivellement und der Streckenmessung mit Latten und Meßbändern auftritt, lautet die Regel in Worten: *Werden mehrere gleich genaue Messungsgänge zu einer Summe oder Differenz zusammengefaßt, so wächst der mittlere Fehler des Ergebnisses mit der Quadratwurzel aus der Anzahl der Messungsgänge.* (Vgl. Beisp. 4b, 5a und 6.)

c) Funktionen von der Form

$$F(x) = \frac{f_1(l_1)\, f_3(l_3) \cdots}{f_2(l_2)\, f_4(l_4) \cdots}$$

bringt man, sofern die darin auftretenden Funktionen logarithmisch vertafelt sind, durch Logarithmieren in lineare Form und gewinnt dann die den partiellen Ableitungen in (6) entsprechenden Zahlenkoeffizienten mit Hilfe der logarithmischen Fortschritte. Den Rechenansatz entnehme man aus den Beisp. 7 und vor allem 8.

d) Zusammenwirken regelmäßiger und unregelmäßiger Fehler. In bestimmten Fällen kann das Fehlerfortpflanzungsgesetz auch auf den Fall angewandt werden, daß regelmäßige und unregelmäßige Fehler nebeneinander vorhanden sind. (Vgl. hierzu Beisp. 9.)

Beispiel 2. *Stereophotogrammetrische Grundaufgabe.*

Beim Normalfall der terrestrischen Stereophotogrammetrie lautet die Gleichung für die Ordinate y des Gegenstandspunktes P, bezogen auf das Projektionszentrum O_1 des linken Standpunktes als Koordinatenanfangspunkt

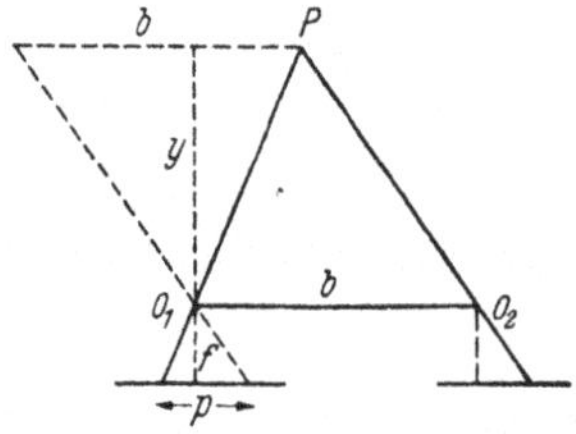

$$y = \frac{b\,f}{p},$$

wobei b die Basis, f die Brennweite der Kammer und p die Parallaxe ist.

Abb. 1.

Die wahren Fehler von b, f und p sind kaum jemals bekannt. Man pflegt jedoch, um das Zusammenwirken der einzelnen Fehlerursachen beurteilen zu können, die Differentiale db, df und dp als wahre Fehler zu behandeln und erhält, wenn dy das totale Differential (= wahrer Fehler) von y ist,

$$dy = -\frac{b\,f}{p^2}\,dp + \frac{f}{p}\,db + \frac{b}{p}\,df$$

$$= -\frac{y}{p}\,dp + \frac{y}{b}\,db + \frac{y}{f}\,df.$$

Division durch y ergibt den relativen Fehler

$$\frac{dy}{y} = -\frac{dp}{p} + \frac{db}{b} + \frac{df}{f}.$$

Gibt man den einzelnen Summanden gleiche Vorzeichen, so erhält man einen Fehlerausdruck für den ungünstigsten Fall.

Beispiel 3. *Zahlenmäßige Überprüfung der Fehlerhäufungsregel.*

Um den Gedankengang, der zu der Fehlerhäufungsregel geführt hat, an Hand eines Zahlenbeispiels zu veranschaulichen, wurde folgender Versuch gemacht:

Auf demselben Wege wie in § 2, Beisp. 1, wurden auf einer Aluminiumfolie zwei nebeneinanderliegende Quadrate von 10 cm Seitenlänge so genau konstruiert, daß der wahre Inhalt jedes Quadrates 100 cm² betrug. Dann wurden beide Quadrate mit Zirkel und Maßstab je 10 mal ausgemessen, und es wurde für jedes Quadrat der mittlere Fehler einer Einzelmessung berechnet. Gefragt ist nach dem mittleren

Fehler des Inhalts einer aus zwei beliebigen Einzelbeobachtungen zusammengesetzten Gesamtfläche. Die Einzelbeobachtungen und ihre *wahren* Fehler sind:

l_1	ε_1	$\varepsilon_1\varepsilon_1$	l_2	ε_2	$\varepsilon_2\varepsilon_2$
100,5	— 0,5	0,25	99,6	+ 0,4	0,16
99,8	+ 0,2	0,04	100,3	— 0,3	0,09
99,9	+ 0,1	0,01	100,2	— 0,2	0,04
100,1	— 0,1	0,01	99,8	+ 0,2	0,04
99,7	+ 0,3	0,09	99,7	+ 0,3	0,09
100,0	0,0	0,00	99,6	+ 0,4	0,16
100,2	— 0,2	0,04	100,5	— 0,5	0,25
99,8	+ 0,2	0,04	100,3	— 0,3	0,09
99,7	+ 0,3	0,09	100,1	— 0,1	0,01
100,0	0,0	0,00	99,7	+ 0,3	0,09

$[\varepsilon_1\varepsilon_1] = 0{,}57,\quad m_1 = \pm 0{,}24,$ $\qquad [\varepsilon_2\varepsilon_2] = 1{,}02,\quad m_2 = \pm 0{,}32.$

Also ist gemäß (8) der mittlere Fehler *einer* Bestimmung der ganzen Fläche

$$m_x^2 = 0{,}057 + 0{,}102 = 0{,}159,$$
$$m_x = \pm 0{,}40.$$

Um das Ergebnis nun auch im Hinblick auf das in (8) vernachlässigte Glied zu überprüfen, wurde die algebraische Summe der gemischten Produkte $[\varepsilon_1\varepsilon_2]$ aus den 100 möglichen Kombinationen errechnet. Es ergab sich $+0{,}06$, so daß für unser Beispiel das in Formel (8) vernachlässigte Glied

$$2\,\frac{[\varepsilon_1\varepsilon_2]}{n} = \frac{2\cdot 0{,}06}{100} = 0{,}0012$$

ausmacht. Dieser Betrag ist für die Berechnung von m_x ohne Bedeutung.

Beispiel 4. *Streckenmessung mit Distanzmesser und Latten.*

a) Eine nahezu horizontale Strecke s wurde zuerst mit Hilfe eines *Reichenbachschen Distanzmessers* gemessen. Hierbei wurde der Lattenabschnitt l zu 0,673 m mit einem mittleren Fehler von $\pm$ 1,4 mm ermittelt. Wie groß sind die Strecke und ihr mittlerer Fehler, wenn die Instrumentenkonstanten ($c = 0{,}56$ und $k = 100{,}3$) als fehlerfrei angesehen werden?

$$s = 0{,}56 + 100{,}3\cdot(0{,}673 \pm 0{,}0014) = 68{,}06 \pm 0{,}14\ \text{m}.$$

b) Dieselbe Strecke wurde sodann mit sorgfältig abgeglichenen *5-m-Latten* gemessen. Es ergaben sich 13 Lattenlagen und ein Reststück von 3,10 m. Wie groß sind nach dieser Messung die Strecke und ihr mittlerer Fehler, wenn die einzelnen Lattenlagen einen mittleren Fehler von $\pm$ 2,8 mm haben und regelmäßige Fehler nicht in Betracht kommen?

$$s = 68{,}10 \pm 0{,}0028\sqrt{13} = 68{,}10 \pm 0{,}01\ \text{m}.$$

Beispiel 5. *Nivellement und trigonometrische Höhenmessung.*

a) Auf einer geraden und nahezu ebenen Strecke von genau 1000 m Länge wurde der Höhenunterschied von Anfangs- und Endpunkt durch ein einfaches *Nivellement* mit 50 m Zielweiten ermittelt. Wie groß ist der mittlere Fehler des

Gesamthöhenunterschiedes, wenn der mittlere Fehler einer einzelnen Höhenunterschiedsbestimmung auf der Station $\pm 1{,}2$ mm beträgt?

$$H = h_1 + h_2 + \cdots + h_{10},$$
$$m_H^2 = m^2 + m^2 + \cdots + m^2,$$
$$m_H = \pm m\sqrt{10} = \pm 1{,}2\sqrt{10} = \pm 3{,}8 \text{ mm}.$$

b) Der Höhenunterschied zwischen Anfangs- und Endpunkt wurde ein zweites Mal durch *trigonometrische Höhenmessung* bestimmt, wobei Kippachse und Zieltafel in gleicher Höhe über dem Erdboden standen. Die Zenitdistanz wurde zu $(96{,}4000 \pm 0{,}0020)^g$ gemessen. Wie groß ist der mittlere Fehler des Höhenunterschiedes, wenn die Fehler der Streckenmessung und der Refraktionseinflüsse unbeachtet bleiben?

$$H \pm m_H = s \operatorname{ctg}(96{,}4000 \pm 0{,}0020)^g + \frac{1-k}{2r} s^2,$$
$$m_H = \frac{s}{\sin^2 z} m_z = \frac{1000}{\sin^2 96{,}4} \cdot \frac{0{,}0020}{63{,}662} = \pm 0{,}031 \text{ m}.$$

Vergleicht man die mittleren Fehler der Ergebnisse, so haben sich in den Beisp. 4 und 5 übereinstimmend die Messungsanordnungen, bei denen die Fehler dem Wurzelgesetz (8) folgen, als überlegen erwiesen. Das ist eine wichtige Erkenntnis der Fehlerlehre.

Beispiel 6. *Mittlerer Fehler einer Differenz.*

Zur indirekten Bestimmung des Winkels γ wurden in einem ebenen Dreieck die Winkel α und β gleich genau mit einem mittleren Fehler von $\pm 18^{cc}$ gemessen. Wie groß ist der mittlere Fehler von γ?

$$\gamma = 200^g - \alpha - \beta,$$
$$m_\gamma = \sqrt{m_\alpha^2 + m_\beta^2} = \sqrt{18{,}0^2 + 18{,}0^2} = \sqrt{648} = \pm 25{,}5^{cc}.$$

Beispiel 7. *Nichtlineare Funktion einer Beobachtung.*

Gegeben ist $a = 87{,}46 \pm 0{,}04$. Wie groß ist der mittlere Fehler von $x = \lg a$?

$$m_x = \frac{d \lg a}{d a} m_a = \frac{\text{Mod}}{a} m_a = \frac{0{,}4343}{87{,}46} \cdot 0{,}04 = \pm 0{,}00020;$$

m_x macht mithin ± 20 Einheiten der 5. Stelle (E_5) des Logarithmus aus.

Das Ergebnis hätte auch ohne Differentiation mit Hilfe des dem mittleren Fehler m_a entsprechenden logarithmischen Fortschrittes ermittelt werden können; denn es ist

$$\lg(87{,}46 + 0{,}04) - \lg 87{,}46 = 1{,}94201 - 1{,}94181 = 0{,}00020.$$

Beispiel 8. *Nichtlineare Funktion verschiedenartiger Beobachtungen.*

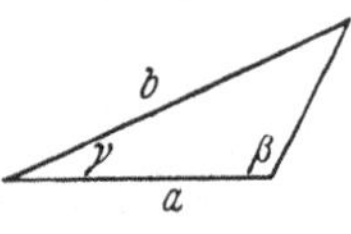

Abb. 2.

Gegeben sind in einem ebenen Dreieck die Größen

$$a = 126{,}14 \pm 0{,}04 \text{ m},$$
$$\beta = 131{,}3750^g \pm 60^{cc},$$
$$\gamma = 26{,}0500^g \pm 60^{cc}.$$

Gesucht sind die Strecke b und ihr mittlerer Fehler.

a) Lösung mit Hilfe des Taylorschen Satzes. Der Zusammenhang zwischen gegebenen und gesuchten Größen ist bestimmt durch

$$b = \frac{a \sin \beta}{\sin(\beta + \gamma)} .$$

Mithin gilt nach (3) für die wahren Fehler

$$\varepsilon_b = \frac{\partial b}{\partial a} \varepsilon_a + \frac{\partial b}{\partial \beta} \varepsilon_\beta + \frac{\partial b}{\partial \gamma} \varepsilon_\gamma ,$$

wobei

$$\frac{\partial b}{\partial a} = \frac{b}{a} ; \quad \frac{\partial b}{\partial \beta} = \frac{a \sin \gamma}{\sin^2 \alpha} ; \quad \frac{\partial b}{\partial \gamma} = b \operatorname{ctg} \alpha$$

ist.

Einsetzen und Übergehen zu mittleren Fehlern gibt

$$m_b^2 = \left(\frac{b}{a}\right)^2 m^2 + \left(\frac{a \sin \gamma}{\sin^2 \alpha}\right)^2 \left(\frac{m_\beta}{\varrho}\right)^2 + (b \operatorname{ctg} \alpha)^2 \left(\frac{m_\gamma}{\varrho}\right)^2 ,$$

und wenn m_β und m_γ in Neuminuten genommen werden, ist

$$m_b^2 = \left(\frac{179}{126}\right)^2 \cdot 0{,}04^2 + \left(\frac{126 \cdot 0{,}40}{0{,}38}\right)^2 \cdot \left(\frac{0{,}60}{6366}\right)^2 + (179 \cdot 1{,}26)^2 \cdot \left(\frac{0{,}60}{6366}\right)^2$$

$$= 0{,}0032 + 0{,}0002 + 0{,}0005 = 0{,}0039 .$$

$$m_b = \pm 0{,}062 \, m .$$

b) Lösung mit Tafelfortschritten. Die Logarithmierung der Ausgangsgleichung ergibt unter Berücksichtigung wahrer Beobachtungsfehler

$$\lg (b + \varepsilon_b) = \lg (a + \varepsilon_a) + \lg \sin (\beta + \varepsilon_\beta) - \lg \sin (\beta + \gamma + \varepsilon_\beta + \varepsilon_\gamma) .$$

Es sei Δ_a der zahlenmäßige Fortschritt von $\lg a$, wenn a um 1 cm vergrößert wird. Ferner entspreche der Vergrößerung von β um eine Minute im lg sin der logarithmische Fortschritt Δ_β und es sei $\Delta_{(\beta+\gamma)}$ der Fortschritt für eine Minute in $\lg \sin(\beta + \gamma)$. Endlich sei Δ_b der logarithmische Fortschritt für 1 cm an der Stelle $\lg b$. Dann läßt sich vorige Gleichung umschreiben in

$$\lg b + \Delta_b \varepsilon_b = \lg a + \Delta_a \varepsilon_a + \lg \sin \beta + \Delta_\beta \varepsilon_\beta - \lg \sin (\beta + \gamma) - \Delta_{(\beta+\gamma)} (\varepsilon_\beta + \varepsilon_\gamma) .$$

Mit Rücksicht auf die gegebene Gleichung für b folgt

$$\Delta_b \varepsilon_b = \Delta_a \varepsilon_a + (\Delta_\beta - \Delta_{(\beta+\gamma)}) \varepsilon_\beta - \Delta_{(\beta+\gamma)} \varepsilon_\gamma$$

und durch Übergang zu mittleren Fehlern

$$m_b^2 = \left(\frac{\Delta_a}{\Delta_b}\right)^2 m_a^2 + \left(\frac{\Delta_\beta - \Delta_{(\beta+\gamma)}}{\Delta_b}\right)^2 m_\beta^2 + \left(\frac{\Delta_{(\beta+\gamma)}}{\Delta_b}\right)^2 m_\gamma^2 .$$

Die Zahlenrechnung, in der 3 Punkte den Logarithmus andeuten, ergibt

a ...	2.10085	$\Delta_a = +3{,}4\ E_5$ für 1 cm
$\sin \beta$ ...	9.94497	$\Delta_\beta = -3{,}6\ E_5$ für 1^c
$1 : \sin(\beta + \gamma)$ ...	0.20760	$\Delta_{(\beta+\gamma)} = -8{,}6\ E_5$ für 1^c
b ...	2.25342	$\Delta_b = +2{,}4\ E_5$ für 1 cm
$b = 179{,}23$,		

und da m_a in cm, m_β und m_γ in Minuten angesetzt werden müssen, wird

$$m_b^2 = \left(\frac{3{,}4}{2{,}4}\right)^2 4^2 + \left(\frac{-3{,}6 + 8{,}6}{2{,}4}\right)^2 0{,}6^2 + \left(\frac{-8{,}6}{2{,}4}\right)^2 0{,}6^2$$

$$= 32{,}1 + 1{,}6 + 4{,}6 = 38{,}3 ,$$

$$m_b = \pm 6{,}2 \text{ cm} .$$

Man beachte: 1. Die Dimensionen Zentimeter für die Strecken und Minuten für die Winkel sind gewählt, um Fortschritte der gleichen Größenordnung zu bekommen.

2. Man achte auf das Vorzeichen des Fortschrittes! So ist z. B. Δ_β negativ, weil der Sinus im II. Quadranten abnimmt. Im Zweifelsfalle schlage man den Logarithmus auf, der einer Vergrößerung des Argumentes um eine Einheit entspricht.

3. Das Fehlerfortpflanzungsgesetz darf nur auf ursprüngliche unabhängige Beobachtungen angewandt werden. Deshalb mußten vor der Anwendung dieses Gesetzes die Koeffizienten von ε_β zusammengefaßt werden. Um die Notwendigkeit an einem drastischen Beispiel einzusehen, zerlege man die Summe

$$x = l_1 + l_2$$

in

$$x = l_1 + 0{,}5\, l_2 + 0{,}5\, l_2$$

und wende darauf die Fehlerhäufungsregel schematisch an. Man erhält

$$m_x^2 = m_1^2 + 0{,}25\, m_2^2 + 0{,}25\, m_2^2 = m_1^2 + 0{,}5\, m_2^2 .$$

Das ist ein offensichtlich falsches Ergebnis!

4. Für welche Dimensionen die logarithmischen Fortschritte genommen werden, ist grundsätzlich gleichgültig, wenn nur für die Fortschritte und Fehler die gleichen Dimensionen verwandt werden.

Beispiel 9. *Zusammenwirken regelmäßiger und unregelmäßiger Fehler.*

Eine rund 200 m lange Strecke sei mit Hilfe eines 20-m-Bandes gemessen worden. Die Länge des Bandes ist bei der Eichung gefunden zu 20,005 m mit einem mittleren Eichfehler $m_e = \pm 0{,}0015$ m. Der beim Aneinanderlegen auftretende mittlere unregelmäßige Anlegefehler ist zu $m_a = \pm 0{,}008$ m ermittelt worden. Welcher mittlere Gesamtfehler ist zu erwarten?

Lösung: a) Die bei der Eichung festgestellte Abweichung des Bandes von 0,005 m wird bei der Feststellung des Messungsergebnisses rechnerisch berücksichtigt. Sie geht also in den mittleren Gesamtfehler der Strecke nicht ein.

b) Der mittlere Eichfehler m_e wächst mit der Zahl der Messungen. Er wirkt mithin als regelmäßiger Fehler und beträgt nach n Bandlagen $n\, m_e$.

c) Der mittlere Anlegefehler m_a ist ein unregelmäßiger Fehler. Er nimmt mit der Quadratwurzel aus der Anzahl der Messungsgänge zu und beträgt nach n Bandlagen $m_a \sqrt{n}$.

Um das Zusammenwirken beider Fehlerarten kennenzulernen, werden die wahren Fehler betrachtet. Es ist nach n Messungsgängen

$$\varepsilon_x = \varepsilon_e' + \varepsilon_e'' + \cdots + \varepsilon_e^{(n)} + \varepsilon_a' + \varepsilon_a'' + \cdots + \varepsilon_a^{(n)} .$$

Da aber alle ε_e gleich groß sind und ein zwar unbekanntes, aber gleiches Vorzeichen haben, muß man sie gemäß Zusatz 3 zu Beispiel 8 zusammenfassen und erhält

$$\varepsilon_x = n\, \varepsilon_e + \varepsilon_a' + \varepsilon_a'' + \cdots + \varepsilon_a^{(n)} .$$

Werden dann an Stelle der wahren Fehler die mittleren Fehler eingeführt, so folgt nach der Fehlerhäufungsregel

$$m_x^2 = n^2\, m_e^2 + m_a'^2 + m_a''^2 + \cdots + m_a^{(n)2} .$$

Nunmehr können, weil nach dem Aufgabentext die m_a gleiche Absolutbeträge haben, auch die m_a^2 zusammengefaßt werden, und es wird

$$\begin{aligned} m_x^2 &= n^2 m_e^2 + n\, m_a^2 \\ &= 0{,}000225 + 0{,}000640 = 0{,}000865\,, \\ m_x &= \pm\, 0{,}029 \text{ m}\,. \end{aligned}$$

Man kann mithin den mittleren Fehler als Genauigkeitsmaß auch für Messungen errechnen, die einseitig wirkende Fehlerquellen enthalten. Nur darf ein solcher mittlerer Fehler nicht ebenso weiterbehandelt werden wie ein mittlerer Fehler, der nur unregelmäßige Bestandteile enthält.

Das Beisp. 9 enthält folgende wichtige Lehre: Während der unregelmäßige Fehleranteil mit der Quadratwurzel aus der Anzahl der Messungsgänge zunimmt, wächst der regelmäßige Bestandteil mit der Zahl der Messungsgänge selbst. Mit wachsendem n wird daher der Einfluß des regelmäßigen Fehlers, mag er noch so klein sein, immer gefährlicher, so daß eine Faustregel lautet: Auf die Dauer überholt der regelmäßige Fehler den unregelmäßigen Fehler.

Dies kommt in der nachstehenden mit den Zahlenwerten des Beispiels entworfenen Darstellung sinnfällig zum Ausdruck:

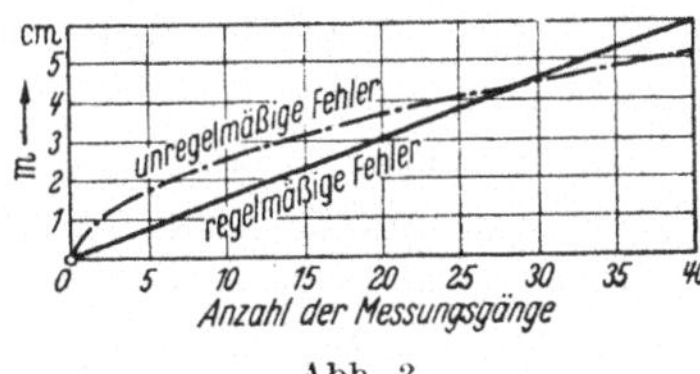

Abb. 3.

§ 4. Berechnung des mittleren Fehlers aus scheinbaren Fehlern gleich genauer Beobachtungen.

1. Wahre und scheinbare Fehler.

Die Berechnung des mittleren Fehlers nach der Formel

$$m = \pm \sqrt{\frac{[\varepsilon\varepsilon]}{n}} \tag{1}$$

ist selten möglich, da die zur Berechnung der ε erforderlichen wahren Werte der Beobachtungen nur in Ausnahmefällen bekannt sind. Solche Ausnahmen ergeben sich bei der Beobachtung der Winkelsumme im Dreieck, des Horizontabschlusses bei Winkelbeobachtungen um einen Punkt herum, des Nivellementsschleifenschlusses. Gute Näherungen für die wahren Fehler stehen zur Verfügung, wenn Messungen minderer Genauigkeit mit Präzisionsmessungen verglichen werden, z. B. die Bandmessung mit der Basismessung, die barometrische Höhenmessung mit dem Feinnivellement, die Fadendistanzmessung mit der Lattenmessung usw.

In der überwiegenden Mehrzahl aller Fälle muß man sich damit begnügen, aus den einander widersprechenden Beobachtungen den „günstigsten" oder, wie C. F. Gauss sagt, den „plausibelsten" Wert der Unbekannten durch eine Ausgleichung abzuleiten. Der Unterschied zwischen Beobachtung und günstigstem Wert wird als „scheinbarer Fehler", als übrigbleibender Fehler oder als plausible Verbesserung bezeichnet. Wir definieren im Anschluß an § 2, Ziff. 1

$$\text{Wahrer Fehler} = \text{Wahrer Wert minus Beobachtung}$$
$$\varepsilon = X - l.$$
$$\text{Scheinbarer Fehler} = \text{Günstigster Wert minus Beobachtung}$$
$$v = x - l.$$

Wahre Fehler und scheinbare Fehler erhalten beide das Vorzeichen im Sinne einer Verbesserung.

2. Mittlerer Fehler einer ursprünglichen Beobachtung.

Die Ableitung der günstigsten Werte ist Aufgabe der Ausgleichungsrechnung. Für einen Sonderfall kann jedoch der günstigste Wert ohne viel Theorie angegeben werden: Wenn nämlich ein und dieselbe Größe mehrere Male mit gleicher Genauigkeit gemessen wird, so ist der wahrscheinlichste und damit der günstigste Wert im Sinne der Ausgleichungsrechnung das arithmetische Mittel aller Messungen. Demnach ist, wenn $l_1, l_2, \ldots, l_n$ gleich genaue Beobachtungen ein und derselben Unbekannten sind, der günstigste Wert

$$x = \frac{l_1 + l_2 + \cdots + l_n}{n} = \frac{[l]}{n}. \tag{2}$$

Die scheinbaren Fehler oder Verbesserungen sind

$$\left.\begin{array}{l} v_1 = x - l_1 \\ v_2 = x - l_2 \\ \cdots\cdots\cdots\cdots \\ v_n = x - l_n \end{array}\right\} \tag{3}$$

und es ist im Hinblick auf (2)

$$[v] = nx - [l] = 0. \tag{4}$$

Um eine Formel zur Berechnung des mittleren Fehlers einer Beobachtung aus den scheinbaren Fehlern abzuleiten, werden wahre und scheinbare Fehler einander gegenübergestellt:

$$\begin{array}{ll} \varepsilon_1 = X - l_1 & v_1 = x - l_1 \\ \varepsilon_2 = X - l_2 & v_2 = x - l_2 \\ \cdots\cdots\cdots & \cdots\cdots\cdots \\ \varepsilon_n = X - l_n & v_n = x - l_n \end{array}$$

Jetzt wird das rechte vom linken System subtrahiert und das Ergebnis quadriert:

$$\begin{array}{ll} \varepsilon_1 = v_1 + (X - x) & \varepsilon_1^2 = v_1^2 + (X - x)^2 + 2v_1(X - x) \\ \varepsilon_2 = v_2 + (X - x) & \varepsilon_2^2 = v_2^2 + (X - x)^2 + 2v_2(X - x) \\ \cdots & \cdots \\ \varepsilon_n = v_n + (X - x) & \varepsilon_n^2 = v_n^2 + (X - x)^2 + 2v_n(X - x) \\ \hline [\varepsilon] = [v] + n(X - x) & [\varepsilon\varepsilon] = [vv] + n(X - x)^2 + 2[v](X - x) \end{array}$$

In den beiden Summengleichungen fallen wegen (4) die Glieder mit $[v]$ aus. Also ist linker Hand

$$[\varepsilon] = n(X - x),$$

und wenn man das rechts einsetzt, so wird

$$[\varepsilon\varepsilon] = [vv] + \frac{[\varepsilon]^2}{n} = [vv] + \frac{1}{n}(\varepsilon_1 + \varepsilon_2 + \cdots + \varepsilon_n)^2$$

oder

$$[vv] = [\varepsilon\varepsilon] - \frac{[\varepsilon\varepsilon]}{n} - 2\,\frac{\varepsilon_1\varepsilon_2 + \varepsilon_1\varepsilon_3 + \cdots + \varepsilon_{n-1}\varepsilon_n}{n}.$$

Wie in § 3 geht der letzte Ausdruck rechter Hand bei wachsendem n gegen Null. Die ersten beiden Ausdrücke aber lassen sich mit (1) umbilden, so daß man erhält

$$[vv] = n\,m^2 - m^2 = m^2(n - 1).$$

Daraus folgt dann als Vorschrift für die Berechnung des mittleren Fehlers einer ursprünglichen Beobachtung aus scheinbaren Fehlern gleich genauer Beobachtungen

$$m = \pm\sqrt{\frac{[vv]}{n - 1}}. \tag{5}$$

Der Nenner $(n - 1)$ gibt die Zahl der überschüssigen Beobachtungen an.

3. Mittlerer Fehler des arithmetischen Mittels.

Schreibt man die Bestimmungsgleichung (2) für das arithmetische Mittel um in

$$x = \frac{l_1}{n} + \frac{l_2}{n} + \cdots + \frac{l_n}{n},$$

so ergibt das Fehlerfortpflanzungsgesetz, wenn alle Beobachtungen gleich genau sind,

$$m_x^2 = \left(\frac{m}{n}\right)^2 + \left(\frac{m}{n}\right)^2 + \cdots + \left(\frac{m}{n}\right)^2 = n\left(\frac{m}{n}\right)^2,$$

und man erhält als mittleren Fehler des arithmetischen Mittels aus n Beobachtungen

$$m_x = \frac{m}{\sqrt{n}} = \pm\sqrt{\frac{[vv]}{n(n - 1)}}. \tag{6}$$

Daraus folgt der Satz: *Der mittlere Fehler des arithmetischen Mittels geht mit der Quadratwurzel aus der Anzahl der Wiederholungen zurück.*

Um die praktische Bedeutung dieses Satzes einzusehen, betrachte man die nachstehende graphische Darstellung:

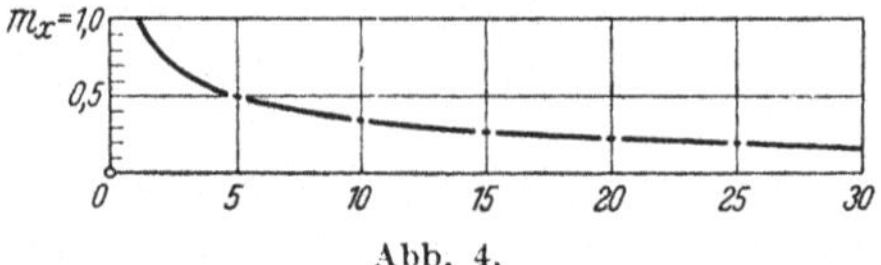

Abb. 4.

Sie lehrt, daß der mittlere Fehler mit steigender Wiederholungszahl nur im Anfang spürbar abnimmt. Es hat aber wenig Zweck, eine Größe häufiger als 8- bis 12mal zu beobachten, zumal regelmäßige Fehler durch noch so häufige Beobachtungen nicht eliminiert werden.

Zusatz: Man unterscheide scharf zwei Vorgänge, die im Sprachgebrauch gemeinhin als Wiederholungen bezeichnet werden, in der Fehlerlehre aber streng auseinanderzuhalten sind:

1. Additives Aneinanderfügen von n gleichartigen Messungsvorgängen (z. B. Streckenmessung mit Latten, Nivellement);

2. n-malige Beobachtung *einer* Messungsgröße und Bilden des arithmetischen Mittels.

Im ersten Falle ist $m_x = m\sqrt{n}$, im zweiten $m_x = \frac{m}{\sqrt{n}}$.

Beispiel 10. *Horizontalwinkelmessung.*

Auf der Station Wildau I. O. wurde der Winkel zwischen den Richtungen Thurmberg und Kleschkau 12mal beobachtet. Wie groß sind der mittlere Fehler einer Beobachtung und der mittlere Fehler des arithmetischen Mittels?

Beobachtet	v +	v −	vv
51° 15′ 45,″5	1,1		1,21
46,4	0,2		04
45,6	1,0		1,00
45,3	1,3		1,69
47,0		0,4	16
45,7	0,9		81
47,1		0,5	25
47,5		0,9	81
47,3		0,7	49
48,7		2,1	4,41
46,3	0,3		09
47,0		0,4	16
Arithmetisches Mittel 46,6	4,8	5,0	11,12

$$m = \pm\sqrt{\frac{11,12}{12-1}} = \pm 1,''0\,,$$

$$m_x = \pm\frac{1,0}{\sqrt{12}} = \pm 0,''3\,.$$

§ 5. Berechnung des mittleren Fehlers aus Beobachtungen verschiedener Genauigkeit.

1. Einführung der Gewichte.

Die Voraussetzung, daß alle Beobachtungen gleich genau sind, trifft häufig nicht zu. Es wäre daher eine unbillige Zurücksetzung der genaueren Messungen, wenn man die verschieden genauen Werte einfach mittelte. Man wird vielmehr nur dann den günstigsten Wert einer Größe erhalten, wenn die Beobachtungen mit einem ihrer Genauigkeit entsprechenden *Gewicht* in die Rechnung eingeführt werden.

Verschiedene Genauigkeitsgrade können u. a. dadurch entstehen, daß einzelne Beobachtungen Mittelwerte aus verschieden zahlreichen ursprünglichen Beobachtungen sind. Es sei z. B. eine Größe 9mal mit gleicher Genauigkeit gemessen. Die Messungsergebnisse seien $\lambda_1, \lambda_2, \ldots, \lambda_9$. Dann ist der günstigste Wert

$$x = \frac{\lambda_1 + \lambda_2 + \cdots + \lambda_9}{9}.$$

x soll nun ein zweites Mal mit Hilfe von Teilmitteln berechnet werden, die folgendermaßen entstanden sein mögen:

$$l_1 = \frac{\lambda_1 + \lambda_2 + \lambda_3}{3},$$

$$l_2 = \frac{\lambda_4 + \lambda_5 + \lambda_6 + \lambda_7}{4},$$

$$l_3 = \frac{\lambda_8 + \lambda_9}{2}.$$

Es wäre nun offensichtlich falsch, wollte man x als einfaches arithmetisches Mittel aus l_1, l_2 und l_3 bilden. Zu dem richtigen Ergebnis gelangt man vielmehr durch den Ansatz

$$x = \frac{3\,l_1 + 4\,l_2 + 2\,l_3}{3 + 4 + 2}.$$

3, 4 und 2 sind Zahlen, die den Wert der einzelnen Teilmittel charakterisieren. Sie werden in der Ausgleichungsrechnung *Gewichte* genannt und mit g oder p (vom lat. pondus) bezeichnet. In allgemeiner Schreibweise ist daher der günstigste Wert

$$x = \frac{p_1 l_1 + p_2 l_2 + \cdots + p_n l_n}{p_1 + p_2 + \cdots + p_n} = \frac{[p\,l]}{[p]}. \tag{1}$$

Dieser Ausdruck heißt das *allgemeine arithmetische Mittel.* Da es alle Einzelbeobachtungen zusammenfaßt, ist sein Gewicht

$$p_x = [p]. \tag{2}$$

Verschiedene Gewichte können nun naturgemäß nicht nur durch verschiedene Wiederholungszahlen, sondern auch durch Messungen mit

Instrumenten verschiedener Güte, durch Unterschiede im Beobachtungsverfahren, in den äußeren Umständen, in der Sorgfalt und der Geschicklichkeit des Beobachters begründet sein. Es ist jedoch stets möglich, sich eine Messung als Teilmittel aus einer Anzahl fingierter Beobachtungen geringerer Genauigkeit vorzustellen und die Gewichte als Wiederholungszahl der fingierten Urbeobachtungen zu deuten. Man kann dann den obigen Gedankengang auch auf die fingierten Messungen anwenden und kommt zu dem Ergebnis, daß es für die Weiterbehandlung gleichgültig ist, ob die verschiedenen Gewichte durch unterschiedliche Wiederholungszahl oder durch Verfahrensunterschiede hervorgerufen sind. Bei Zweifeln im Gebrauch der Gewichte ist es jedoch immer zweckmäßig, sich die Gewichte als Wiederholungszahlen zu denken.

2. Gewicht und mittlerer Fehler.

Da beide Größen Genauigkeitsmaße sind, müssen Beziehungen zwischen ihnen bestehen, die sich sehr leicht auffinden lassen, wenn die Gewichte als Wiederholungszahlen gedeutet werden. Eine Größe sei mehrfach mit gleicher Genauigkeit beobachtet, und es seien die ursprünglichen Beobachtungen in zwei Messungsreihen angeordnet. Die erste Reihe umfasse n Messungen $l_1', l_1'', \ldots, l_1^{(n)}$ und habe den Mittelwert x_1 ergeben, die zweite Reihe umfasse r Messungen $l_2', l_2'', \ldots, l_2^{(r)}$ und habe auf x_2 geführt. Es ist also

$$x_1 = \frac{l_1' + l_1'' + \cdots + l_1^{(n)}}{n},$$

$$x_2 = \frac{l_2' + l_2'' + \cdots + l_2^{(r)}}{r}.$$

Den ursprünglichen Beobachtungen, die als gleich genau angenommen sind, möge der mittlere Fehler m zukommen. Dann gilt nach § 4 (6) für die mittleren Fehler der beiden Mittelwerte

$$m_1^2 = \frac{m^2}{n} \quad \text{und} \quad m_2^2 = \frac{m^2}{r},$$

und es verhält sich

$$\frac{n}{r} = \frac{m_2^2}{m_1^2}. \tag{3}$$

Da die Wiederholungszahlen n und r die Gewichte von x_1 und x_2 charakterisieren, kann man sie durch die Gewichtssymbole p_1 und p_2 ersetzen, so daß sich schließlich ergibt

$$\frac{p_1}{p_2} = \frac{m_2^2}{m_1^2} \quad \text{oder} \quad p_1 : p_2 = \frac{1}{m_1^2} : \frac{1}{m_2^2}. \tag{4}$$

Satz: *Die Gewichte verhalten sich umgekehrt wie die Quadrate der mittleren Fehler.*

Die Gln. (4) bleiben richtig, wenn rechter Hand mit einer Konstante c erweitert wird

$$p_1 : p_2 = \frac{c}{m_1^2} : \frac{c}{m_2^2}. \tag{5}$$

Erteilt man c die Dimension von m^2, so folgt daraus der weitere Satz: *Die Gewichte sind Verhältniszahlen. Sie sind definiert durch*

$$\textit{Gewicht} = \frac{\textit{Konstante}}{\textit{Quadrat des mittleren Fehlers}}.$$

Die Formel (5) läßt sich durch mehrfache Wiederholung erweitern auf

$$p_1 : p_2 : \ldots : p_n = \frac{c}{m_1^2} : \frac{c}{m_2^2} : \ldots : \frac{c}{m_n^2}, \tag{6}$$

so daß die Gewichte errechnet werden auf Grund der Ansätze

$$p_1 = \frac{c}{m_1^2}, \quad p_2 = \frac{c}{m_2^2}, \ldots, \quad p_n = \frac{c}{m_n^2}. \tag{7}$$

In der Regel erteilt man einer bestimmten ausgezeichneten Beobachtung das Gewicht 1. Man nennt dann den mittleren Fehler einer Beobachtung, der das Gewicht 1 zukommt, den *Gewichtseinheitsfehler* und bezeichnet ihn mit m_0. Sollte dies in (6) etwa die Beobachtung mit dem mittleren Fehler m_2 sein, so muß die Konstante den Wert m_2^2 erhalten. m_0 ist in diesem Falle gleich m_2, so daß die Gln. (6) und (7) sich umschreiben lassen in die Form

$$\begin{gathered} p_1 : p_2 : \ldots : p_n = \frac{m_0^2}{m_1^2} : \frac{m_0^2}{m_2^2} : \ldots : \frac{m_0^2}{m_n^2}, \\ p_1 = \frac{m_0^2}{m_1^2}, \quad p_2 = 1, \ldots, \quad p_n = \frac{m_0^2}{m_n^2}. \end{gathered} \tag{8}$$

Es ist zweckmäßig, die Gewichtseinheit so zu wählen, daß die Gewichte der einzelnen Beobachtungen sich möglichst wenig von 1 unterscheiden. Gebräuchliche Gewichtseinheiten sind

für Streckenmessungen: Das Gewicht einer einmaligen Beobachtung einer Strecke von 100 m,

für Winkelmessungen: Das Gewicht einer einmaligen Beobachtung eines Winkels in beiden Fernrohrlagen oder einer einmaligen Einstellung einer Richtung in einer Fernrohrlage,

für Nivellements: Das Gewicht einer einmaligen Beobachtung einer Strecke von 1 km Länge.

Messungen mit sehr verschiedenen Gewichten sollen nicht miteinander vermengt werden. So ist es z. B. sinnlos, Lattenmessungen und Schrittmaß zusammenzufassen.

3. Gewicht einer Funktion beobachteter Größen.

Dem Fehlerfortpflanzungsgesetz entspricht das *Gewichtsfortpflanzungsgesetz*, das es ermöglicht, das Gewicht einer Funktion von beobachteten Größen zu berechnen. Gleichgültig, ob die Funktion in der allgemeinen Form

$$x = f(l_1, l_2, \ldots, l_n)$$

oder als lineare Funktion

$$x = \alpha_0 + \alpha_1 l_1 + \alpha_2 l_2 + \cdots + \alpha_n l_n$$

gegeben ist; in beiden Fällen erhält man den mittleren Fehler des Ergebnisses nach § 3 (6) und (8) aus

$$m_x^2 = \alpha_1^2 m_1^2 + \alpha_2^2 m_2^2 + \cdots + \alpha_n^2 m_n^2,$$

wobei unter den α_i im Falle der linearen Funktion die Koeffizienten, im Falle der allgemeinen Funktion die partiellen Ableitungen verstanden sind. Nun bestehen nach (8) die Beziehungen

$$m_x^2 = \frac{m_0^2}{p_x}; \quad m_1^2 = \frac{m_0^2}{p_1}; \quad m_2^2 = \frac{m_0^2}{p_2}; \quad \ldots; \quad m_n^2 = \frac{m_0^2}{p_n}.$$

Werden diese Werte in die vorhergehende Gleichung eingeführt, so ergibt sich als Gesetz für die Fortpflanzung der Gewichte oder anders gesehen für die Berechnung des Funktionsgewichtes

$$\frac{1}{p_x} = \frac{\alpha_1^2}{p_1} + \frac{\alpha_2^2}{p_2} + \cdots + \frac{\alpha_n^2}{p_n} = \left[\frac{\alpha\alpha}{p}\right]. \tag{9}$$

Man beachte folgende Sonderfälle:

Sucht man das *Gewicht einer einfachen Summe* von n gleich genauen Beobachtungen $l_1, l_2, \ldots, l_n$, deren jede das Gewicht p hat, so werden alle α_i in (9) gleich 1 und man erhält

$$\frac{1}{p_x} = \frac{n}{p} \quad \text{oder} \quad p_x = \frac{p}{n}, \tag{10}$$

d. h. *bei n-maligem Aneinanderreihen gleichartiger Messungsgänge geht das Gewicht des Ergebnisses proportional zur Anzahl der Messungsgänge zurück* [Nivellement, Streckenmessung mit Latten oder Meßbändern; beachte § 3 (10)].

Ist das *Gewicht des arithmetischen Mittels* aus n gleich genauen Beobachtungen ein und derselben Größe zu bestimmen, so zerlegt man die in § 4 (2) gegebene Formel zur Berechnung des arithmetischen Mittels in

$$x = \frac{l_1}{n} + \frac{l_2}{n} + \cdots + \frac{l_n}{n}.$$

Hierauf wendet man die Formel (9) an und erhält, wenn p das Gewicht einer einzelnen Beobachtung ist, als Gewicht des arithmetischen Mittels

$$\frac{1}{p_x} = \frac{1}{n^2}\frac{1}{p} + \frac{1}{n^2}\frac{1}{p} + \cdots + \frac{1}{n^2}\frac{1}{p} = \frac{n}{n^2}\frac{1}{p}$$

oder

$$p_x = n\,p, \tag{11}$$

d. h. *bei mehrmaliger Wiederholung einer Beobachtung wächst das Gewicht des arithmetischen Mittels proportional zur Anzahl der Wiederholungen.* [Beachte § 4 (6).]

Setzt man — was die Regel ist — $p = 1$, so wird $p_x = n$, d. h. das Gewicht des einfachen arithmetischen Mittels ist gleich n. Das folgt auch unmittelbar aus der Gl. (2), die als Gewicht des allgemeinen arithmetischen Mittels $[p]$ ergeben hat. Andererseits läßt sich (2) leicht mit (9) bestätigen, indem man auf dem oben gezeigten Wege die Gl. (1) auseinanderzieht und darauf (9) anwendet.

4. Mittlerer Fehler der Gewichtseinheit.

Mit Hilfe der Gewichte lassen sich mittlere Fehler auch aus Beobachtungen verschiedener Genauigkeit errechnen. Der günstigste Wert ist in diesem Falle gemäß (1) das allgemeine arithmetische Mittel. Wenn man dieses wieder mit x bezeichnet und unter v nach der Definition in § 4, Ziff. 1 die scheinbaren Fehler versteht, so ist

$$\left.\begin{array}{lcr} v_1 = x - l_1 & \text{Gewicht} & p_1\,, \\ v_2 = x - l_2 & ,, & p_2\,, \\ \dots\dots\dots & & \\ v_n = x - l_n & \text{Gewicht} & p_n\,. \end{array}\right\} \tag{12}$$

Man multipliziere jede dieser Gleichungen mit ihrem Gewicht und bilde die Summengleichung; dann ergibt sich wegen (1) die auch als Rechenprobe verwertbare Beziehung

$$[v p] = 0\,. \tag{13}$$

Wenn man weiter wie in § 4, Ziff. 2 wahre und scheinbare Fehler einander gegenüberstellt und die Differenz bildet, so wird

$$\begin{array}{lcr} \varepsilon_1 = v_1 + (X - x) & \text{Gewicht} & p_1\,, \\ \varepsilon_2 = v_2 + (X - x) & ,, & p_2\,, \\ \dots\dots\dots & & \\ \varepsilon_n = v_n + (X - x) & \text{Gewicht} & p_n\,. \end{array}$$

Wieder wird wie im § 4 jede Zeile quadriert, mit ihrem Gewicht multipliziert und die Summe gebildet; dann erhält man

$$[\varepsilon\varepsilon p] = [v v p] + [p](X - x)^2 + 2[v p](X - x)\,,$$

und es wird unter Beachtung von (13) nach leichter Umstellung

$$[v v p] = (\varepsilon_1^2 p_1 + \varepsilon_2^2 p_2 + \cdots + \varepsilon_n^2 p_n) - [p](X - x)^2\,.$$

Hierin sind die Glieder auf der rechten Seite nicht bekannt; sie müssen daher abgeschätzt werden. Brauchbare Durchschnittswerte für die wahren Fehler $\varepsilon_1, \varepsilon_2, \dots, \varepsilon_n$ sind offenbar die mittleren Fehler m_1,

$m_2, \ldots, m_n$. Ebenso ist ein guter Durchschnittswert für $(X - x)$, den wahren Fehler des günstigsten Wertes, dessen mittlerer Fehler m_x. Mithin ergibt die Abschätzung

$$[vvp] = (m_1^2 p_1 + m_2^2 p_2 + \cdots + m_n^2 p_n) - [p] m_x^2 .$$

Nun bestehen aber nach (8) die Beziehungen

$$m_1^2 p_1 = m_0^2 , \quad m_2^2 p_2 = m_0^2 \text{ usw.}$$

Ferner ist nach (2) das Gewicht des allgemeinen arithmetischen Mittels $p_x = [p]$, und damit ist gemäß (8) auch

$$[p] m_x^2 = m_0^2 , \tag{14}$$

so daß die obige Gleichung für $[vvp]$ sich umbilden läßt in

$$[vvp] = n m_0^2 - m_0^2 .$$

Damit erhält man als mittleren Fehler einer ursprünglichen Beobachtung vom Gewicht 1

$$m_0 = \pm \sqrt{\frac{[vvp]}{n-1}} , \tag{15}$$

woraus man mit (8) die mittleren Fehler der anderen Beobachtungen ableiten kann. Der mittlere Fehler des allgemeinen arithmetischen Mittels ist nach (14)

$$m_x = \frac{m_0}{\sqrt{[p]}} = \pm \sqrt{\frac{[vvp]}{[p]\,(n-1)}} . \tag{16}$$

Die Formel (15) läßt sich mit einem Kunstgriff auch unmittelbar aus der entsprechenden Formel für das einfache arithmetische Mittel herleiten. Man multipliziert hierzu jede der Gln. (12) mit der Wurzel aus ihrem Gewicht und erhält damit das System

$$\begin{aligned} v_1 \sqrt{p_1} &= x \sqrt{p_1} - l_1 \sqrt{p_1} , \\ v_2 \sqrt{p_2} &= x \sqrt{p_2} - l_2 \sqrt{p_2} , \\ &\ldots\ldots\ldots\ldots , \end{aligned}$$

in dem man die $l\sqrt{p}$ als fingierte Beobachtungen und die $v\sqrt{p}$ als fingierte Verbesserungen betrachten kann. Fragt man nun nach dem Gewicht einer fingierten Beobachtung, so ergibt das Gewichtsfortpflanzungsgesetz (9), wenn der ursprünglichen Beobachtung das Gewicht p zukommt, für $L = l\sqrt{p}$

$$\frac{1}{p_L} = \frac{(\sqrt{p})^2}{p} \quad \text{oder} \quad p_L = 1 .$$

Daraus folgt die Regel: *Multipliziert man eine Beobachtung l mit der Wurzel aus ihrem Gewicht, so hat der Ausdruck $l\sqrt{p}$ das Gewicht 1.*

Man hat demgemäß lediglich die fingierten Verbesserungen $v\sqrt{p}$ in die Formel § 4 (5) einzusetzen; dann erhält man sofort die obige Formel (15).

Beispiel 11. *Schematische Gewichtsbestimmung.*

a) Ein Winkel wurde beobachtet mit Theodolit Nr. 1 mit dem mittleren Fehler $m_1 = \pm 6^{cc}$ und dem Theodolit Nr. 2 mit dem mittleren Fehler $m_2 = \pm 15^{cc}$. Welches Gewicht hat die erste Messung, wenn der zweiten Messung das Gewicht 1 erteilt wird?

Lösung:

$$p_1 : p_2 = \frac{1}{6^2} : \frac{1}{15^2} = \frac{15^2}{6^2} : \frac{15^2}{15^2},$$

$$p_1 = \frac{25}{4}, \qquad p_2 = 1.$$

b) Derselbe Winkel wird mit Theodolit Nr. 3 mit $m_3 = \pm 10^{cc}$ beobachtet. Welche Gewichte haben die 1. und die 3. Messung, wenn die 2. Messung das Gewicht 4 erhält?

Lösung:

$$p_1 : p_2 : p_3 = \frac{1}{6^2} : \frac{1}{15^2} : \frac{1}{10^2} = \frac{4 \cdot 15^2}{6^2} : \frac{4 \cdot 15^2}{15^2} : \frac{4 \cdot 15^2}{10^2},$$

$$p_1 = 25, \qquad p_2 = 4, \qquad p_3 = 9.$$

Angesichts der Tatsache, daß die Gewichtsbestimmungen stets mit einer gewissen Unsicherheit behaftet sind, pflegt man die Gewichte stark abzurunden.

Beispiel 12. *Gewicht einer Differenz von Beobachtungen.*

In einem ebenen Dreieck ist der Winkel α mit dem Gewicht 6 und der Winkel β mit dem Gewicht 3 bestimmt worden. Welches Gewicht hat γ?

$$\gamma = 180 - \alpha - \beta,$$

$$\frac{1}{p_\gamma} = \frac{1}{p_\alpha} + \frac{1}{p_\beta} = \frac{1}{6} + \frac{1}{3} = \frac{1}{2},$$

$$p_\gamma = 2.$$

Beispiel 13. *Gewicht des arithmetischen Mittels.*

Eine Strecke ist 10 mal mit gleicher Genauigkeit gemessen worden. Wie groß ist das Gewicht p_x des arithmetischen Mittels, wenn eine einmalige Messung das Gewicht 1 hat?

Lösung: Schreibt man x in der Form

$$x = \frac{l_1}{10} + \frac{l_2}{10} + \cdots + \frac{l_{10}}{10} = \frac{[l]}{10},$$

so folgt nach (11)

$$\frac{1}{p_x} = \frac{1}{100} + \frac{1}{100} + \cdots + \frac{1}{100} = \frac{10}{100}$$

oder

$$p_x = 10.$$

Beispiel 14. *Gewichtsfortpflanzung bei der Lattenmessung.*

Eine mit Latten gemessene Strecke von 100 m (= 1 hm = 1 Hektometer) habe das Gewicht 1. Wie groß ist das Gewicht einer Strecke von 1 km?

Lösung:

$$1\,\text{km} = 1\,\text{hm} + 1\,\text{hm} + \cdots (10\text{ mal}) \cdots + 1\,\text{hm},$$

$$\frac{1}{p_{\text{km}}} = \frac{1}{p_{\text{hm}}} + \frac{1}{p_{\text{hm}}} + \cdots (10\text{ mal}) \cdots + \frac{1}{p_{\text{hm}}}$$

$$= \frac{1}{1} + \frac{1}{1} + \cdots (10\text{ mal}) \cdots + \frac{1}{1} = 10,$$

$$p_{\text{km}} = \frac{1}{10}.$$

Beispiel 15. *Vergleich von Richtungs-, Satzwinkel- und Repetitionsmessung.*

Bei einem Nonientheodoliten beträgt der mittlere Visur- oder Einstellfehler $m_e = \pm 10^{cc}$, der mittlere Fehler der Ablesung an einem Nonius $m_a = \pm 20^{cc}$. Wie groß ist das Gewicht eines gemittelten Winkels a) nach 10maliger Satzwinkelmessung, b) nach 10facher Repetition, wenn das Gewicht einer einmaligen Richtungsbeobachtung gleich 1 gesetzt wird?

Richtungsmessung: Eine Richtung entsteht aus einer Einstellung und dem Mittel der Ablesungen an den beiden Nonien. Mit leicht verständlichen Symbolen ist also

$$R = E + \frac{1}{2} A_1 + \frac{1}{2} A_2,$$

$$m_r^2 = m^2 + \frac{1}{4} m_a^2 + \frac{1}{4} m_a^2,$$

$$m_r = \pm \sqrt{m_e^2 + \frac{1}{2} m_a^2}$$

und mit den Zahlenwerten der Aufgabe

$$m_r = \pm \sqrt{100 + \frac{400}{2}} = \pm \sqrt{300}^{cc}.$$

Satzwinkelmessung: Ein Winkel ist die Differenz zweier Richtungen. Mithin erhält man für den mittleren Fehler m_w eines einmal in einer Lage beobachteten Winkels

$$m_w^2 = m_r^2 + m_r^2 = 2\,m_e^2 + m_a^2$$

und nach n-maliger Wiederholung als mittleren Fehler des arithmetischen Mittels bei der Satzwinkelmessung

$$m_S = \pm \frac{m_w}{\sqrt{n}} = \pm \sqrt{\frac{2}{n}\left(m_e^2 + \frac{1}{2} m_a^2\right)}$$

oder mit den Zahlen des Beispiels

$$m_S = \pm \sqrt{\frac{2}{10}\left(100 + \frac{400}{2}\right)} = \pm \sqrt{60}^{cc}.$$

Repetitionswinkelmessung: Das Ergebnis entsteht aus je einer für 2 Nonien gleichzeitig gemittelten Ablesung am Anfang und am Ende der Beobachtung und aus $2n$ Einstellungen. Der Messungsvorgang läßt sich mithin mit den Indizes l und r für links und rechts charakterisieren durch

$$Rep = \frac{1}{n}\left\{-\frac{A_1 + A_2}{2} + (E_l + E_r + \cdots (n\text{-mal}) \cdots) + \frac{A_1 + A_2}{2}\right\}.$$

Anwenden der Regel § 3 (8) ergibt

$$m_{Rep}^2 = \frac{1}{n^2}\left\{\left(\frac{m_a^2}{4} + \frac{m_a^2}{4}\right) + (m_e^2 + m^2 + \cdots (2\,n\text{-mal}) \cdots) + \left(\frac{m_a^2}{4} + \frac{m_a^2}{4}\right)\right\},$$

$$m_{Rep} = \pm\sqrt{\frac{2}{n}\left(m_e^2 + \frac{m_a^2}{2\,n}\right)},$$

oder mit den Zahlen des Beispiels

$$m_{Rep} = \pm\sqrt{\frac{2}{10}\left(100 + \frac{400}{20}\right)} = \pm\sqrt{24}^{cc}.$$

Endlich folgt aus dem Ansatz

$$p_r : p_S : p_{Rep} = \frac{c}{m_r^2} : \frac{c}{m_S^2} : \frac{c}{m_{Rep}^2},$$

wenn das Gewicht einer einmal eingestellten Richtung gleich 1 gesetzt oder $c = m_r^2 = 300$ genommen wird,

$$p_r = 1, \qquad p_S = 5, \qquad p_{Rep} = 12.$$

§ 6. Berechnung des mittleren Fehlers aus Doppelmessungen.

In den in §§ 4 und 5 behandelten Fällen war eine und dieselbe Größe n-mal beobachtet worden. Ein mittlerer Fehler läßt sich jedoch auch dann berechnen, wenn n Doppelbeobachtungen verschiedener, aber gleichartiger Beobachtungsgrößen vorliegen, wie z. B. die zweimalige unabhängige Beobachtung der Winkel in einem Feinpolygonzug. Um Rechenformeln für solche Fälle abzuleiten, muß auf die wahren Fehler zurückgegangen werden.

1. Beobachtungspaare gleichen Gewichtes.

Mehrere gleichartige Größen seien je zweimal beobachtet worden, und zwar seien l und ε die Beobachtungen und wahren Fehler der ersten, l' und ε' die der zweiten Serie. Beobachtung und wahrer Fehler ergeben zusammengenommen den wahren Wert einer Größe. Es gilt also für jedes Paar

$$l + \varepsilon = l' + \varepsilon'$$

und damit ist

$$l - l' = -\varepsilon + \varepsilon' = d.$$

d wird Beobachtungsdifferenz genannt. Bildet man die d für alle n Paare, quadriert und summiert sie, so erhält man

$$\left.\begin{array}{l} l_1 - l_1' = d_1 = -\varepsilon_1 + \varepsilon_1' \\ l_2 - l_2' = d_2 = -\varepsilon_2 + \varepsilon_2' \\ \dots\dots\dots\dots\dots\dots \\ l_n - l_n' = d_n = -\varepsilon_n + \varepsilon_n' \end{array}\right\} \quad (1)$$

$$[dd] = [\varepsilon\varepsilon] + [\varepsilon'\varepsilon'] - 2[\varepsilon\varepsilon']$$

$$\frac{[dd]}{n} = \frac{[\varepsilon\varepsilon]}{n} + \frac{[\varepsilon'\varepsilon']}{n} - 2\frac{[\varepsilon\varepsilon']}{n} \quad (2)$$

Hierin ist entsprechend der Definition des mittleren Fehlers

$$\frac{[\varepsilon\varepsilon]}{n} = m^2, \quad \frac{[\varepsilon'\varepsilon']}{n} = m'^2.$$

Es geht ferner die Summe der gemischten Produkte wie in § 3, 2 gegen Null. Endlich besteht, da gleichartige Messungen vorausgesetzt sind, kein Grund, zwischen m und m' zu unterscheiden. Daher geht (2) über in

$$\frac{[dd]}{n} = m^2 + m^2 = 2m^2,$$

so daß der mittlere Fehler einer einzelnen Beobachtung zu berechnen ist nach der Formel

$$m = \pm\sqrt{\frac{[dd]}{2n}}. \quad (3)$$

Der mittlere Fehler des aus beiden Beobachtungen gemittelten Wertes einer Beobachtungsgröße ist gemäß § 4 (6)

$$M = \frac{m}{\sqrt{2}} = \pm\frac{1}{2}\sqrt{\frac{[dd]}{n}}. \quad (4)$$

2. Beobachtungspaare ungleichen Gewichtes.

Diese liegen vor, wenn z. B. Nivellementsstrecken oder Polygonseiten verschiedener Länge hin und zurück beobachtet sind. Dann entsteht die Aufgabe, den mittleren Fehler einer Beobachtung vom Gewicht 1 zu ermitteln. Die Beobachtungen und ihre Gewichte mögen sein

$$\begin{array}{ll} l_1 - l_1' = d_1 = -\varepsilon_1 + \varepsilon_1' & \text{Gewicht } p_1, \\ l_2 - l_2' = d_2 = -\varepsilon_2 + \varepsilon_2' & \quad\text{,,} \quad p_2, \\ \dots\dots\dots\dots\dots\dots & \\ l_n - l_n' = d_n = -\varepsilon_n + \varepsilon_n' & \text{Gewicht } p_n. \end{array}$$

Um auf Beobachtungen vom Gewicht 1 zu kommen, hat man nach § 5, 4 jede Gleichung mit der Wurzel aus ihrem Gewicht zu multiplizieren.

Werden die so umgeformten Gleichungen quadriert und summiert, so ergibt sich

$$[ddp] = [\varepsilon\varepsilon p] + [\varepsilon'\varepsilon' p] - 2[\varepsilon\varepsilon' p],$$

und es wird nach Division durch n und Wiederholen des Gedankenganges unter 1.

$$\frac{[ddp]}{n} = m_0^2 + m_0'^2 = 2 m_0^2 .$$

Daraus folgt dann als mittlerer Fehler einer Beobachtung vom Gewicht 1

$$m_0 = \pm \sqrt{\frac{[ddp]}{2n}} . \tag{5}$$

Diese Formel wird vor allem zur Bestimmung mittlerer Fehler aus doppelt gemessenen Strecken sowie aus Hin- und Rücknivellements angewandt. Bei beiden Messungsarten wächst der mittlere Fehler mit der Wurzel aus der Anzahl der Messungsgänge. Der Gewichtsansatz lautet also, da die Anzahl der Messungsgänge als proportional den Strecken angenommen werden kann, $p = c/s$. Man setzt in der Regel $c = 1$ und gibt s in km an. Dann ist

der mittlere Fehler einer Einzelmessung von 1 km Länge
$$m = \pm \sqrt{\frac{1}{2n}\left[\frac{dd}{s}\right]} \tag{6}$$

und

der mittlere Fehler einer Doppelmessung von 1 km Länge
$$M = \pm \frac{1}{2} \sqrt{\frac{1}{n}\left[\frac{dd}{s}\right]}, \tag{7}$$

wobei n die Anzahl der Paare ist. Setzt man s in 0,1 km oder in 10 km an, so erhält man die mittleren Fehler für die entsprechende Längeneinheit.

Beispiel 16. *Gleichgewichtige Beobachtungspaare.*

Der Flächeninhalt von 5 nahezu gleichgroßen Flurstücken ist auf einem Plan graphisch zweimal bestimmt worden. Wie groß ist der mittlere Fehler einer einfachen und der mittlere Fehler einer aus zwei Parallelbeobachtungen gemittelten Flächeninhaltsbestimmung?

Flurstück	l in mm²	l' in mm²	d	dd
1	2546	2549	−3	9
2	2916	2910	+6	36
3	2329	2328	+1	1
4	2630	2635	−5	25
5	2726	2728	−2	4
				75

$$m = \pm \sqrt{\frac{75}{10}} = \pm 2{,}7 \text{ mm}^2,$$

$$M = \pm \frac{m}{\sqrt{2}} = \pm 1{,}9 \text{ mm}^2.$$

Beispiel 17. *Ungleichgewichtige Beobachtungspaare.*

Eine Feinnivellementslinie ist aus nachstehend aufgeführten 6 Teilstrecken zusammengesetzt, deren jede hin- und zurücknivelliert wurde. Gefragt ist nach dem mittleren Fehler einer einfach nivellierten und einer aus Hin- und Rücknivellement gemittelten Strecke von 1 km.

s_{km}	I	II	$d = I - II$	$p = \frac{1}{s}$	ddp
2,2	2,563	2,565	-2	0,45	1,80
1,4	4,692	4,694	-2	0,71	2,84
5,3	1,517	1,513	$+4$	0,19	3,04
2,6	0,843	0,841	$+2$	0,38	1,52
1,0	2,526	2,526	0	1,00	0,00
4,2	2,948	2,951	-3	0,24	2,16
			-1		11,36

$$m = \pm \sqrt{\frac{11,36}{12}} = \pm 0,97\,\text{mm},$$

$$M = \pm \frac{m}{\sqrt{2}} = \pm 0,69\,\text{mm}.$$

Beispiel 18. *Genauigkeit der Theodolitmessung.*

a) Der mittlere Ablesefehler. Zur Bestimmung der Ablesegenauigkeit eines Theodolits wurden an zehn gleichmäßig über den Horizont verteilten Kreisstellen je zwei Durchmesserbestimmungen vorgenommen, von denen die zweite, um andere Zahlenwerte zu bekommen, um wenige Winkelminuten verschoben wurde.

Reihe 1		Reihe 2		$l_1 =$	$l_2 =$	$d =$	dd
Nonius A	Nonius B	Nonius A	Nonius B	$A_1 - B_1$	$A_2 - B_2$	$l_1 - l_2$	
0° 09′ 45″	09′ 45″	0° 05′ 30″	05′ 45″	0″	$-$ 15″	+ 15	225
36 07 15	07 30	36 14 30	14 30	$-$ 15	0	$-$ 15	225
72 29 30	29 15	72 22 00	22 15	+ 15	$-$ 15	+ 30	900
108 17 15	17 00	108 11 30	11 30	+ 15	0	+ 15	225
144 30 00	29 45	144 34 45	34 30	+ 15	+ 15	0	0
180 05 00	05 00	180 10 30	10 30	0	0	0	0
216 17 15	17 30	216 10 30	10 15	$-$ 15	+ 15	$-$ 30	900
252 17 30	37 15	252 44 45	45 00	+ 15	$-$ 15	+ 30	900
288 25 15	25 30	288 20 45	20 45	$-$ 15	0	$-$ 15	225
324 38 15	38 30	324 42 00	42 00	$-$ 15	0	$-$ 15	225
						$[dd] =$	3825

Hieraus findet man zunächst den mittleren Fehler einer Durchmesserbestimmung gemäß Gl. (3) zu

$$m = \sqrt{\frac{3825}{2 \cdot 10}} = \pm 13{,}''8\,,$$

woraus sich der mittlere Fehler m_a der Ablesung an einem Nonius zu

$$m_a = \frac{m}{\sqrt{2}} = \pm 9{,}''8$$

und der mittlere Fehler m_A des Mittels aus der Ablesung an zwei Nonien zu

$$m_A = \frac{m_a}{\sqrt{2}} = \pm 6{,}''9$$

ergibt.

b) Mittlerer Winkel- und mittlerer Richtungsfehler. Um auch die Messungsgenauigkeit des Instrumentes kennenzulernen, wurden 10 Winkel mit Ablesung an beiden Nonien und in zwei Durchgängen gemessen, wobei der Teilkreis so geringfügig verstellt wurde, daß Exzentrizitäts- und regelmäßige Kreisteilungsfehler keinen Einfluß haben.

Messung I	Messung II	*d*	*dd*
23° 19′ 22″	19′ 38″	− 16	256
29 36 22	36 08	+ 14	196
39 20 38	20 30	+ 8	64
36 08 30	08 30	0	0
40 39 08	39 08	0	0
44 18 08	17 38	+ 30	900
13 10 38	10 08	+ 30	900
15 12 08	12 08	0	0
20 15 30	15 38	− 8	64
46 17 00	17 00	0	0
		[*dd*] =	2380

Daraus ergibt sich der mittlere Winkelfehler zu

$$m_w = \sqrt{\frac{2380}{2\cdot 10}} = \pm\ 10{,}''9$$

und der mittlere Richtungsfehler zu

$$m_r = \frac{m_w}{\sqrt{2}} = \pm\ 7{,}''7\,.$$

c) Der mittlere Einstellfehler. Wie schon in Aufgabe 15 dargelegt, setzt sich der mittlere Richtungsfehler aus dem mittleren Einstellfehler m_e und dem mittleren Ablesefehler zusammen. Nach dem Fehlerfortpflanzungsgesetz ist

$$m_r^2 = m_e^2 + m_A^2\,,$$

so daß sich der mittlere Einstellfehler zu

$$m_e = \sqrt{m_r^2 - m_A^2}$$

oder in Zahlen

$$m_e = \sqrt{(7{,}7)^2 - (6{,}9)^2} = \pm\ 3{,}''3$$

ergibt.

§ 7. Das Gaußsche Fehlergesetz und die Genauigkeitsmaße.

1. Fehlerhäufigkeit und Fehlerwahrscheinlichkeit.

Nachdem die Grundbegriffe der Fehlerlehre aus der Anschauung erklärt und an charakteristischen Beispielen eingeübt sind, mögen nunmehr die wichtigsten Begriffe mit Hilfe der Wahrscheinlichkeitsrechnung theoretisch verfestigt werden.

Ausgangspunkt unserer Untersuchungen ist die oft gemachte Beobachtung, daß die unregelmäßigen oder zufälligen Fehler trotz ihrer scheinbaren Regellosigkeit bestimmten Gesetzen gehorchen. Wird eine

Messung sehr oft wiederholt, so kann, falls ausschließlich zufällige Fehler vorliegen, erfahrungsgemäß folgende Fehlerverteilung erwartet werden:

1. Positive und negative Fehler von ungefähr gleicher Größe werden gleich häufig sein.
2. Je kleiner ein Fehler ist, um so häufiger wird er auftreten.
3. Am häufigsten wird der Fehler Null sein.

Die Häufigkeit, mit der ein bestimmter unregelmäßiger Fehler ε auftritt, ist demnach eine Funktion seiner Größe. Diese Funktion läßt sich mit Hilfe der Wahrscheinlichkeitsrechnung bestimmen. Dabei ist es indessen, um Messungsoperationen verschiedener Art miteinander vergleichen zu können, angezeigt, nicht die absolute, sondern die relative Häufigkeit des Auftretens von ε zu ermitteln. Es sei $\varphi(\varepsilon)$ die Funktion, die die relative Häufigkeit eines bestimmten ε angibt; dann besagt $\varphi(\varepsilon) = 0{,}1$, daß der Fehler ε bei 100 Messungen 10mal, bei 50 Messungen 5mal auftritt usw. Wird nun gefragt, mit welcher Wahrscheinlichkeit ein Fehler etwa von der Größe $\varepsilon = 5$ zu erwarten ist, so ist zu bedenken, daß in diesem Zusammenhang die Zahl 5 nicht nur den scharfen Wert 5,0 bedeutet. Vielmehr wird die 5, wenn eine Dezimale mitgeführt wird, die Werte 4,5 bis 5,5, bei 2 Dezimalen von 4,95 bis 5,05 repräsentieren. Die Wahrscheinlichkeit für das Auftreten eines Fehlers von der Größe ε ergibt sich demnach als Produkt aus der Fehlerhäufigkeit und der Breite des betrachteten Fehlerstreifens. Bezeichnet man die Breite des Fehlerstreifens mit $d\varepsilon$, so ist die Wahrscheinlichkeit, daß ein Fehler zwischen den Grenzen ε und $\varepsilon + d\varepsilon$ liegt,

$$W(\varepsilon) = \varphi(\varepsilon)\, d\varepsilon\,. \tag{1}$$

Läßt man $d\varepsilon$ gegen Null gehen, so wird die Wahrscheinlichkeit, einen Fehler zwischen den Grenzen $\varepsilon = a$ und $\varepsilon = b$ zu begehen,

$$W_a^b = \int_a^b \varphi(\varepsilon)\, d\varepsilon\,. \tag{2}$$

Wählt man schließlich für a und b die äußersten denkbaren Grenzen, nämlich $\pm\infty$, so wird die Wahrscheinlichkeit zur Gewißheit. Es ist also

$$W_{-\infty}^{+\infty} = \int_{-\infty}^{+\infty} \varphi(\varepsilon)\, d\varepsilon = 1. \tag{3}$$

2. Die Fehlerwahrscheinlichkeitsfunktion.

Da bei unserer Untersuchung nur zufällige Fehler und diese in sehr großer Anzahl vorausgesetzt werden, darf gemäß einer nach C. F. Gauss fast als Axiom anzusehenden Hypothese das arithmetische Mittel aller Beobachtungen als der wahrscheinlichste Wert der gesuchten Größe betrachtet werden. Es seien $l_1, l_2, \ldots, l_n$ unabhängige, gleichgenaue Beobachtungen und es sei x ihr arithmetisches Mittel. Dann ist, wenn man im Hinblick auf die Voraussetzungen des ersten Satzes den in § 4 eingeführten Unterschied von wahren und scheinbaren Fehlern vernachlässigt,

$$\varepsilon_1 = x - l_1; \quad \varepsilon_2 = x - l_2; \quad \ldots; \quad \varepsilon_n = x - l_n. \tag{4}$$

Wenn aber x der wahrscheinlichste Wert ist, so ist auch die Wahrscheinlichkeit für das durch x bestimmte Fehlersystem $\varepsilon_1, \varepsilon_2, \ldots, \varepsilon_n$ ein Maximum. Nach dem Multiplikationssatz der Wahrscheinlichkeitsrechnung ist die Wahrscheinlichkeit für das Zusammentreffen mehrerer voneinander unabhängiger Ereignisse gleich dem Produkt der Einzelwahrscheinlichkeiten. Also muß wegen (1)

$$\varphi(\varepsilon_1)\,d\varepsilon\;\varphi(\varepsilon_2)\,d\varepsilon\;\ldots\;\varphi(\varepsilon_n)\,d\varepsilon = \text{Max}$$

oder logarithmisch

$$\ln\varphi(\varepsilon_1) + \ln\varphi(\varepsilon_2) + \cdots + \ln\varphi(\varepsilon_n) = \text{Max}$$

sein. Die Bedingung dafür lautet

$$\frac{d\ln\varphi(\varepsilon_1)}{d\varepsilon_1}\frac{d\varepsilon_1}{dx} + \frac{d\ln\varphi(\varepsilon_2)}{d\varepsilon_2}\frac{d\varepsilon_2}{dx} + \cdots + \frac{d\ln\varphi(\varepsilon_n)}{d\varepsilon_n}\frac{d\varepsilon_n}{dx} = 0.$$

Werden Zähler und Nenner dieser Brüche mit ihrem ε erweitert und wird gleichzeitig beachtet, daß wegen (4) die Ableitungen der ε nach x alle gleich 1 sind, so wird

$$\varepsilon_1\frac{d\ln\varphi(\varepsilon_1)}{\varepsilon_1\,d\varepsilon_1} + \varepsilon_2\frac{d\ln\varphi(\varepsilon_2)}{\varepsilon_2\,d\varepsilon_2} + \cdots + \varepsilon_n\frac{d\ln\varphi(\varepsilon_n)}{\varepsilon_n\,d\varepsilon_n} = 0.$$

Nun ist aber im Hinblick auf das arithmetische Mittel nach (4)

$$\varepsilon_1 + \varepsilon_2 + \cdots + \varepsilon_n = 0.$$

Beide Bedingungen können nur dann nebeneinander bestehen, wenn die Koeffizienten der ε in der vorletzten Gleichung gleiche Werte haben. Es muß also

$$\frac{d\ln\varphi(\varepsilon_1)}{\varepsilon_1\,d\varepsilon_1} = \frac{d\ln\varphi(\varepsilon_2)}{\varepsilon_2\,d\varepsilon_2} = \cdots = \frac{d\ln\varphi(\varepsilon_n)}{\varepsilon_n\,d\varepsilon_n} = k$$

sein, oder anders geschrieben

$$\frac{d\ln\varphi(\varepsilon)}{d\varepsilon} = k\,\varepsilon.$$

Die Integration dieser Gleichung gibt

$$\ln\varphi(\varepsilon) = \frac{1}{2}k\,\varepsilon^2 + C$$

oder

$$\varphi(\varepsilon) = e^{\frac{1}{2}k\varepsilon^2 + C} = e^C\,e^{\frac{1}{2}k\varepsilon^2}.$$

Zur Vereinfachung bezeichnet man die Konstante e^C mit A und setzt, da die Fehlerhäufigkeit mit wachsendem $|\varepsilon|$ abnimmt,

$$\frac{1}{2} k = - h^2 ,$$

so daß man erhält

$$\varphi(\varepsilon) = A\, e^{-h^2 \varepsilon^2}. \tag{5}$$

Hierin sind A und h Konstanten, deren Wert zu bestimmen ist. Die Bedeutung von A erkennt man leicht, wenn man die Extremfälle $\varepsilon = \pm \infty$ betrachtet, die auf die Gl. (3) geführt haben. Einsetzen von (5) in (3) gibt

$$A \int_{-\infty}^{+\infty} e^{-h^2 \varepsilon^2}\, d\varepsilon = 1,$$

und wenn zur Integration $h\,\varepsilon = u$ und $d\varepsilon = \frac{du}{h}$ gesetzt werden, so wird

$$\frac{A}{h} \int_{-\infty}^{+\infty} e^{-u^2}\, du = 1.$$

Linker Hand steht ein von LAPLACE gefundenes Integral, das den Wert $\sqrt{\pi}$ hat[1]. Also ist

$$A = \frac{h}{\sqrt{\pi}} \tag{6}$$

und (5) erhält die unter dem Namen „*Gaußsches Fehlergesetz*" bekannte Form

$$\varphi(\varepsilon) = \frac{h}{\sqrt{\pi}}\, e^{-h^2 \varepsilon^2}. \tag{7}$$

Ferner ist wegen (2) die Wahrscheinlichkeit, einen Fehler zwischen den Grenzen $\varepsilon = a$ und $\varepsilon = b$ zu begehen,

$$W_a^b = \frac{h}{\sqrt{\pi}} \int_a^b e^{-h^2 \varepsilon^2}\, d\varepsilon. \tag{8}$$

Das ist die *Fehlerwahrscheinlichkeitsfunktion.*

3. Die graphische Darstellung von $\varphi(\varepsilon)$.

Um die Gl. (7) zu diskutieren und gleichzeitig die Bedeutung der Größe h kennenzulernen, bedient man sich zweckmäßig einer graphischen Darstellung, bei der die ε als Abszissen und die $\varphi(\varepsilon)$ als Ordinaten aufgetragen werden.

[1] Vgl. ROTHE: Höhere Mathematik, II 6. Aufl. § 10.

Die Zahlenwerte von $\varphi(\varepsilon)$ gewinnt man nach Logarithmieren von (7) aus

$$\lg\varphi(\varepsilon) = \lg h + \lg\frac{1}{\sqrt{\pi}} - \mathrm{Mod}\, h^2\varepsilon^2 .$$

Läßt man dabei ε die Werte von 0,0 bis 5,0 durchlaufen und setzt das vorläufig noch unbekannte h zunächst gleich 1 und dann gleich 1,5, so entsteht die nachstehende Tabelle:

ε	$\varphi(\varepsilon)$ für $h = 1$	$\varphi(\varepsilon)$ für $h = 1{,}5$
0,0	0,56 419	0,84 628
0,2	0,54 207	0,77 345
0,4	0,48 077	0,59 043
0,6	0,39 362	0,37 648
0,8	0,29 749	0,20 051
1,0	0,20 755	0,08 920
1,3	0,10 410	0,01 888
1,6	0,04 361	0,00 267
2,0	0,01 033	0,00 010
3,0	0,00 007	0,00 000
5,0	0,00 000	0,00 000

Auf Grund dieser Tabelle ist Abb. 5 gezeichnet worden. Dabei ist die Kurve mit $h = 1$ stark ausgezogen und die Kurve mit $h = 1{,}5$ gestrichelt worden. Ein Vergleich beider Kurven zeigt, daß sich gegenüber $h = 1$ die Kurve $h = 1{,}5$ in der Mitte hebt, während sie an den Seiten einfällt. Es kommen also bei $h = 1{,}5$ den kleineren ε größere, den größeren ε kleinere Häufigkeitszahlen zu als bei $h = 1$; d. h. die Messungsreihe mit $h = 1{,}5$ ist genauer als die Reihe mit $h = 1$.

Die Konstante h charakterisiert demnach die Genauigkeit einer Messung; sie wird darum als Genauigkeitszahl oder als Maß der Präzision bezeichnet. Die Fehlerverteilung hängt also — was sofort einleuchtet — nicht nur von der Größe der ε, sondern auch von der Genauigkeit des Messungsvorganges ab.

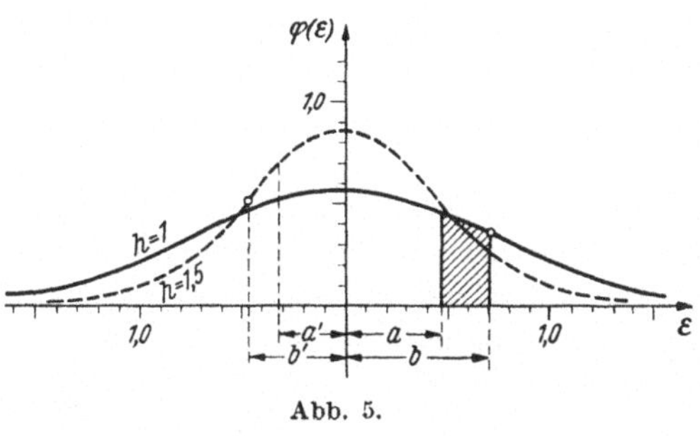

Abb. 5.

Abb. 5 bestätigt, was aus der Gl. (7) unmittelbar entnommen werden kann: Die Kurve hat für $\varepsilon = 0$ das Maximum

$$\varphi(0) = \frac{h}{\sqrt{\pi}}. \tag{9}$$

Für $\varepsilon = \pm\infty$ wird

$$\varphi(\pm\infty) = 0. \tag{10}$$

Die extremen Fälle $\varepsilon = \pm\infty$ sind mithin in (7) zwar berücksichtigt, sie haben aber die Häufigkeit Null; die Kurve verläuft also asymptotisch zur Abszissenachse. Sie ist weiter gegenüber der Ordinatenachse symmetrisch, da $\varphi(\varepsilon)$ sich nicht ändert, wenn $+\varepsilon$ mit $-\varepsilon$ vertauscht wird.

Endlich hat die Kurve zwei ebenfalls symmetrisch zur Ordinatenachse liegende Wendepunkte. Um diese kennenzulernen, ist die zweite Ableitung von (7) gleich Null zu setzen. Man erhält

$$\frac{d\varphi}{d\varepsilon} = \frac{h}{\sqrt{\pi}} e^{-h^2\varepsilon^2}(-2h^2\varepsilon) = -\frac{2h^3}{\sqrt{\pi}}\varepsilon e^{-h^2\varepsilon^2},$$

$$\frac{d^2\varphi}{d\varepsilon^2} = -\frac{2h^3}{\sqrt{\pi}} e^{-h^2\varepsilon^2}(1 - 2h^2\varepsilon^2).$$

Dieser Ausdruck verschwindet, wenn der Klammerausdruck gleich Null gesetzt wird. Die Abszissen der Wendepunkte ergeben sich mithin aus

$$\varepsilon = \pm\frac{1}{h\sqrt{2}}. \tag{11}$$

In Abb. 5 sind hiernach an den Stellen $\varepsilon = b$ bzw. b' die Wendepunktsordinaten für $h = 1$ auf der positiven, für $h = 1{,}5$ auf der negativen Seite eingezeichnet.

Nun bestehen, was sehr nahe liegt, feste Beziehungen zwischen der Genauigkeitszahl h und den in § 2 eingeführten Genauigkeitsmaßen. Insbesondere ist, wie im nächsten Unterabschnitt abgeleitet werden wird,

$$m = \pm\frac{1}{h\sqrt{2}}.$$

Also ist die Abszisse der Wendepunkte gleich dem Betrag des mittleren Fehlers. Mit dieser Beziehung kann (7) umgeschrieben werden in

$$\varphi(\varepsilon) = \frac{1}{m\sqrt{2\pi}} e^{-\frac{\varepsilon^2}{2m^2}}. \tag{12}$$

Diese Form ist für die Untersuchung von Fehlerreihen besser geeignet als (7). Einsetzen des obigen m in § 5 (4) gibt als Zusammenhang zwischen Genauigkeitszahl und Gewicht

$$p_1 : p_2 = 2h_1^2 : 2h_2^2 = h_1^2 : h_2^2. \tag{13}$$

Abb. 5 läßt auch eine graphische Deutung der Fehlerwahrscheinlichkeitsfunktion (8) zu. Es ist nämlich die Wahrscheinlichkeit W_a^b, einen Fehler zwischen den Grenzen $\varepsilon = a$ und $\varepsilon = b$ zu begehen, dargestellt durch die Fläche unter der Kurve, die zwischen den Ordinaten $\varepsilon = a$ und $\varepsilon = b$ liegt. Die volle Fläche zwischen Kurve und Abszissenachse repräsentiert die Gesamtheit aller Fehler. Sie hat demnach, wie bereits durch (3) festgestellt, den Wert 1.

Das GAUSSsche Fehlergesetz gilt, was niemals übersehen werden darf, nur, soweit ausschließlich zufällige Fehler vorliegen. Diese Tatsache wird durch Zufallskriterien geprüft, deren eines sofort einleuchtet:

Der algebraische Durchschnittswert aller Fehler muß bei wachsendem n verschwindend klein werden gegenüber dem Durchschnitt ihrer Absolutbeträge. In Formeln lautet dieses Zufallskriterium

$$\frac{[\varepsilon]}{n} \ll \frac{[|\varepsilon|]}{n} \qquad n \longrightarrow \infty. \tag{14}$$

Wegen weiterer Zufallskriterien vgl. HELMERT [9], S. 16 und S. 341.

4. Die Beziehungen zwischen t, m, r und h.

Zur Untersuchung des Zusammenhanges zwischen der Genauigkeitszahl h auf der einen und dem durchschnittlichen, mittleren und wahrscheinlichen Fehler auf der anderen Seite sei unterstellt, daß in einer Fehlerreihe der Fehler ε_1 n_1-mal auftrete, ε_2 n_2-mal usw. Die Gesamtzahl aller Fehler sei

$$n_1 + n_2 + \cdots = n.$$

Der durchschnittliche Fehler wird dann erhalten aus

$$t = \pm \frac{[|\varepsilon|]}{n} = \pm \frac{n_1 |\varepsilon_1| + n_2 |\varepsilon_2| + \cdots}{n} \qquad n \longrightarrow \infty;$$

der mittlere Fehler desgleichen aus

$$m = \pm \sqrt{\frac{[\varepsilon\,\varepsilon]}{n}} = \pm \sqrt{\frac{n_1 \varepsilon_1^2 + n_2 \varepsilon_2^2 + \cdots}{n}} \qquad n \longrightarrow \infty.$$

Es sollen nun die Fehlerhäufigkeitszahlen $n_1, n_2, \ldots$ durch die Fehlerwahrscheinlichkeiten $W(\varepsilon) = \varphi(\varepsilon)\,d\varepsilon$ ersetzt werden. Dazu beachte man, daß in (2) $W(\varepsilon)$ die Wahrscheinlichkeit des Auftretens eines bestimmten ε bei *einer* Beobachtung angibt. Bei n Beobachtungen ist sie demnach $n\,W(\varepsilon.)$ Also besteht für das Auftreten des Fehlers ε_1 die Wahrscheinlichkeit $n_1 W(\varepsilon_1)$, und alle Fehler ε_1 zusammen ergeben den Fehlerbetrag $\varepsilon_1 n_1 W(\varepsilon_1)$. Wiederholung dieses Gedankenganges für die übrigen ε und Einsetzen in die Formel für den *durchschnittlichen Fehler* t führt auf

$$t = \frac{1}{n} \int_{-\infty}^{+\infty} n\,|\varepsilon|\,\varphi(\varepsilon)\,d\varepsilon = 2 \int_{0}^{+\infty} \varepsilon\,\varphi(\varepsilon)\,d\varepsilon$$

oder nach Einsetzen des Wertes von $\varphi(\varepsilon)$ auf

$$t = \pm \frac{2h}{\sqrt{\pi}} \int_{0}^{+\infty} \varepsilon\, e^{-h^2 \varepsilon^2}\,d\varepsilon.$$

Wieder setzt man $h\varepsilon = u$, $d\varepsilon = \frac{du}{h}$ und erhält

$$t = \pm \frac{2}{h\sqrt{\pi}} \int_0^{+\infty} u\, e^{-u^2}\, du = \pm \frac{1}{h\sqrt{\pi}} \left[e^{-u^2}\right]_0^{+\infty} = \pm \frac{1}{h\sqrt{\pi}} \left(0 - 1\right),$$

also

$$t = \pm \frac{[|\varepsilon|]}{n} = \pm \frac{1}{h\sqrt{\pi}}. \tag{15}$$

Für das Quadrat des *mittleren Fehlers m* gewinnt man auf Grund desselben Ansatzes

$$m^2 = \frac{1}{n} \int_{-\infty}^{+\infty} n\, \varepsilon^2\, \varphi(\varepsilon)\, d\varepsilon = \frac{h}{\sqrt{\pi}} \int_{-\infty}^{+\infty} \varepsilon^2\, e^{-h^2 \varepsilon^2}\, d\varepsilon$$

und wieder mit $h\varepsilon = u$ und $d\varepsilon = \frac{du}{h}$

$$m^2 = \frac{1}{h^2\sqrt{\pi}} \int_{-\infty}^{+\infty} u^2\, e^{-u^2}\, du = \frac{1}{h^2\sqrt{\pi}}\, J_{-\infty}^{+\infty}.$$

Anwendung der partiellen Integration ergibt unter gleichzeitiger Berücksichtigung des für (7) benutzten Integrals

$$\begin{aligned} J_{-\infty}^{+\infty} = \int_{-\infty}^{+\infty} \left(-\frac{u}{2}\right)\left(-2\,u\, e^{-u^2}\, du\right) &= \left[-\frac{u}{2}\, e^{-u^2}\right]_{-\infty}^{+\infty} - \int_{-\infty}^{+\infty} e^{-u^2}\left(-\frac{du}{2}\right) \\ &= \quad 0 \quad + \frac{1}{2} \int_{-\infty}^{+\infty} e^{-u^2}\, du \\ &= \quad 0 \quad + \frac{1}{2}\sqrt{\pi}, \end{aligned}$$

und wenn das in die vorige Gleichung eingesetzt wird, so folgt die bereits bei (11) angegebene Gleichung

$$m = \pm \sqrt{\frac{[\varepsilon\,\varepsilon]}{n}} = \pm \frac{1}{h\sqrt{2}}. \tag{16}$$

Für eine entsprechende Einordnung des *wahrscheinlichen Fehlers r* muß auf die Definition von r in § 2 zurückgegangen werden: Es soll für einen Fehler ε die Wahrscheinlichkeit, zwischen die Grenzen $-r$ und $+r$ zu fallen, gleich 1/2 sein. Die Ordinaten in $\varepsilon = -r$ und $\varepsilon = +r$ schneiden also aus der Fläche unter der Fehlerhäufigkeitskurve eine symmetrisch zur Ordinatenachse liegende Teilfläche mit dem Flächeninhalt 1/2 heraus, so daß die beiderseits übrigbleibenden Restzwickel jeder für sich den Flächeninhalt 1/4 haben. In Abb. 5 sind die dem Wert r entsprechenden Ordinaten in a bzw. a' eingezeichnet worden.

Mit Gl. (8) lautet die obige Forderung in der Formelsprache

$$W_{-r}^{+r} = \frac{h}{\sqrt{\pi}} \int_{-r}^{+r} e^{-h^2\varepsilon^2}\, d\varepsilon = \frac{1}{2}, \tag{17}$$

und wenn die Symmetrie zu $\varepsilon = 0$ berücksichtigt und wieder $h\varepsilon = u$ usw. gesetzt wird,

$$W_{-r}^{+r} = 2\, W_0^r = \frac{2}{\sqrt{\pi}} \int_{u=0}^{u=rh} e^{-u^2}\, du = \frac{1}{2}. \tag{18}$$

Dieses Integral läßt sich nur durch Reihenentwicklung auswerten. Einführen der Exponentialreihe und unbestimmte Integration ergibt

$$e^{-u^2}\, du = \left(1 - \frac{u^2}{1!} + \frac{u^4}{2!} - \frac{u^6}{3!} + - \cdots\right) du,$$

$$\int e^{-u^2}\, du = u - \frac{u^3}{3 \cdot 1!} + \frac{u^5}{5 \cdot 2!} - \frac{u^7}{7 \cdot 3!} + - \cdots, \tag{19}$$

und wenn man (19) mit den Grenzen 0 und rh in (18) einsetzt, so wird

$$W_{-r}^{+r} = 2\, W_0^r = \frac{2}{\sqrt{\pi}}\left(r\,h - \frac{(r\,h)^3}{3 \cdot 1!} + \frac{(r\,h)^5}{5 \cdot 2!} - \frac{(r\,h)^7}{7 \cdot 3!} + - \cdots\right) = \frac{1}{2}.$$

Hieraus ist $r\,h$ nach dem Verfahren der allmählichen Annäherung zu berechnen. Man findet

$$r\,h = 0{,}4769\,, \qquad r = \frac{0{,}4769}{h}. \tag{20}$$

Mit (15), (16) und (20) läßt sich das Ergebnis unserer Untersuchungen folgendermaßen zusammenfassen:

Wenn das GAUSSsche Fehlergesetz (7) zutrifft, so ist

$$t = \frac{1}{\sqrt{\pi}\,h}, \qquad m = \frac{1}{\sqrt{2}\,h}, \qquad r = \frac{1}{2{,}09\,h} \tag{21}$$

oder mit abgerundeten Zahlenwerten

$$\left.\begin{aligned} t &= 0{,}80\,m = 1{,}18\,r\,, \\ m &= 1{,}25\,t\; = 1{,}47\,r\,, \\ r &= 0{,}85\,t\; = 0{,}67\,m. \end{aligned}\right\} \tag{22}$$

Man merke sich kurz

$$t = 4/5\,m, \qquad r = 2/3\,m.$$

5. Zur Theorie des Maximalfehlers.

Mit Hilfe der vorangegangenen Untersuchungen kann man auch die Theorie des in § 2 eingeführten *Maximalfehlers* theoretisch unterbauen, indem man die Wahrscheinlichkeit ausrechnet, mit der ein Fehler zwischen die Grenzen 0 bis m, 0 bis $2m$ ... 0 bis νm fällt.

Auf Grund desselben Gedankenganges, der zu den Gln. (17) und (18) führte, findet man, wenn n Beobachtungen vorliegen,

$$W_{-\nu m}^{+\nu m} = 2 W_0^{\nu m} = \frac{2h}{\sqrt{\pi}} n \int_0^{\nu m} e^{-h^2 \varepsilon^2} d\varepsilon = \frac{2n}{\sqrt{\pi}} \int_0^{h \nu m} e^{-u^2} du$$

oder unter Beachtung von (16)

$$2 W_0^{\nu m} = \frac{2n}{\sqrt{\pi}} \int_0^{0{,}7071 \nu} e^{-u^2} du.$$

Dieses Integral läßt sich nach der Formel (19) auswerten und ergibt für $\nu = 1, 2, 3, 4$ der Reihe nach die Wahrscheinlichkeiten 0,6827, 0,9545, 0,9973, 0,9994. Also liegen von 1000 wahren Fehlern ε ihrem Absolutwert nach

zwischen 0 und m	683 Fehler,
zwischen 0 und $2m$	954 Fehler,
zwischen 0 und $3m$	997 Fehler,
zwischen 0 und $4m$	999 Fehler.

Demnach ist die Wahrscheinlichkeit, daß ein wahrer Fehler ε auftritt, der größer ist

als m gleich $0{,}3173 \approx 1:3$,
als $2m$ gleich $0{,}0465 \approx 1:20$,
als $3m$ gleich $0{,}0027 \approx 1:400$,
als $4m$ gleich $0{,}0006 \approx 1:16000$.

Diese Zahlen rechtfertigen es, den 3- oder 4-fachen Betrag des mittleren Fehlers als Maximalfehler festzusetzen.

6. Hagens Ableitung des Fehlergesetzes.

G. Hagen [2] hat eine Ableitung des Gaussschen Fehlergesetzes gegeben, für die er auf die unter Ziff. 2 genannte Hypothese vom arithmetischen Mittel verzichtet und an ihrer Stelle eine andere Arbeitshypothese benutzt. Er unterstellt, daß jeder Beobachtungsfehler ε sich aus einer großen Anzahl von sehr kleinen, im einzelnen nicht bekannten Elementarfehlern zusammensetzt, deren jeder die durchschnittliche absolute Größe δ hat. Die δ können sowohl positiv wie negativ sein; sie werden sich also teils aufsummieren, teils aufheben[1].

[1] Vgl. G. Scheffers: Lehrbuch der Mathematik, 9. Aufl. S. 599.

Zur Einführung wollen wir annehmen, daß ein Beobachtungsfehler ε sich aus 6 Elementarfehlern von der Größe δ zusammensetze; dann sind die in nachstehender Tabelle in der ersten Zeile angeführten Fälle möglich, wobei „+" ein positives, „—" ein negatives δ bedeutet. In der 2. und 3. Zeile sind die Beträge ε und die Häufigkeit der Beobachtungsfehler aufgeführt. Dabei ist unter Häufigkeit die — am einfachsten durch Auszählen festzustellende — Anzahl der möglichen Kombinationen verstanden, die auf denselben Betrag ε führen:

δ	6 +	5 +, 1 —	4 +, 2 —	3 +, 3 —	2 +, 4 —	1 +, 5 —	6 —
$\varepsilon = [\delta]$	$6\,\delta$	$4\,\delta$	$2\,\delta$	0	$-2\,\delta$	$-4\,\delta$	-6δ
Häufigkeit	1	6	15	20	15	6	1

Diese Tabelle läßt erkennen, daß die Häufigkeitszahlen im Falle $n = 6$ durch die Binomialkoeffizienten wiedergegeben werden. Die nachstehende Gegenüberstellung bringt die Zusammenhänge in allgemeingültigen Symbolen zum Ausdruck:

Mögliche Verteilung der δ: positiv	negativ	Fehlerbetrag $\varepsilon = [\delta]$	Häufigkeit des Vorkommens
n	0	$\varepsilon_0 = n\delta = (n - 2 \cdot 0)\,\delta$	$1 = \binom{n}{0}$
$(n - 1)$	1	$\varepsilon_1 = (n - 2 \cdot 1)\,\delta$	$n = \binom{n}{1}$
$(n - 2)$	2	$\varepsilon_2 = (n - 2 \cdot 2)\,\delta$	$\binom{n}{2}$
.	.		.
.	.		.
$(n - k)$	k	$\varepsilon_k = (n - 2k)\,\delta$	$\binom{n}{k}$
.	.		.
.	.		.
1	$(n - 1)$	$\varepsilon_{n-1} = (n - 2(n - 1))\,\delta$	$n = \binom{n}{n-1}$
0	n	$\varepsilon_n = -n\delta = (n - 2n)\,\delta$	$1 = \binom{n}{n}$

Die Summe aller Häufigkeiten ergibt sich nach dem binomischen Lehrsatz

$$(1 + a)^n = \binom{n}{0} a^0 + \binom{n}{1} a^1 + \cdots \binom{n}{k} a^k \cdots \binom{n}{n-1} a^{n-1} + \binom{n}{n} a^n$$

mit

$$a = 1 \quad \text{zu} \quad \sum_{i=0}^{i=n} \binom{n}{i} = 2^n .$$

Versteht man sodann unter der Wahrscheinlichkeit eines Fehlers $\varepsilon_k = (n - 2k)\delta$ das Verhältnis aus der Anzahl der Fälle, in denen er vorkommen kann, und der Gesamtheit aller Fälle überhaupt, so ist

$$W(\varepsilon_k) = \frac{1}{2^n}\binom{n}{k} \quad \text{mit} \quad k = 0, 1, 2, \ldots, n.$$

Hierin werde n, ohne daß damit die Allgemeingültigkeit eingeschränkt wird, als gerade Zahl angenommen, so daß auch der Fall $\varepsilon_k = 0$ erfaßt wird. Wir führen ferner in der obigen Formel für ε_k eine neue Zählzahl l ein, indem wir setzen

$$\left.\begin{aligned} 2l &= n - 2k \quad \text{oder} \quad k = \frac{n}{2} - l \\ \text{und} \qquad \varepsilon_k &= (n - 2k)\,\delta = 2l\delta = \varepsilon_l. \end{aligned}\right\} \tag{23}$$

Dann wird

$$W(\varepsilon_k) = W(\varepsilon_l) = \frac{1}{2^n}\binom{n}{\frac{n}{2} - l}$$

mit

$$l = -\frac{n}{2}, \; -\frac{n}{2} + 1 \cdots 0 \cdots \frac{n}{2} - 1, \; \frac{n}{2}.$$

Wir wollen uns die Zusammenhänge zwischen der Größe von ε und der Häufigkeit seines Auftretens zeichnerisch dargestellt denken und betrachten dazu die ε als Abszissen. Als Ordinaten wählt man zweckmäßig die in Ziff. 1 eingeführte Fehlerhäufigkeitsfunktion $\varphi(\varepsilon)$. Nach Gl. (1) ist bei endlicher Breite des Fehlerstreifens

$$\varphi(\varepsilon) = \frac{W(\varepsilon)}{\Delta\varepsilon}.$$

Dazu gibt Gl. (23)

$$\Delta\varepsilon = \varepsilon_{l+1} - \varepsilon_l = 2(l + 1)\,\delta - 2l\delta = 2\delta. \tag{24}$$

Dann wird

$$\varphi(\varepsilon) = \frac{1}{2^n\, 2\delta}\binom{n}{\frac{n}{2} - l} = \frac{1}{2^{n+1}\delta}\binom{n}{\frac{n}{2} - l}. \tag{25}$$

Um den Grenzübergang vorzubereiten, bilde man sodann

$$\Delta\varphi(\varepsilon) = \varphi(\varepsilon_{l+1}) - \varphi(\varepsilon)_l = \frac{1}{2^{n+1}\delta}\left\{\binom{n}{\frac{n}{2} - (l+1)} - \binom{n}{\frac{n}{2} - l}\right\}. \tag{26}$$

Nun ist z. B.

$$\binom{n}{4} = \binom{n}{3}\frac{n-3}{4} \quad \text{oder} \quad \binom{n}{3} = \binom{n}{4}\frac{4}{n-3}.$$

Entsprechend ist auch

$$\binom{n}{\frac{n}{2}-(l+1)} = \binom{n}{\frac{n}{2}-l} \frac{\frac{n}{2}-l}{n-\left(\frac{n}{2}-(l+1)\right)} = \binom{n}{\frac{n}{2}-l} \frac{\frac{n}{2}-l}{\frac{n}{2}+l+1},$$

$$\binom{n}{\frac{n}{2}-(l+1)} - \binom{n}{\frac{n}{2}-l} = \binom{n}{\frac{n}{2}-l} \frac{-(2l+1)}{\frac{n}{2}+l+1}.$$

Dies wird in Gl. (26) eingesetzt und gleichzeitig beachtet, daß nach Gl. (23) und (25)

$$l = \frac{\varepsilon_l}{2\delta} \quad \text{und} \quad \binom{n}{\frac{n}{2}-l} = \varphi(\varepsilon_l)\, 2^{n+1}\delta$$

ist. Dann wird, wenn fortan auf den Index l verzichtet wird,

$$\Delta\varphi(\varepsilon) = \frac{\varphi(\varepsilon)\, 2^{n+1}\delta(-\varepsilon-\delta)}{2^{n+1}\delta^2\left(\frac{n}{2}+\frac{\varepsilon}{2\delta}+1\right)} = -\frac{\varepsilon\varphi(\varepsilon)+\delta\varphi(\varepsilon)}{\frac{n}{2}\delta+\frac{\varepsilon}{2}+\delta},$$

und man erhält mit Beachtung von Gl. (24)

$$\frac{\Delta\varphi(\varepsilon)}{\Delta\varepsilon} = -\frac{\varepsilon\varphi(\varepsilon)+\delta\varphi(\varepsilon)}{n\delta^2+\delta\varepsilon+2\delta^2}.$$

Der Grenzübergang $n \to \infty$, $\delta \to 0$ gibt

$$\lim\frac{\Delta\varphi(\varepsilon)}{\Delta\varepsilon} = \frac{d\varphi(\varepsilon)}{d\varepsilon} = -\frac{\varepsilon\varphi(\varepsilon)}{\lim n\delta^2}. \tag{27}$$

Hierin ist $\lim n\delta^2$ nicht ohne weiteres anzugeben. Da aber n eine ganze Zahl ist und δ in der 2. Potenz steht, muß $n\delta^2 > 0$ sein. Wir setzen daher

$$\lim n\delta^2 = \frac{1}{2h^2}.$$

Dann wird aus Gl. (27)

$$\frac{d\varphi(\varepsilon)}{d\varepsilon} = -2h^2\varepsilon\varphi(\varepsilon) \quad \text{oder} \quad \frac{d\varphi(\varepsilon)}{\varphi(\varepsilon)} = -h^2\varepsilon\, d\varepsilon.$$

Die Integration gibt

$$\ln\varphi(\varepsilon) = -h^2\varepsilon^2 + C$$

oder

$$\varphi(\varepsilon) = e^{-h^2\varepsilon^2+C} = e^C e^{-h^2\varepsilon^2},$$

und wenn $e^C = A$ gesetzt wird, so wird

$$\varphi(\varepsilon) = A\, e^{-h^2\varepsilon^2}. \tag{28}$$

Das ist aber wieder unsere Gl. (5), womit der Anschluß an die GAUSSsche Ableitung erreicht ist.

II. Ausgleichung von direkten Beobachtungen.

§ 8. Grundprinzip und Formen der Ausgleichungsaufgabe.

1. Die Aufgabe der Ausgleichungsrechnung.

Wenn zur Ermittlung von Messungsgrößen mehr Beobachtungen gemacht werden, als zu ihrer eindeutigen Bestimmung erforderlich sind, entsteht die Frage nach dem *wahren* Wert der gesuchten Größen. Diese Frage kann infolge der Unvollkommenheit der menschlichen Sinne und der Mängel der Meßinstrumente nicht beantwortet werden. Wir müssen uns vielmehr darauf beschränken,

erstens durch eine Ausgleichung den allen Beobachtungen am besten entsprechenden *günstigsten* Wert der gesuchten Größen zu ermitteln,

zweitens aus den bei der Ausgleichung zutage tretenden Messungswidersprüchen Maße für die Genauigkeit der Beobachtungen und der aus den Beobachtungsergebnissen abgeleiteten Größen zu bestimmen. Hierzu tritt

drittens die praktische Forderung, daß das Ausgleichungsergebnis durch durchgreifende Rechenproben gegen Rechenfehler sicherzustellen ist.

2. Das Ausgleichungsprinzip.

Als günstigste Werte der Unbekannten betrachtet GAUSS die Werte, denen die größte mathematische Wahrscheinlichkeit zukommt. Es seien $v_1, v_2, \ldots, v_n$ die Verbesserungen, die an den Beobachtungen angebracht werden müssen, um die günstigsten Werte der Unbekannten zu erhalten. Nach § 7, Ziff. 2, muß dann das Produkt

$$\varphi(v_1)\,dv\,\varphi(v_2)\,dv\cdots\varphi(v_n)\,dv = \text{Max}$$

sein. Es ist aber auch, wenn das in § 7 (7) enthaltene GAUSSsche Fehlergesetz als gültig angenommen werden darf,

$$\frac{h_1 h_2 \cdots h_n}{(\sqrt{\pi})^n}\, e^{-(h_1^2 v_1^2 + h_2^2 v_2^2 + \cdots + h_n^2 v_n^2)} = \text{Max}.$$

Dieses Maximum wird erhalten, wenn

$$h_1^2 v_1^2 + h_2^2 v_2^2 + \cdots + h_n^2 v_n^2 = \text{Min}$$

ist. Da aber nach § 7 (13) die h^2 den Gewichten proportional sind, läßt sich diese Forderung umschreiben in

$$v_1^2 p_1 + v_2^2 p_2 + \cdots + v_n^2 p_n = [vvp] = \text{Min}$$

oder, wenn alle Beobachtungen gleiches Gewicht haben, in

$$v_1^2 + v_2^2 + \cdots + v_n^2 = [vv] = \text{Min}.$$

Das auf diese Forderung gegründete Ausgleichungsverfahren wird als die Methode der kleinsten Quadrate (richtiger Quadratsummen) bezeichnet. Die bemerkenswertesten Eigenschaften dieser Methode sind folgende:

1. Wie soeben gezeigt, liefert die Methode der kleinsten Quadrate, sofern das Gausssche Fehlergesetz zutrifft, wahrscheinlichste Werte der Unbekannten. (Erster Gaussscher Beweis.)

2. Die mit der Methode der kleinsten Quadrate gewonnenen Unbekannten haben, wie Gauss in der Theoria combinationis gezeigt hat, kleinste mittlere Fehler und größte Gewichte. (Zweiter — im § 17 aufgenommener — Gaussscher Beweis.)

3. Es werden alle Beobachtungen ihrem Gewicht entsprechend berücksichtigt.

4. Eine über 100jährige Erfahrung hat erkennen lassen, daß die Methode der kleinsten Quadrate die Unbekannten und mittleren Fehler bei möglichst geringer Rechenarbeit und mit größtmöglicher Sicherheit liefert.

5. Die Methode der kleinsten Quadrate ergibt eindeutige Werte der Unbekannten. Mit dieser Eigenschaft hat sie sich auch in den Fällen als zweckmäßig erwiesen, in denen das Gausssche Fehlergesetz nicht streng erfüllt ist.

Diese Vorzüge haben bewirkt, daß in den mehr als 100 Jahren, in denen die Methode der kleinsten Quadrate praktisch angewandt wird, kein Verfahren angegeben worden ist, das einfacher und eleganter zum Ziele führt und sich den Beobachtungen besser anpaßt als die Methode der kleinsten Quadrate. Sie hat daher internationale Verbreitung gefunden und die Möglichkeit geschaffen, die geodätischen Arbeiten aller Kulturländer der Erde miteinander zu vergleichen und zu verbinden.

3. Ausgleichungsverfahren.

Je nach Art der Aufgabe hat Gauss verschiedene Verfahren der mathematischen Behandlung entwickelt:

a) Ausgleichung direkter Beobachtungen. Diese Aufgabe tritt auf, wenn die gesuchten Größen, z. B. eine Strecke oder ein Höhenunterschied, unmittelbar beobachtet werden können.

b) Ausgleichung vermittelnder Beobachtungen. Sollen zwei oder mehr voneinander unabhängige Größen bestimmt werden, die wie z. B. die Koordinaten eines Punktes selbst nicht beobachtet werden können, so muß man andere, der direkten Messung zugängliche Größen — etwa Strecken oder Winkel — beobachten, die mit den gesuchten Größen in einem bestimmten mathematischen Zusammenhang stehen. Stellt man dann die Beobachtungen als Funktionen der Unbekannten dar, so kann man sie *vermittels* der Unbekannten miteinander vergleichen und gleichzeitig aus ihnen die günstigsten Werte der Unbekannten ableiten. Hauptanwendungsgebiet sind die Einschneideaufgaben.

c) Ausgleichung bedingter Beobachtungen. Dieses Verfahren wird angewandt, wenn zwischen den Beobachtungsgrößen Bedingungen bestehen, die von den ausgeglichenen Werten streng zu erfüllen sind, wie z. B. die Winkelsumme um einen Punkt herum oder in einem Dreieck. In solchen Fällen geht man darauf aus, die v aus den Bedingungsgleichungen zu errechnen. Hauptanwendungsgebiet ist die Ausgleichung trigonometrischer Netze.

d) Ausgleichung vermittelnder Beobachtungen mit Bedingungsgleichungen. In diesem Falle sind die vermittelnden Größen nicht unabhängig voneinander. Eine andere Fassung derselben Aufgabe ist die Methode der *Bedingungsgleichungen mit Unbekannten.* Beide Verfahren treten bei den gängigen Aufgaben der Praxis nicht auf; sie werden daher in diesem Bändchen nur gestreift.

Nach welchem Verfahren ausgeglichen wird, ist für das Endergebnis ohne Belang. Mit Kunstkniffen kann man eine Form in die andere überführen. Entscheidend für die Wahl der Ausgleichungsverfahren im Einzelfalle ist daher die Überlegung, welche Form den geringsten Rechenaufwand erfordert.

§ 9. Ausgleichung direkter Beobachtungen gleicher Genauigkeit. (Arithmetisches Mittel.)

Das Prinzip $[vv] = \text{Min}$ möge auf die einfachste aller Ausgleichungsaufgaben angewandt werden: Eine Messungsgröße sei durch direkte Messung mehrere Male mit gleicher Genauigkeit beobachtet worden, und es werde verlangt, ihren günstigsten Wert abzuleiten. Diese Aufgabe ist bei der Einführung der „scheinbaren Fehler“ in § 4 bereits gestreift worden, und es ist als günstigster Wert das arithmetische Mittel erkannt. Die Lösung soll nunmehr ein zweites Mal auf Grund der Forderung $[vv] = \text{Min}$ gesucht und dabei gleichzeitig ein zweckmäßiges Ausgleichungsschema gezeigt werden.

a) Zusammenhang zwischen Beobachtung und Unbekannten. Es seien l_i die Beobachtungen, v_i ihre Verbesserungen und x der günstigste Wert der Beobachtungsgröße. Dann ist

$$l_i + v_i = x. \tag{1}$$

Bringt man das ,,Absolutglied" l auf die rechte Seite, so erhält man bei n Beobachtungen:

b) Die Fehler- oder Verbesserungsgleichungen

$$v_1 = x - l_1; \quad v_2 = x - l_2; \quad \ldots; \quad v_n = x - l_n. \tag{2}$$

Diese Gleichungen würden n verschiedene Werte von x ergeben. Um zu einer eindeutigen Lösung zu gelangen, fordert die Methode der kleinsten Quadrate, daß zusätzlich $[vv]$ ein Minimum werde. Quadrieren der Gln. (2) und Aufsummieren der Quadrate ergibt

$$[vv] = nx^2 + [ll] - 2x[l],$$

so daß sich das Minimum errechnet aus

$$\frac{d[vv]}{dx} = 2nx - 2[l] = 0.$$

Nach Division durch 2 bekommt man:

c) Die Normalgleichung

$$nx - [l] = 0, \tag{3}$$

die aufgelöst wieder das arithmetische Mittel

$$x = \frac{[l]}{n} \tag{4}$$

ergibt.

Die Methode der kleinsten Quadrate führt also im Falle direkter Beobachtungen auf das arithmetische Mittel. Es folgt:

d) Die Berechnung von v und $[vv]$ aus den Fehlergleichungen mit der bereits in § 4 gefundenen Probe

$$[v] = 0, \tag{5}$$

die bis auf die Abrundungsfehler erfüllt sein muß. Die Berechnung von $[vv]$ wird geprüft durch:

e) Die erste und zweite $[vv]$-Probe. Zur Ableitung dieser Probe multipliziere man in (2) jede Gleichung mit ihrem v und gehe zur Summe. Alsdann multipliziere man jede Gl. (2) mit ihrem l und bilde abermals die Summe. Endlich bilde man die Differenz der beiden Summengleichungen. In Formeln:

$$\begin{array}{l} [vv] = [v]\,x - [vl] \\ [lv] = [l]\,x - [ll] \\ \hline [vv] - [lv] = [v]\,x - [l]\,x - [vl] + [ll]. \end{array}$$

Wegen $[v] = 0$ und $[vl] = [lv]$ folgt hieraus die erste $[vv]$-Probe

$$[vv] = [ll] - [l]\,x\,, \tag{6}$$

die neben $[vv]$ auch die Berechnung von x prüft. Eliminieren von x mit Hilfe von (3) ergibt die zweite $[vv]$-Probe

$$[vv] = [ll] - \frac{[l]^2}{n}, \tag{7}$$

die es erlaubt, $[vv]$ unmittelbar aus den Beobachtungen zu errechnen. (6) und (7) bringt man durch Gleichsetzen der rechten Seiten wohl auch in die Form der $\sum$-*Proben*:

$$-[l]\,x = -\frac{[l]^2}{n} = \sum \tag{8}$$

und

$$[vv] = [ll] + \sum, \tag{9}$$

deren erste die Berechnung von x prüft, während die zweite $[vv]$ kontrolliert.

f) Der mittlere Fehler einer beobachteten Größe wird nach der Formel

$$m = \pm\sqrt{\frac{[vv]}{n-1}} \tag{10}$$

berechnet, die bereits in § 4 unter 2 abgeleitet ist.

g) Mittlerer Fehler des arithmetischen Mittels

$$m_x = \frac{m}{\sqrt{n}} = \pm\sqrt{\frac{[vv]}{n\,(n-1)}}. \tag{11}$$

Diese Formel wurde ebenfalls in § 4, 2 abgeleitet. Das Gewicht des arithmetischen Mittels ist nach § 5 (11)

$$p_x = n\,. \tag{12}$$

Zusatz: Benutzen von Näherungswerten. Die Berechnung der Unbekannten und Verbesserungen ist sehr umständlich, wenn die l größere Zahlenausdrücke sind, wie das z. B. für die Mehrzahl aller Winkel zutrifft. Daher ist es zweckmäßig, sie durch Einführen von Näherungswerten für die Unbekannten zu verkleinern. Dazu werden abweichend von dem bisherigen Gebrauch die ursprünglichen Beobachtungen mit L bezeichnet. Dann tritt an Stelle von (1) die *ursprüngliche Fehlergleichung*

$$L_i + v_i = x. \tag{1a}$$

Führt man ferner durch

$$x = x_0 + \delta x \tag{1b}$$

mit x_0 einen dem günstigsten Wert möglichst nahekommenden *Näherungswert* ein, so wird

$$v_i = \delta x - (L_i - x_0)\,.$$

Wenn dann

$$-l_i = -(L_i - x_0) \tag{1c}$$

gesetzt wird, so gewinnt man die *umgeformten Fehlergleichungen*

$$v_i = \delta x - l_i. \tag{2a}$$

An der weiteren Ableitung ändert sich nichts. Es ist lediglich in den Formeln (3), (4), (6) und (8) x durch δx zu ersetzen. Den letzten Schritt — die Schlußprobe — bildet dann das Einsetzen der v in die ursprünglichen Fehlergleichungen, die erfüllt sein müssen.

Aufgabe 1. *Mehrfache Bestimmung eines Winkels.*

Aus den Beobachtungen des Beisp. 10 auf S. 22 sind der günstigste Wert und sein mittlerer Fehler ein zweites Mal zu ermitteln, jedoch mit allen Proben und, damit die Proben gut stimmen, um eine Dezimale genauer.

Zur Abkürzung der Zahlenrechnung wird der Näherungswert $x_0 = 51^\circ 15' 45''$ eingeführt; dann erhält man folgende Tabelle:

$L - x_0 = l$	v +	v —	vv	ll
+0,5	1,12		1,25	0,25
1,4	0,22		0,05	1,96
0,6	1,02		1,04	0,36
0,3	1,32		1,74	0,09
2,0		0,38	0,14	4,00
0,7	0,92		0,85	0,49
2,1		0,48	0,23	4,41
2,5		0,88	0,77	6,25
2,3		0,68	0,46	5,29
3,7		2,08	4,33	13,69
1,3	0,32		0,10	1,69
2,0		0,38	0,14	4,00
19,4	4,92	4,88	11,10	42,48

Günstigster Wert: $\delta x = \frac{19,4}{12} = 1,62.$

[vv]-Proben: $[vv] = 42,48 - 19,4\,\delta x = 11,05$

$= 42,48 - \frac{19,4^2}{12} = 11,12.$

Mittlerer Fehler einer Beobachtung: $m = \pm \sqrt{\frac{11,10}{12-1}} = \pm 1{,}''00.$

Mittlerer Fehler des günstigsten Wertes: $m_x = \pm \frac{1,00}{\sqrt{12}} = \pm 0{,}''29.$

Ergebnis: $x = x_0 + \delta x = 51^\circ 15' 46'' 62 \pm 0'' 29.$

Schlußprobe: Beobachtung + Verbesserung muß in jedem Falle den günstigsten Wert ergeben.

§ 10. Ausgleichung direkter Beobachtungen ungleicher Genauigkeit. (Allgemeines arithmetisches Mittel.)

Weisen die Beobachtungen verschiedene Gewichte auf, so ist nach § 8 die Forderung $[vvp] = \text{Min}$ zugrunde zu legen. Man erhält dann folgenden Rechenansatz:

a) Die ursprünglichen Fehlergleichungen lauten, wenn von vornherein Näherungswerte eingeführt werden,

$$L_i + v_i = x = x_0 + \delta x \qquad \text{Gewicht } p_i. \tag{1}$$

Mit
$$-l_i = -(L_i - x_0)$$
ergeben sich daraus:

b) Die umgeformten Fehlergleichungen

$$\left.\begin{array}{lr} v_1 = \delta x - l_1, & \text{Gewicht } p_1 \\ v_2 = \delta x - l_2, & ,, \quad p_2 \\ \dots\dots\dots\dots & \\ v_n = \delta x - l_n. & ,, \quad p_n \end{array}\right\} \tag{2}$$

Ganz nach dem Muster des § 9 berechnet man daraus die einzelnen vvp, geht zur Summe, sucht deren Minimum und findet:

c) Die Normalgleichung

$$[p]\delta x - [lp] = 0, \tag{3}$$

die aufgelöst mit

$$\delta x = \frac{[lp]}{[p]} \tag{4}$$

auf das allgemeine arithmetische Mittel führt. Es schließt sich an:

d) Die Berechnung von v aus den umgeformten Fehlergleichungen mit der bereits in § 5 (13) gefundenen Probe

$$[vp] = 0. \tag{5}$$

e) Die beiden $[vvp]$-Proben gewinnt man entweder durch Wiederholung der in § 9 auf die Formeln (6) und (7) führenden Ableitungen oder noch einfacher mit dem am Schluß des § 5 mitgeteilten Rechenkniff zu

$$\left.\begin{array}{l} [vvp] = [llp] - [lp]\delta x, \\ [vvp] = [llp] - \dfrac{[lp]^2}{[p]} \end{array}\right\} \tag{6}$$

oder als $\sum$-Proben geschrieben

$$\left.\begin{array}{l} -[lp]\delta x = -\dfrac{[lp]^2}{[p]} = \sum, \\ [vvp] \;=\; [llp] + \sum. \end{array}\right\} \tag{7}$$

f) Die Fehlerrechnung gemäß § 5, (15) und (16) ergibt

$$m_0 = \pm \sqrt{\frac{[v\,v\,p]}{n-1}}, \tag{8}$$

$$m_x = \frac{m_0}{\sqrt{[p]}} = \pm \sqrt{\frac{[v\,v\,p]}{[p]\,(n-1)}}, \tag{9}$$

$$p_x = \frac{m_0^2}{m_x^2} = [p]. \tag{10}$$

g) Als Schlußprobe werden die v in die ursprünglichen Fehlergleichungen eingesetzt. Diese müssen dann bis auf Abrundungsfehler befriedigt sein.

Aufgabe 2. *Mehrfache Bestimmung einer Höhenmarke.*

Eine Höhenmarke A wurde von 4 Festpunkten aus eingewogen. Man fand durch Addition der beobachteten Höhenunterschiede zu den Höhen der Ausgangspunkte

von P_1 aus: $L_1 = 48{,}732$ m Niv.-Strecke $s_1 = 5{,}3$ km,
„ P_2 „ $L_2 = 48{,}746$ m „ $s_2 = 6{,}1$ km,
„ P_3 „ $L_3 = 48{,}737$ m „ $s_3 = 3{,}0$ km,
„ P_4 „ $L_4 = 48{,}739$ m „ $s_4 = 2{,}0$ km.

Gesucht sind der günstigste Wert für die Höhe von A und ihr mittlerer Fehler.

Das Gewicht eines Nivellements ist nach § 5, Ziff. 3, umgekehrt proportional der Strecke. Um Gewichte in der Größenordnung 1 zu erhalten, wähle man hier als Gewichtseinheitsstrecke 10 km und erhält dann $p_i = 10/s_i$. Ein geeigneter Näherungswert für die gesuchte Größe ist 48,730. Man setzt also

$$H_A = x_0 + \delta x = 48{,}730 + \delta x$$

und gibt damit den Fehlergleichungen die Form

$$v_i = \delta x - (L_i - x_0) = \delta x - (L_i - 48{,}730) = \delta x - l_i.$$

In Tabellenform erhält man, wenn l und v in mm angesetzt werden:

p	l	lp	v	vp	vvp	llp
1,9	+ 2	+ 3,8	+ 6,3	+ 12,0	75,6	7,6
1,6	+ 16	+ 25,6	− 7,7	− 12,3	94,7	409,6
3,3	+ 7	+ 23,1	+ 1,3	+ 4,3	5,6	161,7
5,0	+ 9	+ 45,0	− 0,7	− 3,5	2,4	405,0
11,8		+ 97,5		+ 0,5	178,3	983,9

Günstigster Wert: $\delta x = 97{,}5 : 11{,}8 = 8{,}26$.

$[v\,v]$-*Proben:* $[v\,v\,p] = 983{,}9 - 97{,}5\,\delta x = 178{,}5$
$= 983{,}9 - 97{,}5^2/11{,}8 = 178{,}3$.

Mittlerer Fehler einer Beobachtung vom Gewicht 1:

$$m_0 = m_{10\,\text{km}} = \pm \sqrt{\frac{178{,}3}{4-1}} = \pm 7{,}7 \text{ mm}; \qquad m_{1\,\text{km}} = \pm \frac{7{,}7}{\sqrt{10}} = \pm 2{,}4 \text{ mm}.$$

Mittlerer Fehler des günstigsten Wertes:

$$m_x = \pm \frac{7{,}7}{\sqrt{11{,}8}} = \pm 2{,}2 \text{ mm}.$$

Ergebnis: $H_A = x_0 + \delta x = 48{,}738 \pm 0{,}002$ m.

Schlußprobe: Wie bei Aufgabe 1.

§ 11. Beobachtungen mit Summengleichung.

Das Prinzip des allgemeinen arithmetischen Mittels läßt sich mit Vorteil auf Beobachtungen anwenden, für die eine Summengleichung besteht. Wir betrachten je ein Beispiel für gleichgewichtige und ungleichgewichtige Beobachtungen.

Aufgabe 3. *Winkelmessung mit Horizontschluß (I).*

Es seien auf einem Punkt sämtliche den Horizont füllenden Winkel mit gleicher Genauigkeit beobachtet worden. Die Zusammenstellung im Kreise habe jedoch nicht den *Sollwert S*, sondern den *Widerspruch w* ergeben. Wie ist w auf die einzelnen Winkel zu verteilen? Welche mittleren Fehler haben ein beobachteter und ein ausgeglichener Winkel? Es seien:

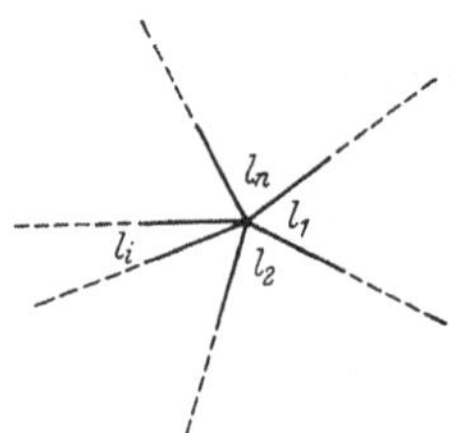

Abb. 6.

Die beobachteten Winkel	$l_1, l_2, \ldots, l_n$,
ihre Verbesserungen	$v_1, v_2, \ldots, v_n$,
die günstigsten Werte	$x_1, x_2, \ldots, x_n$.

Dann sind Sollbetrag und Widerspruch bestimmt durch

$$S = l_1 + v_1 + l_2 + v_2 + \cdots + l_n + v_n$$

und

$$w = [l] - S = -[v].$$

Der Widerspruch hat also umgekehrtes Vorzeichen wie die Verbesserungen v.

Der Winkelraum mit dem Index i ist durch Messung zweimal bestimmt worden, einmal unmittelbar, ein anderes Mal durch die Differenz aller übrigen Beobachtungen gegen den Sollbetrag. Man kann sich daher zwei fingierte Beobachtungen denken:

$$L_1 = l_i, \qquad P_1 = 1, \tag{1}$$

$$L_2 = S - ([l] - l_i) = l_i - w, \qquad P_2 = \frac{1}{n-1}, \tag{2}$$

wobei das Gewicht von L_2 bestimmt ist durch die Regel, daß bei additivem Aneinanderfügen mehrerer Messungsgänge das Gewicht der Anzahl der Messungsgänge umgekehrt proportional ist. Der günstigste Wert x_i ist daher das allgemeine arithmetische Mittel aus L_1 und L_2:

$$x_i = \frac{L_1 P_1 + L_2 P_2}{P_1 + P_2} = \frac{l_i + (l_i - w)\frac{1}{n-1}}{1 + \frac{1}{n-1}} = l_i - \frac{w}{n}. \tag{3}$$

Da l_i jeder der n Winkel sein kann, ergibt sich daraus die Vorschrift, daß der Widerspruch gleichmäßig auf die n Winkel zu verteilen ist.

Für die Fehlerrechnung bildet man:

L	V	P	VVP
L_1	$-\frac{w}{n}$	1	$\frac{w^2}{n^2}$
L_2	$-(n-1)\frac{w}{n}$	$\frac{1}{n-1}$	$(n-1)\frac{w^2}{n^2}$
Summe	$-w$	$\frac{n}{n-1}$	$\frac{w^2}{n}$

Mittlerer Fehler einer ursprünglichen Beobachtung:

$$m = \pm\sqrt{\frac{[VVP]}{2-1}} = \pm\frac{w}{\sqrt{n}}. \tag{4}$$

Mittlerer Fehler des arithmetischen Mittels — also einer ausgeglichenen Beobachtung —:

$$m_x = \pm\frac{m}{\sqrt{[P]}} = \pm m\sqrt{1-\frac{1}{n}}. \tag{5}$$

Durch die Ausgleichung ist also der mittlere Fehler im Verhältnis $1 : \sqrt{(1-1/n)}$ zurückgegangen.

Die Formeln (1) bis (5) lassen sich auf alle gleichgewichtigen Beobachtungen anwenden, für die eine Summengleichung besteht (z. B. Winkel in einem Dreieck oder Vieleck).

Aufgabe 4. *Ausgleichung einer Nivellementsschleife.*

Als Schlußfehler habe sich bei einer geschlossenen Nivellementsschleife, die aus n Strecken besteht, der Widerspruch w ergeben. Wie ist der Widerspruch zu verteilen? Welche mittleren Fehler haben eine beobachtete und eine ausgeglichene Strecke?

Die Lösung entspricht dem Gange der Lösung in Aufgabe 3 mit dem Unterschied, daß die Gewichte der Beobachtungen den Nivellementsstrecken proportional sind. Es seien:

Die Beobachtungen	$l_1, l_2, \ldots, l_n,$
die Gewichte	$\frac{1}{s_1}, \frac{1}{s_2}, \ldots, \frac{1}{s_n},$
ihre Verbesserungen	$v_1, v_2, \ldots, v_n,$
ihre günstigsten Werte	$x_1, x_2, \ldots, x_n.$

Es ist ferner

$$S = l_1 + v_1 + l_2 + v_2 + \cdots + l_n + v_n$$

und

$$w = [l] - S = -[v].$$

Die Strecke mit dem Index i ist zweimal bestimmt:

$$L_1 = l_i, \qquad P_1 = \frac{1}{s_i} = p_i, \tag{1}$$

$$L_2 = S - ([l] - l_i) = l_i - w, \qquad P_2 = \frac{1}{[s] - s_i}. \tag{2}$$

Demnach ist der günstigste Wert

$$x_i = \frac{l_i P_1 + (l_i - w) P_2}{P_1 + P_2} = l_i - \frac{P_2}{P_1 + P_2} w = l_i - \frac{s_i}{[s]} w. \tag{3}$$

Da l_i jede beliebige Strecke sein kann, ergibt sich mithin die Ausgleichungsvorschrift, daß der Widerspruch proportional zu den gemessenen Strecken zu verteilen ist.

Für die Fehlerrechnung bildet man:

L	V	P	VVP
L_1	$-w\frac{s_i}{[s]}$	$\frac{1}{s_i}$	$w^2\frac{s_i}{[s]^2}$
L_2	$-w\frac{[s]-s_i}{[s]}$	$\frac{1}{[s]-s_i}$	$w^2\frac{[s]-s_i}{[s]^2}$
Summe	$-w$	$\frac{[s]}{s_i[s]-s_i^2}$	$\frac{w^2}{[s]}$

Mittlerer Fehler der Gewichtseinheit:

$$m_0 = \pm\sqrt{\frac{[VVP]}{2-1}} = \frac{\pm w}{\sqrt{[s]}}. \tag{4}$$

Mittlerer Fehler der Beobachtung l_i auf der Strecke s_i:

$$m_i = \frac{m_0}{\sqrt{p_i}} = m_0\sqrt{s_i}\,. \tag{5}$$

Mittlerer Fehler des arithmetischen Mittels — also einer ausgeglichenen Beobachtung auf der Strecke s_i —:

$$m_{xi} = \frac{m_0}{\sqrt{[P]}} = m_0\sqrt{s_i}\sqrt{1-\frac{s_i}{[s]}} = m_i\sqrt{1-\frac{s_i}{[s]}}\,. \tag{6}$$

Durch die Ausgleichung ist also der mittlere Fehler einer beobachteten Strecke s_i im Verhältnis $1:\sqrt{(1-s_i/[s])}$ zurückgegangen.

Die Formeln (1) bis (6) lassen sich verallgemeinern, indem überall statt s_i und $[s]$ die Gewichtssymbole $1/p_i$ und $[1/p]$ eingesetzt werden.

III. Ausgleichung von vermittelnden Beobachtungen.

§ 12. Einführung in die Methode der vermittelnden Beobachtungen.

Das Verfahren der vermittelnden Beobachtungen wird angewandt, wenn mehrere Unbekannte gemeinsam zu bestimmen sind und die Anzahl der Beobachtungen größer ist als die der Unbekannten. Dabei sind in sehr vielen Fällen nicht die Unbekannten selbst beobachtet worden, sondern andere Größen, die mit ihnen in einem funktionellen Zusammenhang stehen. So werden z. B. beim trigonometrischen Einschneiden Winkel gemessen; als Unbekannte aber werden die Koordinaten des Neupunktes eingeführt. Zur Lösung drückt man zunächst die Beobachtungen durch die Unbekannten aus, so daß man sie „vermittels" der Unbekannten miteinander vergleichen kann. Alsdann werden die dabei zutage tretenden Messungswidersprüche auf Grund der Forderung $[vv]$ ein Minimum beseitigt.

Als Einführungsbeispiel diene die im § 11 bereits nach der Methode der direkten Beobachtungen behandelte Aufgabe der Winkelmessung mit Horizontschluß, die den Vorzug hat, daß nur lineare Zusammenhänge in Frage kommen.

Aufgabe 5. *Winkelmessung mit Horizontschluß (II).*

Auf einer Station seien die den Horizont schließenden Winkel L_1, L_2 und L_3 beobachtet; jedoch habe die Zusammenstellung im Kreise nicht den Sollbetrag S, sondern den Widerspruch $w = [L] - S$ ergeben. Wie ist der Widerspruch auf die beobachteten Winkel zu verteilen?

Um die Beobachtungen miteinander in Verbindung zu bringen, sind zwei Unbekannte erforderlich, und zwar möge der ausgeglichene Raum von L_1 mit x, der von L_2 mit y bezeichnet werden. Dann erhält man die *Fehlergleichungen*

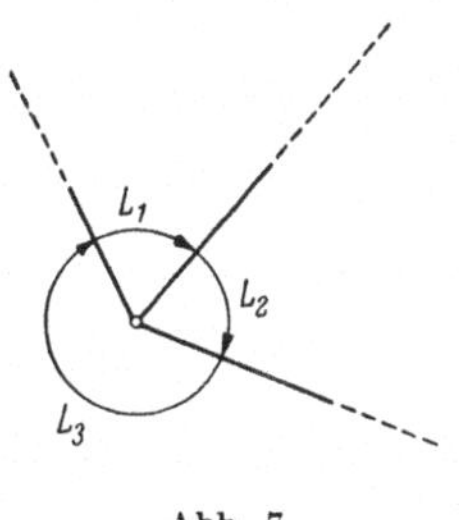

Abb. 7.

$$L_1 + v_1 = x; \quad L_2 + v_2 = y; \quad L_3 + v_3 = S - (x + y),$$

oder anders geschrieben

$$\begin{aligned} v_1 &= +x \qquad - L_1, \\ v_2 &= \qquad + y - L_2, \\ v_3 &= -x - y - (L_3 - S). \end{aligned}$$

Da nur zwei Unbekannte gesucht werden, liegt eine Überbestimmung vor, die durch die Forderung $[vv]$ ein Minimum zu beseitigen ist. Um jedoch unser Beispiel etwas allgemeingültiger zu machen, werden die obigen

Fehlergleichungen mit leicht verständlichen Symbolen allgemeiner Art umgeschrieben in

$$v_1 = a_1 x + b_1 y - l_1,$$
$$v_2 = a_2 x + b_2 y - l_2,$$
$$v_3 = a_3 x + b_3 y - l_3.$$

Quadrieren und Aufsummieren gibt

$$\begin{aligned}[vv] = [aa]x^2 + 2[ab]xy &- 2[al]x \\ + \quad [bb]y^2 &- 2[bl]y \\ &+ \quad [ll].\end{aligned}$$

Zum Aufsuchen des Minimums sind die partiellen Ableitungen zu bilden und gleich Null zu setzen. Man findet

$$\frac{\partial[vv]}{\partial x} = 2[aa]x + 2[ab]y - 2[al] = 0,$$
$$\frac{\partial[vv]}{\partial y} = 2[ab]x + 2[bb]y - 2[bl] = 0,$$

woraus sich nach Division durch 2 die *Normalgleichungen*

$$[aa]x + [ab]y - [al] = 0,$$
$$[ab]x + [bb]y - [bl] = 0$$

ergeben. Letztere liefern eindeutige Werte der Unbekannten, nämlich

$$x = \frac{\begin{vmatrix}[al] & [ab]\\ [bl] & [bb]\end{vmatrix}}{\begin{vmatrix}[aa] & [ab]\\ [ab] & [bb]\end{vmatrix}}, \qquad y = \frac{\begin{vmatrix}[aa] & [al]\\ [ab] & [bl]\end{vmatrix}}{\begin{vmatrix}[aa] & [ab]\\ [ab] & [bb]\end{vmatrix}}.$$

Zur rechnerischen Auswertung findet man durch Vergleichen der beiden obigen Fehlergleichungssysteme

$$a_1 = b_2 = +1; \qquad b_1 = a_2 = 0; \qquad a_3 = b_3 = -1,$$
$$l_1 = L_1; \qquad l_2 = L_2; \qquad l_3 = L_3 - S.$$

Damit wird

$$[aa] = 2; \qquad [ab] = 1; \qquad [al] = L_1 - L_3 + S = 2L_1 + L_2 - w;$$
$$[bb] = 2; \qquad [bl] = L_2 - L_3 + S = L_1 + 2L_2 - w.$$

Durch Einsetzen in die obigen Determinanten ergibt sich bei gleichzeitiger Beachtung der Fehlergleichungen

$$x = L_1 + v_1 = L_1 - \frac{w}{3},$$
$$y = L_2 + v_2 = L_2 - \frac{w}{3},$$
$$L_3 + v_3 = L_3 - \frac{w}{3}.$$

Damit ist die in Aufgabe 3 gefundene Lösung bestätigt worden. Von der Fehlerrechnung wird abgesehen, weil es dafür zuvor besonderer Formelentwicklungen bedarf.

§ 13. Aufstellen der Fehlergleichungen.

Der Zusammenhang zwischen Beobachtung und Unbekannten ist in der Regel nicht so einfach zu überblicken wie in dem Einführungsbeispiel. Sehr häufig sind die Beziehungen nicht linear. Die Fehlergleichungen schreibt man daher, wenn unter $L_i + v_i$ die Beobachtungen und ihre Verbesserungen und unter $x, y, z, \ldots$ die günstigsten Werte der Unbekannten verstanden werden, zunächst in der allgemeinen Form

$$L_i + v_i = f(x, y, z, \ldots), \tag{1}$$

worin f eine lineare oder eine nichtlineare Funktion bedeuten kann.

Das Auffinden einer Funktion, die die gesuchten Beziehungen in möglichst einfacher Form wiedergibt und gegebenenfalls ihre Umbildung in lineare Fehlergleichungen verlangen in jedem Falle eine besondere, oft nicht ganz einfache Ableitung. Das Aufstellen und Linearisieren der Fehlergleichungen gilt daher als der wichtigste und zugleich schwierigste Schritt der Ausgleichung nach vermittelnden Beobachtungen. Alle übrigen Schritte, insbesondere das Aufstellen und das Auflösen der Normalgleichungen und die Fehlerrechnung, gehen nach einem bekannten ein für allemal gültigen Schema vor sich.

Das Aufstellen der Fehlergleichungen beginnt mit

1. Wahl der Unbekannten.

Welche Größen als Unbekannte anzusprechen sind, liegt keineswegs von vornherein fest. Denkt man z. B. an die Bestimmung durch Bogenschlag, so ist klar, daß zur Festlegung des Neupunktes zwei Stücke erforderlich sind. Diese können sein

die rechtwinkligen Koordinaten x und y des Neupunktes,
die Polarkoordinaten r und φ,
zwei Richtungswinkel α_1 und α_2,
zwei Strecken s_1 und s_2,
zwei Dreieckswinkel über der Verbindungslinie zweier gegebener Punkte.

Allgemein gelten folgende Grundsätze für das Aufstellen der Fehlergleichungen:

a) Es sind so viele Unbekannte einzuführen wie notwendig und hinreichend sind, um die Messungsgrößen miteinander zu verbinden.

b) Die Unbekannten müssen unabhängig voneinander sein.

c) Jede gemessene Größe erhält eine Verbesserung. Es ist also die Anzahl der Fehlergleichungen gleich der Anzahl der Beobachtungen.

d) Das Vorzeichen der Verbesserungen bestimmt die Vorschrift:

Messung + Verbesserung = Soll.

2. Lineare Fehlergleichungen.

Nachdem die Unbekannten gewählt sind, ist für jede Messung eine Fehlergleichung aufzustellen, d. h. man hat die verbesserte Beobachtung durch die Unbekannten auszudrücken. Sind die Beziehungen (1) zwischen Beobachtung und Unbekannten linear, so bringt man die Fehlergleichungen, wenn zunächst einmal drei Unbekannte angenommen werden, in die Form

$$v_i = a_i x + b_i y + c_i z - l_i. \tag{2}$$

Meistens werden, um mit kleinen Zahlen rechnen zu können, mittels

$$x = x_0 + \delta x, \qquad y = y_0 + \delta y, \qquad z = z_0 + \delta z \tag{3}$$

Näherungswerte eingeführt. Dann lauten die Fehlergleichungen

$$v_i = a_i \delta x + b_i \delta y + c_i \delta z - (L_i - a_i x_0 - b_i y_0 - c_i z_0),$$

und wenn der Klammerausdruck rechter Hand zusammengefaßt wird zu

$$-l_i = -(L_i - a_i x_0 - b_i y_0 - c_i z_0), \tag{4}$$

so erhält man die umgeformten Fehlergleichungen

$$\left.\begin{aligned} v_1 &= a_1 \delta x + b_1 \delta y + c_1 \delta z - l_1, \\ v_2 &= a_2 \delta x + b_2 \delta y + c_2 \delta z - l_2, \\ &\cdots\cdots\cdots\cdots\cdots \\ v_n &= a_n \delta x + b_n \delta y + c_n \delta z - l_n. \end{aligned}\right\} \tag{5}$$

3. Nichtlineare Fehlergleichungen.

Sind die ursprünglichen Fehlergleichungen (1) nicht linear, so wird man sie — meistens mit Hilfe der TAYLORschen Reihe für mehrere Unbekannte — linearisieren. Wieder seien x_0, y_0, z_0 Näherungswerte, die man sich etwa durch Rechnung mit einem Teil der Beobachtungen verschafft hat. Dann lautet die erste Gleichung eines Systems

$$L_1 + v_1 = f_1(x_0 + \delta x, \quad y_0 + \delta y, \quad z_0 + \delta z),$$

und wenn die Näherungswerte so gut gewählt sind, daß die höheren Ableitungen vernachlässigt werden können, wird

$$L_1 + v_1 = f_1(x_0, y_0, z_0) + \left(\frac{\partial f_1}{\partial x}\right)_0 \delta x + \left(\frac{\partial f_1}{\partial y}\right)_0 \delta y + \left(\frac{\partial f_1}{\partial z}\right)_0 \delta z. \tag{6}$$

Setzt man nun

$$\left(\frac{\partial f_1}{\partial x}\right)_0 = a_1, \quad \left(\frac{\partial f_1}{\partial y}\right)_0 = b_1, \quad \left(\frac{\partial f_1}{\partial z}\right)_0 = c_1 \tag{7}$$

und

$$f_1(x_0, y_0, z_0) - L_1 = -l_1, \tag{8}$$

so erhält die *umgeformte Fehlergleichung* wieder die Form

$$v_1 = a_1 \delta x + b_1 \delta y + c_1 \delta z - l_1.$$

Ebenso wird aus der ursprünglichen Fehlergleichung

$$L_2 + v_2 = f_2(x, y, z)$$

die umgeformte Fehlergleichung

$$v_2 = a_2 \delta x + b_2 \delta y + c_2 \delta z - l_2,$$

so daß man schließlich wieder das System (5) erhält.

Ein zweiter Weg, nichtlineare Fehlergleichungen auf lineare Form zu bringen, besteht in der Anwendung der bereits im Beisp. 8 im § 3 benutzten Tafelfortschritte. Auf diese wird später (Aufgabe 15 in § 25) zurückgegriffen werden. Von den nachstehenden Aufgaben veranschaulicht die erste die Überlegungen bei der Auswahl der Unbekannten, die zweite das Linearmachen mit der TAYLORschen Reihe.

Aufgabe 6. *Maßstabsvergleich (I).*

Um die Einheit eines älteren Zollmaßstabes zu ermitteln, wurde, wie in der Zeichnung angedeutet, neben den am besten erhaltenen Teil des Zollstockes ein 25 cm langer Millimetermaßstab gelegt, und es wurden die den deutlichsten Zollstrichen gegenüberliegenden Werte am Millimetermaßstab auf $^1/_{20}$ mm abgelesen. Gesucht ist der Wert des Zolls in Millimetern.

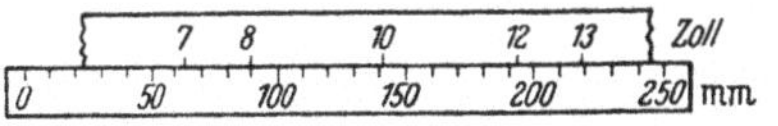

7 8 10 12 13 Zoll
0 50 100 150 200 250 mm

Abb. 8.

Zoll	Millimeter
7	63,10
8	89,15
10	141,40
12	193,45
13	219,50

Die Beobachtungen l, die verbessert werden müssen, sind die Ablesungen am Millimetermaßstab. Wollte man die Zolleinheit ohne Überbestimmung ermitteln, so wären zwei Ablesungen erforderlich. Also müssen auch zwei Unbekannte vorhanden sein, die so auszusuchen sind, daß „mittels" dieser Unbekannten die Beobachtungen leicht miteinander in Verbindung gebracht werden können. Wir wählen als Unbekannte x den Wert, der dem Zollstrich 7 auf dem Millimetermaßstab zukommt, und als y die Einheit des Zollmaßstabes in Millimetern. Zur Vereinfachung der Zahlenrechnung werden Näherungswerte eingeführt, und zwar für x der abgerundete Wert der ersten Ablesung, für y ein aus der Differenz von Anfangs- und Schlußablesung errechneter Mittelwert, also

$$x = x_0 + \delta x = 63{,}0 + \delta x, \quad y = y_0 + \delta y = 26{,}10 + \delta y.$$

Damit erhält man

die ursprünglichen Fehlergleichungen	die umgeformten Fehlergleichungen
$63{,}10 + v_1 = x,$	$v_1 = \delta x \qquad\qquad - 0{,}10,$
$89{,}15 + v_2 = x + y,$	$v_2 = \delta x + \delta y - 0{,}05,$
$141{,}40 + v_3 = x + 3y,$	$v_3 = \delta x + 3\delta y - 0{,}10,$
$193{,}45 + v_4 = x + 5y,$	$v_4 = \delta x + 5\delta y + 0{,}05,$
$219{,}50 + v_5 = x + 6y,$	$v_5 = \delta x + 6\delta y + 0{,}10.$

Auf demselben Wege wie im Beispiel des vorigen Paragraphen folgen daraus die Normalgleichungen

$$5\,\delta x + 15\,\delta y - 0{,}10 = 0\,,$$
$$15\,\delta x + 71\,\delta y - 0{,}50 = 0\,,$$

die nach irgendeinem Verfahren aufgelöst

$$\delta x = +0{,}113 \quad \text{und} \quad \delta y = -0{,}031$$

ergeben. Durch Anbringen an die Näherungswerte folgen daraus als Werte

für die Anfangsablesung: $x = 63{,}0 + 0{,}11 = 63{,}11$ mm,
für die Einheit des Zolls: $y = 26{,}1 - 0{,}03 = 26{,}07$ mm.

Die Unbekannte x ist für die in der Aufgabe gestellte Frage unerheblich; sie ist aber erforderlich, um die Beziehungen zwischen den Beobachtungen herzustellen. Da sie gewissermaßen die beiden Maßstäbe zueinander orientiert, wird sie *Orientierungsunbekannte* genannt (vgl. Aufgabe 11 in § 23).

Die Aufgabe *Maßstabsvergleich* tritt in der Geodäsie in mancherlei Einkleidungen auf, z. B. als Bestimmung von Libellenangaben, Untersuchung von Meßschrauben, Ermittlung von Distanzmesserkonstanten usw.

Aufgabe 7. *Punktbestimmung durch Bogenschlag.*

Der Punkt $P(x, y)$ ist in der aus der Zeichnung ersichtlichen Weise durch die Strecken s_1, s_2, s_3 und s_4 festgelegt worden. Gesucht ist die günstigste Lage des Neupunktes.

Geeignete Unbekannte sind die Koordinaten des Neupunktes. Damit erhält man die ursprüngliche Fehlergleichung für die Strecke s_1

$$s_1 + v_1 = \sqrt{(x - x_1)^2 + (y - y_1)^2} = f_1(x, y)\,.$$

Zur Linearisierung berechne man für den Neupunkt auf irgendeinem Wege die Näherungskoordinaten x_0, y_0 und setze $x = x_0 + \delta x$ und $y = y_0 + \delta y$.
Dann wird

$$s_1 + v_1 = \sqrt{(x_0 - x_1 + \delta x)^2 + (y_0 - y_1 + \delta y)^2} = f_1(x_0, y_0) + \left(\frac{\partial f_1}{\partial x}\right)_0 \delta x + \left(\frac{\partial f_1}{\partial y}\right)_0 \delta y\,.$$

Die Einzelberechnung der Glieder ergibt

$$f_1(x_0, y_0) = \sqrt{(x_0 - x_1)^2 + (y_0 - y_1)^2} = s_1^0\,,$$

$$\frac{\partial f_1}{\partial x} = \frac{2(x - x_1)}{2\sqrt{(x - x_1)^2 + (y - y_1)^2}}\,, \quad \left(\frac{\partial f_1}{\partial x}\right)_0 = \frac{x_0 - x_1}{s_1^0}\,,$$

$$\frac{\partial f_1}{\partial y} = \frac{2(y - y_1)}{2\sqrt{(x - x_1)^2 + (y - y_1)^2}}\,, \quad \left(\frac{\partial f_1}{\partial y}\right)_0 = \frac{y_0 - y_1}{s_1^0}\,,$$

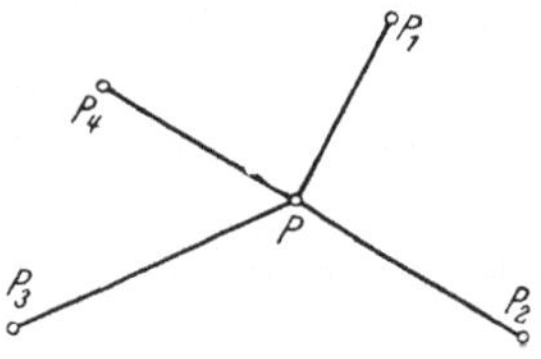

so daß die umgeformte Fehlergleichung lautet

$$v_1 = \frac{x_0 - x_1}{s_1^0}\,\delta x + \frac{y_0 - y_1}{s_1^0}\,\delta y - (s_1 - s_1^0)\,.$$

Abb. 9.

Entsprechende Fehlergleichungen sind für s_2, s_3 und s_4 aufzustellen, wobei nach § 6, Ziff. 2, den Beobachtungen (und damit auch den Fehlergleichungen) die Gewichte $1/s_1$, $1/s_2$, $1/s_3$ und $1/s_4$ zukommen.

Die Weiterrechnung möge bis zur Behandlung der Gewichte in § 18 zurückgestellt werden.

§ 14. Aufstellen und Auflösen der Normalgleichungen nebst Summenproben.

1. Aufstellen der Normalgleichungen.

Aus den linearen oder linearisierten Fehlergleichungen sind nunmehr die günstigsten Werte herzuleiten. In Aufgabe 5 ist das bereits für zwei Unbekannte gezeigt worden. Der Übergang auf drei oder mehr Unbekannte bietet nichts grundsätzlich Neues. Wir gehen aus von den Gleichungen § 13 (5), ersetzen jedoch der einfacheren Schreibweise wegen δx durch x usw. und erhalten so die gleichgewichtigen linearen *Fehlergleichungen*

$$\left.\begin{array}{l} v_1 = a_1 x + b_1 y + c_1 z - l_1, \\ v_2 = a_2 x + b_2 y + c_2 z - l_2, \\ \dots\dots\dots\dots\dots\dots\dots\dots \\ v_n = a_n x + b_n y + c_n z - l_n. \end{array}\right\} \quad (1)$$

Bezeichnet man die Zahl der Unbekannten mit u, so liegt eine Überbestimmung vor, wenn n größer als u ist. Um die dadurch hervorgerufene Unbestimmtheit zu beseitigen, ist $[vv]$ zum Minimum zu machen. Man errechne zunächst durch Quadrieren und Aufsummieren der Fehlergleichungen (1)

$$\begin{aligned}[vv] = [aa]x^2 &+ 2[ab]xy + 2[ac]xz - 2[al]x \\ &+ \quad [bb]y^2 + 2[bc]yz - 2[bl]y \\ &\qquad\qquad + \quad [cc]z^2 - 2[cl]z \\ &\qquad\qquad\qquad\qquad + \quad [ll].\end{aligned}$$

Dann bilde man, um das Minimum aufzufinden,

$$\frac{\partial[vv]}{\partial x} = 2[aa]x + 2[ab]y + 2[ac]z - 2[al],$$

$$\frac{\partial[vv]}{\partial y} = 2[ab]x + 2[bb]y + 2[bc]z - 2[bl],$$

$$\frac{\partial[vv]}{\partial z} = 2[ac]x + 2[bc]y + 2[cc]z - 2[cl],$$

setze die partiellen Ableitungen gleich Null und erhält damit die *Normalgleichungen*

$$\left.\begin{array}{l} [aa]x + [ab]y + [ac]z - [al] = 0, \\ [ab]x + [bb]y + [bc]z - [bl] = 0, \\ [ac]x + [bc]y + [cc]z - [cl] = 0. \end{array}\right\} \quad (2)$$

$[aa]$, $[ab]$ usw. sind die Normalgleichungskoeffizienten, $-[al]$, $-[bl]$ usw. die Absolutglieder. Die Koeffizienten der Unbekannten sind symmetrisch aufgebaut, wobei eine Diagonale Symmetrieachse ist. Die quadratischen Glieder auf der Symmetrieachse haben stets positives Vorzeichen. Da der symmetrische Aufbau bei vier und mehr Unbekannten erhalten bleibt, kann auf größere Normalgleichungssysteme durch Schluß von n auf $n+1$ übergegangen werden.

2. Die Auflösung der Normalgleichungen.

Diese kann bei zwei oder drei Unbekannten mit Determinanten geschehen. Bei vier und mehr Unbekannten ist dieser Weg jedoch unzweckmäßig. Deshalb werden die Normalgleichungen in der Regel mit einem von C. F. GAUSS angegebenen Eliminationsverfahren, dem GAUSSschen Algorithmus, aufgelöst. Da die Darstellung in Formeln ziemlich unübersichtlich, bei der Anwendung in der Zahlenrechnung jedoch ganz einfach ist, werde der Vorgang zunächst an einem Zahlenbeispiel gezeigt und dann in die Formelsprache übertragen. Gegeben seien die *Fehlergleichungen*

$$\begin{aligned} v_1 &= 4x + 3y + 2z - 2, \\ v_2 &= -x + 2y + 3z + 6, \\ v_3 &= -2x - 2y + 4z + 1, \\ v_4 &= 2x + y - 2z - 3, \\ v_5 &= x + 2y + 3z + 2, \end{aligned}$$

in denen die Koeffizienten von x, y und z den a, b und c der Gln. (1), die Absolutglieder den $-l$ entsprechen. Aus ihnen bilde man die zum Aufstellen der Gln. (2) erforderlichen Koeffizienten $[aa]$, $[ab]$, ... und erhält damit die *Normalgleichungen*

$$\begin{aligned} &\text{A:} \quad 26x + 18y - 4z - 20 = 0, \\ &\text{B:} \quad 18x + 22y + 8z + 5 = 0, \\ &\text{C:} \quad -4x + 8y + 42z + 30 = 0. \end{aligned}$$

Um aus diesem System die Unbekannte x zu eliminieren, wird die A-Gleichung zuerst mit dem Faktor $-18/26$, dann mit $+4/26$ multipliziert:

$$\begin{aligned} -18x - 12{,}46y + 2{,}77z + 13{,}85 &= 0, \\ +4x + 2{,}77y - 0{,}62z - 3{,}08 &= 0. \end{aligned}$$

Die erste Zeile addiert man zur B-Gleichung, die zweite zur C-Gleichung und erhält die *einmal reduzierten Normalgleichungen*

$$\begin{aligned} &B\cdot 1: \quad 9{,}54y + 10{,}77z + 18{,}85 = 0, \\ &C\cdot 1: \quad 10{,}77y + 41{,}38z + 26{,}92 = 0. \end{aligned}$$

Alsdann wird die $B\cdot 1$-Gleichung mit $-10{,}77/9{,}54$ multipliziert mit dem Ergebnis

$$-10{,}77y - 12{,}16z - 21{,}28 = 0,$$

welches zur $C\cdot 1$-Gleichung addiert die *zweimal reduzierte Normalgleichung*

$$C\cdot 2:\quad 29{,}22z + 5{,}64 = 0$$

ergibt.

Zur Berechnung der Unbekannten liefert

die $C\cdot 2$-Gleichung: $z = -\frac{5{,}64}{29{,}22} = -0{,}193$,

die $B\cdot 1$-Gleichung: $y = -\frac{18{,}85}{9{,}54} - \frac{10{,}77}{9{,}54}z = -1{,}758$,

die A-Gleichung: $x = +\frac{20}{26} + \frac{4}{26}z - \frac{18}{26}y = +1{,}957$.

Dieser Vorgang ist nunmehr in die Formelsprache zu übertragen. Ausgegangen wird von den *Normalgleichungen*

$$\left.\begin{array}{ll|cc}
 & & \multicolumn{2}{c}{\text{Reduktionsfaktoren}} \\
 & & \text{für } B & \text{für } C \\
\text{A:} & [a\,a]\,x + [a\,b]\,y + [a\,c]\,z - [a\,l] = 0, & -\frac{[a\,b]}{[a\,a]} & -\frac{[a\,c]}{[a\,a]} \\
\text{B:} & [a\,b]\,x + [b\,b]\,y + [b\,c]\,z - [b\,l] = 0, & & \\
\text{C:} & [a\,c]\,x + [b\,c]\,y + [c\,c]\,z - [c\,l] = 0. & &
\end{array}\right\} \tag{3}$$

Wird nun die A-Gleichung nacheinander mit den dahinter vermerkten Faktoren multipliziert und zur B- und C-Gleichung addiert, so folgen die *einmal reduzierten Normalgleichungen*

$$\left.\begin{array}{l}
\left([b\,b] - \frac{[a\,b]}{[a\,a]}[a\,b]\right)y + \left([b\,c] - \frac{[a\,b]}{[a\,a]}[a\,c]\right)z - \left([b\,l] - \frac{[a\,b]}{[a\,a]}[a\,l]\right) = 0, \\
\left([b\,c] - \frac{[a\,c]}{[a\,a]}[a\,b]\right)y + \left([c\,c] - \frac{[a\,c]}{[a\,a]}[a\,c]\right)z - \left([c\,l] - \frac{[a\,c]}{[a\,a]}[a\,l]\right) = 0
\end{array}\right\} \tag{4}$$

oder in *Gaußscher Schreibweise*

$$\left.\begin{array}{ll|c}
 & & \text{Reduktionsfaktor} \\
B\cdot 1: & [b\,b\cdot 1]\,y + [b\,c\cdot 1]\,z - [b\,l\cdot 1] = 0, & -\frac{[b\,c\cdot 1]}{[b\,b\cdot 1]} \\
C\cdot 1: & [b\,c\cdot 1]\,y + [c\,c\cdot 1]\,z - [c\,l\cdot 1] = 0. &
\end{array}\right\} \tag{4a}$$

Ganz entsprechend ergibt sich durch Multiplikation der $B\cdot 1$-Gleichung mit dem dahinter vermerkten Faktor und Addition zur $C\cdot 1$-Gleichung die *zweimal reduzierte Normalgleichung*

$$\left([c\,c\cdot 1] - \frac{[b\,c\cdot 1]}{[b\,b\cdot 1]}[b\,c\cdot 1]\right)z - \left([c\,l\cdot 1] - \frac{[b\,c\cdot 1]}{[b\,b\cdot 1]}[b\,l\cdot 1]\right) = 0 \tag{5}$$

oder in *Gaußscher Schreibweise*

$$C\cdot 2:\qquad [c\,c\cdot 2]\,z - [c\,l\cdot 2] = 0. \tag{5a}$$

Hieraus kann z errechnet werden, während y und x durch rückwärtiges Einsetzen in je eine Gleichung der Systeme (4a) und (3) erhalten werden.

Benutzt man hierzu immer die erste Gleichung, so folgt

$$\left.\begin{aligned} z &= +\frac{[c\,l\cdot 2]}{[c\,c\cdot 2]},\\ y &= +\frac{[b\,l\cdot 1]}{[b\,b\cdot 1]}-\frac{[b\,c\cdot 1]}{[b\,b\cdot 1]}z,\\ x &= +\frac{[a\,l]}{[a\,a]}-\frac{[a\,c]}{[a\,a]}z-\frac{[a\,b]}{[a\,a]}y. \end{aligned}\right\} \tag{6}$$

In diesen Gleichungen ist jeweils nur das erste Glied neu zu bilden, während die Koeffizienten für y und z mit den in (3) und (4a) rechts herausgeschriebenen Reduktionsfaktoren identisch sind. Zum Aufbau der reduzierten Koeffizienten merke man folgendes:

1. Für die erste Reduktion wird die A-Gleichung durch $[aa]$ dividiert, für die zweite die $B\cdot 1$-Gleichung durch $[bb\cdot 1]$, in der dritten die $C\cdot 2$-Gleichung durch $[cc\cdot 2]$ usw.

2. Denkt man sich in den voll ausgeschriebenen Koeffizienten der reduzierten Normalgleichungen (4) und (5) die Summenklammern weg, so hat man die Probe, daß jeder Koeffizient den algebraischen Wert Null ergeben muß.

3. Der symmetrische Aufbau der Normalgleichungen bleibt bei der Reduktion erhalten. Es ist daher üblich, die Normalgleichungen in der nachstehenden Form *abgekürzt* zu schreiben:

$$\left.\begin{aligned} \underline{[a\,a]\,x} + [a\,b]\,y + [a\,c]\,z - [a\,l] &= 0,\\ \underline{[b\,b]\,y} + [b\,c]\,z - [b\,l] &= 0,\\ \underline{[c\,c]\,z} - [c\,l] &= 0,\\ \underline{[b\,b\cdot 1]\,y} + [b\,c\cdot 1]\,z - [b\,l\cdot 1] &= 0,\\ \underline{[c\,c\cdot 1]\,z} - [c\,l\cdot 1] &= 0,\\ \underline{[c\,c\cdot 2]\,z} - [c\,l\cdot 2] &= 0. \end{aligned}\right\} \tag{7}$$

4. Die von der Abkürzung nicht betroffenen ersten Gleichungen jeder Gruppe, also die A-, $B\cdot 1$-, $C\cdot 2$-Gleichung usw., heißen *Endgleichungen.*

3. Summenproben.

Um die Rechnung gegen Rechenfehler zu schützen, werden zahlreiche Proben mitgeführt. Man unterscheidet fortlaufende Proben, Abschnittsproben und durchgreifende Schlußproben. Zur fortlaufenden Prüfung der Rechnung haben sich als besonders zweckmäßig die Summenproben erwiesen. Diese beginnen bereits bei der Berechnung der Normalgleichungskoeffizienten aus den Fehlergleichungen (1). Sie sind entweder Spalten- oder Zeilenproben. Bei der Spaltenprobe werden die übereinanderstehenden Koeffizienten addiert, bei der Zeilenprobe die Koeffizienten jeder Zeile. Da die Zeilenprobe — auch Quersummenprobe genannt — die größeren Anwendungsmöglichkeiten bietet, soll sie allein vorgetragen werden.

Man bilde in den Fehlergleichungen (1) aus den Koeffizienten die Zeilensummen

$$\left.\begin{aligned} a_1 + b_1 + c_1 - l_1 &= s_1, \\ a_2 + b_2 + c_2 - l_2 &= s_2 \text{ usw.,} \end{aligned}\right\} \tag{8}$$

notiere für jede Zeile des Systems (1) rechts am Rande das zugehörige s und berechne neben den $[aa]$, $[ab]$, ... auch $[as]$, $[bs]$, ... Es leuchtet ohne Beweis ein, daß dann

$$\left.\begin{aligned} [aa] + [ab] + [ac] - [al] &= [as], \\ [ab] + [bb] + [bc] - [bl] &= [bs] \text{ usw.} \end{aligned}\right\} \tag{9}$$

sein muß. Damit ist das *Aufstellen* der Normalgleichungskoeffizienten kontrolliert.

Zur *Sicherung der Reduktion* werden die Summenglieder während des ganzen Rechenvorganges mitgeführt und mechanisch in derselben Weise reduziert wie die übrigen Koeffizienten. Es ergibt sich also das Koeffizientenschema

$$\left.\begin{array}{cccccc|c} [aa] & [ab] & [ac] & - & [al] & & [as], \\ [ab] & [bb] & [bc] & - & [bl] & & [bs], \\ [ac] & [bc] & [cc] & - & [cl] & & [cs], \\ & [bb\cdot 1] & [bc\cdot 1] & - & [bl\cdot 1] & & [bs\cdot 1], \\ & [bc\cdot 1] & [cc\cdot 1] & - & [cl\cdot 1] & & [cs\cdot 1], \\ & & [cc\cdot 2] & - & [cl\cdot 2] & & [cs\cdot 2]. \end{array}\right\} \tag{10}$$

Bildet man nun in jeder Zeile die Summe der Glieder links des Vertikalstriches, so muß auch in den reduzierten Normalgleichungen die Zeilensumme bis auf Abrundungsfehler mit dem Summenglied rechts des Vertikalstriches übereinstimmen. In Formeln lautet diese Behauptung:

$$\left.\begin{aligned} [bb\cdot 1] + [bc\cdot 1] - [bl\cdot 1] &= [bs\cdot 1], \\ [bc\cdot 1] + [cc\cdot 1] - [cl\cdot 1] &= [cs\cdot 1], \\ [cc\cdot 2] - [cl\cdot 2] &= [cs\cdot 2]. \end{aligned}\right\} \tag{11}$$

Zum Beweise schreibe man die erste Gl. (11) in der aufgelösten Form

$$\left([bb] - \frac{[ab]}{[aa]}[ab]\right) + \left([bc] - \frac{[ab]}{[aa]}[ac]\right) - \left([bl] - \frac{[ab]}{[aa]}[al]\right) = \left([bs] - \frac{[ab]}{[aa]}[as]\right)$$

und fasse die gleichgebauten Ausdrücke auf der linken Seite zusammen zu

$$[bb] + [bc] - [bl] - \frac{[ab]}{[aa]}([ab] + [ac] - [al]) = [bs] - \frac{[ab]}{[aa]}[as].$$

Wird zu dieser Gleichung die Identität

$$[ab] - \frac{[ab]}{[aa]}[aa] = 0$$

hinzugezählt, so folgt unter Beachtung der ersten beiden Gln. (9)

$$[bs] - \frac{[ab]}{[aa]}[as] = [bs] - \frac{[ab]}{[aa]}[as],$$

womit die erste Gl. (11) bestätigt ist. Auf demselben Wege gelingen auch die Beweise für die zweite und dritte Gl. (11). Durch die Summenproben werden also sowohl das Aufstellen der Normalgleichungen aus den Fehlergleichungen als auch der Reduktionsvorgang geprüft. Ein Zahlenbeispiel folgt am Schluß des § 15.

§ 15. $[vv]$-Proben, Schlußprobe und Rechenschema.

1. Berechnung der v mit v-Proben.

Im Anschluß an die Berechnung der Unbekannten werden aus den umgeformten Fehlergleichungen

$$\left.\begin{array}{l|l|l|l} v_1 = a_1 x + b_1 y + c_1 z - l_1 & a_1 & b_1 & c_1 \\ v_2 = a_2 x + b_2 y + c_2 z - l_2 & a_2 & b_2 & c_2 \\ \cdots & & & \cdots \\ v_n = a_n x + b_n y + c_n z - l_n & a_n & b_n & c_n \end{array}\right\} \quad (1)$$

die v berechnet. Um eine Rechenprobe zu bekommen, multipliziere man jede Gleichung mit ihrem a und gehe zur Summe. Das gibt

$$[av] = [aa]x + [ab]y + [ac]z - [al] = 0;$$

also die erste Normalgleichung des Systems § 14 (2). Entsprechend ist, wenn jede Fehlergleichung mit ihrem b multipliziert wird,

$$[bv] = [ab]x + [bb]y + [bc]z - [bl] = 0$$

und nach Multiplikation mit den c

$$[cv] = [ac]x + [bc]y + [cc]z - [cl] = 0.$$

Mithin bestehen für die Berechnung der v die Proben

$$[av] = 0, \qquad [bv] = 0, \qquad [cv] = 0. \qquad (2)$$

In der Ausgleichungspraxis finden diese Proben kaum Anwendung, weil die Ausrechnung ziemlich umständlich ist und die v, wie nachstehend gezeigt wird, mit geringerer Mühe geprüft werden können.

2. Berechnung von $[vv]$ nebst $[vv]$-Proben.

Die aus (1) ermittelten v ergeben quadriert und aufsummiert $[vv]$. Um für $[vv]$ eine unabhängige Kontrollformel zu finden, multipliziere man jede der Gln. (1) mit ihrem v und gehe zur Summe. Man erhält

$$[vv] = [av]x + [bv]y + [cv]z - [lv]$$

oder im Hinblick auf (2)

$$[vv] = -[lv]. \tag{3}$$

Zur Berechnung von $-[lv]$ werde jede Gl. (1) mit ihrem $-l$ multipliziert. Dann ist die Summe

$$-[lv] = [ll] - [al]x - [bl]y - [cl]z,$$

die eingesetzt in die vorangegangene Gleichung die *erste* $[vv]$-*Probe* ergibt:

$$[vv] = [ll] - [al]x - [bl]y - [cl]z. \tag{4}$$

Zu einer weiteren $[vv]$-Probe gelangt man durch Eliminieren der Unbekannten aus (4). Zunächst ersetzt man x gemäß der dritten Gleichung des Systems § 14 (6) durch

$$-x = \frac{[ab]}{[aa]}y + \frac{[ac]}{[aa]}z - \frac{[al]}{[aa]}.$$

Das gibt

$$\begin{aligned}[vv] &= [ll] - \frac{[al]^2}{[aa]} - \left([bl] - \frac{[ab]}{[aa]}[al]\right)y - \left([cl] - \frac{[ac]}{[aa]}[al]\right)z \\ &= [ll] - \frac{[al]^2}{[aa]} - [bl\cdot 1]y - [cl\cdot 1]z.\end{aligned}$$

Die Elimination von y führt mit der zweiten Gleichung von § 14 (6)

$$-y = \frac{[bc\cdot 1]}{[bb\cdot 1]}z - \frac{[bl\cdot 1]}{[bb\cdot 1]}$$

auf

$$[vv] = [ll] - \frac{[al]^2}{[aa]} - \frac{[bl\cdot 1]^2}{[bb\cdot 1]} - [cl\cdot 2]z.$$

Wird endlich für z der Wert aus der Gleichung § 14 (6) eingesetzt, so erscheint die *zweite* $[vv]$-*Probe*

$$[vv] = [ll] - \frac{[al]^2}{[aa]} - \frac{[bl\cdot 1]^2}{[bb\cdot 1]} - \frac{[cl\cdot 2]^2}{[cc\cdot 2]}, \tag{5}$$

die es erlaubt, $[vv]$ ohne Benutzung der Unbekannten direkt aus den Beobachtungen zu errechnen.

3. $\sum$-Proben und $[ll]$-Proben.

In den Formen (4) und (5) werden die $[vv]$-Proben selten verwandt. Die Katasteranweisung IX überführt sie durch Gleichsetzen der rechten Seiten in die *erste und zweite* Σ-*Probe*

$$\sum = -[al]x - [bl]y - [cl]z = -\frac{[al]^2}{[aa]} - \frac{[bl\cdot 1]^2}{[bb\cdot 1]} - \frac{[cl\cdot 2]^2}{[cc\cdot 2]}, \tag{6}$$

$$[vv] = [ll] + \sum, \tag{7}$$

von denen erstere die Berechnung der Unbekannten, die zweite $[vv]$ prüft.

Die beiden $[vv]$-Proben lassen sich aber auch in den *Gaußschen Algorithmus* einbauen. Zu diesem Zweck wird (4) in der Form

$$-[al]x - [bl]y - [cl]z + [ll] = [vv] \tag{4a}$$

an das Normalgleichungssystem § 14 (3) gewissermaßen als $(n+1)$-te Normalgleichung (L-Gleichung) angehängt und in den Reduktionsvorgang einbezogen. Bei der Reduktion bleibt, wie man bei der Durchrechnung sofort erkennt, der Ausdruck $[vv]$ unverändert erhalten. Die 2., 3. und 4. Reduktionsstufe lauten mithin

$$\left.\begin{aligned} -[bl\cdot 1]\,y - [cl\cdot 1]\,z + [ll\cdot 1] &= [vv]\,, \\ -[cl\cdot 2]\,z + [ll\cdot 2] &= [vv]\,, \\ [ll\cdot 3] &= [vv]\,. \end{aligned}\right\} \tag{8}$$

Schreibt man in diesen Gleichungen die reduzierten Koeffizienten nach dem Muster des § 14 (4) und (5) vollständig aus, indem man jeden Koeffizienten durch die Koeffizienten der vorangegangenen Reduktionsstufe ausdrückt, so erhält man wieder die Formel (5). $[ll\cdot 3]$ oder bei u Unbekannten allgemeiner $[ll\cdot u]$ ist also lediglich eine andere Schreibweise für (5); weniger schön als zweckmäßig wird dafür wohl die Bezeichnung *reduzierte Fehlerquadratsumme* gebraucht.

Um diese Probe mit der laufenden Summenprobe zu verbinden, werden die Gln. (4a) und (8) in die in § 14 beschriebene Zeilensummenprobe einbezogen. Das Koeffizientenschema des § 14 (10) wird also erweitert durch die Ausdrücke

$$\left.\begin{array}{rrrr|r} -[al] & -[bl] & -[cl] & +[ll] & -[ls], \\ & -[bl\cdot 1] & -[cl\cdot 1] & +[ll\cdot 1] & -[ls\cdot 1], \\ & & -[cl\cdot 2] & +[ll\cdot 2] & -[ls\cdot 2], \\ & & & +[ll\cdot 3] & -[ls\cdot 3], \end{array}\right\} \tag{9}$$

die als jeweils letzte Zeile an die entsprechenden Reduktionsstufen des § 14 (10) anzuhängen sind. Ein Vergleich mit der letzten Gl. (8) gibt die erweiterte Probe

$$[ll\cdot 3] = -[ls\cdot 3] = [vv]. \tag{10}$$

Mit den beiden ersten Gliedern dieser Probe wird der ganze Rechengang von der Aufstellung bis zur Reduktion der Normalgleichungen geprüft. Stimmt sie, so werden die Unbekannten berechnet, die man ihrerseits durch (4) oder (6) sichern kann. Mit den geprüften Unbekannten werden endlich auf Grund der umgeformten Fehlergleichungen die v errechnet, die als verprobt gelten, wenn ihre Quadratsumme die Gl. (10) ausreichend erfüllt.

4. Schlußprobe.

Ungeprüft ist jetzt nur noch die Herleitung der umgeformten aus den ursprünglichen Fehlergleichungen. Um auch diesen Schritt zu prüfen, werden die auf Grund von (1) aus den umgeformten Fehlergleichungen berechneten, durch Summenprobe und [vv]-Probe geprüften Verbesserungen v in die ursprünglichen Fehlergleichungen § 13 (1) eingesetzt. Sind diese befriedigt, so ist die Ausgleichung durchgreifend geprüft. Die Probe kann auch in der Weise vorgenommen werden, daß die v ein zweites Mal aus den ursprünglichen Fehlergleichungen berechnet und mit den aus den umgeformten Fehlergleichungen erhaltenen v verglichen werden. Beide Berechnungen müssen bis auf die Abrundungsfehler übereinstimmen.

5. Anordnung der Zahlenrechnung.

Da die Ausgleichungsarbeit größtenteils schematischer Art ist, läßt sich die Rechenarbeit vom Aufstellen der Fehlergleichungen bis zur Berechnung und Prüfung der Unbekannten und der Verbesserungen durch schematische Anordnung der Rechnungen vereinfachen und gleichzeitig sicherer gestalten. Das möge an dem bereits im § 14, 2 eingeführten Beispiel gezeigt werden.

Das Aufstellen der Fehlergleichungen wird ersetzt durch Eintragen der Fehlergleichungskoeffizienten in die nebenstehende Tabelle, die gleichzeitig die Grundlage für die untenstehende Berechnung der Normalgleichungskoeffizienten ist.

a	b	c	$-l$	s
+4	+3	+2	−2	+7
−1	+2	+3	+6	+10
−2	−2	+4	+1	+1
+2	+1	−2	−3	−2
+1	+2	+3	+2	+8

aa	ab	ac	$-al$	as	bb	bc	$-bl$	bs	cc	$-cl$	cs	ll	$-ls$
16	+12	+8	−8	+28	9	+6	−6	+21	4	−4	+14	4	−14
1	−2	−3	−6	−10	4	+6	+12	+20	9	+18	+30	36	+60
4	+4	−8	−2	−2	4	−8	−2	−2	16	+4	+4	1	+1
4	+2	−4	−6	−4	1	−2	−3	−2	4	+6	+4	9	+6
1	+2	+3	+2	+8	4	+6	+4	+16	9	+6	+24	4	+16
26	+18	−4	−20	+20	22	+8	+5	+53	42	+30	+76	54	+69

Steht eine Rechenmaschine zur Verfügung, so verzichtet man auf das Niederschreiben der Einzelprodukte und bildet in den einzelnen Spalten sofort die Produktsummen, die durch die Quersummenprobe § 14 (9) geprüft werden.

Die Normalgleichungen werden nach einiger Übung sofort in der abgekürzten Schreibweise § 14 (7) — jedoch „komplettiert“ durch die Summenglieder und die L-Gleichungen — niedergeschrieben. Dabei werden die Zeilensummen auf den in Abb. 10 angedeuteten Wegen gebildet und unter „Probe“ vermerkt.

Die Reduktion der Normalgleichungen beginnt mit der Berechnung der Reduktionsfaktoren $-[ab]/[aa]$; $-[ac]/[aa]$ usw., die am Rande vermerkt werden. Dann werden die Abzüge — A-Gleichung mal Reduktionsfaktor — gebildet und mit farbiger Tinte oder in anderer Schreibweise unter der entsprechenden B-, C- und L-Gleichung eingefügt. Die Additionen zu der darüberstehenden Zeile geben die einmal reduzierten Normalgleichungen mit der Probe, daß die nach Abb. 10 zu bildenden Proben mit dem entsprechenden Wert in der s-Spalte übereinstimmen müssen. Auf demselben Wege folgt in der zweiten und dritten Abteilung die zweite und dritte Reduktion bis zum Bilden der reduzierten Fehlerquadratsumme.

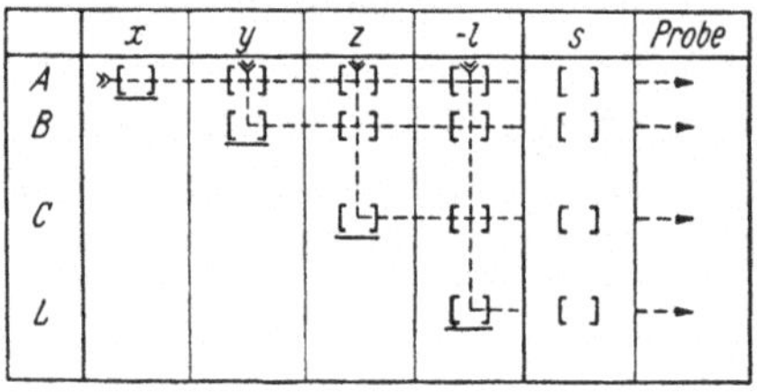

	x	y	z	-l	s	Probe
A	[ ]	[ ]	[ ]	[ ]	[ ]	→
B		[ ]	[ ]	[ ]	[ ]	→
C			[ ]	[ ]	[ ]	→
L				[ ]	[ ]	→

Abb. 10.

Das Reduktionsschema sieht dann, wenn der Probe wegen eine Dezimalstelle mehr mitgeführt wird, folgendermaßen aus:

	x	y	z	$-l$	s	Probe	Red.-Fakt.
A	+26	+18	− 4	−20	+20	+20	
B		+22	+ 8	+ 5	+53	+53	
		− 12,461	+ 2,769	+ 13,846	− 13,846		− 0,6923 A
C			+42	+30	+76	+76	
			− 0,615	− 3,076	+ 3,076		+ 0,1538 A
L				+54	+69	+69	
				− 15,384	+ 15,384		+ 0,7692 A
	$B\cdot 1$	+ 9,539	+10,769	+18,846	+39,154	+39,154	
	$C\cdot 1$		+41,385	+26,924	+79,076	+79,078	
			− 12,157	− 21,275	− 44,201		− 1,1289 $B\cdot 1$
	$L\cdot 1$			+38,616	+84,384	+84,386	
				− 37,234	− 77,357		− 1,9757 $B\cdot 1$
		$C\cdot 2$	+29,228	+ 5,649	+34,875	+34,877	
		$L\cdot 2$		+ 1,382	+ 7,027	+ 7,031	
				− 1,092	− 6,741		− 0,1933 $C\cdot 2$
			$L\cdot 3$	+ 0,290	+ 0,286	+ 0,290	

Zur Berechnung der Unbekannten sind die nach § 14 (6) erforderlichen Faktoren bereits im Reduktionsschema als Reduktionsfaktoren erhalten. Man findet am rechten Rande von unten nach oben gehend

$$z = -0{,}193\,,$$
$$y = -1{,}976 - 1{,}129z = -1{,}758\,,$$
$$x = +0{,}769 + 0{,}154z - 0{,}692y = +1{,}957\,.$$

Die Prüfung der Unbekannten leistet am einfachsten die erste [vv]-Probe, welche verlangt, daß die linke Seite der Gl. (4a) nach dem Einsetzen von x, y und z wieder den Wert $[ll \cdot 3]$ ergeben muß:

$$-20x + 5y + 30z + 54 = +0{,}28\,.$$

Die Differenz von 0,01 gegen $[ll \cdot 3]$ ist unbedenklich.

Zur Berechnung der v und Bildung von [vv] sind die Unbekannten in die Fehlergleichungen einzusetzen, alsdann zu quadrieren und aufzusummieren. Das Ergebnis muß dann wieder mit $[ll \cdot 3]$ und der obigen ersten [vv]-Probe übereinstimmen, was für unser Beispiel zutrifft. Die Proben $[av] = 0$, $[bv] = 0$, $[cv] = 0$ werden in der Regel nicht verwertet. Sie sind nachstehend jedoch der Vollständigkeit halber ebenfalls angegeben:

$v_i = \quad a_i x + b_i y + c_i z - l_i$	av	bv	cv	vv
$v_1 = +7{,}82 - 5{,}27 - 0{,}39 - 2 = +0{,}16$	$+0{,}64$	$+0{,}48$	$+0{,}32$	0,026
$v_2 = -1{,}96 - 3{,}51 - 0{,}58 + 6 = -0{,}05$	$+0{,}05$	$-0{,}10$	$-0{,}15$	0,002
$v_3 = -3{,}91 + 3{,}51 - 0{,}77 + 1 = -0{,}17$	$+0{,}34$	$+0{,}34$	$-0{,}68$	0,029
$v_4 = +3{,}91 - 1{,}76 + 0{,}39 - 3 = -0{,}46$	$-0{,}92$	$-0{,}46$	$+0{,}92$	0,212
$v_5 = +1{,}96 - 3{,}51 - 0{,}58 + 2 = -0{,}13$	$-0{,}13$	$-0{,}26$	$-0{,}39$	0,017
	$-0{,}02$	$\pm 0{,}00$	$+0{,}02$	0,286

Der mittlere Fehler einer beobachteten Größe wird, wenn u die Zahl der Unbekannten ist, nach der später abzuleitenden Formel

$$m = \pm\sqrt{\frac{[vv]}{n-u}} \quad \text{zu} \quad m = \pm\sqrt{\frac{0{,}29}{5-3}} = \pm 0{,}38$$

erhalten. Die mittleren Fehler der ausgeglichenen Unbekannten werden im nächsten Paragraphen besprochen werden.

Für die **Zahlenrechnung** genügt in sehr vielen Fällen der gewöhnliche 25 cm-Rechenschieber. Reicht dessen Genauigkeit nicht aus, greife man zu Spezialschiebern oder zu der logarithmisch-graphischen Tafel von Scherer. Logarithmenrechnung ist unpraktisch. Günstiger ist eine Zahlentafel von der Ausdehnung der Crelleschen Tafeln. Am genauesten und bequemsten ist eine Rechenmaschine. Bei einer Rechenmaschine kann auf das Einschreiben der Einzelprodukte im ersten Schema verzichtet werden und in jeder Spalte sofort die Produktsumme vermerkt werden.

Inwieweit die Proben stimmen müssen, wird man erst nach einiger Erfahrung beurteilen können. Häufig wird die Zahlenrechnung im Hinblick auf die Proben weitergetrieben, als im Hinblick auf die gesuchten Ausgleichungsergebnisse sachlich notwendig ist. Beim Vergleich der reduzierten Fehlerquadratsumme mit dem auf Grund der v berechneten Wert $[vv]$ können Abweichungen von einigen Prozenten hingenommen werden.

Zur Einübung des Ausgleichungsschemas möge der Leser die Aufgaben der §§ 12 und 13 mit allen Proben wiederholen. Ferner kann mit dem bisher Erlernten bereits die Aufgabe 14 vorweggenommen werden.

§ 16. Gewichtsreziproken und mittlere Fehler der Unbekannten.

1. Herleitung der Gewichtsreziproken.

Neben dem mittleren Fehler einer Beobachtung werden zur Beurteilung der erreichten Genauigkeit die mittleren Fehler (der aus der Ausgleichung hervorgegangenen günstigsten Werte) der Unbekannten gefordert. Diese müssen aus dem mittleren Fehler der beobachteten Größen mit Hilfe des Fehlerfortpflanzungsgesetzes hergeleitet werden. Da das Fehlerfortpflanzungsgesetz aber nur auf die *ursprünglichen* Beobachtungen angewandt werden darf, entsteht die Aufgabe, die Unbekannten als Funktionen der ursprünglichen Beobachtungen darzustellen.

Die Unbekannten wurden bisher berechnet aus den Normalgleichungen

$$\left.\begin{array}{l|c|c|c} [aa]\,x+[ab]\,y+[ac]\,z-[al]=0 & Q_{11} & Q_{21} & Q_{31}, \\ [ab]\,x+[bb]\,y+[bc]\,z-[bl]=0 & Q_{12} & Q_{22} & Q_{32}, \\ [ac]\,x+[bc]\,y+[cc]\,z-[cl]=0 & Q_{13} & Q_{23} & Q_{33}. \end{array}\right\} \quad (1)$$

Um die Unbekannten als Funktion der l zu entwickeln, werden die Normalgleichungen der Reihe nach mit den danebenstehenden zunächst noch unbestimmten (LAGRANGEschen) Faktoren Q_{11}, Q_{12} und Q_{13} multipliziert. Dann erhält man

$$\begin{aligned} &[aa]Q_{11}\,x+[ab]Q_{11}\,y+[ac]Q_{11}\,z-[al]Q_{11}=0, \\ &[ab]Q_{12}\,x+[bb]Q_{12}\,y+[bc]Q_{12}\,z-[bl]Q_{12}=0, \\ &[ac]Q_{13}\,x+[bc]Q_{13}\,y+[cc]Q_{13}\,z-[cl]Q_{13}=0. \end{aligned}$$

Hieraus wird durch spaltenweises Aufaddieren die Summengleichung gebildet. Gleichzeitig wird über die Q so verfügt, daß sein soll

$$\left.\begin{aligned} &[aa]Q_{11}+[ab]Q_{12}+[ac]Q_{13}=1, \\ &[ab]Q_{11}+[bb]Q_{12}+[bc]Q_{13}=0, \\ &[ac]Q_{11}+[bc]Q_{12}+[cc]Q_{13}=0. \end{aligned}\right\} \quad (2)$$

Dann erhält in der Summengleichung x den Koeffizienten 1, während die Koeffizienten von y und z zu 0 werden. Es bleibt also

$$x = [al]Q_{11} + [bl]Q_{12} + [cl]Q_{13}. \tag{3}$$

Hierin sind die Summenklammern zu lösen, und es sind für jedes l die Koeffizienten zusammenzufassen.

Das gibt

$$x = (a_1 Q_{11} + b_1 Q_{12} + c_1 Q_{13})\, l_1 + (a_2 Q_{11} + b_2 Q_{12} + c_2 Q_{13})\, l_2 + \cdots, \tag{4}$$

und wenn die Klammerausdrücke der Reihe nach mit $\alpha_1, \alpha_2, \ldots$ bezeichnet werden, so erhält man die Gleichung

$$x = \alpha_1 l_1 + \alpha_2 l_2 + \alpha_3 l_3 + \cdots = [\alpha l], \tag{5}$$

die den Anteil der einzelnen Beobachtungen an der Unbekannten erkennen läßt. Hierauf kann das Fehlerfortpflanzungsgesetz angewandt werden. Liegen lauter gleichgewichtige Beobachtungen mit dem mittleren Fehler m vor, so ist nach § 3 (9)

$$m_x^2 = \alpha_1^2 m^2 + \alpha_2^2 m^2 + \alpha_3^2 m^2 + \cdots = [\alpha\alpha] m^2. \tag{6}$$

Die hierfür erforderlich erscheinende, recht umständliche Ermittlung der einzelnen α läßt sich umgehen, indem man sofort $[\alpha\alpha]$ errechnet. Es folgt aus dem Vergleich von (4) und (5)

$\alpha_1 = a_1 Q_{11} + b_1 Q_{12} + c_1 Q_{13}$	α_1	a_1	b_1	c_1
$\alpha_2 = a_2 Q_{11} + b_2 Q_{12} + c_2 Q_{13}$	α_2	a_2	b_2	c_2
$\alpha_3 = a_3 Q_{11} + b_3 Q_{12} + c_3 Q_{13}$	α_3	a_3	b_3	c_3
...				...

Diese Gleichungen werden der Reihe nach mit den dahinter vermerkten Faktoren multipliziert und aufsummiert; dann entstehen die Summengleichungen

$$\begin{aligned}
[\alpha\alpha] &= [a\alpha]Q_{11} + [b\alpha]Q_{12} + [c\alpha]Q_{13},\\
[a\alpha] &= [aa]Q_{11} + [ab]Q_{12} + [ac]Q_{13},\\
[b\alpha] &= [ab]Q_{11} + [bb]Q_{12} + [bc]Q_{13},\\
[c\alpha] &= [ac]Q_{11} + [bc]Q_{12} + [cc]Q_{13}.
\end{aligned}$$

In den drei letzten Gleichungen aber ist wegen (2)

$$[a\alpha] = 1, \qquad [b\alpha] = 0, \qquad [c\alpha] = 0. \tag{7}$$

Damit gibt die erste Gleichung

$$[\alpha\alpha] = Q_{11}. \tag{8}$$

Die Gl. (6) aber vereinfacht sich zu

$$m_x = m\sqrt{Q_{11}}. \tag{9}$$

Ferner ist, wenn einer Beobachtung mit dem mittleren Fehler m das Gewicht 1 zukommt, das Gewicht der Unbekannten

$$p_x = \frac{m^2}{m_x^2} = \frac{1}{Q_{11}}. \tag{10}$$

Q_{11} wird daher als *Gewichtsreziproke* für die Unbekannte x bezeichnet.

Zur *Berechnung der Gewichtsreziproken für* y werden die Normalgleichungen (1) der Reihe nach mit Q_{21}, Q_{22}, Q_{23} multipliziert und aufaddiert. Gleichzeitig wird über die Q verfügt durch die Bestimmungsgleichungen

$$\left.\begin{aligned} [aa]Q_{21} + [ab]Q_{22} + [ac]Q_{23} &= 0, \\ [ab]Q_{21} + [bb]Q_{22} + [bc]Q_{23} &= 1, \\ [ac]Q_{21} + [bc]Q_{22} + [cc]Q_{23} &= 0. \end{aligned}\right\} \tag{11}$$

Dann lautet die Summengleichung

$$y = [al]Q_{21} + [bl]Q_{22} + [cl]Q_{23} \tag{12}$$

oder auseinandergezogen

$$y = (a_1Q_{21} + b_1Q_{22} + c_1Q_{23})l_1 + (a_2Q_{21} + b_2Q_{22} + c_2Q_{23})l_2 + \cdots$$

und mit einfacheren Bezeichnungen

$$y = \beta_1 l_1 + \beta_2 l_2 + \beta_3 l_3 + \cdots = [\beta l]. \tag{13}$$

Daraus folgt auf Grund des Fehlerfortpflanzungsgesetzes

$$m_y^2 = \beta_1^2 m^2 + \beta_2^2 m^2 + \beta_3^2 m^2 + \cdots = [\beta\beta]m^2 \tag{14}$$

und auf demselben Wege wie bei x

$$[\beta\beta] = Q_{22} = \frac{1}{p_y}, \tag{15}$$

$$m_y = m\sqrt{Q_{22}}. \tag{16}$$

Zur *Berechnung der Gewichtsreziproken für* z werden die Normalgleichungen (1) mit Q_{31}, Q_{32}, Q_{33} multipliziert und aufaddiert. Dann setzt man

$$\left.\begin{aligned} [aa]Q_{31} + [ab]Q_{32} + [ac]Q_{33} &= 0, \\ [ab]Q_{31} + [bb]Q_{32} + [bc]Q_{33} &= 0, \\ [ac]Q_{31} + [bc]Q_{32} + [cc]Q_{33} &= 1 \end{aligned}\right\} \tag{17}$$

und erhält der Reihe nach

$$z = [al]Q_{31} + [bl]Q_{32} + [cl]Q_{33}, \tag{18}$$

$$z = (a_1Q_{31} + b_1Q_{32} + c_1Q_{33})l_1 + (a_2Q_{31} + b_2Q_{32} + c_2Q_{33})l_2 + \cdots,$$

$$z = \gamma_1 l_1 + \gamma_2 l_2 + \gamma_3 l_3 + \cdots = [\gamma l], \tag{19}$$

$$m_z^2 = \gamma_1^2 m^2 + \gamma_2^2 m^2 + \gamma_3^2 m^2 + \cdots = [\gamma\gamma]m^2, \tag{20}$$

$$[\gamma\gamma] = Q_{33} = \frac{1}{p_z}, \tag{21}$$

$$m_z = m\sqrt{Q_{33}}. \tag{22}$$

Für spätere Zwecke seien noch folgende Zusammenhänge vermerkt: Analog (8), (15) und (21) gilt auch

$$[\alpha\beta] = Q_{12}, \qquad [\alpha\gamma] = Q_{13}, \qquad [\beta\gamma] = Q_{23}. \tag{23}$$

Zum Beweise bilde man aus den Bestimmungsgleichungen der α und β die Produktsumme $[\alpha\beta]$ und ordne neu, indem man im Ergebnis Q_{11}, Q_{12} und Q_{13} ausklammert. Dann folgt im Hinblick auf (11) die erste der Behauptungen (23). Ebenso lassen sich mit (2) und (17) die übrigen Behauptungen bestätigen. Es gilt ferner

$$Q_{ik} = Q_{ki}. \tag{24}$$

Um das für $Q_{13} = Q_{31}$ zu beweisen, multipliziere man die erste Gl. (17) mit Q_{11}, die zweite mit Q_{12} und die dritte mit Q_{13}; ordne neu, so daß man Q_{31}, Q_{32} und Q_{33} ausklammern kann, beachte (2) und findet die Behauptung bestätigt. Ganz ähnlich gelingen die Beweise für die übrigen Kombinationen.

2. Die Berechnung der Gewichtsreziproken im Gaußschen Algorithmus.

Man vergleiche nunmehr die Bestimmungsgleichungen (2), (11) und (17) für die Gewichtsreziproken mit dem Normalgleichungssystem (1). Dann erkennt man, daß, abgesehen vom Absolutglied, alle vier Systeme gleichgebaute Koeffizientenschemata haben. Man kann daher für die Systeme (2), (11) und (17) die reduzierten Normalgleichungskoeffizienten der Unbekannten unverändert übernehmen. An Stelle der Absolutglieder ist jedoch für die Berechnung der Q_{1i} -1, 0, 0, für die Berechnung der Q_{2i} 0, -1, 0 und für die Berechnung der Q_{3i} 0, 0, -1 zu setzen. Die Gewichtsgleichungen lassen sich daher in folgendem Koeffizientenschema zusammenfassen:

			Q_1	Q_2	Q_3	
$[aa]$	$[ab]$	$[ac]$	-1	0	0	Q_1
$[ab]$	$[bb]$	$[bc]$	0	-1	0	Q_2
$[ac]$	$[bc]$	$[cc]$	0	0	-1	Q_3

(25)

Diese Systeme werden auf demselben Wege reduziert wie die Normalgleichungen zur Berechnung der Unbekannten. Die Rechnung läßt sich jedoch gemäß (24) dadurch abkürzen, daß man die gemischten Koeffizienten nur einmal rechnet.

Eine *Rechenprobe* bietet das aus (3), (12) und (18) bestehende System der *unbestimmten Auflösung der Normalgleichungen*

$$\left.\begin{aligned} x &= [al]Q_{11} + [bl]Q_{12} + [cl]Q_{13}, \\ y &= [al]Q_{12} + [bl]Q_{22} + [cl]Q_{23}, \\ z &= [al]Q_{13} + [bl]Q_{23} + [cl]Q_{33}, \end{aligned}\right\} \tag{26}$$

das sowohl zur Kontrolle oder auch Berechnung jeder einzelnen Unbekannten durch die Gewichtsreziproken als auch zu einer summarischen Überprüfung der Gewichtsreziproken durch die Unbekannten — am einfachsten in der Form

$$[al](Q_{11}+Q_{12}+Q_{13})+[bl](Q_{21}+Q_{22}+Q_{23})+ \\ +[cl](Q_{31}+Q_{32}+Q_{33})=x+y+z \qquad (27)$$

benutzt werden kann. Diese Probe ist recht empfindlich, zumal wenn $[al]$, $[bl]$, $[cl]$ groß sind. Vgl. das Zahlenbeispiel unter Ziff. 5.

In der Rechenpraxis werden die Absolutglieder der Gewichtsgleichungen im Gaussschen Algorithmus gemeinsam mit den Normalgleichungskoeffizienten in einem Rechengang reduziert. Man kann auch die Berechnung der Unbekannten und der Gewichtsreziproken aus den Endgleichungen in das Rechenschema aufnehmen. Dieses Verfahren setzt jedoch einige Übung im Auflösen von Normalgleichungen voraus und wird daher erst in § 21 besprochen werden.

3. Gewichtsberechnung durch Umstellen der Normalgleichungen.

Wenn das zur Berechnung von Q_{33} dienende System (17) nach dem Gaussschen Algorithmus aufgelöst wird, erscheinen die *Endgleichungen*

$$\left.\begin{aligned} [aa]Q_{31}+[ab]\,Q_{32}+[ac]\,Q_{33}&=0,\\ [bb\cdot 1]Q_{32}+[bc\cdot 1]Q_{33}&=0,\\ [cc\cdot 2]Q_{33}&=1.\end{aligned}\right\} \qquad (28)$$

Daraus folgt, daß

$$Q_{33}=\frac{1}{[cc\cdot 2]} \qquad (29)$$

ist. Der Koeffizient $[cc\cdot 2]$ muß bei der Berechnung der Unbekannten ohnehin ermittelt werden, so daß Q_{33} sozusagen nebenher erhalten wird. Wenn man nun die ursprünglichen Normalgleichungssysteme umstellt, d. h. die erste und die dritte Gleichung vertauscht und außerdem die vertikale x-Spalte gegen die z-Spalte auswechselt, so daß oben links $[cc]z$, unten rechts $[aa]x$ steht, dann ergibt zweimalige Reduktion

$$Q_{11}=\frac{1}{[aa\cdot 2]}. \qquad (30)$$

Wird endlich so umgestellt, daß $[bb]y$ an die letzte Stelle kommt, so wird

$$Q_{22}=\frac{1}{[bb\cdot 2]}. \qquad (31)$$

Darauf gründet sich folgendes Verfahren zur Berechnung der Gewichtsreziproken: Nachdem das Normalgleichungssystem (1) aufgelöst und dabei als erste Unbekannte z und nebenher $Q_{33} = 1/[cc\cdot 2]$ erhalten ist, wird das System (1) umgestellt und durchreduziert, so daß als erste Unbekannte x und nebenher $Q_{11} = 1/[aa\cdot 2]$ gefunden wird. Wenn dann noch das einmal reduzierte System der ersten oder zweiten Durchrechnung umgestellt wird, erscheinen y und nebenher $Q_{22} = 1/[bb\cdot 2]$. Geschieht dies letztere bei beiden Durchrechnungen, so erhält man y und Q_{22} zweimal, worin eine Probe für die Berechnung der Unbekannten und der Gewichtsreziproken liegt.

Durch das Umstellen wird die Auflösung des Systems (25) umgangen. Das Verfahren kann auch auf vier Unbekannte ausgedehnt werden. Man hat dann lediglich die Probe entsprechend abzuwandeln. Bei noch mehr Unbekannten wird dieser Weg jedoch unübersichtlich, so daß im ganzen der übliche Algorithmus vorzuziehen ist. Ein Beispiel für das Umstellen gibt Aufgabe 19.

4. Gewichtsreziproken bei zwei Unbekannten.

Das Verfahren des Umstellens gibt bei zwei Unbekannten

$$Q_{22} = \frac{1}{[bb\cdot 1]}, \qquad Q_{11} = \frac{1}{[aa\cdot 1]}.$$

Der letzte Ausdruck läßt sich umformen. Es ist

$$[aa\cdot 1] = [aa] - \frac{[ab]}{[bb]}[ab] = \frac{[aa][bb] - [ab][ab]}{[bb]}.$$

Daraus folgt für die Reziproke bei Erweiterung mit $[aa][bb]:[bb][aa]$

$$\frac{1}{[aa\cdot 1]} = \frac{[bb]}{[aa][bb] - [ab][ab]}\frac{[aa][bb]}{[bb][aa]} = \frac{[aa]}{[aa][bb] - [ab][ab]}\frac{[bb]}{[aa]},$$

und wenn im ersten Bruch Zähler und Nenner durch $[aa]$ dividiert werden, wird

$$\frac{1}{[aa\cdot 1]} = \frac{1}{[bb\cdot 1]}\frac{[bb]}{[aa]} \quad \text{oder} \quad Q_{11} = Q_{22}\frac{[bb]}{[aa]}. \tag{32}$$

Für die Fehlerberechnung ergibt dies

$$\left.\begin{aligned} m_y^2 &= m^2 Q_{22} = \frac{m^2}{[bb\cdot 1]}, \\ m_x^2 &= m^2 Q_{11} = \frac{m^2}{[bb\cdot 1]}\frac{[bb]}{[aa]} = m_y^2\frac{[bb]}{[aa]}. \end{aligned}\right\} \tag{33}$$

Diese bequemen Formeln werden in der Katasteranweisung IX benutzt.

5. Fortsetzung des Zahlenbeispiels von S. 75.

Die Q sind häufig mehrere Größenordnungen kleiner als die Unbekannten. Es müssen daher zu ihrer Berechnung meistens 1 bis 2 Stellen mehr mitgeführt werden. In § 15 sind jedoch bei der Auflösung der

Normalgleichungen für die Unbekannten über das praktische Bedürfnis hinaus drei Dezimalen mitgeführt worden. Infolgedessen konnten die nachstehenden Eintragungen links des starken Striches und die Reduktionsfaktoren unverändert übernommen werden. Rechts des starken Striches brauchen nicht die ganzen rechten Seiten der Gln. (2), (11) und (17) eingetragen zu werden, sondern es genügt — wie man an Hand einer Durchrechnung schnell einsieht — der unten angegebene Umfang. Der Probe ist die Formel (27) zugrunde gelegt. Es ergibt sich dann folgendes Rechenschema:

	x	y	z	Q_1	Q_2	Q_3		
A	+ 26	+ 18	− 4	− 1			Q_1	
B		+ 22	+ 8	0			Q_2	
		− 12,461	+ 2,769	+ 0,692				$-0{,}6923 \cdot A$
C			+ 42	0			Q_3	
			− 0,615	− 0,154				$+0{,}1538 \cdot A$
	$B \cdot 1$	+ 9,539	+ 10,769	+ 0,692	− 1		Q_2	
	$C \cdot 1$		+ 41,385	− 0,154	0		Q_3	
			− 12,157	− 0,781	+ 1,129			$-1{,}1289 \cdot B \cdot 1$
		$C \cdot 2$	+ 29,228	− 0,935	+ 1,129	− 1	Q_3	

Die Q ergeben sich aus den ersten Gleichungen jeder Stufe, und zwar

aus $C \cdot 2$:
$$Q_{33} = \frac{+1}{29{,}228} = +0{,}0342,$$
$$Q_{32} = \frac{-1{,}129}{29{,}228} = -0{,}0386 = Q_{23},$$
$$Q_{31} = \frac{+0{,}935}{29{,}228} = +0{,}0320 = Q_{13},$$

aus $B \cdot 1$:
$$Q_{22} = +\frac{1}{9{,}539} - 1{,}1289\, Q_{23} = +0{,}1484,$$
$$Q_{21} = -\frac{0{,}692}{9{,}539} - 1{,}1289\, Q_{13} = -0{,}1086 = Q_{12},$$

aus A:
$$Q_{11} = +\frac{1}{26} + 0{,}1538\, Q_{13} - 0{,}6923\, Q_{12} = +0{,}1186.$$

Die Probe (27) gibt

$$\begin{aligned}
[al]\,(Q_{11} + Q_{12} + Q_{13}) &= +20\,(+\,0{,}0420) = +\,0{,}840 \qquad & z &= -0{,}193\\
[bl]\,(Q_{21} + Q_{22} + Q_{23}) &= -\;\;5\,(+\,0{,}0012) = -\,0{,}006 & x &= -1{,}758\\
[cl]\,(Q_{31} + Q_{32} + Q_{33}) &= -30\,(+\,0{,}0276) = \underline{-\,0{,}828} & y &= \underline{+1{,}957}\\
& \qquad\qquad\qquad\qquad\quad +\,0{,}006 & & \;\;+0{,}006
\end{aligned}$$

Endlich wird mit dem auf S. 75 errechneten $m = \pm 0{,}38$:

$$m_x = m\sqrt{Q_{11}} = \pm 0{,}38 \cdot \sqrt{0{,}119} = \pm 0{,}13,$$
$$m_y = m\sqrt{Q_{22}} = \pm 0{,}38 \cdot \sqrt{0{,}148} = \pm 0{,}15,$$
$$m_z = m\sqrt{Q_{33}} = \pm 0{,}38 \cdot \sqrt{0{,}034} = \pm 0{,}07.$$

§ 17. Mittlerer Fehler einer beobachteten Größe.

Mit den Ergebnissen des § 16 kann nun auch die in § 15 ohne Beweis gegebene Formel

$$m = \pm\sqrt{\frac{[vv]}{n-u}}$$

abgeleitet werden. Zum Beweise beachte man, daß die Definitionsgleichung des mittleren Fehlers $m = [\varepsilon\varepsilon]/n$ die Kenntnis der *wahren* Fehler der Beobachtungen voraussetzt. Da aber nur die Quadratsumme der *scheinbaren* Fehler $[vv]$ bekannt ist, muß der Unterschied $[\varepsilon\varepsilon] - [vv]$ gebildet und abgeschätzt werden.

Sind X, Y und Z die wahren, x, y und z die günstigsten Werte der Unbekannten, so sind die wahren Fehler der Beobachtungen

$$\begin{array}{l|c|c|c}
\varepsilon_1 = a_1X + b_1Y + c_1Z - l_1 & \varepsilon_1 & v_1 & \alpha_1 \\
\varepsilon_2 = a_2X + b_2Y + c_2Z - l_2 & \varepsilon_2 & v_2 & \alpha_2 \\
\dots \qquad\qquad \dots & & & \dots \\
\varepsilon_n = a_nX + b_nY + c_nZ - l_n & \varepsilon_n & v_n & \alpha_n
\end{array}$$

Entsprechend gilt für die scheinbaren Fehler

$$\begin{array}{l|c|c}
v_1 = a_1x + b_1y + c_1z - l_1 & v_1 & \varepsilon_1 \\
v_2 = a_2x + b_2y + c_2z - l_2 & v_2 & \varepsilon_2 \\
\dots \qquad\qquad \dots & & \dots \\
v_n = a_nx + b_ny + c_nz - l_n & v_n & \varepsilon_n
\end{array}$$

Zur Bildung von $[\varepsilon\varepsilon]$ multipliziere man jede Gleichung des ersten Systems mit ihrem ε und gehe zur Summe

$$[\varepsilon\varepsilon] = [a\varepsilon]X + [b\varepsilon]Y + [c\varepsilon]Z - [l\varepsilon]. \tag{1}$$

Ebenso führt Multiplikation des zweiten Systems mit den zugehörigen v bei gleichzeitiger Beachtung von § 15 (2) auf

$$[vv] = [av]x + [bv]y + [cv]z - [lv] = -[lv]. \tag{2}$$

(1) und (2) lassen sich noch nicht unmittelbar miteinander vergleichen. Man bilde deshalb durch Multiplikation des ersten Systems mit den v und des zweiten Systems mit den ε die gemischten Formen

$$[\varepsilon v] = [av]X + [bv]Y + [cv]Z - [lv] = -[lv], \tag{3}$$
$$[\varepsilon v] = [a\varepsilon]x + [b\varepsilon]y + [c\varepsilon]z - [l\varepsilon]. \tag{4}$$

Der Vergleich von (2) und (3) zeigt, daß

$$[vv] = [\varepsilon v]$$

ist. Das führt, eingesetzt in (4), zu

$$[vv] = [a\varepsilon]x + [b\varepsilon]y + [c\varepsilon]z - [l\varepsilon],$$

und wenn dies von (1) abgezogen wird, so bleibt

$$[\varepsilon\varepsilon] - [vv] = [a\varepsilon](X - x) + [b\varepsilon](Y - y) + [c\varepsilon](Z - z) \cdot \qquad (5)$$

Um den Wert von $(X - x)$ kennenzulernen, erinnere man sich der in § 16 (5) gefundenen Darstellung der Unbekannten als linearer Funktionen der ursprünglichen Beobachtungen

$$x = \alpha_1 l_1 + \alpha_2 l_2 + \cdots + \alpha_n l_n = [\alpha l], \qquad (6)$$

multipliziere die Gleichungen des eingangs aufgeführten Systems der ε mit den α aus (6) und gehe zu der Summe

$$[\alpha\varepsilon] = [\alpha a]X + [\alpha b]Y + [\alpha c]Z - [\alpha l]. \qquad (7)$$

Nun ist aber nach § 16 (7)

$$[\alpha a] = 1, \qquad [\alpha b] = 0, \qquad [\alpha c] = 0, \qquad (8)$$

also

$$[\alpha\varepsilon] = X - [\alpha l],$$

und damit bei gleichzeitiger Beachtung von (6)

$$[\alpha\varepsilon] = X - x.$$

Auf demselben Wege gelingt der Nachweis

$$[\beta\varepsilon] = Y - y,$$
$$[\gamma\varepsilon] = Z - z.$$

Damit wird aus (5)

$$[\varepsilon\varepsilon] - [vv] = [a\varepsilon][\alpha\varepsilon] + [b\varepsilon][\beta\varepsilon] + [c\varepsilon][\gamma\varepsilon],$$

und wenn — nachdem beiderseits durch n dividiert ist — die Glieder mit ε auf eine Seite gebracht werden, ist

$$\frac{[vv]}{n} = \frac{[\varepsilon\varepsilon]}{n} - \frac{[a\varepsilon][\alpha\varepsilon]}{n} - \frac{[b\varepsilon][\beta\varepsilon]}{n} - \frac{[c\varepsilon][\gamma\varepsilon]}{n}. \qquad (9)$$

Hierin ist mit Rücksicht auf die Definition des mittleren Fehlers

$$\frac{[\varepsilon\varepsilon]}{n} = m^2. \qquad (10)$$

Die übrigen Glieder rechter Hand müssen abgeschätzt werden. Dazu wird das zweite Glied in (9) auseinandergezogen in

$$\frac{[a\,\varepsilon]\,[\alpha\,\varepsilon]}{n} = \frac{1}{n}\,(a_1\,\varepsilon_1 + a_2\,\varepsilon_2 + \cdots + a_n\,\varepsilon_n)\,(\alpha_1\,\varepsilon_1 + \alpha_2\,\varepsilon_2 + \cdots + \alpha_n\,\varepsilon_n)$$
$$= \frac{1}{n}\,(a_1\,\alpha_1\,\varepsilon_1^2 + a_2\,\alpha_2\,\varepsilon_2^2 + \cdots + a_n\,\alpha_n\,\varepsilon_n^2) +$$
$$+ \frac{1}{n}\,(a_1\,\alpha_2 + a_2\,\alpha_1)\,\varepsilon_1\,\varepsilon_2 + \frac{1}{n}\,(a_1\,\alpha_3 + a_3\,\alpha_1)\,\varepsilon_1\,\varepsilon_3 + \cdots.$$

Sind alle Beobachtungen unabhängig voneinander, so geht nach § 3, Ziff. 2, der Durchschnittswert der gemischten Produkte bei wachsendem n gegen Null. Ferner kann als durchschnittlicher Wert für die Quadrate der ε das Quadrat des mittleren Fehlers genommen werden. Unter Berücksichtigung der ersten Gl. (8) wird damit

$$\frac{[a\,\varepsilon]\,[\alpha\,\varepsilon]}{n} = \frac{[a\,\alpha]\,m^2}{n} = \frac{m^2}{n}.$$

Ebenso führt die Abschätzung der letzten beiden Glieder (9) auf

$$\frac{[b\,\varepsilon]\,[\beta\,\varepsilon]}{n} = \frac{[b\,\beta]\,m^2}{n} = \frac{m^2}{n},$$
$$\frac{[c\,\varepsilon]\,[\gamma\,\varepsilon]}{n} = \frac{[c\,\gamma]\,m^2}{n} = \frac{m^2}{n}.$$

Durch Einsetzen der Abschätzungsergebnisse in (9) wird

$$\frac{[v\,v]}{n} = \frac{[\varepsilon\,\varepsilon]}{n} - \frac{m^2}{n} - \frac{m^2}{n} - \frac{m^2}{n} = m^2 - \frac{3\,m^2}{n} = \frac{m^2}{n}\,(n-3).$$

Daraus ergibt sich als mittlerer Fehler einer ursprünglichen Beobachtung

$$m = \pm\sqrt{\frac{[v\,v]}{n-3}}.$$

Bei vier Unbekannten wird, wie der Schluß von n auf $n+1$ zeigt, im Nenner $n-4$ stehen, und bei u Unbekannten lautet die Formel

$$m = \pm\sqrt{\frac{[v\,v]}{n-u}}. \tag{11}$$

Diese Gleichung ist eine Näherungsformel, die um so strenger wird, je größer $n-u$, die Anzahl der überschüssigen Beobachtungen, ist. Die in § 4, Ziff. 2, abgeleitete Formel gilt für den Spezialfall *einer* Unbekannten.

Zusatz: Zweite Gaußsche Begründung der Methode der kleinsten Quadrate. Mit Ergebnissen dieses und des vorangegangenen Paragraphen läßt sich ohne viel Mühe nachweisen, daß die Methode der kleinsten Quadrate kleinste mittlere Fehler der Unbekannten ergibt.

Es seien x, y, z die auf Grund der genannten Forderung gewonnenen günstigsten Werte und X, Y, Z die entsprechenden wahren Werte der

Unbekannten. Den Zusammenhang zwischen etwa der Unbekannten x und den ihr zugrunde liegenden Beobachtungen $l_1, l_2, \ldots, l_n$ denke man sich gemäß (6) gegeben in der Form

$$x = \alpha_1 l_1 + \alpha_2 l_2 + \cdots + \alpha_n l_n = [\alpha l], \tag{12}$$

wobei indessen die α vorläufig noch unbekannte Koeffizienten sind. Den wahren und den mittleren Fehler von x gewinnt man dann bei Beobachtungen gleicher Genauigkeit aus

$$\left.\begin{aligned} \varepsilon_x &= \alpha_1 \varepsilon_1 + \alpha_2 \varepsilon_2 + \cdots + \alpha_n \varepsilon_n = [\alpha \varepsilon], \\ m_x^2 &= \alpha_1^2 m^2 + \alpha_2^2 m^2 + \cdots + \alpha_n^2 m^2 = [\alpha \alpha] m^2. \end{aligned}\right\} \tag{13}$$

Mithin hat x den kleinsten mittleren Fehler, wenn

$$[\alpha\alpha] \text{ ein Min.}$$

Bei der Ermittlung der dieser Forderung entsprechenden α_i ist zu beachten, daß günstigster Wert plus wahrer Fehler den wahren Wert ergeben, in Formeln

$$[\alpha l] + [\alpha \varepsilon] = X.$$

Multipliziert man andererseits die Bestimmungsgleichungen für die wahren Fehler ε_i auf S. 83 mit den entsprechenden α_i und bildet die Summe, so erhält man

$$[\alpha l] + [\alpha \varepsilon] = [\alpha a] X + [\alpha b] Y + [\alpha c] Z.$$

Vergleicht man das mit der vorigen Gleichung, so erkennt man, daß

$$[\alpha a] = 1, \qquad [\alpha b] = 0, \qquad [\alpha c] = 0 \tag{14}$$

ist. Diese drei Gleichungen müssen bei der Ermittlung des Minimums für $[\alpha\alpha]$ als Nebenbedingungen berücksichtigt werden. Nach den Regeln der Analysis hat man zu diesem Zweck eine neue Funktion zu bilden, indem man zu der Hauptforderung, $[\alpha\alpha]$ ein Minimum, die Nebenbedingungen, jedoch multipliziert mit zunächst noch unbestimmten Multiplikatoren, hinzufügt. Bezeichnet man diese sogenannten LAGRANGEschen Multiplikatoren der Reihe nach mit $-2Q_{11}$, $-2Q_{12}$, $-2Q_{13}$, so lautet die neue Funktion

$$F = [\alpha\alpha] - 2Q_{11}([\alpha a] - 1) - 2Q_{12}[\alpha b] - 2Q_{13}[\alpha c].$$

Hiernach sind die partiellen Ableitungen nach den α_i zu bilden und gleich Null zu setzen, so daß folgt

$$\begin{aligned} \frac{\partial F}{\partial \alpha_1} &= 2\alpha_1 - 2a_1 Q_{11} - 2b_1 Q_{12} - 2c_1 Q_{13} = 0, \\ \frac{\partial F}{\partial \alpha_2} &= 2\alpha_2 - 2a_2 Q_{11} - 2b_2 Q_{12} - 2c_2 Q_{13} = 0 \text{ usw.} \end{aligned}$$

oder

$$\left.\begin{aligned} \alpha_1 &= a_1 Q_{11} + b_1 Q_{12} + c_1 Q_{13}, \\ \alpha_2 &= a_2 Q_{11} + b_2 Q_{12} + c_2 Q_{13} \text{ usw.} \end{aligned}\right\} \tag{15}$$

Multipliziert man nun die α_i mit den den günstigsten Werten der Unbekannten entsprechenden v_i, so lautet die Summengleichung

$$[\alpha v] = [av]Q_{11} + [bv]Q_{12} + [cv]Q_{13}. \tag{16}$$

Andererseits erhält man, wenn man die v-Gleichungen von S. 83 der Reihe nach mit den obigen α_i multipliziert und zur Summe geht,

$$[\alpha l] + [\alpha v] = [\alpha a]x + [\alpha b]y + [\alpha c]z$$

und damit wegen (12) und (14)

$$[\alpha v] = 0. \tag{17}$$

Da die Q [die man durch Einsetzen von (15) in (14) leicht als identisch mit den Gewichtsreziproken erkennt] von Null verschieden sein müssen, können (16) und (17) nur dann nebeneinander bestehen, wenn

$$[av] = 0, \qquad [bv] = 0, \qquad [cv] = 0 \tag{18}$$

ist. Diese Gleichungen, die man gleichlautend erhält, wenn man die kleinsten mittleren Fehler von y und z sucht, sind nach § 15 (2) eine abgekürzte Schreibweise für die auf Grund der Forderung $[vv] = \text{Min}$ erhaltenen Normalgleichungen zur Berechnung der Unbekannten.

Die Forderung nach Unbekannten mit kleinsten mittleren Fehlern führt also auf dieselben Werte der Unbekannten wie die Methode der kleinsten Quadrate. Also ist bewiesen, daß die Methode der kleinsten Quadrate kleinste mittlere Fehler und damit größte Gewichte der Unbekannten ergibt.

§ 18. Vermittelnde Beobachtungen ungleicher Genauigkeit.

In den Entwicklungen der §§ 12 bis 17 sind durchweg gleichgewichtige Beobachtungen zugrunde gelegt. Liegen Messungen verschiedenen Gewichts vor, so lauten die *Fehlergleichungen* bei drei Unbekannten in linearer Form:

$$\left.\begin{array}{ll} v_1 = a_1 x + b_1 y + c_1 z - l_1 & \text{Gewicht } p_1, \\ v_2 = a_2 x + b_2 y + c_2 z - l_2 & \quad ,, \quad p_2, \\ \dots\dots\dots\dots\dots\dots & \\ v_n = a_n x + b_n y + c_n z - l_n & \text{Gewicht } p_n. \end{array}\right\} \tag{1}$$

Hierzu tritt, wenn die Anzahl der Beobachtungen die der Unbekannten übersteigt, gemäß § 8, 2 die Ausgleichungsbedingung

$$[vvp] \text{ ein Minimum.}$$

Zum Aufsuchen des Minimums kann man $[vvp]$ bilden und die partiellen Ableitungen nach den Unbekannten x, y, z gleich Null setzen. Einfacher ist es, die Beobachtungen gemäß der Regel am Schluß von § 5 durch

Multiplikation mit der Wurzel aus ihrem Gewicht auf Beobachtungen vom Gewicht 1 zu reduzieren und auf das auf diesem Wege entstehende fingierte gleichgewichtige System

$$\left.\begin{aligned} v_1\sqrt{p_1} &= a_1\sqrt{p_1}\,x + b_1\sqrt{p_1}\,y + c_1\sqrt{p_1}\,z - l_1\sqrt{p_1}\,, \\ v_2\sqrt{p_2} &= a_2\sqrt{p_2}\,x + b_2\sqrt{p_2}\,y + c_2\sqrt{p_2}\,z - l_2\sqrt{p_2}\,, \\ &\cdots\cdots\cdots\cdots\cdots\cdots \\ v_n\sqrt{p_n} &= a_n\sqrt{p_n}\,x + b_n\sqrt{p_n}\,y + c_n\sqrt{p_n}\,z - l_n\sqrt{p_n} \end{aligned}\right\} \tag{2}$$

die Regeln (1) und (2) von § 14 mechanisch anzuwenden. Auf beiden Wegen ergeben sich übereinstimmend die *Normalgleichungen*

$$\left.\begin{aligned} [aap]x + [abp]y + [acp]z - [alp] &= 0, \\ [abp]x + [bbp]y + [bcp]z - [blp] &= 0, \\ [acp]x + [bcp]y + [ccp]z - [clp] &= 0. \end{aligned}\right\} \tag{3}$$

Die linke Seite der ersten Normalgleichung erhält man auch, wenn man die Gln. (2) der Reihe nach mit $a_1\sqrt{p_1}$, $a_2\sqrt{p_2}$ usw. multipliziert und zur Summe geht. Mithin ist

$$[avp] = 0.$$

Ebenso folgt nach Multiplikation mit $b_1\sqrt{p_1}$, $b_2\sqrt{p_2}$ usw. sowie $c_1\sqrt{p_1}$, $c_2\sqrt{p_2}$ usw.

$$[bvp] = 0 \quad \text{und} \quad [cvp] = 0.$$

Durch mechanische Anwendung der Vorschriften in § 15 (4) und (5) auf die Gln. (2) ergeben sich die $[vvp]$-*Proben*

$$\left.\begin{aligned} [vvp] &= [llp] - [alp]x - [blp]y - [clp]z \\ &= [llp] - \frac{[alp]^2}{[aap]} - \frac{[blp\cdot 1]^2}{[bbp\cdot 1]} - \frac{[clp\cdot 2]^2}{[ccp\cdot 2]} \end{aligned}\right\} \tag{4}$$

und der *mittlere Fehler einer Beobachtung* vom Gewicht 1

$$m_0 = \pm\sqrt{\frac{[vvp]}{n-u}}. \tag{5}$$

In den Bestimmungsgleichungen für *die Gewichtsreziproken* sind die $[aa]$, $[ab]$, ... durch $[aap]$, $[abp]$, ... zu ersetzen. Es wird infolgedessen

aus § 16 (2): $[aap]Q_{11} + [abp]Q_{12} + [acp]Q_{13} = 1$ usw.,

aus § 16 (3): $x = [alp]Q_{11} + [blp]Q_{12} + [clp]Q_{13}$,

und damit wird: $\alpha_i = a_i p_i Q_{11} + b_i p_i Q_{12} + c_i p_i Q_{13}$.

In (6) a. a. O. ist m durch $m_1, m_2, \ldots, m_n$ zu ersetzen. Im Hinblick auf § 5 (8) lauten dann

$$(6), (9) \text{ a. a. O.: } m_x^2 = \frac{\alpha_1^2}{p_1} m_0^2 + \frac{\alpha_2^2}{p_2} m_0^2 + \cdots + \frac{\alpha_n^2}{p_n} m_0^2 = \left[\frac{\alpha\alpha}{p}\right] m_0^2 = m_0^2 Q_{11}.$$

Entsprechend ändern sich die Gln. (11), (12), (14) und (16) für y und die Gln. (17), (18), (20) und (22) für z sowie die Gln. (23), so daß man schließlich erhält

$$\left.\begin{aligned} \left[\frac{\alpha\alpha}{p}\right] &= Q_{11}, & \left[\frac{\alpha\beta}{p}\right] &= Q_{12}, & \left[\frac{\alpha\gamma}{p}\right] &= Q_{13}, \\ & & \left[\frac{\beta\beta}{p}\right] &= Q_{22}, & \left[\frac{\beta\gamma}{p}\right] &= Q_{23}, \\ & & & & \left[\frac{\gamma\gamma}{p}\right] &= Q_{33}. \end{aligned}\right\} \quad (6)$$

Für die zahlenmäßige Berechnung von aap, abp usw. bildet man, um dreifache Produkte zu vermeiden, zweckmäßig zuvor $a\sqrt{p}$, $b\sqrt{p}$ usw. und errechnet dann $aap = a\sqrt{p}\, a\sqrt{p}$, $abp = a\sqrt{p}\, b\sqrt{p}$ usw.

Damit ist die Ausgleichung nach vermittelnden Beobachtungen verschiedener Genauigkeit auf die Ausgleichung gleichgenauer Beobachtungen zurückgeführt. Als Zahlenbeispiel dient Aufgabe 7.

Aufgabe 7. *Punktbestimmung durch Bogenschlag* (Fortsetzung von S. 64).

Die zur Bestimmung des Punktes P gegebenen Stücke und die Näherungskoordinaten des Neupunktes sind

Punkt	y	x	s
P_1	306,08	262,27	111,08
P_2	435,89	91,88	158,20
P_3	147,45	56,83	171,40
P_4	173,30	196,32	124,49
P_0	289,78	152,36	—

Daraus erhält man mit

$$a_i = \frac{x_0 - x_i}{s_i}, \qquad b_i = \frac{y_0 - y_i}{s_i},$$

$$-l_i = s_i^0 - s_i, \qquad p_i = 100/s_i,$$

wenn die l_i in dm aufgefaßt werden,

Punkt	$x_0 - x_i$	$y_0 - y_i$	s_i^0	a	b	$-l$	p
P_1	− 109,91	− 16,30	111,11	− 0,99	− 0,15	+ 0,30	0,90
P_2	+ 60,48	− 146,11	158,13	+ 0,38	− 0,92	− 0,70	0,63
P_3	+ 95,53	+ 142,33	171,42	+ 0,56	+ 0,83	+ 0,20	0,58
P_4	− 43,96	+ 116,48	124,50	− 0,35	+ 0,94	+ 0,10	0,80

Das vereinigte Normal- und Gewichtsgleichungssystem lautet, wenn von den Proben abgesehen wird,

δx	δy	$-l$	Q_1	Q_2
+ 1,255	− 0,076	− 0,392	− 1,000	0,000
	+ 1,656	+ 0,534	0,000	− 1,000
	+ 1,651	+ 0,510	− 0,061	− 1,000

Daraus folgt

$$\delta y = -0{,}309 \text{ dm}, \quad \delta x = +0{,}296 \text{ dm}, \quad [v\,v\,p] = +0{,}130,$$
$$Q_{22} = +0{,}606, \quad Q_{21} = +0{,}037, \quad Q_{11} = +0{,}800.$$

Die Fehlerrechnung ergibt für die Gewichtseinheit $s = 100$ m

$$m_0 = + \sqrt{\frac{0{,}130}{4-2}} = \pm 0{,}26 \text{ dm} = \pm 0{,}026 \text{ m}.$$

Schließlich ergibt sich der mittlere Fehler der aus der Ausgleichung hervorgegangenen Koordinaten zu

$$m_y = m_0 \sqrt{0{,}606} = \pm 0{,}020 \text{ m}, \qquad m_x = m_0 \sqrt{0{,}800} = \pm 0{,}023 \text{ m}.$$

Mithin ist das Ausgleichungsergebnis

$$y = 289{,}78 - 0{,}031 = 289{,}749 \pm 0{,}020 \text{ m},$$
$$x = 152{,}36 + 0{,}030 = 152{,}390 \pm 0{,}023 \text{ m}.$$

Als Schlußprobe wurden die verbesserten Strecken sowohl mit den ausgeglichenen Koordinaten wie nach den Fehlergleichungen errechnet. Beide Rechnungen stimmen im Ergebnis scharf überein.

§ 19. Gewicht einer Funktion der Unbekannten.

1. Berechnen des Funktionsgewichtes mit Hilfe der Gewichtsreziproken.

Neben dem mittleren Fehler einer ursprünglichen Beobachtung und den mittleren Fehlern der Unbekannten wird oftmals der mittlere Fehler einer *Funktion der ausgeglichenen Unbekannten* verlangt. Zum Beispiel kann bei einer Punkteinschaltung nach dem mittleren Fehler der Verbindungslinie zwischen Neupunkt und einem Ausgangspunkt oder nach dem mittleren Fehler eines ausgeglichenen Richtungswinkels gefragt werden, welche beide Funktionen der aus der Ausgleichung hervorgegangenen Unbekannten sind.

Die Funktion laute, wenn wieder drei Unbekannte angenommen werden,

$$F = F(x, y, z). \tag{1}$$

Um den Einfluß der Ungenauigkeit von x, y und z auf F kennenzulernen, bilde man das totale Differential und erhält, wenn für die partiellen Ableitungen die Symbole f_x, f_y, f_z verwandt werden,

$$dF = f_x\,dx + f_y\,dy + f_z\,dz. \tag{2}$$

Es liegt nun nahe, zu mittleren Fehlern überzugehen und das Fehlerfortpflanzungsgesetz anzuwenden. Dies ist jedoch nicht ohne weiteres erlaubt, weil die Unbekannten das Ergebnis einer Ausgleichung, also nicht unabhängig voneinander sind. Es muß daher auf die Gleichungen § 16 (5), (13) und (19) zurückgegriffen werden, die die Unbekannten als lineare Funktionen der ursprünglichen Beobachtungen darstellen. Aus ihnen gewinnt man durch Differentiation

$$\left.\begin{aligned} dx &= \alpha_1\,dl_1 + \alpha_2\,dl_2 + \cdots + \alpha_n\,dl_n = [\alpha\,dl]\,, \\ dy &= \beta_1\,dl_1 + \beta_2\,dl_2 + \cdots + \beta_n\,dl_n = [\beta\,dl]\,, \\ dz &= \gamma_1\,dl_1 + \gamma_2\,dl_2 + \cdots + \gamma_n\,dl_n = [\gamma\,dl]\,. \end{aligned}\right\} \tag{3}$$

Einsetzen in (2) und Ordnen nach den dl ergibt

$$\begin{aligned} dF = \quad & dl_1(f_x\alpha_1 + f_y\beta_1 + f_z\gamma_1) + \\ & + dl_2(f_x\alpha_2 + f_y\beta_2 + f_z\gamma_2) + \\ & \ldots\ldots\ldots\ldots \\ & + dl_n(f_x\alpha_n + f_y\beta_n + f_z\gamma_n)\,. \end{aligned}$$

Wenn von den Differentialen zu mittleren Fehlern übergegangen wird, so folgt

$$\begin{aligned} m_F^2 = & \; m_1^2(f_x^2\alpha_1^2 + 2f_xf_y\alpha_1\beta_1 + 2f_xf_z\alpha_1\gamma_1 + f_y^2\beta_1^2 + 2f_yf_z\beta_1\gamma_1 + f_z^2\gamma_1^2) + \\ & + m_2^2(f_x^2\alpha_2^2 + 2f_xf_y\alpha_2\beta_2 + 2f_xf_z\alpha_2\gamma_2 + f_y^2\beta_2^2 + 2f_yf_z\beta_2\gamma_2 + f_z^2\gamma_2^2) + \\ & \ldots\ldots\ldots\ldots\ldots\ldots\ldots\ldots \\ & + m_n^2(f_x^2\alpha_n^2 + 2f_xf_y\alpha_n\beta_n + 2f_xf_z\alpha_n\gamma_n + f_y^2\beta_n^2 + 2f_yf_z\beta_n\gamma_n + f_z^2\gamma_n^2)\,. \end{aligned}$$

Da alle Beobachtungen als gleichgewichtig vorausgesetzt sind, ist $m_1^2 = m_2^2 = \cdots = m^2$, und man erhält, wenn unter P_F das Gewicht der Funktion (1) verstanden wird,

$$\left.\begin{aligned} \frac{m_F^2}{m^2} = \frac{1}{P_F} = f_x^2[\alpha\alpha] &+ 2f_xf_y[\alpha\beta] + 2f_xf_z[\alpha\gamma] \\ &+ \quad f_y^2[\beta\beta] + 2f_yf_z[\beta\gamma] \\ &+ \quad f_z^2[\gamma\gamma]\,. \end{aligned}\right\} \tag{4}$$

Nach § 16 sind indessen die $[\alpha\alpha]$, $[\alpha\beta]$ usw. nichts anderes als die Gewichtsreziproken Q_{11}, Q_{12} usw. Ersetzt man in diesen, um die funktionale Zusammengehörigkeit schneller erkennen zu lassen, die Indizes 1, 2, 3 durch x, y, z, so erhält (4) die Form

$$\left.\begin{aligned} \frac{m_F^2}{m^2} = \frac{1}{P_F} = f_x^2 Q_{xx} &+ 2f_xf_y Q_{xy} + 2f_xf_z Q_{xz} \\ &+ \quad f_y^2 Q_{yy} + 2f_yf_z Q_{yz} \\ &+ \quad f_z^2 Q_{zz} = Q_{FF}\,. \end{aligned}\right\} \tag{5}$$

Bei ungleichen Gewichten erhält man die Gewichtsreziproken aus § 18 (6).

2. Berechnen des Funktionsgewichtes durch Erweitern des ursprünglichen Normalgleichungssystems.

Die Rechnung nach (5) ist immer zweckmäßig, wenn die Gewichtsreziproken bereits vorliegen oder aus anderen Gründen ohnehin zu berechnen sind. Sind sie nicht bekannt, so kann das Funktionsgewicht auch durch die Normalgleichungskoeffizienten ausgedrückt werden.

Hierzu schreibe man (5) in der Form

$$\begin{aligned} \frac{1}{P_F} = \quad & f_x(Q_{xx}f_x + Q_{xy}f_y + Q_{xz}f_z) + \\ & + f_y(Q_{xy}f_x + Q_{yy}f_y + Q_{yz}f_z) + \\ & + f_z(Q_{xz}f_x + Q_{yz}f_y + Q_{zz}f_z) \end{aligned}$$

oder mit Einführung neuer Symbole

$$\frac{1}{P_F} = f_x q_x + f_y q_y + f_z q_z = [fq], \tag{6}$$

wobei

$$\begin{aligned} q_x &= Q_{xx}f_x + Q_{xy}f_y + Q_{xz}f_z & \quad & [aa] \\ q_y &= Q_{xy}f_x + Q_{yy}f_y + Q_{yz}f_z & & [ab] \\ q_z &= Q_{xz}f_x + Q_{yz}f_y + Q_{zz}f_z & & [ac] \end{aligned}$$

ist. Zur Elimination der q aus (6) multipliziere man die vorstehenden Gleichungen der Reihe nach mit $[aa]$, $[ab]$ und $[ac]$ und bilde spaltenweise addierend die Summe

$$\begin{aligned} [aa]q_x + [ab]q_y + [ac]q_z = \quad & ([aa]Q_{xx} + [ab]Q_{xy} + [ac]Q_{xz})f_x + \\ & + ([aa]Q_{xy} + [ab]Q_{yy} + [ac]Q_{yz})f_y + \\ & + ([aa]Q_{xz} + [ab]Q_{yz} + [ac]Q_{zz})f_z. \end{aligned}$$

Hierin sind aber die Klammerausdrücke nichts anderes als die drei ersten Gleichungen der in § 16 (2), (11) und (17) gegebenen Systeme zur Berechnung der Q_{11}, Q_{12} usw., die der Reihe nach den Wert 1, 0, 0 haben. Mithin ist

$$[aa]q_x + [ab]q_y + [ac]q_z = f_x.$$

Auf demselben Wege gelingt der Nachweis, daß

$$\begin{aligned} [ab]q_x + [bb]q_y + [bc]q_z &= f_y, \\ [ac]q_x + [bc]q_y + [cc]q_z &= f_z \end{aligned}$$

ist. Diese drei Gleichungen haben auf der linken Seite dieselben Koeffizienten wie das System der Normalgleichungen. Mithin lassen sich q_x, q_y und q_z nach dem Gaussschen Algorithmus errechnen, wenn an Stelle der $-l$ die $-f$ in das Koeffizientenschema eingetragen werden. Es ist jedoch möglich, die Berechnung der q zu umgehen und sofort den gesuchten Wert $[fq]$ zu finden. Hierzu bilde man aus den obigen drei Gleichungen und der Gl. (6) das System

$$\left.\begin{array}{l} [aa]q_x + [ab]q_y + [ac]q_z - f_x = 0, \\ [ab]q_x + [bb]q_y + [bc]q_z - f_y = 0, \\ [ac]q_x + [bc]q_y + [cc]q_z - f_z = 0, \\ -f_x q_x - f_y q_y - f_z q_z + 0 = -[fq]. \end{array}\right\} \tag{7}$$

Dieses System wird dem GAUSSschen Algorithmus unterworfen und liefert nach dreimaliger Reduktion

$$[0 \cdot 3] = -[fq]. \tag{8}$$

Der Koeffizientenaufbau eines dreimal reduzierten Absolutgliedes ist in § 15 bei der Berechnung der Fehlerquadratsumme für den Ausdruck $[ll \cdot 3]$ ermittelt worden. Man denke sich in § 15 (9) an Stelle der Absolutglieder $-[al]$, $-[bl]$, $-[cl]$, $+[ll]$ die Werte $-f_x$, $-f_y$, $-f_z$ und 0 aus (7) dieses Abschnittes gesetzt und findet durch Vergleich mit § 15 (5)

$$[0 \cdot 3] = 0 - \frac{f_x^2}{[a\,a]} - \frac{[f_y \cdot 1]^2}{[b\,b \cdot 1]} - \frac{[f_z \cdot 2]^2}{[c\,c \cdot 2]}.$$

Unter Beachtung von (6) und (8) ergibt sich dann endlich als *Funktionsgewicht bei gleichgewichtigen Beobachtungen*

$$\frac{m_F^2}{m^2} = \frac{1}{P_F} = \frac{f_x^2}{[a\,a]} + \frac{[f_y \cdot 1]^2}{[b\,b \cdot 1]} + \frac{[f_z \cdot 2]^2}{[c\,c \cdot 2]} \tag{9}$$

und durch Wiederholung des Gedankenganges in § 18 für *ungleichgewichtige Beobachtungen*

$$\frac{m_F^2}{m_0^2} = \frac{1}{P_F} = \frac{f_x^2}{[a\,a\,p]} + \frac{[f_y \cdot 1]^2}{[b\,b\,p \cdot 1]} + \frac{[f_z \cdot 2]^2}{[c\,c\,p \cdot 2]}. \tag{10}$$

Damit ist eine zweite Form zur Berechnung der Funktionsgewichte gegeben, die der Formelgruppe (5) gleichwertig ist. Man rechnet jedoch nicht geradezu nach den Formeln (9) und (10), sondern man reduziert (7), bis $-[fq]$ erscheint und hat dann nach

$$-[0 \cdot 3] = +[fq] = \frac{1}{P_F} = Q_{FF}. \tag{11}$$

Ein Zahlenbeispiel folgt in der Aufgabe 8.

3. Berechnen des Funktionsgewichtes mit symbolischen Gewichtskoeffizienten.

Die rechte Seite von (5) entspricht in ihrem Aufbau einem vollständigen Quadrat. Um das zu einer bequemen Schreibweise auszunutzen, hat I. M. TIENSTRA[1] neben den durch Doppelindizes gekennzeichneten

[1] TIENSTRA, I. M.: Het rekenen met Gewichtsgetallen. Tijdschrift voor Kadaster en Landmeetkunde 1934 S. 37. — Vgl. auch W. K. BACHMANN: Symbolische Berechnung der Gewichtskoeffizienten. Schweiz. Z. Vermessung u. Kulturtechn. 1945 S. 131.

Gewichtsreziproken Q_{ik} „symbolische" Gewichtskoeffizienten Q_i, Q_k eingeführt, die mit nur einem Index versehen sind, indem er definiert $Q_i Q_k \equiv Q_{ik}$. Im Hinblick auf (5) ist also

$$\left.\begin{array}{llll} Q_x Q_x \equiv Q_{xx} & Q_x Q_y \equiv Q_{xy} & Q_x Q_z \equiv Q_{xz}, & \\ Q_y Q_y \equiv Q_{yy} & Q_y Q_z \equiv Q_{yz} & Q_z Q_z \equiv Q_{zz} & Q_F Q_F \equiv Q_{FF}. \end{array}\right\} \quad (12)$$

Mit Hilfe dieser Ausdrücke bildet man zu der Gl. (2), die wir der Allgemeingültigkeit wegen in der Form

$$F = f_0 + f_x \delta x + f_y \delta y + f_z \delta z \quad (13)$$

schreiben, den symbolischen Gewichtskoeffizienten

$$Q_F = f_x Q_x + f_y Q_y + f_z Q_z, \quad (14)$$

in dem die Unbekannten aus (13) durch die entsprechenden Q_i ersetzt sind, und erhält dann durch beiderseitiges Quadrieren

$$Q_{FF} = Q_F^2 = (f_x Q_x + f_y Q_y + f_z Q_z)^2, \quad (15)$$

was unter Beachtung von (12) wieder die Formel (5) ergibt.

Die Q_i stellen für sich allein keine algebraische Größe dar. Erst einem Produkt aus zwei Q_i kommt ein Zahlenwert zu. Trotzdem darf man mit den Q_i rechnen, als ob sie algebraische Größen wären, und auf sie die gewöhnlichen Regeln der Algebra anwenden, sofern man nur Produkte von mehr als zwei Koeffizienten vermeidet und die Division ausschließt. Durch die symbolischen Gewichtskoeffizienten wird daher die Ermittlung von Formeln für das Funktionsgewicht in vielen Fällen sehr vereinfacht.

Um die Anwendungsmöglichkeit und die Richtigkeit der TIENSTRAschen Regel an einem sehr allgemeinen Fall zu beweisen, ermitteln wir nachstehend das *Gewicht einer Funktion von Funktionen der ausgeglichenen Unbekannten.*

Gegeben seien, wenn die Ableitung der Übersichtlichkeit wegen auf zwei Unbekannte beschränkt wird, die (linearen oder linearisierten) Funktionen

$$\left.\begin{aligned} F &= f_0 + f_x \delta x + f_y \delta y, \\ G &= g_0 + g_x \delta x + g_y \delta y. \end{aligned}\right\} \quad (16)$$

Gesucht sei das Gewicht Q_{HH} der aus ihnen gebildeten weiteren Funktion

$$H = h_0 + h_F \delta F + h_G \delta G. \quad (17)$$

Nach der TIENSTRAschen Regel geht man aus von den Ansätzen

$$\left.\begin{aligned} Q_F &= f_x Q_x + f_y Q_y, \\ Q_G &= g_x Q_x + g_y Q_y, \\ Q_H &= h_F Q_F + h_G Q_G \end{aligned}\right\} \quad (18)$$

und erhält daraus als Rechenformeln für die Zahlenrechnung

$$\left.\begin{aligned} Q_{FF} &= f_x^2 Q_{xx} + 2 f_x f_y Q_{xy} + f_y^2 Q_{yy}, \\ Q_{FG} &= f_x g_x Q_{xx} + (f_x g_y + f_y g_x) Q_{xy} + f_y g_y Q_{yy}, \\ Q_{GG} &= g_x^2 Q_{xx} + 2 g_x g_y Q_{xy} + g_y^2 Q_{yy}, \end{aligned}\right\} \tag{19}$$

berechnet die darin auftretenden Zahlenwerte und findet schließlich

$$Q_{HH} = h_F^2 Q_{FF} + 2 h_F h_G Q_{FG} + h_G^2 Q_{GG}. \tag{20}$$

Zum Beweise für die Richtigkeit dieser Formel ersetze man in der H-Gleichung $\delta F = F - f_0$ und $\delta G = G - g_0$ durch die Ausgangsfunktionen und ordne nach δx und δy. Auf das Ergebnis wende man die vorher abgeleitete Formel (5) an und findet dann das obige Ergebnis bestätigt.

Selbstverständlich läßt sich Q_{HH} auch durch die Normalgleichungskoeffizienten ausdrücken[1]. Wir sehen jedoch davon ab, weil die TIENSTRAsche Methode bequemer und durchsichtiger ist.

Weitere Anwendungen der TIENSTRAschen Regel bringen § 25 (Aufgabe 21), § 31, Ziff. 3 und § 33 (Aufgabe 26).

Aufgabe 8. *Mittlere Fehler der ausgeglichenen Strecken bei der Punktbestimmung durch Bogenschlag.*

In Aufgabe 7 sind der mittlere Fehler einer *beobachteten Strecke* vom Gewicht 1 und die mittleren Fehler der aus der Ausgleichung hervorgegangenen *Unbekannten* — der Koordinaten des Neupunktes — ermittelt. Nunmehr sollen auch die mittleren Fehler der *ausgeglichenen Strecken* errechnet werden. Da diese Funktionen der Unbekannten sind, stehen zur Berechnung des Funktionsgewichtes die Formeln (5) oder (10) zur Verfügung. Die Formelgruppe (5) gibt für die erste Strecke

$$s_1 + v_1 = S_1 = F_1(x, y) = \sqrt{(x - x_1)^2 + (y - y_1)^2},$$

$$\frac{\partial F_1}{\partial x} = f_x^1 = \frac{x - x_1}{s_1} = -0{,}99,$$

$$\frac{\partial F_1}{\partial y} = f_y^1 = \frac{y - y_1}{s_1} = -0{,}15,$$

$$\frac{1}{P_1} = 0{,}99^2 \cdot 0{,}800 + 2 \cdot 0{,}99 \cdot 0{,}15 \cdot 0{,}037 + 0{,}15^2 \cdot 0{,}606 = 0{,}809.$$

Entsprechend findet sich

$$\text{für } S_2\colon \quad f_x^2 = +0{,}38, \quad f_y^2 = -0{,}92, \quad \frac{1}{P_2} = 0{,}602,$$

$$\text{für } S_3\colon \quad f_x^3 = +0{,}56, \quad f_y^3 = +0{,}83, \quad \frac{1}{P_3} = 0{,}702,$$

$$\text{für } S_4\colon \quad f_x^4 = -0{,}35, \quad f_y^4 = +0{,}94, \quad \frac{1}{P_4} = 0{,}609.$$

Statt nach (5) können die Funktionsgewichte auch mittels der Formel (10) errechnet werden. Zur Vorbereitung ist nach (7) für jedes S der Koeffizient $[f_y \cdot 1]$ zu ermitteln. Man übernehme dazu in das nachstehende Schema die Größen links

[1] Vgl. u. a. [*10*] § 51.

des Doppelstrichs von den Normalgleichungen auf S. 90, während unter S_i die zugehörigen $-f_x$ und $-f_y$ eingetragen werden. Dann erhält man das Reduktions schema

q_x	q_y	S_1	S_2	S_3	S_4
+ 1,255	− 0,076	+ 0,990	− 0,380	− 0,560	+ 0,350
	+ 1,656	+ 0,150	+ 0,920	− 0,830	− 0,940
	− 0,005	+ 0,060	− 0,023	− 0,034	+ 0,021
	+ 1,651	+ 0,210	+ 0,897	− 0,864	− 0,919

in welchem in der letzten Zeile die Koeffizienten rechts vom Doppelstrich die gesuchten $[f_y \cdot 1]$ sind. Einsetzen in (10) gibt in scharfer Übereinstimmung mit der ersten Rechnung

$$\frac{1}{P_1} = \frac{0{,}990^2}{1{,}255} + \frac{0{,}210^2}{1{,}651} = 0{,}808, \qquad \frac{1}{P_2} = \frac{0{,}380^2}{1{,}255} + \frac{0{,}897^2}{1{,}651} = 0{,}601,$$

$$\frac{1}{P_3} = \frac{0{,}560^2}{1{,}255} + \frac{0{,}864^2}{1{,}651} = 0{,}702, \qquad \frac{1}{P_4} = \frac{0{,}350^2}{1{,}255} + \frac{0{,}919^2}{1{,}651} = 0{,}609.$$

Damit gewinnt man endlich als mittlere Fehler der *ausgeglichenen Strecken*

$$M_1 = \pm 0{,}026\sqrt{0{,}808} = \pm 0{,}023, \qquad M_2 = \pm 0{,}026\sqrt{0{,}601} = \pm 0{,}020,$$

$$M_3 = \pm 0{,}026\sqrt{0{,}702} = \pm 0{,}022, \qquad M_4 = \pm 0{,}026\sqrt{0{,}609} = \pm 0{,}020.$$

Um den Gewinn durch die Ausgleichung zu erkennen, berechne man noch die mittleren Fehler der *beobachteten Strecken* nach der Formel

$$m_i = m_0\sqrt{s_i}.$$

Das ergibt

$$m_1 = \pm 0{,}027, \qquad m_2 = \pm 0{,}033,$$

$$m_3 = \pm 0{,}034, \qquad m_4 = \pm 0{,}029.$$

Man beachte, daß die mittleren Fehler der ausgeglichenen Strecken im Gegensatz zu denen der beobachteten Strecken keinerlei Abhängigkeit von den Streckenlängen aufweisen. Sie sind nur noch von der Unsicherheit der Punktlagen abhängig.

Zusatz:

Sind p_i die Gewichte der ursprünglichen und P_i die der ausgeglichenen Beobachtungen, ist ferner u die Anzahl der Unbekannten, so muß, wie wir im § 31 für die Ausgleichung nach bedingten Beobachtungen zeigen werden,

$$\left[\frac{p}{P}\right]_1^n = u$$

sein. In der Tat ergibt sich mit den p_i von S. 89 unten rechts

$$0{,}90 \cdot 0{,}808 + 0{,}63 \cdot 0{,}601 + 0{,}58 \cdot 0{,}702 + 0{,}80 \cdot 0{,}609 = 2{,}000.$$

Das ist eine sehr angenehme Probe für die Berechnung der Gewichte der ausgeglichenen Beobachtungen.

§ 20. Übersicht über die Ausgleichung von vermittelnden Beobachtungen.

Im Anschluß an die Darstellung in § 18 seien in einem System mit drei Unbekannten

$L_1, L_2, \ldots, L_n$ die ursprünglichen Beobachtungen,
$p_1, p_2, \ldots, p_n$ ihre Gewichte,
x, y, z die Unbekannten.

Damit ergibt sich folgender Ausgleichungsgang:

1. Aufstellen der ursprünglichen Fehlergleichungen. a) Wahl der Unbekannten.

b) Ausdrücken der Beobachtungen durch die Unbekannten

$$\begin{aligned} L_1 + v_1 &= f_1(x, y, z) \quad \text{Gewicht } p_1, \\ L_2 + v_2 &= f_2(x, y, z) \quad \text{,,} \quad p_2, \\ &\ldots\ldots\ldots\ldots \\ L_n + v_n &= f_n(x, y, z) \quad \text{Gewicht } p_n. \end{aligned}$$

c) Bestimmen der Gewichte.

2. Aufstellen der ungeformten Fehlergleichungen. a) Einführen von Näherungswerten x_0, y_0, z_0 durch

$$x = x_0 + \delta x, \qquad y = y_0 + \delta y, \qquad z = z_0 + \delta z.$$

b) Berechnen der genäherten Funktionswerte

$$f_1(x_0, y_0, z_0), \qquad f_2(x_0, y_0, z_0), \qquad f_3(x_0, y_0, z_0) \text{ usw.}$$

c) Bilden der Absolutglieder

$$\begin{aligned} -l_1 &= -(L_1 - f_1(x_0, y_0, z_0)), \\ -l_2 &= -(L_2 - f_2(x_0, y_0, z_0)), \\ &\ldots\ldots\ldots\ldots \\ -l_n &= -(L_n - f_n(x_0, y_0, z_0)). \end{aligned}$$

d) Berechnen der Fehlergleichungskoeffizienten

$$a_1 = \left(\frac{\partial f_1}{\partial x}\right)_0, \qquad b_1 = \left(\frac{\partial f_1}{\partial y}\right)_0, \qquad c_1 = \left(\frac{\partial f_1}{\partial z}\right)_0,$$

$$a_2 = \left(\frac{\partial f_2}{\partial x}\right)_0, \qquad b_2 = \left(\frac{\partial f_2}{\partial y}\right)_0, \qquad c_2 = \left(\frac{\partial f_2}{\partial z}\right)_0 \quad \text{usw.}$$

e) Zusammenstellen der umgeformten Fehlergleichungen

$$\begin{aligned} v_1 &= a_1\,\delta x + b_1\,\delta y + c_1\,\delta z - l_1 \quad \text{Gewicht } p_1, \\ v_2 &= a_2\,\delta x + b_2\,d y + c_2\,\delta z - l_2 \quad \text{,,} \quad p_2, \\ &\ldots\ldots\ldots\ldots \quad \ldots \quad \text{usw.} \end{aligned}$$

3. Aufstellen und Auflösen der Normalgleichungen. a) Eintragen von $a\sqrt{p}$, $b\sqrt{p}$, $c\sqrt{p}$, $-l\sqrt{p}$ und $s\sqrt{p}$ in das Muster auf S. 73 und Bilden der Normalgleichungskoeffizienten $[aap]$, $[abp]$, ..., $[ccp]$, einschließlich der Summenglieder sowie der Ausdrücke $[llp]$ und $[lsp]$.

b) Zusammenstellen des abgekürzten Normalgleichungssystems

δx	δy	δz	$-l$	s
$\underline{[aap]}$	$[abp]$	$[acp]$	$-[alp]$	$[asp]$
	$\underline{[bbp]}$	$[bcp]$	$-[blp]$	$[bsp]$
		$\underline{[ccp]}$	$-[clp]$	$[csp]$
			$\underline{+[llp]}$	$-[lsp]$

und Reduktion im Reduktionsschema der S. 74 bis zur Bildung von

$$[llp \cdot 3] = -[lsp \cdot 3].$$

c) Berechnen der Unbekannten aus den Endgleichungen

$$\delta z = \frac{[clp \cdot 2]}{[ccp \cdot 2]},$$
$$\delta y = \frac{[blp \cdot 1]}{[bbp \cdot 1]} - \frac{[bcp \cdot 1]}{[bbp \cdot 1]} \cdot \delta z,$$
$$\delta x = \frac{[alp]}{[aap]} - \frac{[acp]}{[aap]} \cdot \delta z - \frac{[abp]}{[aap]} \cdot \delta y.$$

d) Prüfen von δx, δy, δz durch Einsetzen der Unbekannten in

$$-[alp]\,\delta x - [blp]\,\delta y - [clp]\,\delta z + [llp] = [llp \cdot 3].$$

e) Berechnen von x, y, z nach 2a.

4. Aufstellen und Auflösen der Gewichtsgleichungen. a) Bilden des Koeffizientenschemas

(δx)	(δy)	(δz)	Q_x	Q_y	Q_z	
$\underline{[aap]}$	$[abp]$	$[acp]$	-1	0	0	Q_x
	$\underline{[bbp]}$	$[bcp]$	0	-1	0	Q_y
		$\underline{[ccp]}$	0	0	-1	Q_z

b) Reduktion nach dem Gaussschen Algorithmus (zweckmäßig in einem Zuge mit Ziff. 3b).

c) Zur Berechnung von Q_{xx}, Q_{xy}, Q_{xz} werden in 3c die Unbekannten δ_x, δ_y, δ_z durch Q_{xx}, Q_{xy}, Q_{xz} und die aus der $-l$-Spalte herrührenden Ausdrücke durch die entsprechenden Ausdrücke der Q_x-Spalte ersetzt. Ebenso werden die Q_{yi} und Q_{zi} mit Hilfe der Q_y- und Q_z-Spalte erhalten.

d) Prüfung durch

$$\delta x = [alp]\,Q_{xx} + [blp]\,Q_{xy} + [clp]\,Q_{xz},$$
$$\delta y = [alp]\,Q_{xy} + [blp]\,Q_{yy} + [clp]\,Q_{yz},$$
$$\delta z = [alp]\,Q_{xz} + [blp]\,Q_{yz} + [clp]\,Q_{zz}.$$

Zusatz: Bei nur zwei Unbekannten ist — vgl. § 16, 4 —

$$Q_{yy} = \frac{1}{[b\,b\,p \cdot 1]}, \qquad Q_{xx} = Q_{yy} \frac{[b\,b\,p]}{[a\,a\,p]}.$$

5. *Berechnung der* v aus den umgeformten Fehlergleichungen 2e.

6. *Berechnen von* $[v v p]$ aus 5. nebst der Probe

$$[vvp] = [llp \cdot 3].$$

7. *Fehlerrechnung.* a) Mittlerer Fehler einer beobachteten Größe vom Gewicht 1

$$m_0 = \pm \sqrt{\frac{[v\,v\,p]}{n-u}}.$$

b) Mittlerer Fehler der Unbekannten

$$m_x = m_0 \sqrt{Q_{xx}}, \qquad m_y = m_0 \sqrt{Q_{yy}}, \qquad m_z = m_0 \sqrt{Q_{zz}}.$$

8. *Schlußprobe.* a) Berechnen der Funktionen $f_1(x, y, z)$, $f_2(x, y, z)$ usw. mit den ausgeglichenen Unbekannten.

b) Zweite Berechnung der v auf Grund der ursprünglichen Fehlergleichungen 1b und Vergleichen mit den Ergebnissen der ersten Berechnung unter 5.

§ 21. Gemeinsame Berechnung der Unbekannten und ihrer Gewichtsreziproken.

1. Normalgleichungen und Gewichtsgleichungen.

Die Ähnlichkeiten im Bau der Normal- und Gewichtsgleichungen führen von selbst auf den Gedanken, die Auflösung beider Systeme in einem Zuge vorzunehmen. Dies geschieht, indem die Schemata 3b und 4a der S. 98 in einem Muster zusammengefaßt werden, das für drei Unbekannte, wenn von Gewichten abgesehen wird, lautet:

	x	y	z	$-l$	Q_x	Q_y	Q_z	Σ	Probe
A:	$\underline{[aa]}$	$[ab]$	$[ac]$	$-[al]$	-1	0	0	$[as]-1$	$[aa]+\cdots-1$
B:		$\underline{[bb]}$	$[bc]$	$-[bl]$	0	-1	0	$[bs]-1$	$[ab]+\cdots-1$
C:			$\underline{[cc]}$	$-[cl]$	0	0	-1	$[cs]-1$	$[ac]+\cdots-1$
L:				$\underline{+[ll]}$	—	—	—	$-[ls]$	$-[al]-\cdots+[ll]$

Zweimalige Reduktion führt auf die zweimal reduzierten Normal- und Gewichtsgleichungen, während die dritte Reduktion in der $-l$-Spalte $[vv]$ ergibt. Die Unbekannten und die Gewichtsreziproken können im Anschluß daran nach dem auf S. 98 in 3c und 4c gezeigten Verfahren errechnet werden. Die Absolutglieder der Gewichtsgleichungen wird man jedoch nur dann in die Quersummen Σ einbeziehen, wenn sie etwa die gleiche Größenordnung haben wie die Normalgleichungskoeffizienten. Andernfalls ist es besser, sich mit der s-Probe gemäß § 14 (8) bis (11) zu begnügen und die Gewichtsreziproken lediglich nach § 16 (26) oder (27) zu verproben.

2. Berechnen der Unbekannten und Gewichtsreziproken durch fortgesetzte Reduktion.

Der umständlichste Teil des unter 1. gezeigten Weges ist die auf die Reduktion folgende Berechnung der Unbekannten und Gewichtsreziproken. Nach einem Vorschlag von W. JORDAN kann man diesen Rechenschritt indessen sehr vereinfachen, wenn man ihn in das Reduktionsschema einbezieht. JORDAN ersetzt hierzu in dem obigen Schema die Striche in der L-Gleichung durch Nullen, reduziert diese in allen Reduktionsstufen mit durch und behauptet, daß bei u Unbekannten nach u Reduktionen in der Q_x-Spalte der Wert $-x$, in der Q_y-Spalte $-y$, in der Q_z-Spalte $-z$ usw. erscheint. Um das für drei Unbekannte zu beweisen, werden in dem nachstehenden Schema die Q-Spalten des Systems von 1. formelmäßig durchreduziert. Dann ergibt sich, wenn zur Erlangung eines guten Satzspiegels die Summenklammern fortgelassen werden:

	$-l$	Q_x	Q_y	Q_z
A:	$-al$	-1	0	0
B:	$-bl$	0	-1	0
C:	$-cl$	0	0	-1
L:	$+ll$	0	0	0
$B\cdot 1$:	$-bl\cdot 1$	$+\frac{ab}{aa}=[0\cdot 1]_x$	-1	0
$C\cdot 1$:	$-cl\cdot 1$	$+\frac{ac}{aa}$	0	-1
$L\cdot 1$:	$+ll\cdot 1$	$\frac{-al}{aa}$	0	0
$C\cdot 2$:	$-cl\cdot 2$	$+\frac{ac}{aa}-\frac{ab}{aa}\cdot\frac{bc\cdot 1}{bb\cdot 1}=[0\cdot 2]_x$	$+\frac{bc\cdot 1}{bb\cdot 1}=[0\cdot 2]_y$	-1
$L\cdot 2$:	$+ll\cdot 2$	$\frac{-al}{aa}-\frac{ab}{aa}\cdot\frac{-bl\cdot 1}{bb\cdot 1}$	$\frac{-bl\cdot 1}{bb\cdot 1}$	0
$L\cdot 3$:	$+ll\cdot 3$	$\left(\frac{-al}{aa}-\frac{ab}{aa}\cdot\frac{-bl\cdot 1}{bb\cdot 1}\right)-$ $-\left(\frac{ac}{aa}-\frac{ab}{aa}\cdot\frac{bc\cdot 1}{bb\cdot 1}\right)\frac{-cl\cdot 2}{cc\cdot 2}$ $=[0\cdot 3]_x$	$\frac{-bl\cdot 1}{bb\cdot 1}-$ $-\frac{bc\cdot 1}{bb\cdot 1}\cdot\frac{-cl\cdot 2}{cc\cdot 2}$ $=[0\cdot 3]_y$	$\frac{-cl\cdot 2}{cc\cdot 2}$ $=[0\cdot 3]_z$

Mithin lautet die JORDANsche Behauptung

$$\left.\begin{aligned}
x &= \frac{[a\,l]}{[a\,a]} - \frac{[a\,b]}{[a\,a]}\,\frac{[b\,l\cdot 1]}{[b\,b\cdot 1]} - \left(\frac{[a\,c]}{[a\,a]} - \frac{[a\,b]}{[a\,a]}\,\frac{[b\,c\cdot 1]}{[b\,b\cdot 1]}\right)\frac{[c\,l\cdot 2]}{[c\,c\cdot 2]}\,,\\
y &= \frac{[b\,l\cdot 1]}{[b\,b\cdot 1]} - \frac{[b\,c\cdot 1]}{[b\,b\cdot 1]}\,\frac{[c\,l\cdot 2]}{[c\,c\cdot 2]}\,,\\
z &= \frac{[c\,l\cdot 2]}{[c\,c\cdot 2]}\,.
\end{aligned}\right\} \qquad (1)$$

Andererseits bestehen nach § 14 (6) die Endgleichungen

$$\left.\begin{aligned}
x &= \frac{[a\,l]}{[a\,a]} - \frac{[a\,b]}{[a\,a]}\,y - \frac{[a\,c]}{[a\,a]}\,z\,,\\
y &= \frac{[b\,l\cdot 1]}{[b\,b\cdot 1]} - \frac{[b\,c\cdot 1]}{[b\,b\cdot 1]}\,z\,,\\
z &= \frac{[c\,l\cdot 2]}{[c\,c\cdot 2]}\,.
\end{aligned}\right\} \qquad (2)$$

Durch die letzte Zeile ist die dritte Gl. (1) unmittelbar bestätigt. Die erste und zweite Gl. (1) dagegen ergeben sich, indem in den entsprechenden Gln. (2) z und y rückwärts eingesetzt werden. Damit ist die JORDANsche Behauptung bewiesen.

Zur Berechnung der Gewichtsreziproken hat man in den Gln. (1) die Absolutglieder der $-l$-Spalte gegen die Absolutglieder der betreffenden Gewichtsgleichungen auszutauschen. Also ersetzt man, wenn man die in dem obigen Beweisschema in Klammern hinzugefügten symbolischen Bezeichnungen verwendet, die Absolutglieder $-[al]$, $-[bl\cdot 1]$ und $-[cl\cdot 2]$ zur Berechnung von $-Q_{xx}$, $-Q_{xy}$, $-Q_{xz}$ der Reihe nach durch -1, $[0\cdot 1]_x$ und $[0\cdot 2]_x$, zur Berechnung der $-Q_{yx}$, $-Q_{yy}$, $-Q_{yz}$ durch 0, -1 und $[0\cdot 2]_y$ und zur Berechnung von $-Q_{zx}$, $-Q_{zy}$, $-Q_{zz}$ durch 0, 0 und -1. Praktisch bedeutet das, wie man am schnellsten den Formeln des nachstehend unter 3. gegebenen Rechenschemas entnimmt, daß man lediglich die Zähler der Reduktionsfaktoren auszuwechseln hat.

3. Bilden der Endgleichungen ohne Zwischenstufen.

Eine zweite Vereinfachung erzielt JORDAN, indem er auf die vollständige Darstellung der einzelnen Reduktionsstufen verzichtet und aus den gegebenen Normalgleichungen unmittelbar die Endgleichungen ableitet. Dieser Weg läßt sich, wie v. GRUBER[1] gezeigt hat, mit den unter 1. und 2. gezeigten Verfahren verbinden, so daß man schließlich für drei Unbekannte das Schema auf S. 103 erhält, in dem das Bei-

[1] v. GRUBER, O.: Vereinfachte Auflösung. Z. Vermessungsw. 1925 S. 133.

spiel von S. 74 und 82 noch einmal mit allen Proben durchgerechnet ist. Im Gegensatz zur ersten Berechnung wird nicht hin und her gesprungen, sondern Zeile für Zeile durchgerechnet. Am Anfang jeder Zeile steht die für die Zeile geltende Rechenvorschrift. Welche Summen zu ziehen sind, erkennt man ohne weiteres aus der Anordnung des Schemas. Diese Hinweise dürften genügen, so daß sich eine besondere Rechenanweisung erübrigt. Ebenso versteht sich die Erweiterung auf mehr Unbekannte von selbst.

Als Probe für Unbekannte und Gewichtsreziproken dienen die Gleichungen § 16 (26) oder (27). Diese Proben sind jedoch sehr empfindlich; man muß daher die Rechenschärfe etwas weitertreiben, als es die Berechnung der gesuchten Größen selbst erfordert. Die Vorteile des Verfahrens kommen also vor allem bei der Maschinenrechnung zur Geltung, wo das Mitführen einiger zusätzlicher Dezimalstellen keine wesentliche Belastung bedeutet. Im nachstehenden Beispiel sind die Gewichtsreziproken auf vier Stellen berechnet, trotzdem beträgt die Schlußdifferenz $-0{,}0020$. Das kann noch eben hingenommen werden. Mitführen einer weiteren Stelle würde die Differenz zum Verschwinden bringen. Entscheidend ist im übrigen nicht die Stellenzahl, sondern die Anzahl der „bedeutsamen" Ziffern, die nach Abzug linker Nullen verbleibt — 0,00021 hat zwei bedeutsame Ziffern —. Man hätte aus diesem Grunde in unserem Beispiel in den Q-Spalten mehr Stellen mitführen können als links des Doppelstrichs. Dann hätte man allerdings die Quersumme auf die Normalgleichungskoeffizienten beschränken müssen. Es sollte hier aber gerade die volle Zeilensumme gezeigt werden.

Eine Variation des Verfahrens für den Fall, daß nur die quadratischen Gewichtskoeffizienten benötigt werden, hat H. Kasper[1] angegeben. Ferner beschreibt Hallert[2] das Verfahren von Rubin-Cholesky, und H. Wolf[3] den „modernisierten Gaussschen Algorithmus", der alle bekanntgewordenen Vereinfachungsvorschläge zusammenfaßt. Diese beiden letzten Verfahren verlangen eine gewisse Einarbeitung; sie sind daher nur dem zu empfehlen, der häufig große Normalgleichungssysteme aufzulösen hat. Auf die noch weitergehenden Möglichkeiten, die das Lochkartenverfahren und die programmgesteuerten Rechenmaschinen bieten, kann hier nicht eingegangen werden.

---

[1] Kasper, H.: Berechn. d. Gewichtskoeff. Allg. Vermess.-Nachr. 1942 S. 76.

[2] Hallert: Einige Verfahren. Z. Vermessungsw. 1943 S. 238.

[3] Wolf, H.: Der „modernisierte" Gaußsche Algorithmus. Z. Vermessungsw. 1950 S. 329.

	x	y	z	$-l$	Q_x	Q_y	Q_z	Σ	Probe / Red.-Fakt.
A	$+26{,}0$	$+18{,}0$	$-4{,}0$	$-20{,}0$	$-1{,}0$	—	—	$+19{,}0$	$+19{,}000$
B		$+22{,}0$	$+8{,}0$	$+5{,}0$	$0{,}0$	$-1{,}0$	—	$+52{,}0$	
$-\frac{[ab]}{[aa]}A$		$-12{,}461$	$+2{,}769$	$+13{,}846$	$+0{,}692$	—	—	$-13{,}154$	$=-0{,}6923\,A$
$B\cdot 1$		$+9{,}539$	$+10{,}769$	$+18{,}846$	$+0{,}692$[1]	$-1{,}0$	—	$+38{,}846$	$+\ 38{,}846$
C			$+42{,}0$	$+30{,}0$	$0{,}0$	$0{,}0$	$-1{,}0$	$+75{,}0$	
$-\frac{[ac]}{[aa]}A$			$-0{,}615$	$-3{,}076$	$-0{,}154$	—	—	$+2{,}922$	$=+\ 0{,}1538\,A$
$-\frac{[bc\cdot 1]}{[bb\cdot 1]}B\cdot 1$			$-12{,}157$	$-21{,}275$	$-0{,}781$	$+1{,}129$	—	$-43{,}853$	$=-\ 1{,}1289\,B\cdot 1$
$C\cdot 2$			$+29{,}228$	$+5{,}649$	$-0{,}935$[2]	$+1{,}129$[3]	$-1{,}0$	$+34{,}069$	$+\ 34{,}071$
L				$+54{,}0$	$0{,}0$	$0{,}0$	$0{,}0$	$+69{,}0$	
$+\frac{[al]}{[aa]}A$				$-15{,}384$	$-0{,}769$	—	—	$+14{,}615$	$=+0{,}7692\,A$
$+\frac{[bl\cdot 1]}{[bb\cdot 1]}B\cdot 1$				$-37{,}234$	$-1{,}367$	$+1{,}976$	—	$-76{,}748$	$=-1{,}9757\,B\cdot 1$
$+\frac{[cl\cdot 2]}{[cc\cdot 2]}C\cdot 2$				$-1{,}092$	$+0{,}181$	$-0{,}218$	$+0{,}193$	$-6{,}586$	$=-0{,}1933\,C\cdot 2$
$L\cdot 3$				$+0{,}290$ $=[ll\cdot 3]$	$-1{,}955$ $=-x$	$+1{,}758$ $=-y$	$+0{,}193$ $=-z$	$+0{,}281$	$+\ 0{,}286$
$+\frac{1}{[aa]}A$					$-0{,}0385$	—	—		$=+0{,}0385\,A$
$-\frac{[0\cdot 1]_x}{[bb\cdot 1]}B\cdot 1$					$-0{,}0502$	$+0{,}0725$	—		$=-0{,}0725\,B\cdot 1$
$-\frac{[0\cdot 2]_x}{[cc\cdot 2]}C\cdot 2$					$-0{,}0299$	$+0{,}0361$	$-0{,}0320$		$=+0{,}0320\,C\cdot 2$
					$-0{,}1186$ $=-Q_{xx}$	$+0{,}1086$ $=-Q_{xy}$	$-0{,}0320$ $=-Q_{xz}$	$-0{,}0420$ $=[-Q_{xi}]$	
$+\frac{1}{[bb\cdot 1]}B\cdot 1$					$+0{,}0725$	$-0{,}1048$	—		$=+0{,}1048\,B\cdot 1$
$-\frac{[0\cdot 2]_y}{[cc\cdot 2]}C\cdot 2$					$+0{,}0361$	$-0{,}0436$	$+0{,}0386$		$=-0{,}0386\,C\cdot 2$
					$+0{,}1086$ $=-Q_{xy}$	$-0{,}1484$ $=-Q_{yy}$	$+0{,}0386$ $=-Q_{yz}$	$-0{,}0012$ $=[-Q_{yi}]$	
$+\frac{1}{[cc\cdot 2]}C\cdot 2$					$-0{,}0320$ $=-Q_{xz}$	$+0{,}0386$ $=-Q_{yz}$	$-0{,}0342$ $=-Q_{zz}$	$-0{,}0276$ $=[-Q_{zi}]$	$=+0{,}0342\,C\cdot 2$

Auflösungsprobe nach § 16 (27):

$+[al][-Q_{xi}]$	$=-0{,}8400$	$-x$	$=-\ 1{,}955$		
$+[bl][-Q_{yi}]$	$=+0{,}0060$	$-y$	$=+\ 1{,}758$		
$+[cl][-Q_{zi}]$	$=+0{,}8280$	$-z$	$=+\ 0{,}193$		
Summe	$=-0{,}0060$	Summe	$=-\ 0{,}004$	Differenz	$=-0{,}002$

[1]) $=[0\cdot 1]_x$
[2]) $=[0\cdot 2]_x$
[3]) $=[0\cdot 2]_y$

§ 22. Ausgleichung von Höhennetzen.

Nachdem in den §§ 12 bis 21 die theoretischen Grundlagen der vermittelnden Beobachtungen abgeleitet sind, sollen nun die wichtigsten geodätischen Anwendungen besprochen werden. Begonnen werde mit der Ausgleichung von Höhennetzen; denn diese ist verhältnismäßig einfach, weil die ursprünglichen Fehlergleichungen in den meisten Fällen linear sind.

Aufgabe 9. *Ausgleichung geometrischer Nivellements (I).*

In dem nebenstehenden Nivellementsnetz, in dem die NN-Höhen der Punkte A und B gegeben sind, wurden die Höhenunterschiede L_1 bis L_8 auf den Strecken s_1 bis s_8 beobachtet. Die Pfeile geben die Richtung des Steigens an. Gesucht sind die günstigsten Werte der NN-Höhen von C, D und E.

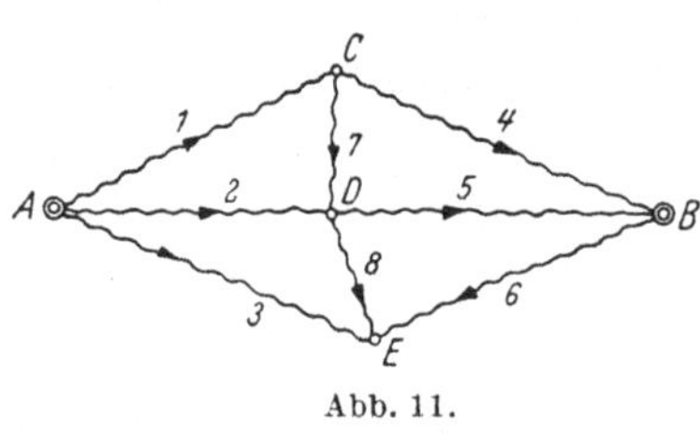

Abb. 11.

Zur Bestimmung der 3 Höhen sind 3 Unbekannte erforderlich. Zweckmäßig werden diese so gewählt, daß ihre mittleren Fehler zugleich die mittleren Fehler der gesuchten NN-Höhen sind. Daher führt man, wenn nur *ein* Anschlußpunkt vorhanden ist, als Unbekannte die Höhenunterschiede über diesem Punkt ein. Sind mehrere Anschlußpunkte vorhanden, so nimmt man mit Rücksicht auf die Fehlerrechnung besser die NN-Höhen der gesuchten Punkte. Demgemäß sei

$$x = H_C\,, \qquad y = H_D\,, \qquad z = H_E\,.$$

Dann ergeben sich die ursprünglichen Fehlergleichungen

$$\begin{aligned}
L_1 + v_1 &= x - H_A\,, & L_5 + v_5 &= -y + H_B\,,\\
L_2 + v_2 &= y - H_A\,, & L_6 + v_6 &= +z - H_B\,,\\
L_3 + v_3 &= z - H_A\,, & L_7 + v_7 &= -x + y\,,\\
L_4 + v_4 &= -x + H_B\,, & L_8 + v_8 &= -y + z\,.
\end{aligned}$$

Da beim Nivellement der mittlere Fehler mit der Wurzel aus der Strecke wächst, sind die Gewichte den Strecken umgekehrt proportional. Setzt man ferner

$$x = x_0 + \delta x\,, \qquad y = y_0 + \delta y\,, \qquad z = z_0 + \delta z\,,$$

so lauten die umgeformten Fehlergleichungen

$$\begin{aligned}
v_1 &= +\delta x && - (L_1 - x_0 + H_A) && \text{Gewicht } 1/s_1\,,\\
v_2 &= + \delta y && - (L_2 - y_0 + H_A) && ,, \quad 1/s_2\,,\\
v_3 &= + \delta z && - (L_3 - z_0 + H_A) && ,, \quad 1/s_3\,,\\
v_4 &= -\delta x && - (L_4 + x_0 - H_B) && ,, \quad 1/s_4\,,\\
v_5 &= - \delta y && - (L_5 + y_0 - H_B) && ,, \quad 1/s_5\,,\\
v_6 &= + \delta z && - (L_6 - z_0 + H_B) && ,, \quad 1/s_6\,,\\
v_7 &= -\delta x + \delta y && - (L_7 + x_0 - y_0) && ,, \quad 1/s_7\,,\\
v_8 &= - \delta y + \delta z && - (L_8 + y_0 - z_0) && ,, \quad 1/s_8\,,
\end{aligned}$$

in denen die Klammerausdrücke die $-l$ ergeben. Die Strecken werden in der Regel in Kilometern eingeführt und auf $^1/_{10}$ km abgerundet. Der aus der Ausgleichung erhaltene Wert für m_0 gibt dann den mittleren Fehler eines beobachteten Nivellements von einem Kilometer Länge.

Aufgabe 10. *Ausgleichung trigonometrischer Höhenmessungen (I).*

In dem dargestellten Netz, in dem die Höhe des Punktes A, $H_A = 147{,}23$ m, gegeben ist, sollen die Höhen der Punkte B, C und D durch trigonometrische Höhenmessung bestimmt werden. Die beobachteten Zenitdistanzen und die dazugehörigen Entfernungen[1] sind:

$$\begin{aligned}
z_1 &= 87^\circ\,52'\,20'', & s_1 &= 1169{,}6\text{ m},\\
z_2 &= 89^\circ\,31'\,48'', & s_2 &= 1604{,}4\text{ m},\\
z_3 &= 89^\circ\,25'\,00'', & s_3 &= 1836{,}4\text{ m},\\
z_4 &= 90^\circ\,35'\,41'', & s_4 &= 1836{,}4\text{ m},\\
z_5 &= 89^\circ\,27'\,52'', & s_5 &= 2602{,}5\text{ m},\\
z_6 &= 90^\circ\,14'\,26'', & s_6 &= 1317{,}1\text{ m},\\
z_7 &= 91^\circ\,01'\,06'', & s_7 &= 1702{,}1\text{ m}.
\end{aligned}$$

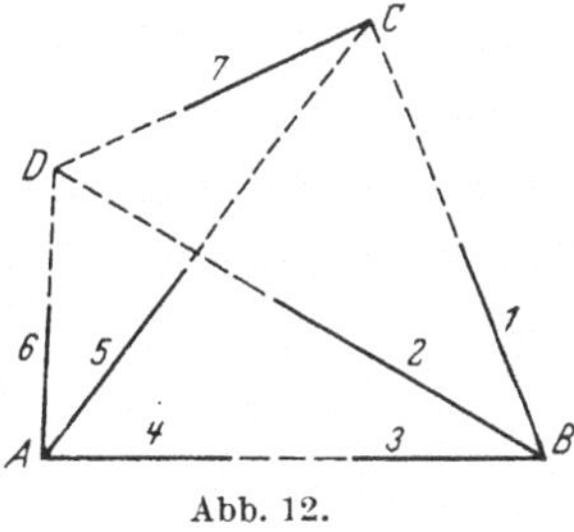

Abb. 12.

Als Unbekannte werden die Höhenunterschiede

$$H_B - H_A = x,$$
$$H_C - H_A = y,$$
$$H_D - H_A = z$$

gewählt. Zur Aufstellung der Fehlergleichungen sind nach § 20, 1 die Beobachtungen als Funktionen der Unbekannten darzustellen. Beobachtet sind die Zenitdistanzen. Zur Vereinfachung der Rechnung pflegt man jedoch aus den Beobachtungen die Höhenunterschiede nach der bekannten Formel

$$h = s \operatorname{ctg} z + \frac{1-k}{2r} s^2 = s \operatorname{ctg} z + K s^2$$

zu errechnen und mit den ***beobachteten Höhenunterschieden*** als fingierten Beobachtungen in die Ausgleichung einzutreten. Damit ist die Ausgleichung trigonometrischer Höhen auf die Nivellementsausgleichung zurückgeführt. Es bleiben lediglich die Gewichte zu bestimmen.

Da die Entfernungen in der Regel einer Triangulation entstammen, können die s als fehlerfrei angesehen werden. Mithin ist anzusetzen

$$m_h^2 = \frac{s^2}{\sin^4 z} \frac{m_z^2}{\varrho^2} + \frac{s^4}{4 r^2} m_k^2 .$$

z ist, wenn vom Hochgebirge abgesehen wird, immer so nahe an 90°, daß $\sin z$ genau genug gleich 1 gesetzt werden kann. m_k ist in der Ebene erfahrungsgemäß mit $k/4$, also mit etwa 0,04 einzuführen. Nimmt man m_h in Millimetern, m_z in Sekunden und s in Kilometern, so ist in runden Werten

$$m_h^2 = (5\,s)^2\, m_z^2 + (80\,s^2)^2\, 0{,}04^2 = (5\,s)^2\, (m_z^2 + 0{,}4\, s^2) .$$

Unter der meistens zutreffenden Annahme, daß für die Messung Instrumente *eines* Genauigkeitstyps verwandt werden, also m_z konstant ist, kommt man zu einem Gewichtsansatz durch

$$p = \frac{c}{m_h^2} = \frac{25\, m_z^2}{(5\,s)^2\,(m_z^2 + 0{,}4\,s^2)} = \frac{1}{s^2\,(1 + 0{,}4\, s^2/m_z^2)}$$

oder in den meisten Fällen ausreichend

$$p = 1/s^2 .$$

[1] Beobachtungsdaten entnommen aus EGGERT: Einführung in die Geodäsie § 154. Leipzig 1907.

Sind Höhenunterschiede in beiden Richtungen beobachtet, so sind sie mit doppeltem Gewicht in Ansatz zu bringen.

Mit den gegebenen Beobachtungen und $K = 0{,}0685 \cdot 10^{-6}$ (für s in m) erhält man

$$H_B = 128{,}38 \pm 0{,}05, \quad H_C = 171{,}94 \pm 0{,}06, \quad H_D = 141{,}81 \pm 0{,}05.$$

§ 23. Reduzierte Fehlergleichungen.

In vielen Fällen ist es zweckmäßig, aus den Fehlergleichungen eine Unbekannte zu eliminieren. Hierfür sind zwei Wege gebräuchlich: Falls in einem System gleichgewichtiger Fehlergleichungen eine Unbekannte in *allen* Gleichungen den *gleichen* Koeffizienten hat, so läßt sich die Unbekannte bequem mit Hilfe der Summengleichung eliminieren. Liegt dagegen ein Fehlergleichungssystem allgemeiner Art vor, so bedient man sich besser eines Verfahrens von O. Schreiber, das indessen auch auf den erstgenannten Fall mit Nutzen angewandt werden kann.

1. Elimination einer Unbekannten mittels der Summengleichung.

Gegeben seien die gleichgewichtigen Fehlergleichungen

$$\left.\begin{aligned} v_1 &= a_1 x + b_1 y + cz - l_1, \\ v_2 &= a_2 x + b_2 y + cz - l_2, \\ &\cdots\cdots\cdots\cdots \\ v_n &= a_n x + b_n y + cz - l_n, \end{aligned}\right\} \tag{1}$$

in denen abweichend vom Normalfall $c_1 = c_2 = \cdots = c_n = c$ ist. Da nach § 15 (2) allgemein $[cv] = 0$ ist, ist hier

$$[cv] = c[v] = c[a]x + c[b]y + nc^2 z - c[l] = 0,$$

oder

$$[v] = [a]x + [b]y + ncz - [l] = 0.$$

Diese Gleichung ist gleichzeitig die Summengleichung für das System (1) und die Normalgleichung für die zu eliminierende Unbekannte. Die Division durch $-n$ gibt

$$0 = -\frac{[a]}{n}x - \frac{[b]}{n}y - cz + \frac{[l]}{n}, \tag{2}$$

und wenn diese Gleichung zu jeder der gegebenen Fehlergleichungen hinzugezählt wird, so folgen die von z freien *reduzierten* Fehlergleichungen

$$\left.\begin{aligned} v_1 &= \left(a_1 - \frac{[a]}{n}\right)x + \left(b_1 - \frac{[b]}{n}\right)y - \left(l_1 - \frac{[l]}{n}\right), \\ v_2 &= \left(a_2 - \frac{[a]}{n}\right)x + \left(b_2 - \frac{[b]}{n}\right)y - \left(l_2 - \frac{[l]}{n}\right), \\ &\cdots\cdots\cdots\cdots\cdots\cdots \\ v_n &= \left(a_n - \frac{[a]}{n}\right)x + \left(b_n - \frac{[b]}{n}\right)y - \left(l_n - \frac{[l]}{n}\right), \end{aligned}\right\} \tag{3}$$

oder mit einfacher Bezeichnung der Koeffizienten

$$\left.\begin{aligned} v_1 &= a_1' x + b_1' y - l_1', \\ v_2 &= a_2' x + b_2' y - l_2', \\ &\dots\dots\dots\dots \\ v_n &= a_n' x + b_n' y - l_n' \end{aligned}\right\} \tag{4}$$

nebst den Proben

$$[a'] = 0, \qquad [b'] = 0, \qquad -[l'] = 0. \tag{5}$$

Reduzierte Fehlergleichungen lassen sich auch dann aufstellen, wenn die zu eliminierende Unbekannte beliebige Koeffizienten hat. Rechenarbeit wird dabei jedoch nicht erspart, so daß das Verfahren keine praktische Bedeutung erlangt hat. Zweckmäßiger ist in diesem Fall:

2. Die Schreibersche Regel.

O. SCHREIBER hat sich die Aufgabe gestellt, die gegebenen Fehlergleichungen so abzuwandeln, daß aus der neuen Form sofort das System der einmal reduzierten Normalgleichungen hergeleitet werden kann. Zu diesem Zwecke fügt SCHREIBER zu den gegebenen Fehlergleichungen

$$\left.\begin{aligned} v_1 &= a_1 x + b_1 y + c_1 z - l_1 && \text{Gewicht } p_1, \\ v_2 &= a_2 x + b_2 y + c_2 z - l_2 && \text{,,} \quad p_2, \\ &\dots\dots\dots\dots\dots\dots \\ v_n &= a_n x + b_n y + c_n z - l_n && \text{Gewicht } p_n \end{aligned}\right\} \tag{6}$$

als $(n+1)^{\text{te}}$ Gleichung die Normalgleichung für die zu eliminierende Unbekannte hinzu und gibt ihr als Gewicht deren negativen reziproken Koeffizienten. Außerdem bringt er in allen Gleichungen die Glieder mit dieser Unbekannten auf die linke Seite und faßt sie mit den v zusammen zu fingierten Verbesserungen, die wir mit V bezeichnen. Soll also z. B. z eliminiert werden, so ergeben sich nach dieser Vorschrift die „Rechengleichungen“

$$\left.\begin{aligned} V_1 &= a_1 x + b_1 y - l_1 && \text{Gewicht} \quad p_1, \\ V_2 &= a_2 x + b_2 y - l_2 && \text{,,} \quad p_2, \\ &\dots\dots\dots\dots\dots\dots \\ V_n &= a_n x + b_n y - l_n && \text{Gewicht} \quad p_n, \\ V_{n+1} &= [acp]\, x + [bcp]\, y - [clp] && \text{,,} \quad -\frac{1}{[ccp]}, \end{aligned}\right\} \tag{7}$$

in denen $V_i = v_i - c_i z$ und $V_{n+1} = -[ccp]z$ ist. Die $(n+1)^{\text{te}}$ Gleichung wird wohl auch als „SCHREIBERsche Gleichung“ bezeichnet.

Wird nun das System der Rechengleichungen als Ausgangssystem betrachtet und werden daraus ganz formal die Normalgleichungen gebildet, so ergeben sich alsbald die von z freien einmal reduzierten Normalgleichungen. Zum Beweise tausche man in den aus (6) folgenden Normalgleichungen die x-Spalte und die z-Spalte, sowie die x-Zeile und die z-Zeile gegeneinander aus, reduziere einmal durch und findet die Behauptung bestätigt. Es ergibt sich ferner, wenn auf Grund von (7) die Quadratsumme der Absolutglieder gebildet wird,

$$[llp] - \frac{[clp]^2}{[ccp]} = [llp \cdot 1].$$

Es bleibt also auch die in § 15 unter 3. behandelte Fehlerquadratsumme erhalten.

Das System der SCHREIBERschen Rechengleichungen ist demnach dem Ausgangssystem äquivalent sowohl im Hinblick auf die Berechnung der Unbekannten wie die der Fehlerquadratsumme; d. h. es ist

$$[VVp] = [vvp],$$

wobei lediglich zu beachten ist, daß zur Bildung von $[VVp]$ auch die SCHREIBERsche Gleichung heranzuziehen ist. Hingegen sind die einzelnen V, wie am Schluß von (7) erläutert ist, nicht identisch mit den entsprechenden v. Werden die v gebraucht, so muß — etwa aus der SCHREIBERschen Gleichung — zuvor die Unbekannte z errechnet werden.

Das SCHREIBERsche Eliminationsverfahren ist in der Anwendung besonders einfach, wenn in einem gleichgewichtigen System die zu eliminierende Unbekannte in jeder Fehlergleichung den Koeffizienten 1 hat, was z. B. für die in § 24 zu besprechenden Orientierungsunbekannten gilt. In diesem Falle ist die Normalgleichung für die zu eliminierende Unbekannte gleich der Summengleichung, und ihr Gewicht ist $-1/n$.

Gegenüber der SCHREIBERschen Regel hat die Elimination auf dem unter 1. entwickelten Wege den Vorzug, daß die v sowohl aus den ursprünglichen wie aus den reduzierten Fehlergleichungen erhalten werden. Man braucht also, wenn man die v haben will, die eliminierte Unbekannte nicht erst auszurechnen. Nachteilig ist hingegen, daß in den vielen Fällen, in denen die a und b in den ursprünglichen Fehlergleichungen runde Werte — insbesondere $+1$, -1, 0 — aufweisen, die Koeffizienten durch die Reduktion unrund werden und damit die Zahlenrechnung erschwert wird.

Man wird daher das erste Verfahren meistens nur dann anwenden, wenn *alle* Unbekannten in *allen* Fehlergleichungen auftreten, wie das z. B. beim Rückwärtseinschneiden (Aufgabe 18) die Regel ist. Trifft diese Voraussetzung nicht zu (Aufgaben 13, 17 u. 20), so führt das SCHREIBERsche Verfahren schneller zum Ziel.

Aufgabe 11. *Maßstabsvergleich (II).*

In den in Aufgabe 6 gefundenen umgeformten Fehlergleichungen hat die Orientierungsunbekannte δx ausnahmslos den Koeffizienten $+1$. δx läßt sich daher auf dem unter 1. beschriebenen Weg eliminieren. Dazu bilde man aus dem System der umgeformten Fehlergleichungen auf S. 63 die Summengleichung

$$[v] = 0 = \quad 5\,\delta x + 15\,\delta y - 0{,}10,$$

oder

$$0 = -\ \delta x - \ 3\,\delta y + 0{,}02,$$

addiere diese Gleichung zu jeder der umgeformten Fehlergleichungen und erhält so die reduzierten Fehlergleichungen

$$\begin{aligned} v_1 &= -3\,\delta y - 0{,}08, & v_4 &= +2\,\delta y + 0{,}07, \\ v_2 &= -2\,\delta y - 0{,}03, & v_5 &= +3\,\delta y + 0{,}12 \\ v_3 &= \qquad\ \ - 0{,}08, & & \end{aligned}$$

und die Normalgleichung

$$26\,\delta y + 0{,}80 = 0$$

und daraus

$$\delta y = -0{,}031$$

Einsetzen in die reduzierten Fehlergleichungen ergibt für die v der Reihe nach

$$+0{,}013, \quad +0{,}032, \quad -0{,}080, \quad +0{,}008, \quad +0{,}027.$$

Das Endergebnis ist wie in Aufgabe 6

$$y = 26{,}10 - 0{,}03 = 26{,}07 \text{ mm}.$$

Der mittlere Fehler einer beobachteten Größe — also einer Ablesung — ist

$$m = \pm \sqrt{\frac{0{,}0084}{5-2}} = \pm\, 0{,}053 \text{ mm}.$$

Die Gewichtsgleichung für y lautet

$$26\, Q_{yy} - 1 = 0.$$

Man erhält daher als mittleren Fehler einer ausgeglichenen Größe

$$m_y = m\sqrt{Q_{yy}} = \frac{m}{\sqrt{26}} = \pm\, 0{,}01.$$

Die Lösung mit der SCHREIBERschen Regel möge der Leser selbst suchen.

§ 24. Stationsausgleichungen.

Den ersten Schritt zur Berechnung trigonometrischer Punkte und Netze bildet die Ausgleichung der auf den einzelnen Stationen beobachteten Richtungen oder Winkel in einer *Stationsausgleichung*. Jedem Beobachtungsverfahren entspricht eine besondere Form der Stationsausgleichung. Die Winkelmessung mit Horizontschluß ist bereits in den Aufgaben 3 und 5 behandelt worden. In den Aufgaben 12 bis 14 werden die Beobachtung von vollständigen und unvollständigen Richtungssätzen sowie die Winkelmessung in allen Kombinationen vorgeführt werden. Die in jüngster Zeit sehr in Aufnahme gekommene Sektorenmethode wird im § 37 besprochen.

Aufgabe 12. *Berechnung vollständiger Richtungssätze.*

Ein Richtungsbüschel mit s Strahlen ist in n vollständigen Sätzen beobachtet worden, wobei der Strahl nach (1) in jedem Satz den Zahlenwert Null erhalten hat. Gesucht sind die günstigsten Werte der Richtungen und ihre mittleren Fehler.

Wahl der Unbekannten. Um die Anzahl der erforderlichen Unbekannten zu ermitteln, nehme man an, das Ausgleichungsergebnis sei schon bekannt. Von den beobachteten zu den ausgeglichenen Richtungen gelangt man dann in zwei Schritten:

a) Jeder beobachtete Satz ist *im ganzen* so zu drehen, daß die Abweichungen zwischen den beobachteten und den ausgeglichenen Richtungen möglichst klein werden. Dieses Einpassen nennt man Orientieren und den Winkel, um den gedreht wird, die „Orientierungsunbekannte".

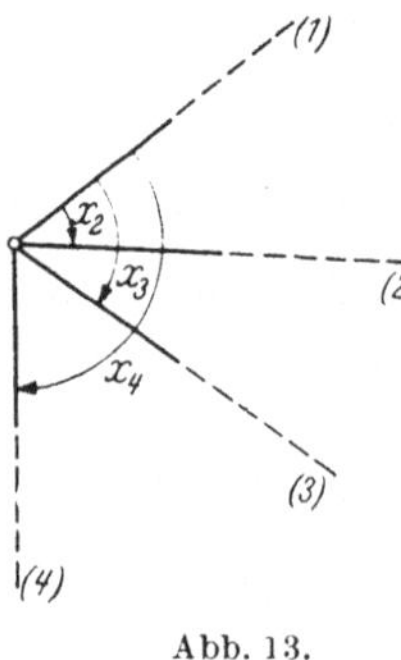

Abb. 13.

b) Für *jede einzelne* der beobachteten Richtungen sind die Verbesserungen zu errechnen, die nach der Orientierung noch erforderlich sind, um die beobachteten mit den ausgeglichenen Richtungen zur Deckung zu bringen.

Durch die Ausgleichung erhalten die Richtungen (1), (2), (3), ..., (s) die Werte $x_1 = 0$, $x_2, x_3, \ldots, x_s$. Bei $s = 4$ Strahlen und $n = 3$ Sätzen hat man demnach zunächst die drei Unbekannten x_2, x_3 und x_4. Dazu treten, wenn die drei Sätze durch die Indizes $'$, $''$ und $'''$ unterschieden werden, die drei Orientierungsunbekannten z', z'' und z''', so daß in den Fehlergleichungen insgesamt sechs Unbekannte erscheinen. Wird der Übersichtlichkeit halber von der Einführung von Näherungswerten zunächst abgesehen, so erhält man das nachstehende System von

Fehlergleichungen und Satzsummen

I. Satz:

$$\begin{array}{lllll}
v_1' = & & & -\,z' & -\,l_1' \\
v_2' = & x_2 & & -\,z' & -\,l_2' \\
v_3' = & & x_3 & -\,z' & -\,l_3' \\
v_4' = & & \quad x_4 & -\,z' & -\,l_4' \\
\hline
[v'] = 0 = & x_2 + x_3 + x_4 & & -\,4z' & -\,[l']
\end{array}$$

wobei $l_1' = 0$ und $v_1' = -z'$,

II. Satz:

$$\begin{array}{lllll}
v_1'' = & & & -\,z'' & -\,l_1'' \\
v_2'' = & x_2 & & -\,z'' & -\,l_2'' \\
v_3'' = & & x_3 & -\,z'' & -\,l_3'' \\
v_4'' = & & \quad x_4 & -\,z'' & -\,l_4'' \\
\hline
[v''] = 0 = & x_2 + x_3 + x_4 & & -\,4z'' & -\,[l'']
\end{array}$$

wobei $l_1'' = 0$ und $v_1'' = -z''$,

III. Satz:

$$\begin{array}{lllll}
v_1''' = & & & -\,z''' & -\,l_1''' \\
v_2''' = & x_2 & & -\,z''' & -\,l_2''' \\
v_3''' = & & x_3 & -\,z''' & -\,l_3''' \\
v_4''' = & & \quad x_4 & -\,z''' & -\,l_4''' \\
\hline
[v'''] = 0 = & x_2 + x_3 + x_4 & & -\,4z''' & -\,[l''']
\end{array}$$

wobei $l_1''' = 0$ und $v_1''' = -z'''$,

$$[l_1] = 0 \qquad [v_1] = -[z].$$

Den **Normalgleichungen** für die drei ersten Unbekannten fügt man als letzte Gleichung die Summe aller Satzsummen mit negativem Vorzeichen an und bildet die Gesamtsumme

$$\begin{array}{rl} [av] = 0 = & 3x_2 \qquad\qquad\qquad - [z] - [l_2] \\ [bv] = 0 = & \qquad 3x_3 \qquad\quad - [z] - [l_3] \\ [cv] = 0 = & \qquad\qquad 3x_4 - [z] - [l_4] \\ 0 = & -3x_2 - 3x_3 - 3x_4 + 4[z] + [l] \\ \hline 0 = & \qquad\qquad\qquad [z] + [l_1] \end{array} \qquad \begin{array}{l} \text{wobei } [z] = z' + z'' + z''', \\ [l_2] = l_2' + l_2'' + l_2''', \\ \text{usw.} \\ [l] = [l_1] + [l_2] + [l_3] + [l_4]. \end{array}$$

Mithin ist wegen $[l_1] = 0$ auch $[z] = 0$ und damit auch $[v_1] = 0$.

Die **Unbekannten** sind bei n Sätzen und s Strahlen

$$\left.\begin{array}{ll} x_2 = \dfrac{[l_2]}{n} & z' = \dfrac{x_2 + x_3 + \cdots + x_s - [l']}{s}, \\ x_3 = \dfrac{[l_3]}{n} & z'' = \dfrac{x_2 + x_3 + \cdots + x_s - [l'']}{s}, \\ \cdots & \cdots\cdots\cdots\cdots \\ x_s = \dfrac{[l_s]}{n} & z^{(n)} = \dfrac{x_2 + x_3 + \cdots + x_s - [l^{(n)}]}{s}. \end{array}\right\} \qquad (1)$$

Das übliche Verfahren, als Endwert für jeden Strahl das Mittel aus allen Beobachtungen zu bilden, befindet sich also mit der Methode der kleinsten Quadrate im Einklang. Von der Berechnung der Orientierungsunbekannten wird meistens abgesehen, da sie für die weitere Verarbeitung der Beobachtungen nicht gebraucht werden.

Zur **Berechnung der** $\boldsymbol{v}$ bilde man in jeder Fehlergleichung die Differenz d zwischen dem Mittel aus allen Beobachtungen und dem Satzmittel. Man schreibe hierzu die Fehlergleichungen für den I. Satz um in

$$\begin{array}{rl} v_1' = (0 \;\; - l_1') - \;\; z' = & d_1' - \;\; z' \quad \text{wobei } d_1' = 0, \\ v_2' = (x_2 - l_2') - \;\; z' = & d_2' - \;\; z' \\ v_3' = (x_3 - l_3') - \;\; z' = & d_3' - \;\; z' \\ v_4' = (x_4 - l_4') - \;\; z' = & d_4' - \;\; z' \\ \hline [v'] = 0 = [x \;\; - \;\; l'] - 4z' = & [d'] - 4z' \quad \text{oder} \quad z' = \dfrac{[d']}{4}. \end{array}$$

Es ist demnach

$$v_1' = d_1' - \frac{[d']}{4},$$

$$v_2' = d_2' - \frac{[d']}{4} \quad \text{usw.}$$

oder allgemein im ν-ten Satz bei s Strahlen

$$v_i^\nu = d_i^\nu - \frac{[d^\nu]}{s}. \qquad (2)$$

Man hat also, um die v zu erhalten, die d in jedem einzelnen Satz von der Orientierungsunbekannten zu befreien. Da aber in jedem Satz $[v] = 0$ ist, lautet die praktische Regel, daß die satzweise auf Null reduzierten d die v ergeben. Dieses Verfahren benutzt die Dienstanweisung für Triangulierung und Polygonierung in Bayern.

In den Preußischen Ergänzungsbestimmungen zu den Katasteranweisungen VIII, IX und X wird auf die Berechnung der einzelnen v verzichtet und nur $[v v]$ berechnet. Hierzu ergibt das Quadrieren und Aufsummieren der v' des ersten Satzes

$$[v' v'] = [d' d'] - \frac{2\,[d']\,[d']}{4} + \frac{4\,[d']^2}{4^2}$$

oder

$$[v' v'] = [d' d'] - \frac{1}{4}\,[d']^2 .$$

Ebenso ist

$$[v'' v''] = [d'' d''] - \frac{1}{4}\,[d'']^2 ,$$

$$[v''' v'''] = [d''' d'''] - \frac{1}{4}\,[d''']^2 .$$

und wenn die drei letzten Gleichungen aufsummiert werden, so folgt die Rechenformel

$$[v v] = [d d] - \frac{1}{s} \sum [d^{\nu}]^2 , \tag{3}$$

in der s die Anzahl der Strahlen und $[d^{\nu}]$ die Summe aller d im ν-ten Satz bedeutet.

Der mittlere Fehler einer beobachteten Richtung. Bei n Sätzen und s Strahlen ist die Zahl der Beobachtungen gleich $n s$ und die Zahl der Unbekannten gleich $(s - 1)$ Richtungen plus n Orientierungsunbekannte. Daher ist

$$n - u = n s - (s - 1) - n = (n - 1)\,(s - 1)$$

und

$$m = \pm \sqrt{\frac{[v v]}{(n-1)\,(s-1)}} . \tag{4}$$

Der mittlere Fehler einer ausgeglichenen Richtung braucht wegen der symmetrischen Anordnung der Beobachtungen nur für *eine* Unbekannte errechnet zu werden. Die Gewichtsgleichung für x_2 lautet wegen $[z] = 0$

$$3\,Q_{22} - 1 = 0$$

oder

$$Q_{22} = \frac{1}{3} \quad \text{oder allgemein} \quad \frac{1}{n}$$

Mithin ist für alle Richtungen

$$m_x = \pm \frac{m}{\sqrt{n}} . \tag{5}$$

Zahlenbeispiel.

	Ziel	Reduzierte Mittel	Mittel aus allen Beobachtungen	d	Preußische Ergänzungsbestimmungen dd		Bayerische Anweisung v	vv
I. Satz	1	0,0000^g	0,0000^g	0	0		+ 2	4
	2	96,8627	96,8606	− 21	441		− 19	361
	3	172,0407	172,0403	− 4	16		− 2	4
	4	213,3664	213,3679	+ 15	225		+ 17	289
				− 10		$[d]^2 = 100$	− 2	
II. Satz	1	0,0000		0	0		− 2	4
	2	96,8627		− 21	441		− 23	529
	3	172,0370		+ 33	1089		+ 31	961
	4	213,3683		− 4	16		− 6	36
				+ 8		$[d]^2 = 64$	0	
III. Satz	1	0,0000		0	0		0	0
	2	96,8565		+ 41	1681		+ 41	1681
	3	172,0432		− 29	841		− 29	841
	4	213,3689		− 10	100		− 10	100
				+ 2		$[d]^2 = 4$	+ 2	
					4850	$\Sigma\,[d]^2 = 168$		4810

$$[v v] = [d d] - \frac{\sum [d]^2}{s} = 4850 - \frac{168}{4} = 4808\,.$$

$[v v]$ wird also nach den Ergänzungsbestimmungen und der Bayerischen Anweisung mit ausreichender Übereinstimmung gefunden.

Mittlerer Fehler einer beobachteten Richtung

$$m = \pm \sqrt{\frac{[v v]}{(n-1)\,(s-1)}} = \pm \sqrt{\frac{4808}{(3-1)\,(4-1)}} = \pm\, 28{,}3^{cc}\,.$$

Mittlerer Fehler einer gemittelten, d. h. auf der Station ausgeglichenen Richtung

$$m_x = \frac{m}{\sqrt{n}} = \pm \frac{28{,}3}{\sqrt{3}} = \pm\, 16{,}3^{cc}\,.$$

Aufgabe 13. *Vereinigung unvollständiger Richtungssätze.*

Auf einem Standpunkt mit 4 Strahlen sind folgende Richtungen beobachtet:

I. Satz:	l_1'	l_2'		l_4',
II. Satz:	l_1''		l_3''	
III. Satz:		l_2'''	l_3'''	l_4'''.

Gesucht sind die günstigsten Werte der Richtungen und ihre mittleren Fehler.

Wahl der Unbekannten. Auch hier treten wie in Aufgabe 12 sechs Unbekannte, nämlich x_2, x_3, x_4 und für jeden der drei Sätze eine Orientierungsunbekannte auf. Da die einzelnen Sätze im Meßprotokoll aber im allgemeinen auf ihre erste Richtung als Nullstrahl reduziert sind, ist hier der dritte Satz vorweg im ganzen so zu verdrehen — etwa durch Hinzuzählen von l_2' zu jeder Richtung —, daß er mit dem ersten und zweiten Satz bis auf Abweichungen in der Größe der Messungsungenauigkeiten übereinstimmt (vorläufige Orientierung). Die Orientierungsunbekannten haben, wie die nachstehenden Fehlergleichungen erkennen lassen, stets den Koeffizienten -1. Sie lassen sich daher satzweise nach einem der in § 23 gezeigten Verfahren eliminieren. Mit dem Verfahren der Summengleichungen erhält man folgende

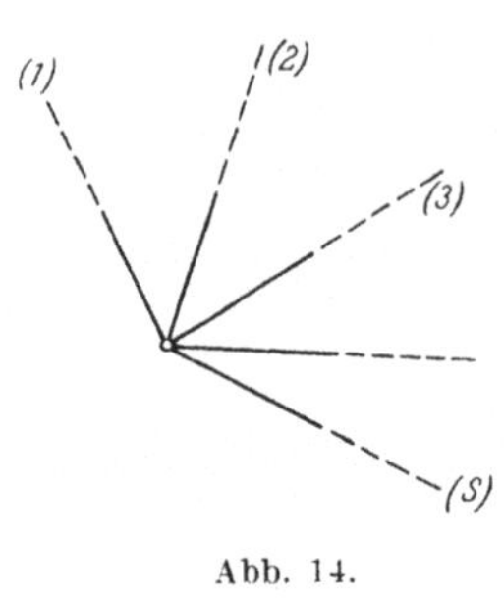

Abb. 14.

Fehlergleichungen und Satzsummen.

I. Satz:
$$\begin{array}{lllllllll}
l_1' + v_1' + z' = 0 & \text{oder} & v_1' = & & & & -z' & - l_1' \\
l_2' + v_2' + z' = x_2 & & v_2' = & x_2 & & & -z' & - l_2' \\
l_4 + v_4' + z' = x_4 & & v_4' = & & & x_4 & -z' & - l_4' \\
\hline
& & [v'] = 0 = & x_2 & & +x_4 & -3z' & -[l']
\end{array}$$

Normalgleichung für z':
$$0 = -\frac{x_2}{3} - \frac{x_4}{3} + z' + \frac{[l']}{3}$$

II. Satz:
$$\begin{array}{lllllll}
l_1'' + v_1'' + z'' = 0 & \text{oder} & v_1'' = & & & -z'' & - l_1'' \\
l_3'' + v_3'' + z'' = x_3 & & v_3'' = & x_3 & & -z'' & - l_3'' \\
\hline
& & [v''] = 0 = & x_3 & & -2z'' & -[l'']
\end{array}$$

Normalgleichung für z'':
$$0 = -\frac{x_3}{2} + z'' + \frac{[l'']}{2}$$

III. Satz:
$$\begin{array}{lllllllll}
l_2''' + v_2''' + z''' = x_2 & \text{oder} & v_2''' = & x_2 & & & -z''' & - l_2''' \\
l_3''' + v_3''' + z''' = x_3 & & v_3''' = & & x_3 & & -z''' & - l_3''' \\
l_4''' + v_4''' + z''' = x_4 & & v_4''' = & & & x_4 & -z''' & - l_4''' \\
\hline
& & [v'''] = 0 = & x_2 & +x_3 & +x_4 & -3z''' & -[l''']
\end{array}$$

Normalgleichung für z''':
$$0 = -\frac{x_2}{3} - \frac{x_3}{3} - \frac{x_4}{3} + z''' + \frac{[l''']}{3}.$$

Werden nun die Normalgleichungen für die Orientierungsunbekannten zu jeder Gleichung des zugehörigen Satzes addiert, so fallen die Orientierungsunbekannten heraus. Es ergeben sich dann:

Die reduzierten Fehlergleichungen

$$\begin{aligned}
v_1' &= -\frac{1}{3}x_2 \qquad -\frac{1}{3}x_4 - \left(l_1' - \frac{1}{3}[l']\right),\\
v_2' &= +\frac{2}{3}x_2 \qquad -\frac{1}{3}x_4 - \left(l_2' - \frac{1}{3}[l']\right),\\
v_4' &= -\frac{1}{3}x_2 \qquad +\frac{2}{3}x_4 - \left(l_4' - \frac{1}{3}[l']\right),\\
v_1'' &= \qquad -\frac{1}{2}x_3 \qquad - \left(l_1'' - \frac{1}{2}[l'']\right),\\
v_3'' &= \qquad +\frac{1}{2}x_3 \qquad - \left(l_3'' - \frac{1}{2}[l'']\right),
\end{aligned}$$

$$v_2''' = +\frac{2}{3}x_2 - \frac{1}{3}x_3 - \frac{1}{3}x_4 - \left(l_2''' - \frac{1}{3}[l''']\right),$$

$$v_3''' = -\frac{1}{3}x_2 + \frac{2}{3}x_3 - \frac{1}{3}x_4 - \left(l_3''' - \frac{1}{3}[l''']\right),$$

$$v_4''' = -\frac{1}{3}x_2 - \frac{1}{3}x_3 + \frac{2}{3}x_4 - \left(l_4''' - \frac{1}{3}[l''']\right).$$

Zur Kontrolle des Reduktionsvorganges bildet man die Koeffizientensummen, die spaltenweise Null ergeben müssen. Das Aufstellen und Auflösen der Normalgleichungen bis zur Berechnung von x_2, x_3 und x_4 bietet nichts Bemerkenswertes. Zur Ermittlung von z', z'' und z''' stehen erforderlichenfalls die auf S. 114 angegebenen Normalgleichungen zur Verfügung. Da l_1' und l_1'' durch die Reduktion auf den Anfangsstrahl in der Regel den Wert Null haben, ist in diesen Fällen

$$z' = -v_1', \qquad z'' = -v_1''.$$

Fehlerrechnung. Die v lassen sich sowohl aus den ursprünglichen wie aus den reduzierten Fehlergleichungen errechnen. Bei der Berechnung des mittleren Fehlers einer Beobachtung sind die eliminierten Orientierungsunbekannten mitzuzählen, so daß in unserem Falle die Anzahl der Unbekannten $u = 6$ ist. Die mittleren Fehler der ausgeglichenen Richtungen erhält man über die Gewichtsreziproken, die auf dem üblichen Wege errechnet werden.

Zusätze: *a) Elimination nach* Schreiber. Bei Anwendung von Schreibers Verfahren treten an die Stelle der reduzierten Fehlergleichungen die Rechengleichungen

$$\begin{array}{llll}
V_1' = & \qquad\qquad\qquad - l_1' & \text{Gewicht} & 1, \\
V_2' = x_2 & \qquad\qquad\qquad - l_2' & ,, & 1, \\
V_4' = & \qquad\qquad x_4 - l_4' & ,, & 1, \\
V_{4+1}' = x_2 & \qquad + x_4 - [l'] & ,, & -\frac{1}{3}, \\
V_1'' = & \qquad\qquad\qquad - l_1'' & ,, & 1, \\
V_3'' = & \quad x_3 \qquad - l_3'' & ,, & 1, \\
V_{4+1}'' = & \quad x_3 \qquad - [l''] & ,, & -\frac{1}{2}, \\
V_2''' = x_2 & \qquad\qquad\qquad - l_2''' & \text{Gewicht} & 1, \\
V_3''' = & \quad x_3 \qquad - l_3''' & ,, & 1, \\
V_4''' = & \qquad\qquad x_4 - l_4''' & ,, & 1, \\
V_{4+1}''' = x_2 + x_3 + x_4 - [l'''] & & ,, & -\frac{1}{3}.
\end{array}$$

Diese Gleichungen sind den gegebenen Fehlergleichungen äquivalent im Hinblick auf die Unbekannten und auf $[vv]$, nicht aber in bezug auf die einzelnen v. Verglichen mit dem Verfahren der reduzierten Fehlergleichungen ist von Nachteil, daß drei Fehlergleichungen hinzugekommen sind. Demgegenüber besteht der Vorteil, daß die ursprünglichen einfachen Fehlergleichungskoeffizienten erhalten geblieben sind. Das Schreibersche Verfahren ist daher in diesem Fall rechentechnisch überlegen.

b) Iterationsverfahren. In der Praxis werden die vorstehenden Wege zur Ausgleichung unvollständiger Richtungssätze nur ausnahmsweise benutzt. In der Regel bedient man sich des Verfahrens der schrittweisen Annäherung; vgl. § 40, Aufgabe 33.

Aufgabe 14. *Winkelmessung in allen Kombinationen (I).*

Die Winkelräume zwischen den 4 Strahlen A, B, C, D sind in allen Kombinationen mit gleicher Genauigkeit beobachtet worden. Gesucht sind die günstigsten Werte der Richtungen und ihre mittleren Fehler.

Aufstellen der Fehlergleichungen. Um das Ausgleichungsergebnis bequem mit einem Richtungssatz vergleichen zu können, werden als Unbekannte die Winkelräume

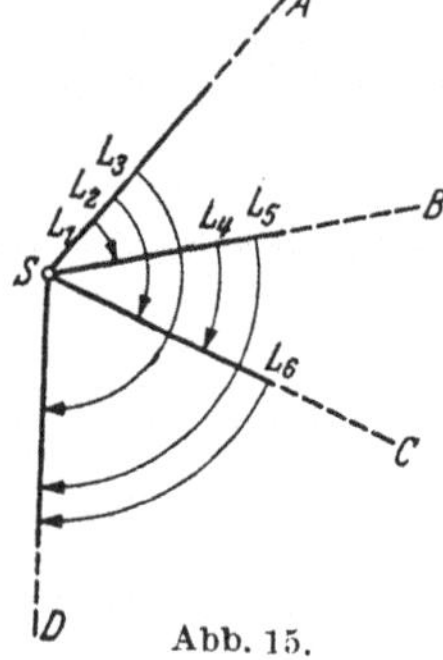

Abb. 15.

$$ASB = x\,, \qquad ASC = y\,, \qquad ASD = z$$

gewählt. Dann ergeben sich die Fehlergleichungen

$$\begin{aligned} v_1 &= x - L_1\,, & v_4 &= -x + y - L_4\,,\\ v_2 &= y - L_2\,, & v_5 &= -x + z - L_5\,,\\ v_3 &= z - L_3\,, & v_6 &= -y + z - L_6\,. \end{aligned}$$

Mit

$$x = x_0 + \delta x\,, \qquad y = y_0 + \delta y\,, \qquad z = z_0 + \delta z$$

und

$$-l_i = -L_i + f(x_0, y_0, z_0)$$

gewinnt man daraus:

Die Normalgleichungen

$$\begin{aligned} 3\,\delta x - \delta y - \delta z - l_1 + l_4 + l_5 &= 0\,,\\ -\delta x + 3\,\delta y - \delta z - l_2 - l_4 + l_6 &= 0\,,\\ -\delta x - \delta y + 3\,\delta z - l_3 - l_5 - l_6 &= 0\,. \end{aligned}$$

Zur Berechnung der Unbekannten bildet man unter Umgehung des umständlichen GAUSSschen Algorithmus die Spaltensummengleichung

$$\delta x + \delta y + \delta z - l_1 - l_2 - l_3 = 0\,,$$

addiert diese zu jeder einzelnen Normalgleichung und erhält

$$\left.\begin{aligned} \delta x &= \frac{1}{4}\{2\,l_1 + (l_2 - l_4) + (l_3 - l_5)\}\,,\\ \delta y &= \frac{1}{4}\{2\,l_2 + (l_1 + l_4) + (l_3 - l_6)\}\,,\\ \delta z &= \frac{1}{4}\{2\,l_3 + (l_1 + l_5) + (l_2 + l_6)\}\,. \end{aligned}\right\} \qquad (1)$$

In Worten: *Bei der Winkelmessung in allen Kombinationen ergibt sich jeder ausgeglichene Winkel als allgemeines arithmetisches Mittel aus der direkten Messung des Winkels mit dem Gewicht 2 und den ihn bildenden Summen und Differenzen mit dem Gewicht 1.*

Die Berechnung von x, y und z, von v und $[vv]$ weist keine Besonderheiten auf.

Um für den mittleren Fehler einer Beobachtung eine allgemeine Formel abzuleiten, bezeichne man die Anzahl der Strahlen mit s; dann ist

die Anzahl der beobachteten Winkel $\qquad n = \dfrac{s\,(s-1)}{1\cdot 2}\,,$

die Anzahl der Unbekannten $\qquad u = s - 1$

und die Differenz $\qquad n - u = \dfrac{(s-1)\,(s-2)}{2}\,.$

Damit ist der mittlere Fehler eines beobachteten Winkels

$$m_w = \pm \sqrt{\frac{2\,[v\,v]}{(s-1)\,(s-2)}} \tag{2}$$

und mithin der mittlere Fehler einer beobachteten Richtung

$$m_r = \pm \frac{m_w}{\sqrt{2}} = \pm \sqrt{\frac{[v\,v]}{(s-1)\,(s-2)}}\,. \tag{3}$$

Den mittleren Fehler der Unbekannten x errechnet man auf Grund der Gewichtsgleichungen

$$\begin{aligned} 3\,Q_{xx} - Q_{xy} - Q_{xz} - 1 &= 0, \\ -Q_{xx} + 3\,Q_{xy} - Q_{xz} &= 0, \\ -Q_{xx} - Q_{xy} + 3\,Q_{xz} &= 0. \end{aligned}$$

Bildet man die Summengleichung

$$Q_{xx} + Q_{xy} + Q_{xz} - 1 = 0$$

und addiert diese zur ersten Gewichtsgleichung, so ist

$$4\,Q_{xx} \qquad - 2 = 0.$$

Daraus folgt im Hinblick auf den symmetrischen Aufbau der Beobachtungen

$$Q_{xx} = Q_{yy} = Q_{zz} = +\frac{2}{4} \text{ oder allgemein } = \frac{2}{s}$$

und damit als mittlerer Fehler eines ausgeglichenen Winkels

$$M_w = m_w \sqrt{\frac{2}{s}}\,. \tag{4}$$

Wird wie üblich das Gewicht einer beobachteten Richtung gleich 1 gesetzt, so errechnet sich das Gewicht eines *auf der Station ausgeglichenen Winkels* zu

$$P_w = p_r \frac{m_r^2}{M_w^2} = \frac{m_w^2}{2} : \frac{2\,m_w^2}{s} = \frac{s}{4} \tag{5}$$

und einer *auf der Station ausgeglichenen Richtung* zu

$$P_r = 2\,P_w = \frac{s}{2}\,. \tag{6}$$

Satz: *Werden bei der Winkelmessung in allen Kombinationen die Unbekannten auf einen gemeinsamen Anfangsstrahl bezogen, so ergibt die Ausgleichung ein gleichgewichtiges Richtungsbüschel, und zwar hat bei s Strahlen eine ausgeglichene Richtung das Gewicht s/2, wenn einer beobachteten Richtung das Gewicht 1 erteilt wurde.*

§ 25. Trigonometrisches Einschneiden.

Das trigonometrische Einschneiden ist von alters her die wichtigste Art der geodätischen Punktbestimmung. Behandelt werden hier Vorwärtseinschneiden, Rückwärtseinschneiden, vereinigtes Vorwärts- und Rückwärtseinschneiden, das Einschalten von Doppelpunkten und die Bestimmung der Fehlerellipse. Als Vorbereitung sind die Beziehungen zwischen Richtungs- und Koordinatenänderung herzuleiten.

Aufgabe 15. *Berechnung der Richtungskoeffizienten.*

Von einem festen Standpunkt $P_1(x_1, y_1)$ führe ein Strahl unter dem Richtungswinkel φ zu einem veränderlichen Neupunkt $P(x, y)$. Welche Änderung erleidet φ, wenn P aus der Lage x, y in die Lage $P'(x + \delta x, y + \delta y)$ gerückt wird?

Herleitung der Richtungskoeffizienten. Zwischen φ, x und y besteht die Beziehung

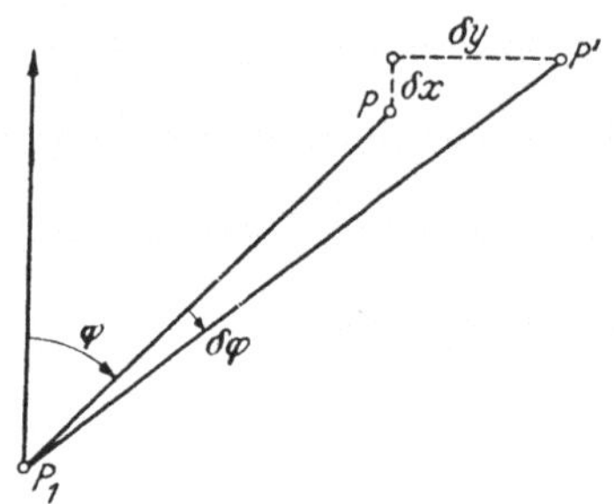

Abb. 16.

$$\operatorname{tg}\varphi = \frac{y - y_1}{x - x_1} \tag{1}$$

oder

$$\varphi = \operatorname{arc\,tg}\frac{y - y_1}{x - x_1} = f(x, y)\,.$$

Werden nun x und y um die kleinen Beträge δx und δy geändert, so erleidet φ die Änderung

$$\delta\varphi = \frac{\partial f}{\partial x}\delta x + \frac{\partial f}{\partial y}\delta y$$

mit

$$\frac{\partial f}{\partial x} = \frac{1}{1 + \left(\frac{y - y_1}{x - x_1}\right)^2}\cdot\frac{-(y - y_1)}{(x - x_1)^2} = \frac{1}{1 + \operatorname{tg}^2\varphi}\cdot\frac{-\operatorname{tg}\varphi}{x - x_1} = -\frac{\sin\varphi\cos\varphi}{x - x_1},$$

$$\frac{\partial f}{\partial y} = \frac{1}{1 + \left(\frac{y - y_1}{x - x_1}\right)^2}\cdot\frac{1}{x - x_1} = \frac{1}{1 + \operatorname{tg}^2\varphi}\cdot\frac{+\operatorname{tg}\varphi}{y - y_1} = +\frac{\sin\varphi\cos\varphi}{y - y_1}.$$

Also ist, wenn $\delta\varphi$ im Winkelmaß verlangt wird,

$$\delta\varphi = -\frac{\sin\varphi\cos\varphi\,\varrho}{x - x_1}\delta x + \frac{\sin\varphi\cos\varphi\,\varrho}{y - y_1}\delta y \tag{2}$$

oder mit einfachen Bezeichnungen

$$\delta\varphi = a\,\delta x + b\,\delta y\,. \tag{2 a}$$

a und b heißen die *Richtungskoeffizienten.*

Verschiedene Formen der Richtungskoeffizienten. 1. Die Richtungskoeffizienten lassen sich leicht auf verschiedene Formen bringen, von denen je nach Art der vorhandenen Unterlagen bald die eine, bald die andere vorzuziehen ist. Wird unter φ der Richtungswinkel vom festen zum veränderlichen Punkt verstanden, so ist

$$\left.\begin{aligned} a &= -\frac{\sin\varphi\cos\varphi\,\varrho}{x - x_1} = -\frac{\sin\varphi}{s}\varrho = -\frac{y - y_1}{s^2}\varrho = -\frac{\sin^2\varphi}{y - y_1}\varrho,\\ b &= +\frac{\sin\varphi\cos\varphi\,\varrho}{y - y_1} = +\frac{\cos\varphi}{s}\varrho = +\frac{x - x_1}{s^2}\varrho = +\frac{\cos^2\varphi}{x - x_1}\varrho\,. \end{aligned}\right\} \tag{3}$$

Am bequemsten sind die zweite und die dritte Form, da die s für die Berechnung ohnehin gebraucht werden. Wird ϱ in Sekunden angesetzt, so ist es, um für a und b mäßige Werte zu erhalten, namentlich bei kürzeren Strecken, zweckmäßig, die s in Dezimetern zu nehmen. Dann werden natürlich auch die Verschiebungen δx und δy in Dezimetern erhalten.

2. Wenn φ der Richtungswinkel vom veränderlichen zum festen Punkt ist, haben a und b umgekehrte Vorzeichen. Da aber bei Drehung um 200^g auch $\sin\varphi$ und $\cos\varphi$ das Vorzeichen wechseln, bleibt der Zahlenwert von a und b ungeändert.

3. Um die a und b durch Rechenproben zu sichern, können sie nach je zwei der obigen Formen gerechnet werden. Besser werden sie jedoch mit einer der weiter unten aufgeführten numerischen und graphischen Tafeln zur Berechnung der Richtungskoeffizienten verprobt. Als Probe dient weiter

$$a^2 + b^2 = \frac{\varrho^2}{s^2}. \tag{4}$$

Steht eine Rechenmaschine zur Verfügung, so kann man auch a und b etwas genauer rechnen als nötig und dann prüfen, ob $a/b = -\operatorname{tg}\varphi$ ist. Hierbei werden jedoch Fehler in s nicht entdeckt.

4. Eine gänzlich unabhängige Form der Richtungskoeffizienten ergibt sich mit Hilfe logarithmischer Fortschritte. Ausgehend von

$$\lg \operatorname{tg}\varphi = \lg(y - y_1) - \lg(x - x_1)$$

wird bei einer Änderung der Punktlage um δx und δy

$$\lg \operatorname{tg}(\varphi + \delta\varphi) = \lg(y - y_1 + \delta y) - \lg(x - x_1 + \delta x).$$

Ist — abweichend von S. 17 — $d\lg$ ein Symbol für den logarithmischen Fortschritt an der betreffenden Stelle, so ist

$$\lg \operatorname{tg}\varphi + d\lg \operatorname{tg}\varphi\,\delta\varphi = \lg(y - y_1) + d\lg\Delta y\,\delta y - \lg(x - x_1) - d\lg\Delta x\,\delta x,$$

und wenn davon die vorangegangene Gleichung abgezogen wird, bleibt

$$\delta\varphi = -\frac{d\lg\Delta x}{d\lg\operatorname{tg}\varphi}\,\delta x + \frac{d\lg\Delta y}{d\lg\operatorname{tg}\varphi}\,\delta y. \tag{5}$$

Es ist also

$$a = -\frac{d\lg\Delta x}{d\lg\operatorname{tg}\varphi}, \qquad b = +\frac{d\lg\Delta y}{d\lg\operatorname{tg}\varphi}. \tag{6}$$

Diese Form benutzt die Katasteranweisung IX. Sie schreibt außerdem vor, daß die Fortschritte für Δx und Δy in Metern, für $\operatorname{tg}\varphi$ in Sekunden zu nehmen sind.

5. Eine geometrische Ableitung der Richtungskoeffizienten gibt die nebenstehende Figur, in der P die ursprüngliche, P' die veränderte Lage des angezielten Punktes bedeutet. Man entnimmt ihr leicht

$$\delta\varphi = -\delta\varphi_x + \delta\varphi_y,$$
$$= -\frac{\delta x \sin\varphi}{s} + \frac{\delta y \cos\varphi}{s}$$

oder im Gradmaß

$$\delta\varphi = -\frac{\varrho}{s}\sin\varphi\,\delta x + \frac{\varrho}{s}\cos\varphi\,\delta y,$$

wobei das erste Glied negatives Vorzeichen erhalten muß, weil bei wachsendem φ die Abszissen abnehmen.

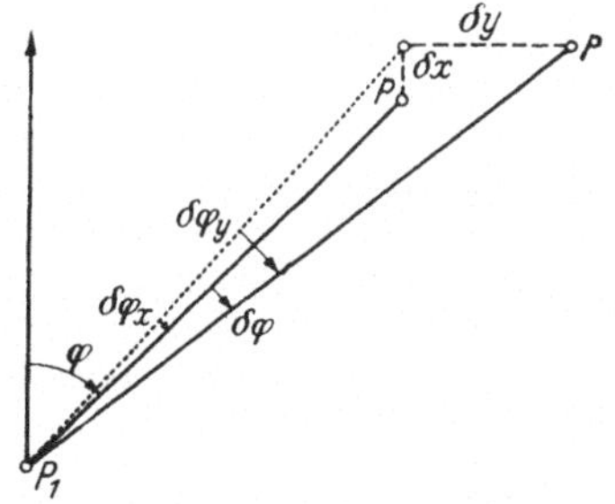

Abb. 17.

Rechenhilfsmittel. Die Richtungskoeffizienten werden in der Geodäsie so viel gebraucht, daß dafür zahlreiche numerische und graphische Hilfstafeln entstanden sind und noch laufend neu entstehen. Genannt seien:

1. Die JORDANschen Tafeln der Richtungskoeffizienten für 1 km Entfernung aus [*10*], Anhang.

2. SEIFFERT, O.: Logarithmische Hilfstafeln zur Berechnung der Fehlergleichungskoeffizienten. Halle 1892. (Vgl. Z. Vermessungsw. 1893 S. 221.)

3. EGGERT, O.: Hilfstafeln zur Berechnung der Richtungskoeffizienten. (Vgl. Z. Vermessungsw. 1903 S. 666.)

4. BRANDENBURG: Zwei trigonometrische Tafeln zur Berechnung der Hilfs- und Richtungsgrößen. Leipzig 1932.

5. SCHRÖDER: Trigonometrische und polygonometrische Arbeiten. Sonderdruck aus den Allg. Vermess.-Nachr. 1939.

6. SUST: Tafeln der Richtungskoeffizienten beim trigonometrischen Einschneiden für alte und neue Teilung. Herausgegeben von der Hauptvermessungsabteilung Potsdam.

7. REIN, R.: Fluchtlinientafel für die Richtungskoeffizienten *a* und *b*. Z. Vermessungsw. 1953 S. 233.

Aufgabe 16. *Vorwärtseinschneiden mit Winkeln.*

Zur Bestimmung des Neupunktes $P(x, y)$ sind auf den gegebenen Standpunkten P_1, P_2, P_3 die Brechungswinkel $\beta_1, \beta_2, \beta_3$ zwischen den festen Anschlußpunkten F_1, F_2, F_3 und dem Neupunkt P beobachtet worden. Gesucht sind die günstigsten Werte der Koordinaten des Neupunktes und ihre mittleren Fehler.

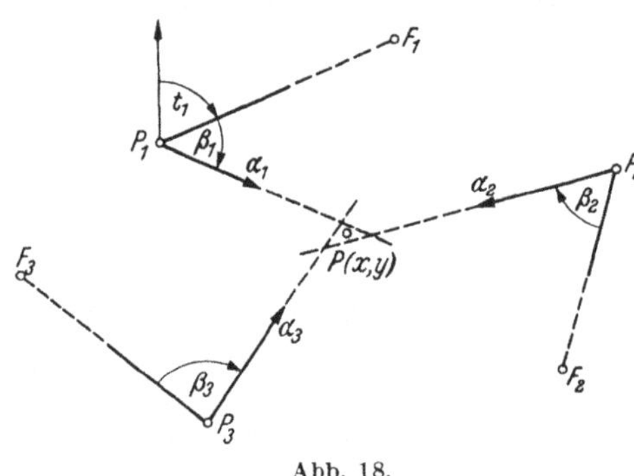

Abb. 18.

Lösungsweg. Wären nur 2 Winkel beobachtet, so lägen die Koordinaten des Neupunktes eindeutig fest. Der dritte Strahl dagegen wird in der Regel am Schnittpunkt der ersten beiden vorbeiführen, so daß das in der Zeichnung angedeutete „fehlerzeigende Dreieck“ entsteht. Um die Unsicherheit in der Lage von P durch eine Ausgleichung zu beseitigen, werden für den Neupunkt in möglichster Nähe der endgültigen Lage $P(x, y)$ — etwa aus dem Schnitt zweier Strahlen — die Näherungskoordinaten x_0 und y_0 ermittelt. Mit x_0 und y_0 werden die „genäherten Richtungswinkel“ φ_i^0 von den festen Punkten nach dem Näherungspunkt P_0 errechnet und mit den aus den Anschlußwinkeln t und den Brechungswinkeln β erhaltenen „beobachteten Richtungswinkeln“ verglichen. Zur Beseitigung der dabei erscheinenden Abweichungen wird auf Grund der Forderung, daß die Quadratsumme der an den beobachteten Richtungswinkeln anzubringenden Verbesserungen ein Minimum sein soll, die günstigste Lage des Neupunktes bestimmt.

Bezeichnungen. Entsprechend der Lageskizze sind

$t_1, t_2, \ldots$	aus Koordinaten errechnete Richtungswinkel von den Standpunkten $P_1, P_2, \ldots$ nach den festen Anschlußpunkten $F_1, F_2, \ldots$,
$\beta_1, \beta_2, \ldots$	auf den Standpunkten beobachtete Brechungswinkel,
$\alpha = t + \beta$	beobachtete Richtungswinkel vom Standpunkt zum Neupunkt,
$\varphi_i^p = \varphi_i^0 + \delta\varphi_i$	ausgeglichene Richtungswinkel vom Standpunkt zum Neupunkt,
$x = x_0 + \delta x$	Abszisse des Neupunktes,
$y = y_0 + \delta y$	Ordinate des Neupunktes.

Fehlergleichungen. Da die Anschlußrichtungswinkel auf den Standpunkten unabänderlich festliegen, können sie als konstanter Zuschlag angesehen werden und demnach die beobachteten Richtungswinkel wie unmittelbar gemessene Größen behandelt werden. Zwischen dem beobachteten Richtungswinkel in P_1 und den gesuchten Koordinaten von P besteht die Beziehung

$$\operatorname{tg}(\alpha_1 + v_1) = \operatorname{tg}\varphi_1^p = \frac{y - y_1}{x - x_1}.$$

Es lautet daher die *ursprüngliche Fehlergleichung* für den Strahl von P_1 nach P

$$\alpha_1 + v_1 = \varphi_1^p = \operatorname{arc}\operatorname{tg}\frac{y - y_1}{x - x_1}. \tag{1}$$

Zur Linearisierung dieser Gleichung errechnet man mit Hilfe der Näherungskoordinaten x_0, y_0 den genäherten Richtungswinkel φ_1^0 aus

$$\operatorname{tg}\varphi_1^0 = \frac{y_0 - y_1}{x_0 - x_1}$$

und bekommt unter Beachtung der oben eingeführten Bezeichnungen

$$\alpha_1 + v_1 = \varphi_1^0 + \delta\varphi_1. \tag{2}$$

Nach Aufgabe 15 aber läßt sich $\delta\varphi_1$ mit Hilfe der Richtungskoeffizienten a und b durch die Koordinatenänderungen δx und δy ausdrücken. Mit den dort gewählten Symbolen ist

$$\alpha_1 + v_1 = \varphi_1^0 + a_1\,\delta x + b_1\,\delta y, \tag{3}$$

und wenn man schließlich noch α_1 auf die rechte Seite bringt, so lautet die *umgeformte Fehlergleichung* für den Strahl von P_1 nach P

$$v_1 = a_1\,\delta x + b_1\,\delta y - (\alpha_1 - \varphi_1^0) = a_1\,\delta x + b_1\,\delta y - l_1.$$

Entsprechend gilt auf P_2 und P_3

$$\left.\begin{aligned} v_2 &= a_2\,\delta x + b_2\,\delta y - (\alpha_2 - \varphi_2^0) = a_2\,\delta x + b_2\,\delta y - l_2,\\ v_3 &= a_3\,\delta x + b_3\,\delta y - (\alpha_3 - \varphi_3^0) = a_3\,\delta x + b_3\,\delta y - l_3.\end{aligned}\right\} \tag{4}$$

Damit ist die Aufgabe im Grundsätzlichen gelöst. Es folgen gemäß § 20 das Aufstellen und Auflösen der Normalgleichungen, die Berechnung der v nebst den $[vv]$-Proben, die Berechnung des mittleren Fehlers eines beobachteten Winkels und eine durchgreifende Schlußprobe. Vergleiche Aufgabe 17, bei der diese Schritte durchgeführt sind.

Aufgabe 17. *Vorwärtseinschneiden mit Richtungen.*

Ein Punkt P sei von n gegebenen Standpunkten aus vorwärts eingeschnitten, und es seien die Bestimmungsstrahlen auf den Standpunkten P_1, $P_2, \ldots, P_n$ durch *Richtungsmessungen* nach ν gegebenen Anschlußpunkten F', F'' usw. festgelegt.

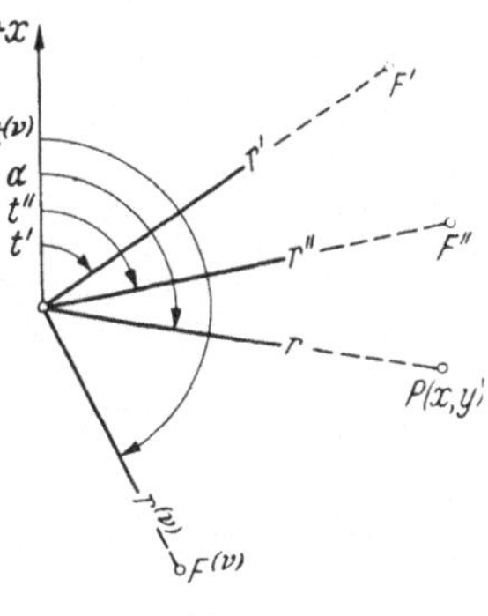

Abb. 19.

Lösungsweg. Die Ausgleichung besteht aus zwei verschiedenen Operationen: Zunächst hat man auf jedem der Standpunkte das Büschel der beobachteten Anschlußrichtungen in den aus den Koordinaten der gegebenen Festpunkte errechneten Richtungssatz hineinzupassen; man sucht also mit anderen Worten den günstigsten Wert für den Richtungswinkel des Nullstrahls, der in Anlehnung an § 24 als Orientierungsunbekannte bezeichnet wird.

Alsdann sind die Bestimmungsstrahlen für den Neupunkt $P(x, y)$ so zu verbessern, daß sie sich stets in *einem* Punkte, der gesuchten Punktlage, schneiden. Ausgleichungsunbekannte sind daher je Standpunkt eine Orientierungsunbekannte und die beiden Neupunktskoordinaten.

Bezeichnungen. Wie in der vorigen Aufgabe seien x_0 und y_0 Näherungswerte für die Koordinaten des Neupunktes. Es seien ferner auf jedem Standpunkt

$t', t'', \ldots$	die aus den Koordinaten errechneten Richtungswinkel vom Standpunkt nach den Anschlußpunkten,
$r' + v', r'' + v'', \ldots$	die beobachteten Richtungen nach den Anschlußpunkten mit ihren aus der Ausgleichung zu errechnenden Verbesserungen,
$r + v, \ldots$	die beobachtete Richtung nach dem Neupunkt nebst ihrer Verbesserung,
$z = z_0 + \delta z, \ldots$	die Orientierungsunbekannte,
$\varphi_i^p = \varphi_i^0 + \delta\varphi_i \ldots$	die ausgeglichene Richtung vom Standpunkt zum Neupunkt.

Fehlergleichungen. Mit diesen Bezeichnungen findet man, wenn man im Interesse der Übersichtlichkeit — abweichend von der obenstehenden Figur — den Neustrahl ans Ende setzt, auf einem Standpunkt mit ν Anschlußstrahlen die nachstehenden ursprünglichen Fehlergleichungen:

$$\left.\begin{aligned} r' &+ v' + z_0 + \delta z = t', \\ r'' &+ v'' + z_0 + \delta z = t'', \\ &\ldots\ldots\ldots\ldots \\ r^{(\nu)} &+ v^{(\nu)} + z_0 + \delta z = t^{(\nu)}, \\ r &+ v + z_0 + \delta z = \varphi^0 + a\,\delta x + b\,\delta y. \end{aligned}\right\} \tag{1}$$

Man bringe nun alle Größen außer den v auf die rechte Seite, setze in den Gleichungen mit den Indizes $'$ bis $^{(\nu)}$

$$(t' - r') - z_0 = -l' \text{ usw.}$$

und in der letzten Gleichung

$$(\varphi^0 - r) - z_0 = -l. \tag{2}$$

Wählt man dann weiter als Näherungswert für z das arithmetische Mittel

$$z_0 = \frac{[t - r]_{\prime}^{\nu}}{\nu}, \tag{3}$$

so ist in den umgestellten Gleichungen die Summe der Absolutglieder mit den Indizes $'$ bis $^{(\nu)}$

$$-[l]_{\prime}^{\nu} = [t - r]_{\prime}^{\nu} - \nu z_0 = 0.$$

Beachtet man dann noch, daß gemäß § 23 Ziff. 1 $[v] = 0$ sein muß, so erhält man die umgeformten Fehlergleichungen

$$\left.\begin{aligned} v' &= - \delta z - l' \\ v'' &= - \delta z - l'' \\ &\ldots\ldots\ldots\ldots\ldots \\ v^{(\nu)} &= - \delta z - l^{(\nu)} \\ v &= +a\,\delta x + b\,\delta y - \delta z - l \\ \hline 0 &= +a\,\delta x + b\,\delta y - (\nu + 1)\,\delta z - l \end{aligned}\right\} \tag{4}$$

Eliminieren der Orientierungsunbekannten. In den vorstehenden Gleichungen ist die Summengleichung gleichzeitig die Normalgleichung für die Unbekannte δz. Um diese Unbekannte nach der SCHREIBERschen Regel (§ 23 unter 2) zu eliminieren, betrachtet man die Summengleichung als fingierte Fehlergleichung und gibt ihr das Gewicht $-1/[cc]$, also hier $-1/(\nu+1)$. Alsdann bringt man die Glieder mit δz auf die linke Seite und faßt sie mit den v_i zu fingierten Verbesserungen V_i zusammen. Setzt man dann noch den Index des Standpunktes — hier P_1 — hinzu, so treten an die Stelle der umgeformten $(\nu+1)$ Fehlergleichungen (4) die $(\nu+2)$ Rechengleichungen

$$\left.\begin{aligned}
V_1' &= && -l_1' && \text{Gewicht } 1\,,\\
V_1'' &= && -l_1'' && \quad\text{,,}\quad 1\,,\\
&\dots\dots && && \\
V_1^{(\nu)} &= && -l_1^{(\nu)} && \text{Gewicht } 1\,,\\
V_1 &= a_1\,\delta x + b_1\,\delta y && -l_1 && \quad\text{,,}\quad 1\,,\\
V_1^* &= a_1\,\delta x + b_1\,\delta y && -l_1 && \quad\text{,,}\quad -1/(\nu+1)\,.
\end{aligned}\right\} \tag{5}$$

Für die Berechnung von δx und δy haben die Gleichungen mit den Indizes $'$ bis $^{(\nu)}$ keine Bedeutung; sie können also unberücksichtigt bleiben. Die rechten Seiten der beiden übrigbleibenden Gleichungen sind bis auf das Gewicht völlig gleichlautend. Man erhält aber, wie eine kurze Zwischenrechnung erweist, ganz dieselben Normalgleichungsanteile, wenn man die beiden Gleichungen durch *eine* Gleichung mit dem Gewicht

$$p = 1 - \frac{1}{\nu_1+1} = \frac{\nu_1}{\nu_1+1} \tag{6}$$

ersetzt. Es ergeben sich mithin, nachdem die übrigen Stationen $P_2, \dots, P_n$ in gleicher Weise behandelt sind, zur Berechnung der Unbekannten δx und δy die Rechengleichungen

$$\left.\begin{aligned}
V_1 &= a_1\,\delta x + b_1\,\delta y - l_1 && \text{Gewicht } \frac{\nu_1}{\nu_1+1}\,,\\
V_2 &= a_2\,\delta x + b_2\,\delta y - l_2 && \quad\text{,,}\quad \frac{\nu_2}{\nu_2+1}\,,\\
&\dots\dots\dots && \\
V_n &= a_n\,\delta x + b_n\,\delta y - l_n && \text{Gewicht } \frac{\nu_n}{\nu_n+1}\,,
\end{aligned}\right\} \tag{7}$$

aus denen die Unbekannten mittels der Normalgleichungen auf dem üblichen Wege erhalten werden.

Für die Fehlerrechnung ergeben die Gl. (7) lediglich die V_i nach den Neupunkten. Die V_i nach den Anschlußpunkten entnimmt man aus (5) zu $V_i' = -l_i'$; $V_i'' = -l_i''$ usw. Infolgedessen ist, da bei dem SCHREIBERschen Eliminationsverfahren die Fehlerquadratsumme erhalten bleibt,

$$[v\,v] = [V\,V p] + [l'\,l'] + [l''\,l''] + \cdots,$$

wobei $[V\,V p]$ durch $[l\,l\,p \cdot 3]$ geprüft werden kann.

Werden die einzelnen v_i benötigt, so beachte man, daß allgemein $V = v + \delta z$ ist. Zur Berechnung der δz aber erhält man durch Vergleich von (4) und (5)

$$\left.\begin{aligned}
V_1 = V_1^* &= (\nu_1+1)\,\delta z_1 \quad \text{oder} \quad \delta z_1 = \frac{V_1}{\nu_1+1}\,,\\
V_2 = V_2^* &= (\nu_2+1)\,\delta z_2 \quad \text{oder} \quad \delta z_2 = \frac{V_2}{\nu_2+1} \qquad \text{usw.}
\end{aligned}\right\} \tag{8}$$

Die Anzahl der Beobachtungen ist $(\nu_1 + \nu_2 + \cdots + \nu_n + n)$ und die der Unbekannten $n + 2$. Mithin ist

$$m_0^2 = \frac{[v v]}{\nu_1 + \nu_2 + \cdots + \nu_n - 2}. \qquad (9)$$

Die mittleren Fehler der Neupunktskoordinaten sind nach § 16 Ziff. 4

$$m_y = \pm \frac{m_0}{\sqrt{[b\, b\, p \cdot 1]}}, \qquad m_x = \pm m_y \sqrt{\frac{[b\, b\, p]}{[a\, a\, p]}}. \qquad (10)$$

Zusätze: 1. *Rechenweg in der Praxis.* In der Triangulationspraxis pflegt man von dem hier vorgetragenen Ausgleichungsverfahren insofern abzuweichen, als man es in zwei nacheinander vorzunehmende Schritte zerlegt. Im ersten Schritt werden die Bestimmungsstrahlen auf den Standpunkten orientiert. Die Berechnung von δz und damit auch die Unterscheidung von v und V entfallen; es werden also die orientierten Bestimmungsstrahlen geradezu als ursprüngliche Beobachtungen angesehen. Mit diesen folgt dann als zweiter Schritt die Ausgleichung im Neupunkt. Abweichend von Aufgabe 16 werden hierbei meistens die Richtungswinkel im Neupunkt betrachtet. Es sind dazu zuvor die orientierten Bestimmungsstrahlen und die vorläufigen Richtungswinkel um 200^g zu ändern und die Vorzeichen der Richtungskoeffizienten umzukehren. Der algebraische Wert der a, b und $-l$ erleidet jedoch, wie man bei der Zahlenrechnung gleich erkennt, hierdurch keine Änderung. Es ergibt sich dann folgender Rechenweg:

a) Aus den Differenzen $(t - r)$ wird gemäß (3) unter Vernachlässigung der δz auf jedem Punkt die Orientierungsunbekannte

$$z = \frac{[t - r]_1^\nu}{\nu}$$

ermittelt, und es werden damit die auf dem Standpunkt orientierten Richtungen

$$\alpha_i = r_i + z$$

gebildet, die man als „beobachtete Richtungswinkel" (vgl. Aufgabe 16) betrachten kann. Siehe hierzu das Zahlenbeispiel auf S. 131, Abt. 1.

b) Es folgt die Berechnung der Näherungskoordinaten für den Neupunkt, der genäherten Richtungswinkel φ_0^i vom Neupunkt zum Standpunkt, das Bilden der Absolutglieder

$$-l_i = \varphi_0^i - (\alpha_i \pm 200^g)$$

und die Berechnung der Richtungskoeffizienten

$$a_i = + \frac{\sin \varphi_0^i}{s_i} \varrho, \qquad b_i = - \frac{\cos \varphi_0^i}{s_i} \varrho.$$

c) Alsdann wird das Fehlergleichungssystem (7) mit den dort angegebenen Gewichten aufgestellt; jedoch wird links überall V durch v ersetzt.

d) Hiernach werden die Normalgleichungen aufgestellt und aufgelöst, und es werden die endgültigen Koordinaten x und y und die v_i [d. h. die nunmehr als v_i bezeichneten V_i des Systems (7)] errechnet.

e) Alsdann wird $m_0^2 = [v v p]/(n - 2)$ gebildet und daraus m_x und m_y nach den Formeln (10) abgeleitet.

f) Den Abschluß bildet die Schlußprobe

$$\varphi_p^i = \text{arc tg}\,\frac{y_i - y}{x_i - x} = \alpha_i \pm 200^g + v_i\,,$$

die bis auf die Abrundungsfehler für jede Bestimmungsrichtung erfüllt sein muß.

Die auf diesem Wege errechneten Koordinaten des Neupunktes stimmen mit denen der strengen Ableitung scharf überein. Ein Unterschied besteht lediglich in der Fehlerrechnung. Der strenge Wert (9) berücksichtigt sämtliche Beobachtungen, während der zuletzt gegebene Wert m_0 lediglich die Widersprüche im Neupunkt repräsentiert. Dieser Wert ist aber für die Praxis bedeutungsvoller als der strenge Wert! Wir werden diesen Rechenweg in Zukunft anhalten und ihn auch unserer nachfolgenden Aufgabe 19 zugrunde legen.

2. *Die Rechenvorschrift III. Ordnung* der ehemaligen Preußischen Landesaufnahme setzt, wie bei der strengen Ableitung vorgeführt, die Fehlergleichungen auf den Standpunkten an. Sie gibt ferner, da immer nur *ein* Anschlußstrahl vorausgesetzt wird, allen Neustrahlen gleichmäßig das Gewicht $p = 1/2$.

3. *Die Preußische Anweisung IX* und die *Ergänzungsbestimmungen* vom 1. 6. 1931 benutzen zwar mehrere Anschlußvisuren, sie setzen jedoch das Gewicht der Bestimmungsstrahlen immer gleich 1. Dadurch kommt theoretisch eine Unschärfe in die Rechnung hinein. Praktisch pflegt diese sich jedoch auf die Koordinaten des Neupunktes nicht nachteilig auszuwirken.

4. Ein Zahlenbeispiel erhält man, wenn man im Zahlenbeispiel der Aufgabe 19 alles streicht, was sich auf die im Neupunkt beobachteten „inneren" Richtungen bezieht.

Aufgabe 18. *Rückwärtseinschneiden mit Richtungen.*

Zur Bestimmung des Neupunktes $P(x, y)$ sind auf P die Richtungen nach den gegebenen Punkten P_1 bis P_4 beobachtet worden. Gesucht sind die günstigsten Werte der Koordinaten des Neupunktes und ihre mittleren Fehler.

Lösungsweg. Die günstigste Lage des Neupunktes ist so zu bestimmen, daß die Quadratsumme der an den beobachteten Richtungen anzubringenden Verbesserungen ein Minimum wird. Um die Ausgleichungsunbekannten kennenzulernen, geht man zweckmäßig von einer graphischen Vorstellung aus. Man denke sich, es seien auf einem mit einem Quadratnetz versehenen Zeichenkarton die gegebenen Punkte mit aller Sorgfalt nach Koordinaten aufgetragen. Es sei ferner das auf dem Neupunkt beobachtete Richtungsbüschel auf einer durchsichtigen Pause („Spinne") eingezeichnet. Zur Ermittlung des Neupunktes hat man nun die Pause so auf den Zeichenkarton zu legen, daß die Strahlen der Spinne mit möglichst geringen Abweichungen durch die Festpunkte gehen. Eine vorläufige Lage gewinnt man dabei nach dem Augenmaß. Alsdann wird man versuchen, die Ausgangslage (x_0, y_0) in dreifacher Hinsicht zu verbessern: Man wird die Spinne drehen (= Orientierungsunbekannte δz) und dann sie erst in der einen, dann in der anderen Koordinatenachse (= Unbekannte δx und δy) so lange verschieben, bis die günstigste Lage erreicht ist. Man hat also neben den Unbekannten δx und δy auch noch eine Orientierungsunbekannte δz in Ansatz zu bringen.

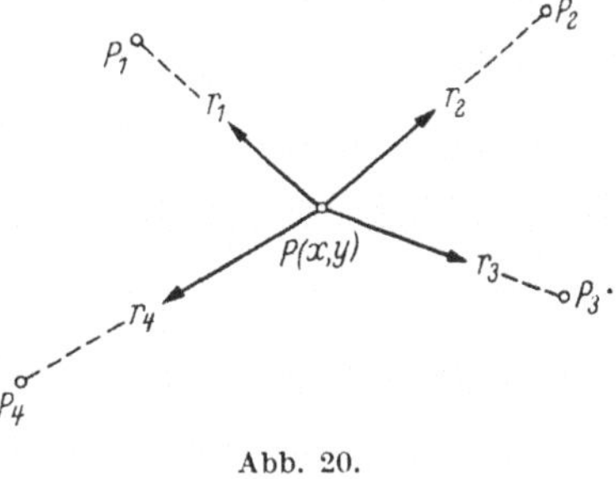

Abb. 20.

Fehlergleichungen. Versteht man unter

$r_1, r_2, \ldots$ die auf dem Neupunkt beobachteten inneren Richtungen nach den gegebenen Punkten $P_1, P_2, \ldots$,

$\varphi_p^1, \varphi_p^2, \ldots$ die ausgeglichenen Richtungswinkel vom Neupunkt nach den gegebenen Punkten,

$z = z_0 + \delta z$ die Orientierungsunbekannte,

so besteht für die Richtung von P nach P_1 zwischen Beobachtung und Ausgleichungsergebnis die Beziehung

$$r_1 + v_1 + z = \varphi_p^1 .$$

Also lautet die ursprüngliche Fehlergleichung

$$v_1 = \varphi_p^1 - r_1 - z . \tag{1}$$

Für φ_p^1 wird mit Hilfe der Näherungskoordinaten x_0, y_0 aus

$$\operatorname{tg} \varphi_0^1 = \frac{y_1 - y_0}{x_1 - x_0}$$

der genäherte Richtungswinkel φ_0^1 berechnet, der gemäß Aufgabe 15 mit φ_p^1 durch

$$\varphi_p^1 = \varphi_0^1 + \delta \varphi_1 = \varphi_0^1 + a_1 \, \delta x + b_1 \, \delta y \tag{2}$$

verbunden ist. Wird diese Beziehung in die ursprüngliche Fehlergleichung eingesetzt und außerdem mit $z = z_0 + \delta z$ ein Näherungswert für die Orientierungsunbekannte eingeführt, so wird

$$v_1 = a_1 \, \delta x + b_1 \, \delta y - \delta z + \varphi_0^1 - r_1 - z_0 .$$

Dabei sind jedoch, da der Richtungswinkel in dem veränderlichen „inneren" Punkt gezählt wird, in den Formeln der Aufgabe 15 für die Richtungskoeffizienten die Vorzeichen umzukehren, so daß

$$a_1 = + \frac{\sin \varphi_0^1}{s_1} \varrho , \qquad b_1 = - \frac{\cos \varphi_0^1}{s_1} \varrho \tag{3}$$

zu nehmen ist. Werden endlich die bekannten Größen zu dem Absolutglied

$$- l_1 = \varphi_0^1 - r_1 - z_0 \tag{4}$$

zusammengefaßt, so lauten, nachdem sämtliche anderen Strahlen entsprechend behandelt sind, die umgeformten Fehlergleichungen

$$\left.\begin{array}{lll} v_1 = a_1 \, \delta x + b_1 \, \delta y - \delta z - l_1 & \text{Gewicht} & 1 , \\ v_2 = a_2 \, \delta x + b_2 \, \delta y - \delta z - l_2 & \text{,,} & 1 , \\ \cdots\cdots\cdots\cdots\cdots\cdots & & \\ v_n = a_n \, \delta x + b_n \, \delta y - \delta z - l_n & \text{Gewicht} & 1 . \end{array}\right\} \tag{5}$$

Eliminieren der Orientierungsunbekannten. Da die Orientierungsunbekannte δz in jeder Gleichung den Koeffizienten -1 hat, läßt sie sich nach § 23 Ziff. 1 leicht eliminieren. Durch Aufsummieren der Fehlergleichungen bilde man die Normalgleichung für δz

$$[v] = 0 = \quad [a] \, \delta x + [b] \, \delta y - n \, \delta z - [l]$$

oder

$$0 = - \frac{[a]}{n} \, \delta x - \frac{[b]}{n} \, \delta y + \quad \delta z + \frac{[l]}{n}$$

und addiere sie zu jeder der obigen Fehlergleichungen; dann folgen die von δz befreiten *reduzierten* Fehlergleichungen

$$\left.\begin{aligned} v_1 &= \left(a_1 - \frac{[a]}{n}\right)\delta x + \left(b_1 - \frac{[b]}{n}\right)\delta y - \left(l_1 - \frac{[l]}{n}\right) = a'_1\,\delta x + b'_1\,\delta y - l'_1, \\ v_2 &= \left(a_2 - \frac{[a]}{n}\right)\delta x + \left(b_2 - \frac{[b]}{n}\right)\delta y - \left(l_2 - \frac{[l]}{n}\right) = a'_2\,\delta x + b'_2\,\delta y - l'_2, \\ &\dots\dots\dots\dots\dots\dots\dots\dots\dots\dots \\ v_n &= \left(a_n - \frac{[a]}{n}\right)\delta x + \left(b_n - \frac{[b]}{n}\right)\delta y - \left(l_n - \frac{[l]}{n}\right) = a'_n\,\delta x + b'_n\,\delta y - l'_n \end{aligned}\right\} \quad (6)$$

mit den Proben

$$[a'] = 0, \qquad [b'] = 0, \qquad -[l'] = 0. \quad (7)$$

Auf Grund der reduzierten Fehlergleichungen werden die Normalgleichungen für δx und δy auf dem üblichen Wege aufgestellt und aufgelöst.

Für die Fehlerrechnung werden die v aus den reduzierten Fehlergleichungen errechnet. Bei der Anzahl der Unbekannten ist die Orientierungsunbekannte mitzuzählen, daher ist

$$m = \pm\sqrt{\frac{[v\,v]}{n-3}}\,. \quad (8)$$

Wie beim Vorwärtseinschneiden ist endlich

$$m_y = \pm\frac{m}{\sqrt{[b'b'\cdot 1]}}, \qquad m_x = \pm\, m_y\sqrt{\frac{[b'b']}{[a'a']}}\,. \quad (9)$$

Als Schlußprobe werden für jeden Strahl die mit Hilfe der ausgeglichenen Koordinaten errechneten endgültigen Richtungswinkel φ den auf Grund der ursprünglichen Fehlergleichungen gebildeten

$$\varphi = r + v + z \quad (10)$$

gegenübergestellt, wobei man z mit Hilfe der Normalgleichung für δz errechnet. Die auf beiden Wegen gefundenen φ müssen bis auf Abrundungsfehler übereinstimmen.

Zusatz: *Näherungswert für die Orientierungsunbekannte.* Zur Bestimmung eines Näherungswertes für z kann man verschiedene Wege einschlagen. Da z der Richtungswinkel des Nullstrahles ist, erhält man einen Näherungswert für z, indem man für irgendeine Richtung die Differenz $(\varphi_0 - r)$ errechnet. Zweckmäßig bildet man diese Differenz, die für das Absolutglied ohnehin gebraucht wird, für *alle* Richtungen und erhält dann mit

$$z_0 = \frac{[\varphi_0 - r]}{n}$$

einen Mittelwert, für den

$$[l] = 0 \quad \text{und damit} \quad -l_i = -l'_i$$

ist. Hierdurch wird beim Bilden der reduzierten Fehlergleichungen die Reduktion des Absolutgliedes erspart, und es ist

$$\delta z = \frac{[a]}{n}\,\delta x + \frac{[b]}{n}\,\delta y\,.$$

Die Preußische Katasteranweisung IX dagegen benutzt für die Bestimmung von z_0 nur den Anfangsstrahl; sie setzt also

$$z_0 = \varphi_0^1 - r_1.$$

Da aber r_1 in der Regel den Zahlenwert Null hat, wird praktisch $z = \varphi_0^1$. Bei diesem Verfahren geht die Gleichheit von $-l_i$ und $-l_i'$ verloren, die $-l_i$ müssen also reduziert werden, und es erscheint bei der Berechnung von δz ein Absolutglied. Die Anweisung verzichtet jedoch auf die Berechnung von δz überhaupt. Sie kann infolgedessen unsere Schlußprobe nicht benutzen und muß einen anderen Weg wählen. Nachdem die v erstmalig aus den reduzierten Fehlergleichungen

$$v_i = a_i' \delta x + b_i' \delta y - l'_i$$

ermittelt sind, gewinnt die Anweisung sie ein zweites Mal aus den ursprünglichen Fehlergleichungen

$$v_i = \varphi_p^i - r_i - z.$$

Als Vorbereitung hierfür werden wie bei unserer Probe die endgültigen Richtungswinkel

$$\varphi_p^i = \operatorname{arc\,tg} \frac{y_i - y}{x_i - x}$$

auf Grund der ausgeglichenen Koordinaten des Neupunktes errechnet. Alsdann muß z, da auf die Berechnung von δz verzichtet wird, eliminiert werden. Hierzu wird als neuer Näherungswert für z der *ausgeglichene* Richtungswinkel des Anfangsstrahles eingeführt.

Es wird also

$$z = \varphi_p^1 + \delta z'.$$

Damit bildet die Anweisung für jeden Strahl

$$v_i + \delta z' = \varphi_p^i - \varphi_p^1 - r_i = u_i$$

und erhält, weil wegen $[v] = 0 \quad \delta z' = [u]/n$ ist,

$$v_i = u_i - \frac{[u]}{n}.$$

Die auf diesem Wege errechneten v_i müssen mit den v_i aus den reduzierten Fehlergleichungen bis auf die Abrundungsfehler übereinstimmen. Diese Probe ist nicht so durchsichtig wie unsere Schlußprobe. Die schematische Durchrechnung im Formular der Anweisung bereitet indessen keine Schwierigkeiten.

Ein Zahlenbeispiel erhält man, wenn man im Zahlenbeispiel der Aufgabe 19 alles streicht, was von den auf den Festpunkten beobachteten „äußeren" Richtungen herrührt.

Aufgabe 19. *Vereinigtes Vorwärts- und Rückwärtseinschneiden.*

Ein Punkt P ist gleichzeitig durch Vorwärts- und Rückwärtsstrahlen bestimmt. Gesucht sind seine günstigste Lage und deren mittlerer Fehler.

Lösungsweg. Die Fehlergleichungen werden im Neupunkt getrennt für Vorwärts- und Rückwärtsstrahlen (äußere und innere Richtungen) aufgestellt, wobei für die Vorwärtsstrahlen der in Aufgabe 17 unter Zusatz 1 erläuterte vereinfachte Weg gewählt wird. Die Normalgleichungen dagegen werden in einem Zuge gebildet. Alles Weitere entspricht den Verfahren beim Vorwärts- bzw. Rückwärtseinschnitt.

Die Fehlergleichungen lauten in der Ausgangsform, wenn zur Unterscheidung die Verbesserungen der inneren Richtungen mit u bezeichnet werden:

a) für die äußeren Richtungen (Anzahl n, Absolutglied $-l$)

$$\left.\begin{array}{lll} v_1 = a_1\delta x + b_1\delta y - l_1 & \text{Gewicht} & p_1 = \dfrac{\nu_1}{\nu_1+1}, \\ v_2 = a_2\delta x + b_2\delta y - l_2 & ,, & p_2 = \dfrac{\nu_2}{\nu_2+1}, \\ \dots\dots\dots & & \\ v_n = a_n\delta x + b_n\delta y - l_n & \text{Gewicht} & p_n = \dfrac{\nu_n}{\nu_n+1}; \end{array}\right\} \quad (1)$$

b) für die inneren Richtungen (Anzahl r, Absolutglied $-\lambda$)

$$\left.\begin{array}{ll} u_1 = a_1\delta x + b_1\delta y - \delta z - \lambda_1 & \text{Gewicht } 1, \\ u_2 = a_2\delta x + b_2\delta y - \delta z - \lambda_2 & ,, \quad 1, \\ \dots\dots\dots & \\ u_r = a_r\delta x + b_r\delta y - \delta z - \lambda_r & \text{Gewicht } 1, \end{array}\right\} \quad (2)$$

wobei zu beachten ist, daß nicht alle Strahlen gleichzeitig vorwärts und rückwärts beobachtet zu sein brauchen.

Um die Aufstellung der Normalgleichungen zu erleichtern, werden gemäß § 5 Ziff. 4 die Fehlergleichungen für die äußeren Richtungen durch Multiplikation mit $\sqrt{p}$ auf das Gewicht 1 gebracht; ferner werden die inneren Richtungen durch die Ansätze

$$a' = \left(a - \frac{[a]}{r}\right), \quad b' = \left(b - \frac{[b]}{r}\right), \quad -\lambda' = -\left(\lambda - \frac{[\lambda]}{r}\right) \quad (3)$$

von der Orientierungsunbekannten befreit. Dann erhält man die umgebildeten Fehlergleichungen:

$$\left.\begin{array}{ll} v_1\sqrt{p_1} = a_1\sqrt{p_1}\,\delta x + b_1\sqrt{p_1}\,\delta y - l_1\sqrt{p_1} & \text{Gewicht } 1, \\ v_2\sqrt{p_2} = a_2\sqrt{p_2}\,\delta x + b_2\sqrt{p_2}\,\delta y - l_2\sqrt{p_2} & ,, \quad 1, \\ \dots\dots\dots & \\ v_n\sqrt{p_n} = a_n\sqrt{p_n}\,\delta x + b_n\sqrt{p_n}\,\delta y - l_n\sqrt{p_n} & \text{Gewicht } 1, \\ u_1 = a_1'\,\delta x + b_1'\,\delta y - \lambda_1' & ,, \quad 1, \\ u_2 = a_2'\,\delta x + b_2'\,\delta y - \lambda_2' & ,, \quad 1, \\ \dots\dots\dots & \\ u_r = a_r'\,\delta x + b_r'\,\delta y - \lambda_r' & \text{Gewicht } 1. \end{array}\right\} \quad (4)$$

Auf Grund dieser Fehlergleichungen ist das Normalgleichungssystem zu bilden, aus dem δx, δy und $[vvp]$ auf dem üblichen Wege errechnet werden. δz wird wie in Aufgabe 18 mittels der Koeffizientensumme der inneren Strahlen bestimmt.

Für die Fehlerrechnung ist

die Anzahl der beobachteten Richtungen $= n + r$,

die Anzahl u der Unbekannten $= 3$, nämlich δx, δy, δz.

Der mittlere Fehler einer beobachteten Richtung vom Gewicht 1 ist mithin

$$m_0 = \pm\sqrt{\frac{[vvp] + [uu]}{n + r - 3}}. \quad (5)$$

Die mittleren Fehler der Unbekannten sind

$$m_y = \pm\frac{m_0}{\sqrt{[bbp\cdot 1]}}, \qquad m_x = \pm m_y\sqrt{\frac{[bbp]}{[aap]}}. \quad (6)$$

Die Schlußprobe gleicht für die äußeren Richtungen der des Vorwärtseinschneidens, für die inneren Richtungen der des Rückwärtseinschneidens.

Zusätze. 1. Hinsichtlich der Strenge des Verfahrens gilt übertragen dasselbe, was auf S. 125 beim Vorwärtseinschneiden gesagt ist.

2. Ein von O. SCHREIBER entwickeltes Ausgleichungsverfahren weicht von dem hier vorgetragenen Rechenweg etwas ab. SCHREIBER setzt alle Fehlergleichungen in den äußeren Punkten an. Die inneren Richtungen erhalten ihre vorläufige Orientierung durch Eindrehen des inneren Büschels in die auf den Standpunkten orientierten äußeren Richtungen. Vorwärts und rückwärts beobachtete Richtungen werden zu einer Fehlergleichung zusammengefaßt. Die inneren Richtungen erhalten das Gewicht 2/3, die äußeren Richtungen, da SCHREIBER nur *einen* Anschlußstrahl voraussetzt, das Gewicht 1/3, die vorwärts *und* rückwärts beobachteten Strahlen das Gewicht 1. Die Orientierungsunbekannte wird nach dem SCHREIBERschen Verfahren eliminiert. Diese Rechnung ist zwar etwas kürzer, aber weniger durchsichtig als das hier vorgetragene Verfahren.

Zahlenbeispiel zum vereinigten Vorwärts- und Rückwärtseinschneiden.

Gegebene Koordinaten.

Punkt	y	x	Punkt	y	x
A	9 498,26	78 594,91	E	7 206,65	78 907,88
B	10 367,59	75 913,25	F	6 633,27	76 701,57
C	9 300,43	75 306,80			
D	7 115,09	75 723,68	P_0	8 401,88	76 607,85

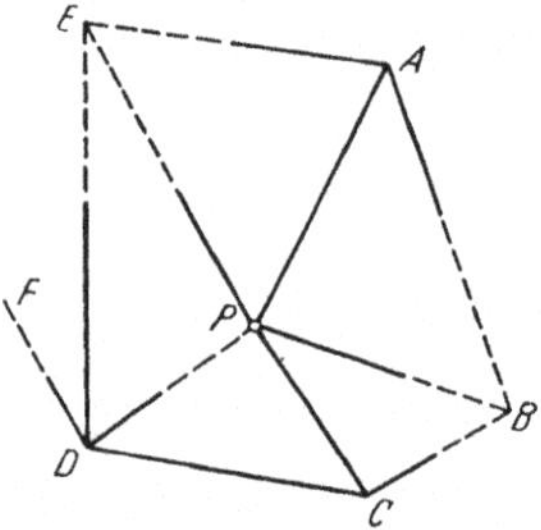

Abb. 21.
Beachte: ν = Anzahl der Orientierungsstrahlen auf den äußeren Punkten; n = Anzahl der äußeren und inneren Richtungen.

Beobachtete Richtungen.

Stand A		Stand C		Stand D		Stand P	
Ziel	Richtung	Ziel	Richtung	Ziel	Richtung	Ziel	Richtung
B	0,0000	B	0,0000	E	0,0000	A	0,0000
P	52,0596	D	244,8923	P	59,8493	B	89,5219
E	128,6019	P	294,4157	C	110,1815	C	129,4256
				F	369,0330	E	337,3908

1. Orientieren der äußeren Richtungen.

Äußere Richtung von	nach	Richtungswinkel aus Koordinaten t	Beobachtete Richtungen r	$t - r$ $z = [t - r]/v$	Auf den Standpunkten orientierte Richtungen $\alpha = r + z$	$v = (t - r) - z$ +	−
A	B	180,0426	0,0000	180,0426		19	
	P		52,0596		232,1003		
	E	308,6407	128,6019	0388			19
$p = 2/3$				0814 180,0407		19	19
C	B	67,1009	0,0000	67,1009			34
	D	312,0000	244,8923	1077		34	
	P		294,4157		361,5200		
$p = 2/3$				2086 67,1043		34	34
D	E	1,8296	0,0000	1,8296		61	
	P		59,8493		61,6728		
	C	112,0000	110,1815	8185			50
	F	370,8553	369,0330	8223			12
$p = 3/4$				4704 1,8235		61	62

2. Genäherte Richtungswinkel und Richtungskoeffizienten.

Festpunkt Neupunkt	y_i y_0	x_i x_0	$\sin\varphi_0 (= S)$ $\cos\varphi_0 (= C)$	$a = + S \cdot \varrho/s_0$ $b = - C \cdot \varrho/s_0$	zu 6: *) $\Delta y = y_i - y$ $\Delta x = x_i - x$
	$\Delta y_0 = y_i - y_0$ $\operatorname{tg}\varphi_0$	$\Delta x_0 = x_i - x_0$ φ_0	$s_0 = \Delta y_0/S$ $= \Delta x_0/C$	ϱ/s_0 in dm	$\operatorname{tg}\varphi$ φ
A P_0	9498,26 8401,88	78594,91 76607,85	+ 0,483102 + 0,875564	a = + 13,5 b = − 24,6	+ 1096,40 + 1987,05
	+ 1096,38 + 0,551760	+ 1987,06 32,0980	2269,46 ,46	28,05	+ 0,551773 32,0986
B P_0	10367,59 8401,88	75913,25 76607,85	+ 0,942867 − 0,333170	a = + 28,8 b = + 10,2	+ 1965,73 − 694,60
	+ 1965,71 − 2,829988	− 694,60 121,6236	2084,82 ,82	30,54	− 2,829977 121,6237
C P_0	9300,43 8401,88	75306,80 76607,85	+ 0,568279 − 0,822836	a = + 22,9 b = + 33,1	+ 898,57 − 1301,06
	+ 898,55 − 0,690634	− 1301,05 161,5219	1581,18 ,18	40,26	− 0,690645 161,5214
D P_0	7115,69 8401,88	75723,68 76607,85	− 0,824191 − 0,566312	a = − 33,6 b = + 23,1	− 1286,77 − 884,18
	− 1286,79 + 1,455365	− 884,17 261,6739	1561,28 ,28	40,77	+ 1,455326 261,6732
E P_0	7206,65 8401,88	78907,88 76607,85	− 0,461114 + 0,887341	a = − 11,3 b = − 21,8	− 1195,21 + 2300,02
	− 1195,23 − 0,519658	+ 2300,03 369,4900	2592,05 ,05	24,56	− 0,519652 369,4903

*) Ausgeglichene Richtungswinkel.

3. Fehlergleichungen.

Auf dem Standpunkt orient. Richtungen $\alpha \pm 200^g$	Genäherte Richtungswinkel φ_0	$-l = \varphi_0 - (\alpha \pm 200^g)$	$\sqrt{p}$	$-l\sqrt{p}$	Äußere Richtungen	a	b	$a\sqrt{p}$	$b\sqrt{p}$
32,1003	32,0980	− 23	0,82	− 18,9	*A*	+ 13,5	− 24,6	+ 11,1	− 20,2
161,5200	161,5219	+ 19	0,82	+ 15,6	*C*	+ 22,9	+ 33,1	+ 18,8	+ 27,1
261,6728	261,6739	+ 11	0,87	+ 9,6	*D*	− 33,6	+ 23,1	− 29,2	+ 20,1
Beobachtete innere Richtungen r		$\varphi_0 - r$ / z_0	$-\lambda = \varphi_0 - r - z_0$	$-\lambda' = -\lambda - \frac{[-\lambda]}{n}$	**Innere Richtungen**	a	b	$a' = a - \frac{[a]}{n}$	$b' = b - \frac{[b]}{n}$
0,0000	32,0980	32,0980	− 8	− 8	*A*	+ 13,5	− 24,6	0,0	− 23,8
89,5219	121,6236	1017	+ 29	+ 29	*B*	+ 28,8	+ 10,2	+ 15,3	+ 11,0
129,4256	161,5219	0963	− 25	− 25	*C*	+ 22,9	+ 33,1	+ 9,4	+ 33,9
337,3908	369,4900	0992	+ 4	+ 4	*E*	− 11,3	− 21,8	− 24,8	− 21,0
		3952	0	0		+ 53,9	− 3,1	− 0,1	+ 0,1
	$z_0 =$	32,0988			1/4 =	+ 13,5	− 0,8		

4. Normalgleichungskoeffizienten.

Äußere Richtungen	$A = a\sqrt{p}$	$B = b\sqrt{p}$	$-L = -l\sqrt{p}$	AA	AB	$-AL$	BB	$-BL$	LL
A	+11,1	−20,2	−18,9	123,2	−224,2	−209,8	408,0	+381,8	357,2
C	+18,8	+27,1	+15,6	353,4	+509,5	+293,3	734,4	+422,8	243,4
D	−29,2	+20,1	+ 9,6	852,6	−586,9	−280,3	404,0	+193,0	92,2
Inn. Richt.	$A = a'$	$B = b'$	$-L = -\lambda'$						
A	0,0	−23,8	− 8,0	0,0	0,0	0,0	566,4	+190,4	64,0
B	+15,3	+11,0	+29,0	234,1	+168,3	+443,7	121,0	+319,0	841,0
C	+ 9,4	+33,9	−25,0	88,4	+318,7	−235,0	1149,2	−847,5	625,0
E	−24,8	−21,0	+ 4,0	615,0	+520,8	− 99,2	441,0	− 84,0	16,0
				2266,7	+706,2	− 87,3	3824,0	+575,5	2238,8

5. Auflösung der Normalgleichungen gemäß § 16 Ziff. 3.

	$A]$	$B]$	$-L]$
$[A$	+2267	+ 706	− 87
$[B$		+3824	+ 575
		− 219,8	+ 27,1
$[-L$			+2239
			− 3,3
		$[BB \cdot 1] = +3604,2$	+ 602,1
			+2235,7
			− 100,6
		$[LL \cdot 2] =$	+2135,1

	$B]$	$A]$	$-L]$
$[B$	+3824	+ 706	+ 575
$[A$		+2267	− 87
		− 130,3	− 106,1
$[-L$			+2239
			− 86,5
		$[AA \cdot 1] = +2136,7$	− 193,1
			+2152,5
			− 17,5
		$[LL \cdot 2] =$	+2135,0

$$\delta y = -\frac{602,1}{3604,2} = -0,167 \text{ dm} \qquad \delta x = +\frac{193,1}{2136,7} = +0,090 \text{ dm}$$

6. Fehlerrechnung und Schlußprobe.

Äußere Richtung	$a\,\delta x + b\,\delta y - l$	v_a	p	$v v p$	$\alpha \pm 200^g + v_a$
A	$+1{,}2 + 4{,}1 - 23$	$-17{,}7$	0,67	209,9	32,0985
C	$+2{,}1 - 5{,}5 + 19$	$+15{,}6$	0,67	163,1	161,5215
D	$-3{,}0 - 3{,}9 + 11$	$+\ 4{,}1$	0,75	12,6	261,6732
Innere Richtung	$a\,\delta x + b\,\delta y - \lambda$	$-\delta z$	v_i		$r + v_i + z$
A	$+1{,}2 + 4{,}1 - 8$	$-\ 1{,}3$	$-\ 4{,}0$	16,0	32,0985
B	$+2{,}6 - 1{,}8 + 29$	$-\ 1{,}3$	$+28{,}5$	812,2	121,6236
C	$+2{,}0 - 5{,}5 - 25$	$-\ 1{,}3$	$-29{,}8$	888,0	161,5215
E	$-1{,}0 + 3{,}6 + 4$	$-\ 1{,}3$	$+\ 5{,}3$	28,1	369,4902
$n\,\delta z$	$+4{,}8 + 0{,}4 - 0$		0,0	2129,9	Soll gleich φ in Abt. 2 letzte Sp.
δz	$+1{,}3$	$z_0 + \delta z$	$= z =$	32,0989	

7. Endgültige Koordinaten und mittlere Fehler.

$$y_0 = 8\,401{,}88 \qquad x_0 = 76\,607{,}85$$
$$\delta y = -\ \ 0{,}02 \qquad \delta x = +\ \ 0{,}01$$
$$y = 8\,401{,}86 \pm 0{,}04 \qquad x = 76\,607{,}86 \pm 0{,}05$$

$$m = \sqrt{\frac{[v v p]}{n-3}} = \sqrt{\frac{2129{,}9}{4}} = \pm 23{,}1^{cc}$$

$$m_y = \frac{m}{\sqrt{[BB \cdot 1]}} = \frac{23{,}1}{\sqrt{3604}} = \pm 0{,}39\,\text{dm}$$

$$m_x = \frac{m}{\sqrt{[AA \cdot 1]}} = \frac{23{,}1}{\sqrt{2137}} = \pm 0{,}50\,\text{dm}$$

Aufgabe 20. *Doppelpunkteinschaltung.*

Zur Bestimmung der Neupunkte P_a und P_b sind die in der Skizze eingetragenen Richtungen beobachtet worden. Sie sind in einem Zuge auszugleichen.

Lösungsweg. Die Lösung entspricht dem Ansatz bei gemeinsamem Vorwärts- und Rückwärtseinschneiden; jedoch sind drei Gruppen von Fehlergleichungen zu unterscheiden:

1. für die äußeren Richtungen von den Festpunkten zu den Neupunkten,
2. für die inneren Richtungen von den Neupunkten zu den Festpunkten,
3. für die beiden Richtungen von einem Neupunkt zum anderen.

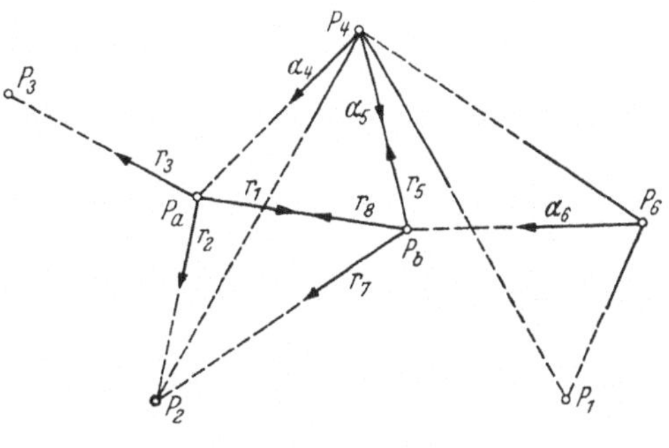

Abb. 22[1].

[1] Die Abbildung ist dem Übungsbuch von E. HEGEMANN [*15*] S. 111ff. entnommen worden. Dort findet sich auch ein Zahlenbeispiel.

Unbekannte sind die Neupunktskoordinaten x_a, y_a, x_b, y_b sowie die Orientierungsunbekannten auf den Neupunkten P_a und P_b und auf den Festpunkten P_4 und P_6. Die beiden letztgenannten werden zweckmäßig auf dem in Aufgabe 17 gezeigten Wege vorweg eliminiert, während die Orientierungsunbekannten auf den Neupunkten zunächst zwar angesetzt, dann aber im Zuge der Rechnung ausgeschaltet werden, so daß schließlich 4 Unbekannte und damit 4 Normalgleichungen übrigbleiben.

Gegenüber dem Vorwärts- und Rückwärtseinschneiden treten dabei zwei bisher noch nicht behandelte Aufgaben auf, nämlich das Orientieren der äußeren Richtungen auf dem Punkt P_4, von dem aus *zwei* Neupunkte angezielt sind, und das Aufstellen von Fehlergleichungen für die Strahlen zwischen den beiden Neupunkten. Wir wollen drittens, um auch diesen Weg vorzuführen, die Orientierungsunbekannten auf den beiden Neupunkten abweichend von Aufgabe 18 und 19 nach der SCHREIBERschen Regel behandeln. Das hat dann schließlich auch bei der Fehlerberechnung und bei der Schlußprobe gewisse Abweichungen von dem bisherigen Wege zur Folge.

Bezeichnungen:

α_i	auf den Festpunkten orientierte äußere Richtungen,
r_i	auf den Neupunkten beobachtete innere Richtungen,
φ_a^i, φ_b^i	ausgeglichene Richtungswinkel von den Neupunkten nach den Festpunkten,
z_a, z_b	Orientierungsunbekannte in P_a und P_b,
a, b	Richtungskoeffizienten in P_a,
c, d	Richtungskoeffizienten in P_b,
v	die an den orientierten äußeren Richtungen anzubringenden Verbesserungen,
u	die Verbesserungen der inneren Richtungen.

Fehlergleichungen. *a) Visuren von den Festpunkten zu den Neupunkten.* Hierbei sind zwei Fälle zu unterscheiden:

α) Von einem Festpunkt aus ist *einer* der Neupunkte angeschnitten: Der Ansatz für die Fehlergleichung auf P_6 kann unmittelbar aus Aufgabe 17 übernommen werden, wobei zu beachten ist, daß auf P_6 zwei Anschlußvisuren beobachtet sind. Ist z_6 die Orientierungsunbekannte und $z_6 + v_6 = V_6$, so lautet die Fehlergleichung auf P_6 nach Aufgabe 17 (7)

$$V_6 = c_6\,\delta x_b + d_6\,\delta y_b - l_6 \qquad \text{Gewicht}\ \frac{2}{3}, \tag{1}$$

wobei

$$c_6 = +\frac{\sin\varphi_b^6}{s_6}\varrho, \quad d_6 = -\frac{\cos\varphi_b^6}{s_6}\varrho, \quad -l_6 = \varphi_b^6 - (\alpha_6 \pm 200^g)$$

ist. Man beachte, daß die Gl. (1) die ursprüngliche Fehlergleichung mit dem Gewicht 1 und die fingierte SCHREIBERsche Gleichung mit dem Gewicht $-1/3$ repräsentiert.

β) Von einem Festpunkt aus sind *beide* Neupunkte angeschnitten: Auf Grund des in Aufgabe 17 entwickelten Ansatzes lauten die ursprünglichen Fehlergleichungen auf P_4, wenn die Indizes ′ und ″ für die beiden Anschlußvisuren gelten,

$$\begin{array}{rl}
v' = & \qquad\qquad\qquad\qquad\qquad\qquad\qquad - \delta z_4 - l' \\
v'' = & \qquad\qquad\qquad\qquad\qquad\qquad\qquad - \delta z_4 - l'' \\
v_4 = & a_4\,\delta x_a + b_4\,\delta y_a \qquad\qquad\qquad\qquad - \delta z_4 - l_4 \\
v_5 = & \qquad\qquad\qquad\quad c_5\,\delta x_b + d_5\,\delta y_b - \delta z_4 - l_5 \\
\hline
0 = [v] = & a_4\,\delta x_a + b_4\,\delta y_a + c_5\,\delta x_b + d_5\,\delta y_b - 4\,\delta z_4 - [l]
\end{array}$$

Um hieraus δz zu eliminieren, bringe man die δz auf die linke Seite und fasse sie mit den v gemäß $v + \delta z = V$ zusammen. Dann füge man die Summengleichung als fingierte Fehlergleichung mit dem Gewicht $-1/(\nu + 2) = -1/4$ an und beachte dabei, daß $l' + l'' = 0$ ist. Läßt man dann noch, wie in Aufgabe 17, die für die Ausgleichung der beiden Neupunkte bedeutungslosen Fehlergleichungen der Anschlußvisuren fort, so erhält man als reduzierte Fehlergleichungen auf P_4

$$\left.\begin{array}{llll} V_4 = a_4\,\delta x_a + b_4\,\delta y_a & - \; l_4 & \text{Gewicht} & 1\,, \\ V_5 = \phantom{a_4\,\delta x_a + b_4\,\delta y_a +{}} c_5\,\delta x_b + d_5\,\delta y_b & - \; l_5 & ,, & 1\,, \\ V^* = a_4\,\delta x_a + b_4\,\delta y_a + c_5\,\delta x_b + d_5\,\delta y_b & - \;(l_4 + l_5) & ,, & -1/4 \end{array}\right\} \quad (2)$$

mit

$$a_4 = +\frac{\sin\varphi_a^4}{s_4}\varrho\,, \quad b_4 = -\frac{\cos\varphi_a^4}{s_4}\varrho\,, \quad -l_4 = \varphi_a^4 - (\alpha_4 \pm 200^g)\,,$$

$$c_5 = +\frac{\sin\varphi_b^4}{s_5}\varrho\,, \quad d_5 = -\frac{\cos\varphi_b^4}{s_5}\varrho\,, \quad -l_5 = \varphi_b^4 - (\alpha_5 \pm 200^g)\,.$$

b) Gegenvisuren von Neupunkt zu Neupunkt. Für die Richtung r_1 von P_a nach P_b gilt, wenn u_1 die Verbesserung des Strahls und (z_a) ein Näherungswert für die Orientierungsunbekannte ist, die Beziehung

$$r_1 + u_1 + (z_a) + \delta z_a = \varphi_a^b = \operatorname{arc\,tg}\frac{y_b - y_a}{x_b - x_a}\,.$$

Da beide Endpunkte veränderlich sind, ergibt eine Taylorentwicklung, wenn die Klammern Näherungswerte andeuten,

$$\begin{aligned} \varphi_a^b &= \operatorname{arc\,tg}\frac{(y_b) - (y_a)}{(x_b) - (x_a)} + \frac{\partial\varphi}{\partial x_a}\delta x_a + \frac{\partial\varphi}{\partial y_a}\delta y_a + \frac{\partial\varphi}{\partial x_b}\delta x_b + \frac{\partial\varphi}{\partial y_b}\delta y_b \\ &= (\varphi_a^b) + \frac{\sin\varphi_a^b}{s}\varrho\,\delta x_a - \frac{\cos\varphi_a^b}{s}\varrho\,\delta y_a - \frac{\sin\varphi_b^a}{s}\varrho\,\delta x_b + \frac{\cos\varphi_b^a}{s}\varrho\,\delta y_b \\ &= (\varphi_a^b) + a_1\,\delta x_a + b_1\,\delta y_a + c_1\,\delta x_b + d_1\,\delta y_b\,, \end{aligned}$$

so daß wir schließlich erhalten

$$u_1 = a_1\delta x_a + b_1\delta y_a + c_1\delta x_b + d_1\delta y_b - \delta z_a + (\varphi_a^b) - r_1 - (z_a)\,.$$

Eine entsprechende Entwicklung gibt für die Gegenrichtung r_8

$$u_8 = a_8\delta x_a + b_8\delta y_a + c_8\delta x_b + d_8\delta y_b - \delta z_b + (\varphi_b^a) - r_8 - (z_b)\,,$$

hierbei ist

$$a_1 = -c_1\,, \qquad b_1 = -d_1\,, \qquad a_8 = -c_8\,, \qquad b_8 = -d_8\,,$$

und da weiter

$$\varphi_b^a = \varphi_a^b \pm 200^g$$

ist, gilt auch $a_1 = a_8 = -c_1 = -c_8$ und $b_1 = b_8 = -d_1 = -d_8$.

Diese Fehlergleichungen haben indessen noch nicht ihre endgültige Form, da sie noch Orientierungsunbekannte enthalten.

c) Visuren von den Neupunkten zu den Festpunkten. Die Fehlergleichungen für die Richtungen von Neupunkt zu Festpunkt können aus der Aufgabe 18 ohne weiteres übernommen werden. Fassen wir diese Visuren mit den beiden Gegenvisuren zusammen und fügen auch gleich die Summengleichung an, so erhalten wir auf P_a die sogenannten umgeformten Fehlergleichungen

$$\begin{array}{l} u_1 = a_1\,\delta x_a + b_1\,\delta y_a + c_1\delta x_b + d_1\,\delta y_b - \delta z_a - \lambda_1 \\ u_2 = a_2\,\delta x_a + b_2\,\delta y_a \phantom{{}+ c_1\delta x_b + d_1\,\delta y_b} - \delta z_a - \lambda_2 \\ u_3 = a_3\,\delta x_a + b_3\,\delta y_a \phantom{{}+ c_1\delta x_b + d_1\,\delta y_b} - \delta z_a - \lambda_3 \\ \hline 0 = [u] = [a]\delta x_a + [b]\delta y_a + c_1\delta x_b + d_1\delta y_b - 3\delta z_a - [\lambda]_1^3 \end{array}$$

Entsprechende Fehlergleichungen sind auf P_b für u_5, u_7 und u_8 aufzustellen.

Zur Elimination der Orientierungsunbekannten setzen wir wieder wie in a) Fall α) $\delta z + u = U$ und erhalten auf P_a

$$\left.\begin{array}{lllll} U_1 &= a_1\,\delta x_a + b_1\,\delta y_a + c_1\delta x_b + d_1\delta y_b &- \lambda_1 & \text{Gewicht} & 1, \\ U_2 &= a_2\,\delta x_a + b_2\,\delta y_a &- \lambda_2 & \text{,,} & 1, \\ U_3 &= a_3\,\delta x_a + b_3\,\delta y_a &- \lambda_3 & \text{,,} & 1, \\ U_a^* &= [a]\delta x_a + [b]\delta y_a + c_1\delta x_b + d_1\delta y_b &- [\lambda]_1^3 & \text{,,} & -1/3 \end{array}\right\} \quad (3)$$

mit

$$-\lambda_1 = (\varphi_a^b) - r_1 - (z_a); \qquad -\lambda_2 = (\varphi_a^2) - r_2 - (z_a); \qquad -\lambda_3 = (\varphi_a^3) - r_3 - (z_a).$$

Entsprechend gilt auf P_b das System

$$\left.\begin{array}{lllll} U_5 &= c_5\,\delta x_b + d_5\,\delta y_b &- \lambda_5 & \text{Gewicht} & 1, \\ U_7 &= c_7\,\delta x_b + d_7\,\delta y_b &- \lambda_7 & \text{,,} & 1, \\ U_8 &= a_8\,\delta x_a + b_8\,\delta y_a + c_8\,\delta x_b + d_8\,\delta y_b &- \lambda_8 & \text{,,} & 1, \\ U_b^* &= a_8\,\delta x_a + b_8\,\delta y_a + [c]\,\delta x_b + [d]\,\delta y_b &- [\lambda]_5^3 & \text{,,} & -1/3 \end{array}\right\} \quad (4)$$

mit

$$-\lambda_5 = (\varphi_b^5) - r_5 - (z_b); \qquad -\lambda_7 = (\varphi_b^7) - r_7 - (z_b) \qquad -\lambda_8; = (\varphi_b^a) - r_8 - (z_b).$$

Unbekannte und mittlere Fehler. Auf Grund der Fehlergleichungsgruppen (1) bis (4) sind die Normalgleichungen aufzustellen, die aufgelöst die Unbekannten δx_a, δy_a, δx_b, δy_b ergeben.

Bei Berechnung der Fehlerquadratsumme ist zu beachten, daß in den Fehlergleichungsgruppen (1) und (2) je zwei Anschlußvisuren fortgeblieben sind, weil sie keinen Beitrag zur Bestimmung der Unbekannten δx usw. liefern. Für die *strenge* Berechnung des mittleren Fehlers müssen sie jedoch herangezogen werden. Die vollständige Fehlerquadratsumme ist

$$[v v] + [u u] = [V V p] + [V' V'] + [U U p].$$

Hierin erhält man, wie nachstehend gezeigt wird, $[V V p] + [U U p]$ am besten aus den Normalgleichungen, während $[V' V']$ entsprechend Aufgabe 17 (9) zu bilden ist[1]. Als Unbekannte sind die vier Neupunktskoordinaten und je eine Orientierungsunbekannte auf den Punkten P_a, P_b, P_4 und P_6 zu zählen. Da in unserem Falle drei äußere, sechs innere und vier Anschlußstrahlen beobachtet sind, ist also

$$m^2 = \frac{[V V p] + [V' V'] + [U U p]}{13 - 8}. \tag{5}$$

Mittlere Fehler der Unbekannten sind

$$m_{x_a} = m\sqrt{Q_{11}}, \qquad m_{y_a} = m\sqrt{Q_{22}}, \qquad m_{x_b} = m\sqrt{Q_{33}}, \qquad m_{y_b} = m\sqrt{Q_{44}}. \tag{6}$$

In der Praxis ist es vielfach üblich, die Behandlung der äußeren Richtungen in ähnlicher Weise zu vereinfachen, wie das im Zusatz 1 zur Aufgabe 17 beschrieben ist. Das geschieht auch, wenn von einem Festpunkt aus beide Neupunkte angeschnitten sind. Hinsichtlich der Strenge gilt das auf S. 125 Gesagte auch im Falle des Doppelpunktes. Wenn aber die Verbesserungen der Anschlußstrahlen auf den Festpunkten unberücksichtigt bleiben, dürfen auch die Orientierungsunbekannten

[1] Für jeden Standpunkt, der äußere Richtungen zur Ausgleichung beiträgt, ist für die Absolutglieder der Fehlergleichungen, die bei der Orientierung nach Aufgabe 17 (3) entstehen, eine Summe $[l' l']_1^\nu$ zu berechnen. Durch Aufsummieren aller dieser Summen erhält man $[V' V']$.

auf den Festpunkten nicht mitgezählt werden. Es würde also bei den genannten Vernachlässigungen in unserem Beispiel sein

$$m^2 = \frac{[VVp] + [UUp]}{9 - 6}. \tag{5a}$$

[vv]-Probe und Schlußprobe. Gebraucht man die einzelnen v und u, so muß man zuvor aus den Summengleichungen die Orientierungsunbekannten errechnen. Man kann indessen die sogenannte [vv]-Probe auch auf die V und U gründen, die man aus den Systemen (1) bis (4) errechnet. Man verzichtet dann auf die Berechnung der [vv] und beschränkt sich darauf, lediglich die Richtigkeit der Gleichung

$$[VVp] + [UUp] = [(llp + \lambda\lambda p) \cdot 4] \tag{7}$$

zu prüfen, wobei in den Ausdrücken linker Hand die Verbesserungen der fingierten Fehlergleichungen einzubeziehen sind. Die v und u sind also für die [vv]-Probe nicht nötig.

Auch wenn bei der durchgreifenden Schlußprobe die mit Hilfe der Neupunktskoordinaten errechneten Richtungen den ursprünglichen Beobachtungen gegenübergestellt werden, müssen an den Beobachtungen zuvor die Verbesserungen und die Orientierungsunbekannten angebracht werden. Man gelangt am schnellsten ans Ziel, wenn man die Beobachtungen statt mit $v + \delta z$ oder $u + \delta z$ sofort mit V oder U verbessert. Die Berechnung von v und u erübrigt sich also auch hier.

Zusatz. Das für die Doppelpunkteinschaltung gezeigte Verfahren läßt sich ohne weiteres auf drei oder mehr Punkte übertragen. Abgesehen von den Schwierigkeiten, die der wachsende Umfang der Arbeit mit sich bringt, kommen neue Probleme nicht hinzu.

In der Triangulation höherer Ordnung ist die Zusammenfassung mehrerer Punkte zu einer gemeinsamen Ausgleichung üblich. Für die Praxis empfiehlt sich hierbei die Anwendung der SCHREIBERschen „mechanischen Regeln“[1] zur Reduktion und Zusammenfassung der Fehlergleichungen. Durch sie wird bei voller Strenge des Verfahrens eine wesentliche Verkürzung der Rechnung erzielt, so daß der Zeitaufwand für die Gruppenausgleichung nur unwesentlich größer als bei Einzelpunkteinschaltungen ist.

Aufgabe 21. *Die Fehlerellipse und der mittlere Punktfehler.*

1. Die Gleichung der Fußpunktkurve. Die in den Aufgaben 17 bis 20 auf Grund der Entwicklungen in § 16 abgeleiteten mittleren Koordinatenfehler m_x und m_y geben die mittlere Unsicherheit der Punktlage lediglich in Richtung der Koordinatenachsen an. Oftmals wird darüber hinaus nach dem mittleren Fehler der Punktlage in einer beliebigen Richtung gefragt. Hierzu betrachte man einen frei zu wählenden festen Punkt P_1, der in dem zu untersuchenden Punkt P unter dem Richtungswinkel φ erscheint. Der mittlere Fehler in der Richtung φ ist dann identisch mit dem mittleren Fehler M_s der Strecke

$$PP_1 = S = \sqrt{(X_1 - X)^2 + (Y_1 - Y)^2},$$

wobei die großen Buchstaben X und Y gewählt sind, weil x und y später anderweit gebraucht werden. Um M_s zu finden, ist zunächst das Funktionsgewicht Q_{ss} der Strecke S zu ermitteln. Zur Linearisierung der Funktion setzt man wie üblich

$$X = X_0 + \delta x, \qquad Y = Y_0 + \delta y$$

und erhält unter Benutzung der in § 13, Aufgabe 7, gebildeten Ableitungen

$$dS = \cos\varphi\,\delta x + \sin\varphi\,\delta y.$$

---

[1] Siehe Schrifttum [*10*] 7. Aufl. S. 450 und [*13*] S. 140.

Daraus folgt nach der TIENSTRAschen Regel (§ 19, 3)

$$Q_s = \cos\varphi\, Q_x + \sin\varphi\, Q_y,$$

und wenn unter m der Gewichtseinheitsfehler verstanden wird, so ist

$$M_s^2 = m^2 Q_{ss} = m^2 (\cos^2\varphi\, Q_{xx} + 2\sin\varphi\cos\varphi\, Q_{xy} + \sin^2\varphi\, Q_{yy}). \qquad (1)$$

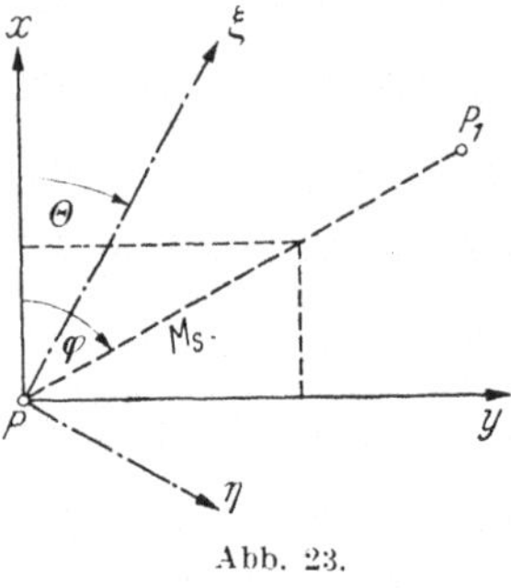

Abb. 23.

Zur geometrischen Deutung dieses Ausdruckes betrachte man für einen Augenblick den Punkt P als Ursprung eines xy-Systems, dessen Achsen denen unseres Ausgangssystems parallel sind und setze

$$M_s\cos\varphi = x, \qquad M_s\sin\varphi = y, \qquad (2)$$

woraus durch Quadrieren und Summieren folgt

$$M_s^2 = x^2 + y^2.$$

Wird dann in (1) beiderseits mit M_s^2 multipliziert, so erhält man

$$(x^2+y^2)^2 = m^2 (Q_{xx}x^2 + 2\,Q_{xy}\,xy + Q_{yy}y^2). \qquad (3)$$

Um den Klammerausdruck rechter Hand zu deuten, wird im Ursprung P noch ein $\xi\eta$-System eingeführt, dessen Achsen mit denen des xy-Systems den Winkel Θ bilden, und es wird Θ so gewählt, daß das gemischte Glied in der Klammer verschwindet. In diesem System erhält (3) die Form

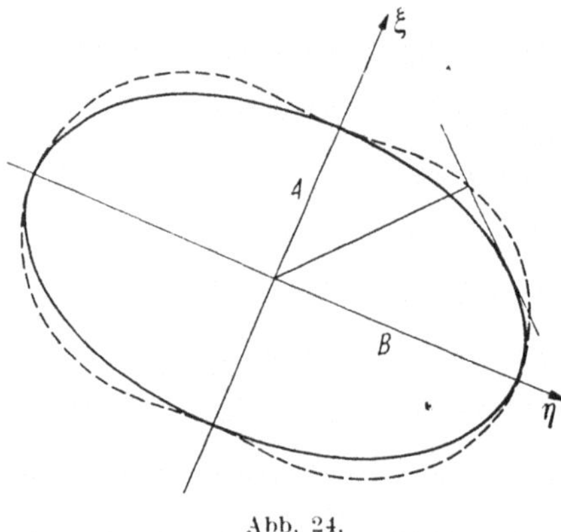

Abb. 24.

$$(\xi^2+\eta^2)^2 = m^2 (Q_{\xi\xi}\xi^2 + Q_{\eta\eta}\eta^2),$$

und wenn man weiter

$$m^2 Q_{\xi\xi} = A^2 \text{ und } m^2 Q_{\eta\eta} = B^2 \qquad (4)$$

setzt, so wird

$$(\xi^2+\eta^2)^2 - (A^2\xi^2 + B^2\eta^2) = 0. \qquad (5)$$

Das ist die Gleichung der *Fußpunktkurve*[1] einer Ellipse mit den Halbachsen A und B im $\xi\eta$-System, und es muß demnach (3) ihre Gleichung im xy-System sein.

Geometrisch ist die Fußpunktkurve definiert als Ort der Fußpunkte aller vom Mittelpunkt einer Ellipse auf die Ellipsentangente gefällten Lote; bildlich betrachtet ist sie eine mit vier Wülsten versehene Ellipse. Der gesuchte mittlere Fehler in irgendeiner Richtung aber ist gleich dem Radiusvektor der Fußpunktkurve in der gleichen Richtung.

Die die Fußpunktkurve tragende Ellipse heißt Fehlerellipse. Ihre Gleichung im $\xi\eta$-System ist

$$\frac{\xi^2}{A^2} + \frac{\eta^2}{B^2} = 1. \qquad (6)$$

[1] DINGELDEY: Aufgaben zur Anwendung der Differentialrechnung, 2. Aufl. S. 10. Leipzig u. Berlin 1922.

Da Fußpunktkurve und Fehlerellipse im $\xi\eta$-System die gleichen Achsenabschnitte haben und in der Praxis diese Achsenabschnitte als ausreichendes Charakteristikum für die Güte der Punktbestimmung angesehen werden, wird in der Regel nur von der Lage und der Größe der Fehlerellipse, seltener der Fußpunktkurve gesprochen.

2. Berechnung der Ellipsenkonstanten aus Gewichtskoeffizienten. Zur Berechnung des Winkels Θ und der Konstanten A und B entnehme man der Abbildung die Beziehungen

$$\xi = x\cos\Theta + y\sin\Theta, \qquad \eta = -x\sin\Theta + y\cos\Theta, \tag{7}$$

bilde die symbolischen Koeffizienten

$$Q_\xi = Q_x\cos\Theta + Q_y\sin\Theta, \qquad Q_\eta = -Q_x\sin\Theta + Q_y\cos\Theta \tag{8}$$

und bestimme dann Θ auf Grund der oben gestellten Forderung $Q_{\xi\eta} = 0$ aus

$$Q_{\xi\eta} = Q_\xi Q_\eta = (Q_x\cos\Theta + Q_y\sin\Theta)(-Q_x\sin\Theta + Q_y\cos\Theta) = 0.$$

Ausmultiplizieren ergibt

$$Q_{\xi\eta} = -\sin\Theta\cos\Theta\,(Q_{xx} - Q_{yy}) + Q_{xy}(\cos^2\Theta - \sin^2\Theta) = 0$$

und nach einfachen goniometrischen Umformungen

$$\operatorname{tg} 2\Theta = \frac{2Q_{xy}}{Q_{xx} - Q_{yy}}, \tag{9}$$

womit Θ bekannt ist. Zur Auswertung von (4) bilde man mit (8)

$$\begin{aligned} Q_{\xi\xi} &= Q_{xx}\cos^2\Theta + Q_{yy}\sin^2\Theta + 2Q_{xy}\sin\Theta\cos\Theta,\\ Q_{\eta\eta} &= Q_{xx}\sin^2\Theta + Q_{yy}\cos^2\Theta - 2Q_{xy}\sin\Theta\cos\Theta \end{aligned}$$

und beachte die Beziehungen

$$\cos^2\Theta = \frac{1+\cos 2\Theta}{2}, \qquad \sin^2\Theta = \frac{1-\cos 2\Theta}{2}.$$

Damit wird

$$\left.\begin{aligned} 2Q_{\xi\xi} &= Q_{xx} + Q_{yy} + (Q_{xx} - Q_{yy})\cos 2\Theta + 2\,Q_{xy}\sin 2\Theta,\\ 2Q_{\eta\eta} &= Q_{xx} + Q_{yy} - (Q_{xx} - Q_{yy})\cos 2\Theta - 2\,Q_{xy}\sin 2\Theta. \end{aligned}\right\} \tag{10}$$

Andererseits folgt aus (9)

$$\cos 2\Theta = \frac{Q_{xx} - Q_{yy}}{k}, \qquad \sin 2\Theta = \frac{2Q_{xy}}{k},$$

worin, da die Quadratsumme von Sinus und Cosinus 1 ergibt,

$$k = \sqrt{(Q_{xx} - Q_{yy})^2 + 4Q_{xy}^2} = \frac{2Q_{xy}}{\sin 2\Theta} = \frac{Q_{xx} - Q_{yy}}{\cos 2\Theta} \tag{11}$$

ist. Einsetzen in (10) führt auf

$$2Q_{\xi\xi} = Q_{xx} + Q_{yy} + \frac{(Q_{xx} - Q_{yy})^2 + 4Q_{xy}^2}{k} = Q_{xx} + Q_{yy} + k,$$

$$2Q_{\eta\eta} = Q_{xx} + Q_{yy} - \frac{(Q_{xx} - Q_{yy})^2 + 4Q_{xy}^2}{k} = Q_{xx} + Q_{yy} - k.$$

Nach (4) wird also erhalten

$$\left.\begin{aligned} A^2 &= m^2 \frac{Q_{xx} + Q_{yy} + k}{2} \text{ ; Richtungswinkel } \Theta, \\ B^2 &= m^2 \frac{Q_{xx} + Q_{yy} - k}{2} \text{ ; Richtungswinkel } \Theta + 100^g. \end{aligned}\right\} \quad (12)$$

Bestimmt man dann noch, daß k stets positiv zu nehmen ist, so sind A und B die große und die kleine Halbachse der Fehlerellipse und der von ihr getragenen Fußpunktkurve. (9), (11) und (12) sind die Formeln zur Berechnung der Zahlenwerte.

3. Berechnung der Ellipsenkonstanten aus Normalgleichungskoeffizienten. Um Θ, A und B auch ohne Kenntnis der Gewichtskoeffizienten berechnen zu können, wendet man die Gewichtsformeln des § 16 Ziff. 4 für zwei Unbekannte an. Man findet dort

$$Q_{xx} = \frac{1}{[aa \cdot 1]}, \quad Q_{yy} = \frac{1}{[bb \cdot 1]} \quad (13\text{a})$$

und bekommt durch einmalige Reduktion eines mit vertauschten Zeilen aufgestellten Gewichtsgleichungssystems für zwei Unbekannte

$$Q_{xy} = \frac{1}{[ab] - [aa][bb]/[ab]} = \frac{1}{[ab \cdot 1]}. \quad (13\text{b})$$

Führt man dann noch die Koeffizientendeterminante

$$D = [aa][bb] - [ab][ab] \quad (14\text{a})$$

ein, so findet man, wenn man die einmal reduzierten Koeffizienten in (13a) und (13b) ausschreibt und (14a) beachtet,

$$Q_{xx} = \frac{[bb]}{D}, \quad Q_{xy} = -\frac{[ab]}{D}, \quad Q_{yy} = \frac{[aa]}{D} \quad (14\text{b})$$

und nach Einsetzen in (9)

$$\operatorname{tg} 2\Theta = \frac{-2[ab]}{-([aa] - [bb])}. \quad (15)$$

Für die Darstellung von A und B bildet man vorbereitend mit Hilfe von (11) und (14) den Ausdruck $W = kD$ oder

$$W = \sqrt{([aa] - [bb])^2 + 4[ab]^2} = \frac{-2[ab]}{\sin 2\Theta} = \frac{-([aa] - [bb])}{\cos 2\Theta} \quad (16)$$

und erhält dann nach leichter Zwischenrechnung als zweites Formelsystem

$$\left.\begin{aligned} A^2 &= m^2 \frac{[aa] + [bb] + W}{2D} \text{ Richtungswinkel } \Theta, \\ B^2 &= m^2 \frac{[aa] + [bb] - W}{2D} \text{ Richtungswinkel } \Theta + 100^g. \end{aligned}\right\} \quad (17)$$

Mit Hilfe der Normalgleichungskoeffizienten bekommt die in (3) gegebene Gleichung der Fußpunktkurve vermittels der Beziehungen (13) die Form

$$(x^2 + y^2)^2 - \left(\frac{x^2}{[aa \cdot 1]} + \frac{y^2}{[bb \cdot 1]} + \frac{2xy}{[ab \cdot 1]}\right) m^2 = 0. \quad (18)$$

Für die Gleichung der Fehlerellipse im selben System ersetzt man in (6) ξ und η durch (7), A und B durch (17) und beachtet (14a) und (16). Dann erhält man im xy-System (Abb. 23) für die Fehlerellipse die überraschend einfache Gleichung

$$[aa]x^2 + [bb]y^2 + 2[ab]xy - m^2 = 0. \quad (19)$$

4. Lage der Fehlerellipse im Koordinatensystem. Wir wollen die Konstanten Θ, A und B noch einer weiteren Betrachtung unterziehen. Nach Aufgabe 17 sind die Richtungskoeffizienten definiert durch die Gleichungen

$$a = + \frac{\varrho}{s} \sin \varphi, \qquad b = - \frac{\varrho}{s} \cos \varphi.$$

Mithin ist der Ausdruck

$$[aa] + [bb] = \varrho^2 \left(\frac{1}{s_1^2} + \frac{1}{s_2^2} + \cdots + \frac{1}{s_n^2} \right)$$

unabhängig vom Richtungswinkel und damit von der Lage des Koordinatensystems. Es ist weiter

$$D = (a_1^2 + a_2^2 + \cdots)(b_1^2 + b_2^2 + \cdots) - (a_1 b_1 + a_2 b_2 + \cdots)^2.$$

Dies läßt sich umbilden in

$$D = (a_1 b_2 - a_2 b_1)^2 + (a_1 b_3 - a_3 b_1)^2 + (a_2 b_3 - a_3 b_2)^2 + \cdots$$

oder mit den obigen Werten der a und b in

$$D = \varrho^4 \left(\frac{\sin^2(\varphi_2 - \varphi_1)}{s_1^2 s_2^2} + \frac{\sin^2(\varphi_3 - \varphi_1)}{s_3^2 s_1^2} + \frac{\sin^2(\varphi_3 - \varphi_2)}{s_2^2 s_3^2} + \cdots \right).$$

Da hierin nur die Differenzen der Richtungswinkel auftreten, ist auch D von der Richtung der Koordinatenachsen unabhängig. Weiter ergibt eine leichte Umbildung von (16)

$$W^2 = ([aa] + [bb])^2 - 4[aa][bb] + 4[ab]^2 = ([aa] + [bb])^2 - 4D.$$

Also besteht die Unabhängigkeit auch für W und damit für A und B. Endlich gibt Einsetzen der a und b in (15) mit eckigen Klammern als Summenzeichen

$$\operatorname{tg} 2\Theta = \left[\frac{2 \sin \varphi \cos \varphi}{\cos^2 \varphi - \sin^2 \varphi} \right] = [\operatorname{tg} 2\varphi].$$

Würde man das xy-System um einen Winkel ψ drehen, so wäre im neuen System

$$a' = + \frac{\varrho}{s} \sin(\varphi - \psi), \qquad b' = - \frac{\varrho}{s} \cos(\varphi - \psi),$$

$$\operatorname{tg} 2\Theta' = \left[\frac{2 \sin(\varphi - \psi) \cos(\varphi - \psi)}{\cos^2(\varphi - \psi) - \sin^2(\varphi - \psi)} \right] = [\operatorname{tg} 2(\varphi - \psi)].$$

Es würde also $\Theta' = \Theta - \psi$ werden, d. h. eine Drehung des Koordinatensystems würde auch auf die Richtung der großen Halbachse keinen Einfluß ausüben.

Fehlerellipse und Fußpunktkurve sind mithin gegen Drehungen des Koordinatensystems invariant.

Infolgedessen bieten die Radienvektoren der Fußpunktkurve einen von der Lage des Koordinatensystems unabhängigen vollständigen Überblick über den mittleren linearen Fehler der Punktlage in jeder beliebigen Richtung.

Setzt man $m = 1$, so erhält man die der Fehlerellipse ähnliche *Fehlereinheitsellipse.* Diese ist nur von den Richtungskoeffizienten und damit von der Lage der Bestimmungspunkte abhängig; sie ermöglicht also, da man die zu erwartenden mittleren Beobachtungsfehler m in der Regel bereits vor der Messung hinreichend genau abschätzen kann, theoretisch bereits *vor* der Messung ein Urteil über die Güte der Bestimmungsstücke. Darauf gründen sich die von der ehemaligen Preußischen Katasterverwaltung herausgegebenen Genauigkeitsvoranschläge für die trigonometrische Punktbestimmung.

Zur Berechnung der Fehlerellipse bei der gemeinsamen Einschaltung mehrerer Neupunkte benutzt man am zweckmäßigsten die Formeln (9), (11), (12). Man errechnet die Konstanten der Fehlerellipse auf dem ersten Punkt aus Q_{11}, Q_{12}, Q_{22}, auf dem zweiten aus Q_{33}, Q_{34}, Q_{44}, usw.

5. Der mittlere Punktfehler. Neben der Fehlerellipse wird als Genauigkeitsmaß für die Punktbestimmung der mittlere Punktfehler benutzt. Dieser ist definiert durch die mit Hilfe von (12) sowie § 16 (9) und (16) leicht abzuleitenden Beziehungen

$$M = \sqrt{A^2 + B^2} = m\sqrt{Q_{xx} + Q_{yy}} = \sqrt{m_x^2 + m_y^2}. \tag{20}$$

M ist ebenfalls eine Invariante. Geometrisch wird M als Halbmesser eines Fehlerkreises um den Neupunkt gedeutet. Dieser Fehlerkreis darf nicht verwechselt werden mit dem Kreis, den man erhält, wenn etwa bei symmetrischer Verteilung der Bestimmungspunkte $A = B$ und damit die Fehlerellipse zum Kreis wird. Das tritt ein, wenn in (12) und (17) k oder W gleich Null werden. Man gewinnt dann in

$$A = B = m\sqrt{\frac{Q_{xx} + Q_{yy}}{2}} = m\sqrt{\frac{[aa] + [bb]}{2D}}$$

einen Fehlerausdruck, der $\sqrt{2}$ mal kleiner ist als M. Fehlerellipse und mittlerer Punktfehler sind also verschiedene Genauigkeitsmaße.

Die Literatur über die Fehlerellipse ist sehr umfangreich. Wir verzeichnen aus neuerer Zeit:

Möhle, A.: Zur Theorie der Genauigkeitsmaße in der Ebene. Z. Vermessungsw. 1941 S. 33.

Bachmann, W. K.: L'ellipsoid d'erreur. Schweiz. Z. Vermessungsw. 1940 S. 181.

Grossmann, W.: Symbolische Gewichtskoeffizienten und Fehlerellipse. Z. Vermessungsw. 1949 S. 133.

Zahlenbeispiel. Im Falle der Aufgabe 19 (Vereinigtes Vorwärts- und Rückwärtseinschneiden) ist

$$Q_{xx} = 0{,}000\,468\,, \quad Q_{xy} = 0{,}000\,086\,, \quad Q_{yy} = 0{,}000\,278\,.$$

Damit gibt das Formelsystem (9), (11), (12)

$$\operatorname{tg} 2\Theta = \frac{-0{,}000\,172}{0{,}000\,468 - 0{,}000\,278} = -0{,}9053\,; \quad \Theta = 176{,}58^g,$$

$$k = \sqrt{(0{,}000\,468 - 0{,}000\,278)^2 + 4\cdot 0{,}000\,086^2} = 0{,}000\,256\,,$$

$$A = 23{,}1\sqrt{\frac{0{,}000\,468 + 0{,}000\,278 + k}{2}} = \pm 0{,}52\,\text{dm} = \pm 0{,}05\,\text{m}\,,$$

$$B = 23{,}1\sqrt{\frac{0{,}000\,468 + 0{,}000\,278 - k}{2}} = \pm 0{,}36\,\text{dm} = \pm 0{,}04\,\text{m}\,,$$

und in Übereinstimmung damit das System (15), (16), (17)

$$D = 2267\cdot 3824 - 706^2 = 8\,170\,572\,,$$

$$\operatorname{tg} 2\Theta = \frac{-2\cdot 706}{-(2267 - 3824)} = -0{,}9069\,; \qquad \Theta = 176{,}56^g,$$

$$W = \sqrt{(2267 - 3824)^2 + 4\cdot 706^2} = 2102\,,$$

$$A = 23{,}1\sqrt{\frac{2267 + 3824 + 2102}{2\cdot 8\,170\,572}} = \pm 0{,}52\,\text{dm} = \pm 0{,}05\,\text{m}\,,$$

$$B = 23{,}1\sqrt{\frac{2267 + 3824 - 2102}{2\cdot 8\,170\,572}} = \pm 0{,}36\,\text{dm} = \pm 0{,}04\,\text{m}\,.$$

IV. Die Ausgleichung von bedingten Beobachtungen.

§ 26. Einführung in die Methode der bedingten Beobachtungen.

Bei der Ausgleichung nach vermittelnden Beobachtungen wurden die v erst *nach* der Berechnung der Unbekannten gewissermaßen nebenher erhalten. Vielfach ist es jedoch erwünscht, von *vornherein* Einblick in das Verhalten der v zu gewinnen. Dieser Gedanke liegt besonders nahe, wenn die ausgeglichenen Beobachtungen gewisse geometrische Bedingungen erfüllen müssen, wie z. B. bei Triangulierungen die Sollwerte der Winkelsummen in den Dreiecken und Vielecken oder bei Nivellements die Sollwerte der Schleifenschlüsse. In solchen Fällen kann man, wie C. F. Gauss gezeigt hat, geradezu die Verbesserungen als Unbekannte betrachten und sie so bestimmen, daß neben der Hauptforderung, $[vv]$ ein Minimum, auch den Bedingungen Genüge geschieht, die durch die überschießenden Beobachtungen hervorgerufen sind.

Als Einführungsbeispiel diene wiederum die bereits in den §§ 11 und 12 behandelte Winkelbeobachtung mit Horizontschluß.

Aufgabe 22. *Winkelbeobachtung mit Horizontschluß (III).*

Es seien auf einer Station die drei den Horizont schließenden Winkel l_1, l_2, l_3 beobachtet. Zwischen ihnen besteht die Bedingung

$$l_1 + v_1 + l_2 + v_2 + l_3 + v_3 - 400^g = 0,$$

die man mit

$$l_1 + l_2 + l_3 - 400^g = w$$

in die Form

$$v_1 + v_2 + v_3 + w = 0$$

bringt. Diese Bedingung tritt zu der Grundforderung der Ausgleichungsrechnung, $[vv]$ ein Minimum, als Nebenbedingung hinzu. Zur Lösung dieser Aufgabe hat man wie im Zusatz zu § 17 zu der zum Minimum zu machenden Funktion die mit einem vorläufig noch unbestimmten Lagrangeschen Faktor multiplizierte Nebenbedingung additiv hinzuzufügen und von der so entstandenen neuen Funktion das Minimum zu ermitteln. Wird als unbestimmter Faktor der Ausdruck $-2k$ gewählt, so lautet die neue Funktion

$$F = v_1^2 + v_2^2 + v_3^2 - 2k(v_1 + v_2 + v_3 + w).$$

Zum Aufsuchen des Extremums dient

$$\frac{\partial F}{\partial v_1} = 2v_1 - 2k = 0, \quad \text{oder} \quad v_1 = k,$$

$$\frac{\partial F}{\partial v_2} = 2v_2 - 2k = 0, \quad v_2 = k,$$

$$\frac{\partial F}{\partial v_3} = 2v_3 - 2k = 0, \quad v_3 = k.$$

Aufsummieren ergibt unter Berücksichtigung der Ausgangsbedingung

$$v_1 + v_2 + v_3 = 3\,k = -w$$

oder

$$v_1 = v_2 = v_3 = k = -\frac{w}{3},$$

womit die Aufgabe in Übereinstimmung mit den Aufgaben 3 und 5 gelöst ist.

Nun sind meistens mehrere Bedingungen vorhanden, so daß mehrere LAGRANGEsche Multiplikatoren zu bestimmen sind. Die Bedingungsgleichungen sind ferner meistens nicht so einfach aufzustellen wie in diesem Beispiel. Daher soll, bevor weitergegangen wird, im folgenden Paragraphen zunächst das Aufstellen der Bedingungsgleichungen ausführlich dargestellt werden.

§ 27. Aufstellen der Bedingungsgleichungen.

1. Ursprüngliche und umgeformte Bedingungsgleichungen.

Es seien die Größen $l_1, l_2, \ldots, l_n$ unmittelbar beobachtet, und es seien die den n Beobachtungen zukommenden günstigsten Werte

$$x_1 = l_1 + v_1, \qquad x_2 = l_2 + v_2, \qquad \ldots, \qquad x_n = l_n + v_n \tag{1}$$

auf Grund einer Ausgleichung nach der Methode der kleinsten Quadrate so zu bestimmen, daß r von vornherein bekannte Bedingungen von den ausgeglichenen Größen erfüllt werden. Diese Bedingungen, die unter sich unabhängig sein müssen, mögen zunächst in linearer Form angenommen werden; sie lauten dann in ihrer *ursprünglichen* Fassung:

$$r \text{ Bedingungen} \left\{ \begin{array}{c} \underbrace{\begin{array}{l} a_0 + a_1 x_1 + a_2 x_2 + \cdots + a_n x_n = 0\,, \\ b_0 + b_1 x_1 + b_2 x_2 + \cdots + b_n x_n = 0\,, \\ \cdots\cdots\cdots\cdots\cdots\cdots\cdots\cdots \\ r_0 + r_1 x_1 + r_2 x_2 + \cdots + r_n x_n = 0\,. \end{array}}_{n \text{ Unbekannte}} \end{array} \right\} \tag{2}$$

Ist $n > r$, so liegt eine Überbestimmung vor, die eine Ausgleichung erforderlich macht. Zu diesem Zwecke werden die Bedingungsgleichungen (2) mit Hilfe von (1) umgeschrieben in

$$\begin{array}{l} a_1 v_1 + a_2 v_2 + \cdots + a_n v_n + (a_0 + a_1 l_1 + a_2 l_2 + \cdots + a_n l_n) = 0\,, \\ b_1 v_1 + b_2 v_2 + \cdots + b_n v_n + (b_0 + b_1 l_1 + b_2 l_2 + \cdots + b_n l_n) = 0\,, \\ \cdots\cdots\cdots\cdots\cdots\cdots\cdots\cdots\cdots\cdots\cdots\cdots \\ r_1 v_1 + r_2 v_2 + \cdots + r_n v_n + (r_0 + r_1 l_1 + r_2 l_2 + \cdots + r_n l_n) = 0\,. \end{array}$$

Hierin sind die Klammerausdrücke die sogenannten *Widersprüche*[1].

$$\left. \begin{array}{l} a_0 + a_1 l_1 + a_2 l_2 + \cdots + a_n l_n = w_a, \\ b_0 + b_1 l_1 + b_2 l_2 + \cdots + b_n l_n = w_b, \\ \cdots\cdots\cdots\cdots\cdots\cdots\cdots \\ r_0 + r_1 l_1 + r_2 l_2 + \cdots + r_n l_n = w_r, \end{array} \right\} \tag{3}$$

[1] Das Vorzeichen des Widerspruchs ist bei den meisten Autoren dem der Verbesserungen entgegengesetzt. Ausnahme u. a. in [*18*].

die sich ergeben, wenn in die Bedingungsgleichungen an Stelle der günstigsten Werte die unverbesserten Beobachtungen eingeführt werden. Mit Hilfe der Widersprüche erhält man die *umgeformten* Bedingungsgleichungen

$$\left.\begin{array}{l} a_1 v_1 + a_2 v_2 + \cdots + a_n v_n + w_a = 0, \\ b_1 v_1 + b_2 v_2 + \cdots + b_n v_n + w_b = 0, \\ \dots\dots\dots\dots\dots\dots\dots\dots \\ r_1 v_1 + r_2 v_2 + \cdots + r_n v_n + w_r = 0. \end{array}\right\} \quad (4)$$

Hierin ist *Widerspruch = Beobachtung — Soll.*

In abgekürzter Schreibweise lauten

die Widerspruchsgleichungen *die Bedingungsgleichungen*

$$\begin{array}{ll} a_0 + [al] = w_a, & [av] + w_a = 0, \\ b_0 + [bl] = w_b, & [bv] + w_b = 0, \\ \dots\dots\dots & \dots\dots\dots \\ r_0 + [rl] = w_r, & [rv] + w_r = 0. \end{array} \quad (5)$$

2. Das Aufstellen der Bedingungsgleichungen.

Man beginnt mit der Überlegung, wieviel unabhängige Beobachtungen zur eindeutigen Lösung der Aufgabe notwendig sind. Jede weitere Beobachtung liefert eine Bedingungsgleichung. Mithin ist die Anzahl der Bedingungsgleichungen gleich der Zahl der überschüssigen Beobachtungen.

Die Anzahl der Bedingungsgleichungen und ihr Aufbau lassen sich vielfach an Netzskizzen ablesen. In der Regel bestehen verschiedene Möglichkeiten. Welche man wählt, hängt von später zu erörternden rechentechnischen Überlegungen ab. Wichtig ist nur, daß die richtige Anzahl gefunden wird und daß die Bedingungsgleichungen unabhängig voneinander sind.

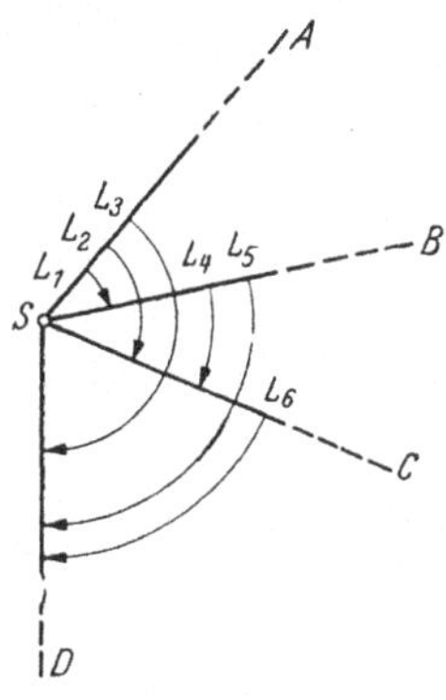

Abb. 25.

Beispiele: a) Auf einer Station mit 4 Strahlen sind die Winkel in allen Kombinationen beobachtet. Zwischen ihnen bestehen die drei Bedingungsgleichungen

$$\begin{aligned} l_1 + v_1 + l_4 + v_4 - l_2 - v_2 &= 0, \\ l_2 + v_2 + l_6 + v_6 - l_3 - v_3 &= 0, \\ l_4 + v_4 + l_6 + v_6 - l_5 - v_5 &= 0. \end{aligned}$$

b) In dem umstehenden freien Nivellementsnetz genügen zur gegenseitigen Festlegung der Punkte drei Messungen, z. B. die Beobachtungen l_1, l_2, l_3. Es bestehen mithin drei Bedingungen, die etwa in die Form

$$\begin{aligned} l_1 + v_1 + l_2 + v_2 - l_5 - v_5 &= 0, \\ l_5 + v_5 - l_3 - v_3 - l_4 - v_4 &= 0, \\ l_1 + v_1 + l_6 + v_6 - l_4 - v_4 &= 0 \end{aligned}$$

gebracht werden können. Die Bedingung, daß auch das Dreieck BCD schließen muß, ist in den ersten drei Bedingungen bereits enthalten.

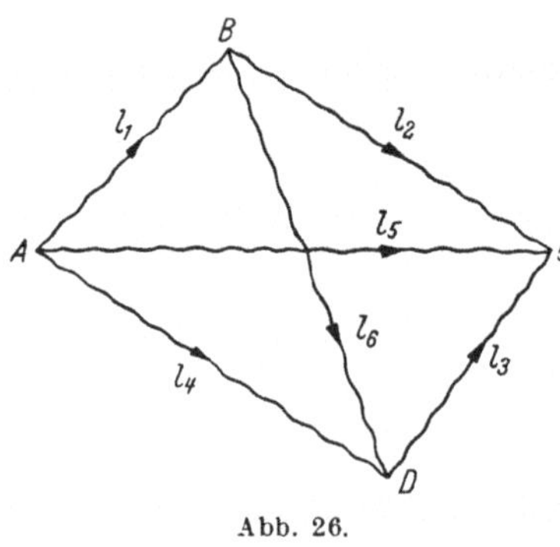

Abb. 26.

In beiden Aufgaben führt Ordnen der v nach den Indizes und Zusammenfassen der gemessenen Werte zu Widersprüchen gemäß (3) auf die Form (4), von der bei allen künftigen Entwicklungen ausgegangen wird.

c) In dem vollständigen Viereck der Abb. 27 sind alle 8 Winkel beobachtet. Da 4 Winkel zur gegenseitigen Festlegung der Punkte genügen, sind 4 überschüssige Messungen, also auch 4 Bedingungen vorhanden. Es liegt nahe, diese in den Winkelsummenbedingungen der Dreiecke zu suchen. Das ist jedoch nicht richtig, denn zwei gegenüberliegende Dreiecke ergeben bereits als Winkelsumme der ganzen Figur 400°. Wird dann noch ein drittes Dreieck hinzugenommen, so findet sich die Winkelsumme des vierten Dreiecks durch Abziehen des dritten von der Summe der beiden ersten. Die vierte Winkelsummenbedingung ist also in den ersten drei bereits enthalten und damit nicht unabhängig von ihnen. Die richtige vierte Bedingung ist eine Seitengleichung, sie wird erst in § 34 behandelt werden.

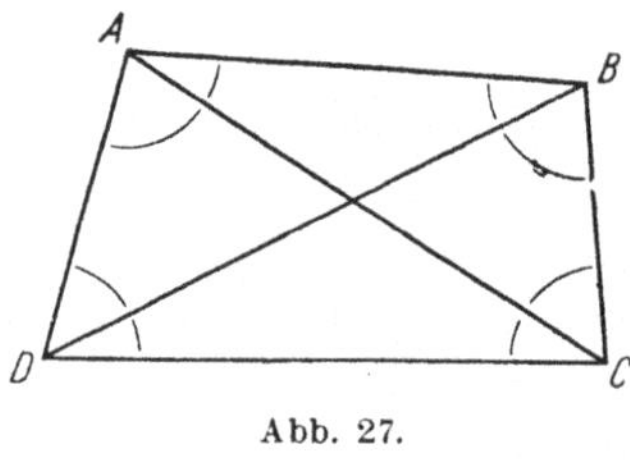

Abb. 27.

3. Linearmachen von Bedingungsgleichungen.

Vielfach sind die Bedingungsgleichungen nicht linear. Sie lauten dann, wenn unter $x_1, x_2, \ldots, x_n$ die ausgeglichenen Beobachtungen verstanden werden und r Bedingungen vorliegen, in allgemeiner Form

$$\begin{aligned} \varphi_a(x_1, x_2, \ldots, x_n) &= 0, \\ \varphi_b(x_1, x_2, \ldots, x_n) &= 0, \\ &\cdots\cdots\cdots \\ \varphi_r(x_1, x_2, \ldots, x_n) &= 0. \end{aligned}$$

Zum Linearisieren bedient man sich entweder des TAYLORschen Satzes oder der Tafelfortschritte. Ein Beispiel für das letzte Verfahren wird ebenfalls in § 34 gegeben. Bei Anwendung des TAYLORschen Satzes geht man aus von

$$x_1 = l_1 + v_1, \qquad x_2 = l_2 + v_2 \qquad \text{usw.}$$

und benutzt in der Regel die unverbesserten Messungsergebnisse als Näherungswerte. Dann ist

$$\varphi_a(x_1, x_2, \ldots, x_n) = \varphi_a(l_1 + v_1, l_2 + v_2, \ldots, l_n + v_n) = 0$$

oder bei Beschränkung auf die ersten Ableitungen

$$\varphi_a(l_1, l_2, \ldots, l_n) + \frac{\partial \varphi_a}{\partial l_1} v_1 + \frac{\partial \varphi_a}{\partial l_2} v_2 + \cdots + \frac{\partial \varphi_a}{\partial l_n} v_n = 0.$$

Entsprechend erhält man für die übrigen Bedingungen

$$\begin{gathered}
\varphi_b(l_1, l_2, \ldots, l_n) + \frac{\partial \varphi_b}{\partial l_1} v_1 + \frac{\partial \varphi_b}{\partial l_2} v_2 + \cdots + \frac{\partial \varphi_b}{\partial l_n} v_n = 0, \\
\cdots\cdots\cdots\cdots\cdots\cdots\cdots\cdots\cdots\cdots \\
\varphi_r(l_1, l_2, \ldots, l_n) + \frac{\partial \varphi_r}{\partial l_1} v_1 + \frac{\partial \varphi_r}{\partial l_2} v_2 + \cdots + \frac{\partial \varphi_r}{\partial l_n} v_n = 0.
\end{gathered}$$

Abgekürzt schreibt man mit leicht erkennbaren Identitäten

$$\begin{gathered}
w_a + a_1 v_1 + a_2 v_2 + \cdots + a_n v_n = 0, \\
w_b + b_1 v_1 + b_2 v_2 + \cdots + b_n v_n = 0, \\
\cdots\cdots\cdots\cdots\cdots\cdots\cdots \\
w_r + r_1 v_1 + r_2 v_2 + \cdots + r_n v_n = 0,
\end{gathered}$$

womit der lineare Aufbau des Systems (4) wieder erreicht ist.

§ 28. Korrelatengleichungen, Normalgleichungen und Proben.

1. Aufstellen und Auflösen der Korrelatengleichungen und der Normalgleichungen.

Nachdem in § 26 der Sonderfall einer Nebenbedingung behandelt ist, seien nunmehr r Bedingungen gegeben. Zur Ermittlung der v sind daher neben der allgemeinen Forderung

$$[vv] = \text{Minimum} \tag{1}$$

noch die r Nebenbedingungen

$$\left.\begin{aligned}
[av] + w_a &= 0, \\
[bv] + w_b &= 0, \\
\cdots\cdots & \cdots \\
[rv] + w_r &= 0
\end{aligned}\right\} \tag{2}$$

zu befriedigen. Werden die den Bedingungen zukommenden LAGRANGEschen Multiplikatoren der Reihe nach mit $-2k_a, -2k_b, \ldots, -2k_r$

bezeichnet, so entsteht, wie in § 26 näher ausgeführt ist, die Aufgabe, das Minimum der Funktion

$$F = [vv] - 2k_a([av] + w_a) - 2k_b([bv] + w_b) - \cdots - 2k_r([rv] + w_r)$$

zu finden. Um die Differentiation zu erleichtern, werden die Summenklammern auseinandergezogen. Bei Beschränkung auf n Beobachtungen und drei Nebenbedingungen mit den „Korrelaten" k_a, k_b und k_c lautet dann die Aufgabe

$$\begin{aligned} F = {} & v_1^2 + v_2^2 + \cdots + v_n^2 \\ & - 2k_a(a_1 v_1 + a_2 v_2 + \cdots + a_n v_n + w_a) \\ & - 2k_b(b_1 v_1 + b_2 v_2 + \cdots + b_n v_n + w_b) \\ & - 2k_c(c_1 v_1 + c_2 v_2 + \cdots + c_n v_n + w_c) = \text{Min}. \end{aligned}$$

Zur Ermittlung des Minimums sind die partiellen Ableitungen zu bilden und gleich Null zu setzen

$$\begin{aligned} \frac{\partial F}{\partial v_1} &= 2v_1 - 2k_a a_1 - 2k_b b_1 - 2k_c c_1 = 0, \\ \frac{\partial F}{\partial v_2} &= 2v_2 - 2k_a a_2 - 2k_b b_2 - 2k_c c_2 = 0, \\ & \cdots\cdots\cdots\cdots\cdots \\ \frac{\partial F}{\partial v_n} &= 2v_n - 2k_a a_n - 2k_b b_n - 2k_c c_n = 0. \end{aligned}$$

Daraus folgen nach Division durch 2 die *Korrelatengleichungen*

$$\left.\begin{aligned} v_1 &= a_1 k_a + b_1 k_b + c_1 k_c, \\ v_2 &= a_2 k_a + b_2 k_b + c_2 k_c, \\ & \cdots\cdots\cdots\cdots \\ v_n &= a_n k_a + b_n k_b + c_n k_c. \end{aligned}\right\} \quad (3)$$

Um hieraus die v zu gewinnen, müssen zunächst die Korrelaten durch Einsetzen der Gln. (3) in (2) berechnet werden. Vorbereitend multipliziert man jede der Gln. (3) mit ihrem a, geht zur Summe und erhält

$$[av] = [aa]k_a + [ab]k_b + [ac]k_c.$$

Entsprechend findet sich durch Multiplikation von (3) mit den b und den c

$$\begin{aligned} [bv] &= [ab]k_a + [bb]k_b + [bc]k_c, \\ [cv] &= [ac]k_a + [bc]k_b + [cc]k_c. \end{aligned}$$

Werden diese Ausdrücke in (2) eingesetzt, so folgen die *Normalgleichungen*

$$\left.\begin{aligned} [aa]k_a + [ab]k_b + [ac]k_c + w_a &= 0, \\ [ab]k_a + [bb]k_b + [bc]k_c + w_b &= 0, \\ [ac]k_a + [bc]k_b + [cc]k_c + w_c &= 0, \end{aligned}\right\} \quad (4)$$

aus denen mit Hilfe des GAUSSschen Algorithmus zunächst die k und dann nach (3) die v errechnet werden können.

Die Reihenfolge bei der Zahlenrechnung entspricht also nicht ganz dem Gang der Ableitung. Man beginnt mit dem Aufstellen der Bedingungsgleichungen. Sind diese linear oder linearisiert, so folgt Aufstellen und Auflösen der Normalgleichungen. Alsdann werden aus den Korrelatengleichungen (3) die v errechnet, bis man schließlich in

$$x_1 = l_1 + v_1, \qquad x_2 = l_2 + v_2 \quad \text{usw.}$$

die günstigsten Werte der Unbekannten erhält. Damit ist die Ausgleichungsaufgabe als solche gelöst. Es sind nur noch, wie bei den vermittelnden Beobachtungen $[vv]$-, Summen- und Schlußproben abzuleiten und Fehlerrechnungen anzustellen.

Man beachte noch: Anzahl der Korrelatengleichungen gleich Anzahl der Beobachtungen; Anzahl der Normalgleichungen gleich Anzahl der Bedingungsgleichungen und gleich Anzahl der Korrelaten.

2. Die $[vv]$-Proben.

Es werden wieder zwei $[vv]$-Proben gebildet. Zur Ableitung der ersten multipliziere man jede der Korrelatengleichungen (3) mit ihrem v und gehe zur Summe. Dann ergibt sich

$$[vv] = [av]k_a + [bv]k_b + [cv]k_c.$$

Daraus aber folgt, da nach (2) die Beziehungen

$$[av] = -w_a, \qquad [bv] = -w_b, \qquad [cv] = -w_c$$

bestehen, bereits die gesuchte *erste* $[vv]$-*Probe*

$$[vv] = -w_a k_a - w_b k_b - w_c k_c = -[wk]. \tag{5}$$

Die zweite $[vv]$-Probe gewinnt man, indem man aus (5) die k eliminiert. Dazu wird (5) in aufgelöster Form den Normalgleichungen angefügt und das so gewonnene System

$$\left.\begin{aligned} [aa]k_a + [ab]k_b + [ac]k_c + w_a &= 0, \\ [ab]k_a + [bb]k_b + [bc]k_c + w_b &= 0, \\ [ac]k_a + [bc]k_b + [cc]k_c + w_c &= 0, \\ w_a\ k_a + w_b\ k_b + w_c\ k_c + 0 &= -[vv] \end{aligned}\right\} \tag{6}$$

dreimal reduziert. Es bleibt dann

$$[0\cdot 3] = -[vv] \tag{7}$$

oder wenn $[0\cdot 3]$ nach Analogie von § 15, (5) auseinandergezogen wird,

$$[vv] = +\frac{w_a^2}{[aa]} + \frac{[w_b\cdot 1]^2}{[bb\cdot 1]} + \frac{[w_c\cdot 2]^2}{[cc\cdot 2]}. \tag{8}$$

(7) und (8) sind zwei Formen der *zweiten* $[vv]$-*Probe.*

Die $[vv]$-Proben prüfen die ganze Rechnung von den umgeformten Bedingungsgleichungen bis zur Berechnung der v. Ungeprüft bleibt lediglich die Umformung der ursprünglichen Bedingungsgleichungen; deren Prüfung geschieht durch eine durchgreifende Schlußprobe.

3. Summenproben und Schlußprobe.

Zur laufenden Verprobung der Rechnung können ähnlich wie bei den vermittelnden Beobachtungen Summengleichungen mitgeführt werden. Es empfiehlt sich auch hier, die Koeffizienten und Widersprüche in einer Tabelle anzuordnen. Hierbei scheint uns wiederum eine Quersummenprobe am vorteilhaftesten zu sein. Wir stellen deshalb, um in Übereinstimmung mit den vermittelnden Beobachtungen zu bleiben, die Koeffiziententabelle nicht im Schema der Bedingungsgleichungen auf, wie es oftmals geschieht, sondern im Schema der Korrelatengleichungen, was schon deswegen einleuchtet, weil die Fehlergleichungen der vermittelnden Beobachtungen nicht den Bedingungsgleichungen, sondern den Korrelatengleichungen entsprechen. Setzt man

$$a_i + b_i + c_i + \cdots + r_i = s_i,$$

so ergibt sich die nachstehende Tabelle, die in den Zeilen die Koeffizienten der Korrelatengleichungen, in den Spalten die der Bedingungsgleichungen enthält.

v_i	k_a	k_b	$\cdots$	k_r	s_i
v_1	a_1	b_1	$\cdots$	r_1	s_1
v_2	a_2	b_2	$\cdots$	r_2	s_2
$\cdots$			$\cdots$		$\cdots$
v_n	a_n	b_n	$\cdots$	r_n	s_n
w_i	w_a	w_b	$\cdots$	w_r	Σ_w

Auf Grund dieser Tabelle bildet man wie bei den vermittelnden Beobachtungen die Normalgleichungskoeffizienten $[aa]$, $[ab]$, ..., $[rr]$. Ein Unterschied besteht nur beim Absolutglied, das unverändert aus der Bedingungsgleichung in die entsprechende Normalgleichung übernommen wird. Zur Verprobung berechne man $[as]$, $[bs]$, ..., $[rs]$ und bilde mit leichtverständlichen Symbolen

$$[as] + w_a = \Sigma_a, \qquad [bs] + w_b = \Sigma_b, \qquad \ldots, \qquad [rs] + w_r = \Sigma_r.$$

Dann lautet bei drei Bedingungsgleichungen das Koeffizientensystem der durch die zweite $[vv]$-Probe und die Quersummenprobe vervollständigten Normalgleichungen in abgekürzter Schreibweise

k_a	k_b	k_c	w	Σ
$\underline{[aa]}$	$[ab]$	$[ac]$	w_a	Σ_a
	$\underline{[bb]}$	$[bc]$	w_b	Σ_b
		$\underline{[cc]}$	w_c	Σ_c
			$\underline{0}$	Σ_w

woraus sich nach dreimaliger Reduktion die Endgleichungen zur Errechnung der k und die Summenprobe

$$[0 \cdot 3] = [\Sigma_w \cdot 3]$$

ergeben. Es folgt die Berechnung der k aus den Endgleichungen mit der Probe

$$[0 \cdot 3] = [wk]$$

und die Berechnung der v aus den Korrelatengleichungen mit den $[vv]$-Proben

$$[vv] = -[wk] = -[0 \cdot 3].$$

Als *Schlußprobe* werden die verbesserten Beobachtungen in die ursprünglichen Bedingungsgleichungen eingesetzt, die erfüllt sein müssen.

§ 29. Mittlerer Fehler einer beobachteten Größe.

1. Zurückführung bedingter auf vermittelnde Beobachtungen.

Die Ausgleichung bedingter Beobachtungen läßt sich mit Hilfe eines Kunstkniffs auf die von vermittelnden Beobachtungen zurückführen: Man führt als Unbekannte so viele v ein, als zur endgültigen Lösung der Aufgabe erforderlich sind — also $(n - r)$ — und drückt durch diese v und die Widersprüche die übrigen v aus. Als einfachstes Beispiel diene die Winkelausgleichung im Dreieck (Abb. 28) auf S. 152.

Aufgabe 23. *Winkelausgleichung im Dreieck.*

Bedingte Beobachtungen

Bedingungsgleichungen

$$l_1 + v_1 + l_2 + v_2 + l_3 + v_3 - 2R = 0$$

Setze $l_1 + l_2 + l_3 - 2R = w$,

dann ist $v_1 + v_2 + v_3 + w = 0$.

Normalgleichung $3k + w = 0$

$$k = -\frac{w}{3}$$

Vermittelnde Beobachtungen

Fehlergleichungen

$$v_1 = x_1,$$
$$v_2 = x_2,$$
$$v_3 = -x_1 - x_2 - w.$$

Normalgleichungen

$$2x_1 + x_2 + w = 0,$$
$$x_1 + 2x_2 + w = 0.$$

Daraus

$$v_1 = a_1 k = -\frac{w}{3}$$

$$v_2 = a_2 k = -\frac{w}{3}$$

$$v_3 = a_3 k = -\frac{w}{3}$$

Daraus $-3x_1 - w = 0$

$$v_1 = x_1 \qquad = -\frac{w}{3}$$

$$v_2 = x_2 \qquad = -\frac{w}{3}$$

$$v_3 = \frac{w}{3} + \frac{w}{3} - w = -\frac{w}{3}.$$

Auf demselben Wege kann auch ein System von n Beobachtungen mit r Bedingungsgleichungen gemäß § 27 (4) in ein System von Fehlergleichungen überführt werden. Bei n Beobachtungen sind auch n Fehlergleichungen aufzustellen. Ferner ist r die Anzahl der überschüssigen und mithin $(n - r)$ die Anzahl der notwendigen Beobachtungen. Demnach ist in $(n - r) = h$ Fehlergleichungen lediglich die Identität von Verbesserungen und Unbekannten festzustellen, während in den r Fehlergleichungen für die überschüssigen Beobachtungen die übriggebliebenen v durch die zu Unbekannten gemachten v auszudrücken sind. Wird mit den letzteren begonnen, erhält man folgende Fehlergleichungen

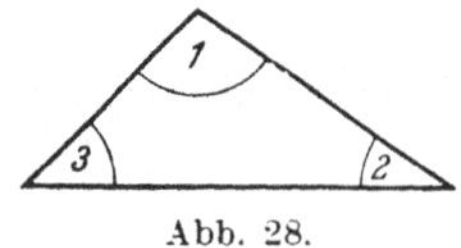

Abb. 28.

$$n = r + h \left\{ \begin{array}{ll} v_1 = A_1 x_1 + B_1 x_2 + \cdots + H_1 x_h - L_1 & \\ v_2 = A_2 x_1 + B_2 x_2 + \cdots + H_2 x_h - L_2 & r \text{ überschüssige Beobachtungen} \\ \cdots\cdots\cdots\cdots\cdots\cdots\cdots\cdots\cdots & \\ v_r = A_r x_1 + B_r x_2 + \cdots + H_r x_h - L_r & \\ v_{r+1} = x_1 & \\ v_{r+2} = \quad x_2 & (n - r) = h \text{ notwendige Beobachtungen} \\ \cdots\cdots\cdots\cdots\cdots & \\ v_{r+h} = \underbrace{\qquad\qquad\qquad x_h}_{n - r = h \text{ Unbekannte}} & \end{array} \right.$$

Hierin sind die A, B, . . . Funktionen der in § 27 (4) benutzten a, b . . ., während die $-L$ Funktionen der w sind. Ob man so ausgleichen wird, steht dahin. Meistens wird es sehr umständlich sein. Es folgt jedoch eine sehr wichtige Nutzanwendung:

2. Die Berechnung des mittleren Fehlers einer beobachteten Größe.

Sie kann auf die Formel § 17 (11) für vermittelnde Beobachtungen zurückgeführt werden. Es ist nämlich im obigen Fall die Gesamtzahl der Beobachtungen $r + (n - r)$ und die der notwendigen Unbekannten $(n - r)$. Also ist

$$m = \pm \sqrt{\frac{[vv]}{r + (n - r) - (n - r)}}$$

oder

$$m = \pm \sqrt{\frac{[vv]}{r}}.$$

§ 30. Bedingte Beobachtungen mit ungleichen Gewichten.

Wenn die Beobachtungen verschiedene Gewichte $p_1, p_2, \ldots, p_n$ haben, so besteht das Ausgleichungsprinzip

$$[v\,v\,p] = v_1^2 p_1 + v_2^2 p_2 + \cdots + v_n^2 p_n = \text{Min}\,. \tag{1}$$

Die Bedingungsgleichungen lauten — bei Beschränkung auf drei Bedingungen — in linearer Form, wenn über jedem v das zugehörige Gewicht vermerkt wird,

$$\left.\begin{array}{l} \quad\; p_1 \qquad\;\; p_2 \qquad\quad \cdots \qquad p_n \\ a_1 v_1 + a_2 v_2 + \cdots + a_n v_n + w_a = 0, \\ b_1 v_1 + b_2 v_2 + \cdots + b_n v_n + w_b = 0, \\ c_1 v_1 + c_2 v_2 + \cdots + c_n v_n + w_c = 0. \end{array}\right\} \tag{2}$$

Zur Bestimmung des Minimums (1) mit Beachtung der Nebenbedingungen (2) bildet man entsprechend dem Vorgehen in § 28 die Funktion

$$\begin{aligned} F = {} & p_1 v_1^2 + p_2 v_2^2 + \ldots + p_n v_n^2 \\ & - 2k_a(a_1 v_1 + a_2 v_2 + \cdots + a_n v_n + w_a) \\ & - 2k_b(b_1 v_1 + b_2 v_2 + \cdots + b_n v_n + w_b) \\ & - 2k_c(c_1 v_1 + c_2 v_2 + \cdots + c_n v_n + w_c), \end{aligned}$$

setzt die partiellen Ableitungen gleich Null

$$\begin{aligned} \frac{\partial F}{\partial v_1} &= 2 v_1 p_1 - 2 a_1 k_a - 2 b_1 k_b - 2 c_1 k_c = 0, \\ \frac{\partial F}{\partial v_2} &= 2 v_2 p_2 - 2 a_2 k_a - 2 b_2 k_b - 2 c_2 k_c = 0, \\ & \cdots\cdots\cdots\cdots\cdots\cdots \\ \frac{\partial F}{\partial v_n} &= 2 v_n p_n - 2 a_n k_a - 2 b_n k_b - 2 c_n k_c = 0 \end{aligned}$$

und erhält die *Korrelatengleichungen*

$$\left.\begin{aligned} v_1 &= \frac{a_1}{p_1} k_a + \frac{b_1}{p_1} k_b + \frac{c_1}{p_1} k_c, \\ v_2 &= \frac{a_2}{p_2} k_a + \frac{b_2}{p_2} k_b + \frac{c_2}{p_2} k_c, \\ & \cdots\cdots\cdots\cdots\cdots \\ v_n &= \frac{a_n}{p_n} k_a + \frac{b_n}{p_n} k_b + \frac{c_n}{p_n} k_c. \end{aligned}\right\} \tag{3}$$

Diese ergeben eingesetzt in (2) die *Normalgleichungen*

$$\left.\begin{aligned} \left[\frac{a\,a}{p}\right] k_a + \left[\frac{a\,b}{p}\right] k_b + \left[\frac{a\,c}{p}\right] k_c + w_a = 0, \\ \left[\frac{a\,b}{p}\right] k_a + \left[\frac{b\,b}{p}\right] k_b + \left[\frac{b\,c}{p}\right] k_c + w_b = 0, \\ \left[\frac{a\,c}{p}\right] k_a + \left[\frac{b\,c}{p}\right] k_b + \left[\frac{c\,c}{p}\right] k_c + w_c = 0. \end{aligned}\right\} \tag{4}$$

Die $[vv]$-*Proben* erhalten die Form

$$[v v p] = -[w k]$$

$$= \frac{w_a^2}{\left[\frac{a a}{p}\right]} + \frac{[w_b \cdot 1]^2}{\left[\frac{b b}{p} \cdot 1\right]} + \frac{[w_c \cdot 2]^2}{\left[\frac{c c}{p} \cdot 2\right]}.$$

Der *mittlere Fehler einer Beobachtung* vom Gewicht 1 ist

$$m_0 = \pm \sqrt{\frac{[v v p]}{r}}.$$

§ 31. Mittlerer Fehler von Funktionen der ausgeglichenen Beobachtungen.

1. Berechnung des Funktionsgewichtes mit Hilfe von Übertragungskoeffizienten.

Würde man an die Auflösung der Normalgleichungen die von den vermittelnden Beobachtungen her bekannte Berechnung der Gewichtsreziproken anschließen, so erhielte man die reziproken Gewichte der k. Diese interessieren jedoch im allgemeinen nicht; dagegen werden neben dem in § 29 abgeleiteten mittleren Fehler der *ursprünglichen* Beobachtungen oftmals auch die mittleren Fehler der *ausgeglichenen* Beobachtungen verlangt. Es wird ferner nach dem mittleren Fehler einer aus den ausgeglichenen Beobachtungen *abgeleiteten* Größe gefragt, z. B. nach dem mittleren Fehler einer Dreiecksseite, die durch Winkelmessung von einer gegebenen Seite hergeleitet ist.

Da das Fehlerfortpflanzungsgesetz nur auf ursprüngliche unabhängige Beobachtungen angewendet werden darf, müssen die ausgeglichenen Größen oder die Funktionen von ihnen, deren mittlere Fehler gesucht werden, als lineare Funktion der ursprünglichen Beobachtungen dargestellt werden. Sind $x_1, x_2, \ldots, x_n$ Symbole für die ausgeglichenen Beobachtungen, so laute diese Funktion in allgemeinster Form

$$F = F(x_1, x_2, \ldots, x_n) \tag{1}$$

oder, wenn unter $L_1, L_2, \ldots, L_n$ die ursprünglichen Beobachtungen verstanden werden,

$$F = F(L_1 + v_1,\ L_2 + v_2, \ldots, L_n + v_n). \tag{1a}$$

Zur Herstellung eines linearen Zusammenhanges zerlege man die Beobachtungen durch Näherungswerte L_i^0 in

$$L_1 = L_1^0 + l_1, \qquad L_2 = L_2^0 + l_2 \qquad \text{usw.}$$

Dann ergibt eine Taylor-Entwicklung

$$F = F(L_1^0, L_2^0, \cdots, L_n^0) + \frac{\partial F}{\partial L_1}(l_1 + v_1) + \frac{\partial F}{\partial L_2}(l_2 + v_2) + \cdots + \frac{\partial F}{\partial L_n}(l_n + v_n)$$

und mit leicht erkennbaren Identitäten

$$F = f_0 + f_1(l_1 + v_1) + f_2(l_2 + v_2) + \cdots + f_n(l_n + v_n)$$

oder[1]

$$F = f_0 + [fl] + f_1 v_1 + f_2 v_2 + \cdots + f_n v_n. \tag{2}$$

Hierin sind die v das Ergebnis einer Ausgleichung, also nicht unabhängig voneinander, sondern Funktionen der l. Sie müssen daher vor Anwendung des Fehlerfortpflanzungsgesetzes aus (2) eliminiert werden. Dies geschieht in zwei Schritten. Zunächst werden die v mit Hilfe der Korrelatengleichungen durch die k ausgedrückt, und dann werden die k mit der Methode der unbestimmten Koeffizienten wieder entfernt. Zur Durchführung des ersten Schrittes werden, wenn wieder von drei Bedingungsgleichungen ausgegangen wird, die Korrelatengleichungen

$$\begin{array}{l|l} v_1 = a_1 k_a + b_1 k_b + c_1 k_c & f_1 \\ v_2 = a_2 k_a + b_2 k_b + c_2 k_c & f_2 \end{array} \quad \text{usw.}$$

mit dem zugehörigen f aus (2) multipliziert. Dann wird die Summe gebildet und in (2) eingesetzt mit dem Ergebnis

$$F = f_0 + [fl] + [af] k_a + [bf] k_b + [cf] k_c. \tag{3}$$

Zur Elimination von k wird auf die Normalgleichungen zurückgegangen. Jedoch werden die Widersprüche gemäß § 27 (5) aufgelöst in

$$w_a = a_0 + [al], \qquad w_b = b_0 + [bl], \qquad w_c = c_0 + [cl],$$

so daß die Normalgleichungen lauten

$$\begin{array}{l|l} a_0 + [aa]k_a + [ab]k_b + [ac]k_c + [al] = 0 & r_a \\ b_0 + [ab]k_a + [bb]k_b + [bc]k_c + [bl] = 0 & r_b \\ c_0 + [ac]k_a + [bc]k_b + [cc]k_c + [cl] = 0 & r_c \end{array}$$

Diese Normalgleichungen multipliziere man der Reihe nach mit den zunächst unbestimmten Koeffizienten r_a, r_b, r_c und addiere das ganze System zu (3); dann wird

$$\begin{aligned} F = \quad & f_0 + [af]\,k_a + [bf]\,k_b + [cf]\,k_c + [fl] \\ & + a_0 r_a + [aa]\,k_a r_a + [ab]\,k_b r_a + [ac]\,k_c r_a + [al]\,r_a \\ & + b_0 r_b + [ab]\,k_a r_b + [bb]\,k_b r_b + [bc]\,k_c r_b + [bl]\,r_b \\ & + c_0 r_c + [ac]\,k_a r_c + [bc]\,k_b r_c + [cc]\,k_c r_c + [cl]\,r_c. \end{aligned}$$

Nunmehr wird über die r in der Weise verfügt, daß die Glieder mit k_a, k_b und k_c — also die obigen Spalten 2 bis 4 — fortfallen, d. h. man setzt

$$\left.\begin{aligned} [aa]\,r_a + [ab]\,r_b + [ac]\,r_c + [af] = 0, \\ [ab]\,r_a + [bb]\,r_b + [bc]\,r_c + [bf] = 0, \\ [ac]\,r_a + [bc]\,r_b + [cc]\,r_c + [cf] = 0. \end{aligned}\right\} \tag{4}$$

---

[1] Werden die Beobachtungen selbst als Näherungswerte benutzt, so fällt das Glied $[fl]$ fort.

Damit sind die „Übertragungskoeffizienten" r_a, r_b, r_c bestimmt. Durch Einsetzen von (4) in die vorangegangene Gleichung vereinfacht diese sich zu

$$F = f_0 + [fl] + (a_0 + [al])\,r_a + (b_0 + [bl])\,r_b + (c_0 + [cl])\,r_c.$$

Ordnen nach den einzelnen l ergibt

$$\begin{aligned} F = \;& (f_0 + a_0 r_a + b_0 r_b + c_0 r_c) \\ & + (f_1 + a_1 r_a + b_1 r_b + c_1 r_c)\, l_1 \\ & + (f_2 + a_2 r_a + b_2 r_b + c_2 r_c)\, l_2 \\ & \cdots\cdots\cdots\cdots\cdots\cdots \\ & + (f_n + a_n r_a + b_n r_b + c_n r_c)\, l_n, \end{aligned}$$

und wenn dann für die Klammerausdrücke die Symbole

$$\left.\begin{aligned} \alpha_0 &= f_0 + a_0 r_a + b_0 r_b + c_0 r_c \\ \alpha_1 &= f_1 + a_1 r_a + b_1 r_b + c_1 r_c \\ \alpha_2 &= f_2 + a_2 r_a + b_2 r_b + c_2 r_c \\ & \cdots\cdots\cdots\cdots\cdots\cdots \\ \alpha_n &= f_n + a_n r_a + b_n r_b + c_n r_c \end{aligned}\right\} \tag{5}$$

eingesetzt werden, so gewinnt man in

$$F = \alpha_0 + \alpha_1 l_1 + \alpha_2 l_2 + \cdots + \alpha_n l_n$$

eine Form, auf die das Fehlerfortpflanzungsgesetz angewandt werden kann. Kommt jeder Beobachtung der gleiche mittlere Fehler m zu, so ist

$$m_F^2 = [\alpha\alpha]\,m^2 \quad \text{oder} \quad \frac{m_F^2}{m^2} = \frac{1}{P} = [\alpha\alpha]. \tag{6}$$

Die Formeln (4), (5), (6) enthalten bereits einen ersten Weg zur Berechnung des Funktionsgewichtes. Einfacher ist es jedoch, unter Umgehung von (5) *gleich* zur Bildung von $[\alpha\alpha]$ zu schreiten. Quadrieren von (5) ergibt

$$\begin{aligned} [\alpha\alpha] = [ff] &+ 2[af]r_a + 2[bf]\,r_b + 2[cf]\,r_c \\ &+ [aa]r_a^2 + 2[ab]r_a r_b + 2[ac]r_a r_c \\ &\qquad + [bb]r_b^2 + 2[bc]r_b r_c \\ &\qquad\qquad + [cc]r_c^2 \end{aligned}$$

oder anders geordnet

$$\begin{aligned} [\alpha\alpha] = \;& r_a([aa]\,r_a + [ab]\,r_b + [ac]\,r_c + [af]) \\ & + r_b([ab]\,r_a + [bb]\,r_b + [bc]\,r_c + [bf]) \\ & + r_c([ac]\,r_a + [bc]\,r_b + [cc]\,r_c + [cf]) \\ & + \quad [af]\,r_a + [bf]\,r_b + [cf]\,r_c + [ff]. \end{aligned}$$

Da aber die Klammerausdrücke wegen (4) gleich Null sind, bleibt schließlich

$$[\alpha\alpha] = [af]\,r_a + [bf]\,r_b + [cf]\,r_c + [ff]. \tag{7}$$

Man erhält daher das Gewicht einer Funktion der ausgeglichenen Beobachtungen von der Form (1) oder (1a) (die nur *die* Beobachtungen zu enthalten braucht, welche für die Ermittlung der gesuchten Größe benötigt werden) mit Hilfe der Übertragungskoeffizienten in folgenden Schritten:

a) Man bilde die partiellen Ableitungen

$$\frac{\partial F}{\partial L_1} = f_1, \qquad \frac{\partial F}{\partial L_2} = f_2 \quad \text{usw.}$$

b) Der Koeffiziententabelle auf S. 150 füge man eine weitere Spalte f_i an, in die man f_1, f_2 usw. einträgt, und bilde $[af]$, $[bf]$, ..., $[ff]$.

c) Nunmehr ersetze man im Hinblick auf (4) in dem für die Berechnung der k aufgestellten Normalgleichungssystem die Widersprüche durch $[af]$, $[bf]$ usw., reduziere diese Ausdrücke ebenfalls ganz formal durch und gewinnt damit die Übertragungskoeffizienten r_a, r_b usw.

d) Bildet man schließlich gemäß (7) — bei drei Bedingungsgleichungen —

$$[af]\,r_a + [bf]\,r_b + [cf]\,r_c + [ff] = [\alpha\alpha], \tag{7a}$$

so hat man in $[\alpha\alpha] = 1/P$ das gesuchte Funktionsgewicht.

2. Berechnen des Funktionsgewichtes durch Erweitern des ursprünglichen Normalgleichungssystems.

Die etwas umständliche Berechnung der Übertragungsgleichungen läßt sich dadurch umgehen, daß man dem System (4) als letzte Zeile die Gl. (7a) anfügt. Wird das so vervollständigte System — bei drei Bedingungen — dann dreimal reduziert, so gewinnt man nach Analogie von § 19 (8) und (10) in der letzten Reduktionsstufe

$$[ff \cdot 3] = [\alpha\alpha] \tag{8}$$

oder
$$\frac{1}{P} = [ff\cdot 3] = [ff] - \left(\frac{[af]^2}{[aa]} + \frac{[bf\cdot 1]^2}{[bb\cdot 1]} + \frac{[cf\cdot 2]^2}{[cc\cdot 2]}\right). \tag{9}$$

Das ist der übersichtlichste Ausdruck für das Funktionsgewicht.

Man kann demnach auf die soeben erwähnten Schritte c) und d) verzichten und statt dessen das gemäß § 28 (6) bereits erstmalig zur Ermittlung von $[vv]$ erweiterte ursprüngliche Normalgleichungssystem durch Anfügen einer Spalte für die f-Glieder abermals erweitern, so daß das Koeffizientenschema, wenn auch noch die Quersummenprobe hinzugefügt wird, nunmehr lautet

k_a	k_b	k_c	w	Σ		
$\underline{[aa]}$	$[ab]$	$[ac]$	w_a	Σ_a	$[af]$	
	$\underline{[bb]}$	$[bc]$	w_b	Σ_b	$[bf]$	(10)
		$\underline{[cc]}$	w_c	Σ_c	$[cf]$	
			$\underline{0}$	Σ_w	$[ff]$	

Dann erscheint nach dreimaliger Reduktion

$$[0 \cdot 3] = [\Sigma_w \cdot 3] = -[vv] \quad \text{und} \quad [ff \cdot 3] = \frac{1}{P}. \tag{11}$$

Bei Beobachtungen ungleicher Genauigkeit wird (9) im Hinblick auf die in § 30 erwähnten Änderungen erweitert auf

$$\frac{1}{P} = \left[\frac{ff}{p} \cdot 3\right] = \left[\frac{ff}{p}\right] - \left(\frac{\left[\frac{af}{p}\right]^2}{\left[\frac{aa}{p}\right]} + \frac{\left[\frac{bf}{p} \cdot 1\right]^2}{\left[\frac{bb}{p} \cdot 1\right]} + \frac{\left[\frac{cf}{p} \cdot 2\right]^2}{\left[\frac{cc}{p} \cdot 2\right]}\right). \tag{12}$$

In (10) und (11) sind die Koeffizienten entsprechend abzuändern. Beispiele für die Berechnung des Funktionsgewichtes enthalten die Aufgaben 24, 25 und 26.

Zusätze: 1. Die Formel (9) läßt sehr bequem den durch die Ausgleichung erzielten Gewichtszuwachs erkennen. Man bilde eine der Gl. (2) entsprechende Funktion aus den *unverbesserten* Beobachtungen. Diese laute

$$(F) = f_0 + f_1 l_1 + f_2 l_2 + \cdots + f_n l_n.$$

Haben alle Beobachtungen das Gewicht 1, so ist nach dem Fehlerfortpflanzungsgesetz

$$\frac{1}{(P)} = f_1^2 + f_2^2 + \cdots + f_n^2 = [ff].$$

Also stellt in (9) der Klammerausdruck die durch die Ausgleichung erzielte Steigerung des Gewichtes dar. Entsprechendes gilt für (12).

2. Wird das Gewicht P_i einer ausgeglichenen Beobachtung $(l_i + v_i)$ verlangt, so lautet die Funktion, deren Gewicht zu bestimmen ist, wenn man sie auf die Form (2) bringt,

$$F_i = f_0 + f_i (l_i + v_i),$$

worin f_0 eine Konstante und $f_i = 1$ ist, während alle übrigen f = Null sind. Man erhält damit nach Formel (9) als Gewichtsreziproke einer ausgeglichenen Beobachtung mit dem Index i

$$\left.\begin{aligned} &\frac{1}{P_i} = 1 - \frac{a_i^2}{[aa]} - \frac{[b_i \cdot 1]^2}{[bb \cdot 1]} - \frac{[c_i \cdot 2]^2}{[cc \cdot 2]} \\ &\text{mit} \\ &[b_i \cdot 1] = b_i - a_i \frac{[ab]}{[aa]}; \quad [c_i \cdot 2] = [c_i \cdot 1] - [b_i \cdot 1] \frac{[bc \cdot 1]}{[bb \cdot 1]} \text{ usw.} \end{aligned}\right\} \tag{13}$$

Bildet man die Summe der Gewichtsreziproken aller ausgeglichenen Beobachtungen, so wird in der Summengleichung in jedem Bruch die Zählersumme gleich dem Nenner und es ergibt sich die überraschend einfache Probe

$$\left[\frac{1}{P}\right]_1^n = n - 1 - 1 - 1 = n - r. \tag{14}$$

Ganz entsprechend erhält man ausgehend, von Gl. (12) im Falle ungleichgewichtiger Beobachtungen, wenn unter p_i das Gewicht einer ursprünglichen Beobachtung verstanden wird,

$$\frac{1}{P_i} = \frac{1}{p_i} - \frac{\left(\frac{a_i}{p_i}\right)^2}{\left[\frac{aa}{p}\right]} - \frac{\left[\frac{b_i}{p_i}\cdot 1\right]^2}{\left[\frac{bb}{p}\cdot 1\right]} - \frac{\left[\frac{c_i}{p_i}\cdot 2\right]^2}{\left[\frac{cc}{p}\cdot 2\right]} \tag{15}$$

und

$$\left[\frac{p_i}{P_i}\right]_1^n = n - r\,. \tag{16}$$

Die Proben (14) und (16) gelten auch für die Ausgleichung nach vermittelnden Beobachtungen mit der Maßgabe, daß dort $n - r$ durch u (= Anzahl der Unbekannten) zu ersetzen ist[1]. Beispiele enthalten die Aufgaben 8 und 26.

3. Das Gewicht einer Funktion von Funktionen der ausgeglichenen Beobachtungen.

Eine geeignete Rechenformel läßt sich unter Benutzung der Tienstraschen Regel (§ 19 Ziff. 3) mit wenig Mühe ableiten. Es seien

$$\left.\begin{aligned} F &= f_0 + f_1 v_1 + f_2 v_2 + \cdots + f_n v_n, \\ G &= g_0 + g_1 v_1 + g_2 v_2 + \cdots + g_n v_n \end{aligned}\right\} \tag{17}$$

zwei lineare (oder linearisierte) Funktionen der ausgeglichenen Beobachtungen und es sei

$$H = h_0 + h_1 F + h_2 G \tag{18}$$

eine Funktion von F und G. Nach Tienstra ist dann

$$Q_H = h_1 Q_F + h_2 Q_G,$$

und man erhält als reziprokes Gewicht der Funktion H

$$\frac{1}{P_H} = Q_{HH} = h_1^2 Q_{FF} + 2 h_1 h_2 Q_{FG} + h_2^2 Q_{GG}. \tag{19}$$

Hierbei ist nach (9)

$$\left.\begin{aligned} \frac{1}{P_F} &= Q_{FF} = [ff] - \left(\frac{[af]^2}{[aa]} + \frac{[bf\cdot 1]^2}{[bb\cdot 1]} + \frac{[cf\cdot 2]^2}{[cc\cdot 2]} + \cdots\right), \\ \frac{1}{P_G} &= Q_{GG} = [gg] - \left(\frac{[ag]^2}{[aa]} + \frac{[bg\cdot 1]^2}{[bb\cdot 1]} + \frac{[cg\cdot 2]^2}{[cc\cdot 2]} + \cdots\right). \end{aligned}\right\} \tag{20}$$

Man findet ferner durch Analogieschluß

$$\frac{1}{P_{FG}} = Q_{FG} = [fg] - \left(\frac{[af][ag]}{[aa]} + \frac{[bf\cdot 1][bg\cdot 1]}{[bb\cdot 1]} + \frac{[cf\cdot 2][cg\cdot 2]}{[cc\cdot 2]} + \cdots\right). \tag{21}$$

---

[1] Vgl. A. Ansermet: Les calculs de compensation et le contrôle des poids. Schweiz. Z. Vermessungsw. 1945 S. 176.

Die Formeln (17) bis (21) enthalten die Rechenvorschrift. Bei ungleichen Gewichten sind $[ff]$, $[gg]$, $[fg]$ und die Koeffizienten in den großen runden Klammern durch

$$\left[\frac{ff}{p}\right] \quad \left[\frac{gg}{p}\right] \quad \text{usw.}$$

zu ersetzen.

Ein Beispiel findet sich in Aufgabe 26 am Schluß.

§ 32. Übersicht über die Ausgleichung von bedingten Beobachtungen.

Sind $l_1, l_2, \ldots, l_n$ die beobachteten Größen,
$p_1, p_2, \ldots, p_n$ ihre Gewichte,
$v_1, v_2, \ldots, v_n$, die Verbesserungen,
$x_1 = l_1 + v_1$ usw. die günstigsten Werte,

so ergibt sich folgender Ausgleichungsgang:

1. *Aufstellen der auf die günstigsten Werte bezogenen ursprünglichen Bedingungsgleichungen.*

$$\left.\begin{array}{l} a_0 + a_1 x_1 + a_2 x_2 + \cdots + a_n x_n = 0, \\ b_0 + b_1 x_1 + b_2 x_2 + \cdots + b_n x_n = 0, \\ \cdots\cdots\cdots\cdots\cdots\cdots\cdots\cdots \\ r_0 + \underbrace{r_1 x_1 + r_2 x_2 + \cdots + r_n x_n}_{n \text{ Beobachtungen}} = 0 \end{array}\right\} r \text{ Bedingungen}$$

oder falls die Zusammenhänge nicht linear sind

$$\begin{aligned} \varphi_a(x_1, x_2, \ldots, x_n) &= 0, \\ \varphi_b(x_1, x_2, \ldots, x_n) &= 0, \\ \cdots\cdots\cdots\cdots\cdots \\ \varphi_r(x_1, x_2, \ldots, x_n) &= 0. \end{aligned}$$

2. *Bilden der Widersprüche auf Grund der Widerspruchsgleichungen.*

$$\begin{aligned} a_0 + a_1 l_1 + a_2 l_2 + \cdots + a_n l_n &= w_a, \\ b_0 + b_1 l_1 + b_2 l_2 + \cdots + b_n l_n &= w_b, \\ \cdots\cdots\cdots\cdots\cdots\cdots\cdots \\ r_0 + r_1 l_1 + r_2 l_2 + \cdots + r_n l_n &= w_r. \end{aligned}$$

Bei nichtlinearem Zusammenhang ist nach TAYLOR oder mit Tafelfortschritten zu linearisieren. Bei TAYLOR benutze man die l als Näherungswerte und erhält

$$\varphi_a(l_1, l_2, \ldots, l_n) + \frac{\partial \varphi_a}{\partial l_1} v_1 + \frac{\partial \varphi_a}{\partial l_2} v_2 + \cdots + \frac{\partial \varphi_a}{\partial l_n} v_n = 0 \text{ usw.};$$

daraus folgt

$$\varphi_a(l_1, l_2, \ldots, l_n) = w_a, \quad \frac{\partial \varphi_a}{\partial l_1} = a_1 \quad \frac{\partial \varphi_a}{\partial l_2} = a_2,$$

$$\varphi_b(l_1, l_2, \ldots, l_n) = w_b, \quad \frac{\partial \varphi_b}{\partial l_1} = b_1, \quad \frac{\partial \varphi_b}{\partial l_2} = b_2 \text{ usw.}$$

Wegen Anwendung der Tafelfortschritte siehe Aufgabe 27.

3. *Aufstellen der auf die Verbesserungen bezogenen umgeformten Bedingungsgleichungen* (gegebenenfalls mit Zusatz für das Funktionsgewicht gemäß Ziff. 13) durch Eintragen in die Tabelle

v_i	$1/p_i$	k_a	k_b	$\ldots$	k_r	s_i	f_i
v_1	$1/p_1$	a_1	b_1	$\ldots$	r_1	s_1	f_1
v_2	$1/p_2$	a_2	b_2	$\ldots$	r_2	s_2	f_2
$\ldots$				$\ldots$			$\ldots$
v_n	$1/p_n$	a_n	b_n	$\ldots$	r_n	s_n	f_n
		w_a	w_b	$\ldots$	w_r	Σ_w	

4. *Berechnen der Normalgleichungskoeffizienten*, der Summenglieder

$$\Sigma_a = \left[\frac{as}{p}\right] + w_a \text{ usw.}$$

für die Quersummenprobe, der Koeffizienten für die $[vvp]$-Probe und gegebenenfalls des Zusatzes für das Funktionsgewicht (vgl. Ziff. 13). Das führt bei Beschränkung auf drei Bedingungen auf das *erweiterte Normalgleichungssystem*

k_a	k_b	k_c	w	Σ	f
$\left[\frac{aa}{p}\right]$	$\left[\frac{ab}{p}\right]$	$\left[\frac{ac}{p}\right]$	w_a	Σ_a	$\left[\frac{af}{p}\right]$
	$\left[\frac{bb}{p}\right]$	$\left[\frac{bc}{p}\right]$	w_b	Σ_b	$\left[\frac{bf}{p}\right]$
		$\left[\frac{cc}{p}\right]$	w_c	Σ_c	$\left[\frac{cf}{p}\right]$
			$\underline{0}$	Σ_w	$\left[\frac{ff}{p}\right]$

5. *Reduzieren des Normalgleichungssystems* nach dem GAUSSschen Algorithmus bis zur Bildung von $[0 \cdot 3] = [\Sigma_w \cdot 3]$ und gegebenenfalls

$$\left[\frac{ff}{p} \cdot 3\right].$$

6. *Berechnen der Korrelaten* $k_a, k_b, \ldots, k_r$ mit der Probe $[0 \cdot 3] = [wk]$

7. *Berechnen der* v in der Tabelle zu Ziff. 3 mit Hilfe der Korrelatengleichungen

$$v_1 = \frac{a_1}{p_1} k_a + \frac{b_1}{p_1} k_b + \cdots + \frac{r_1}{p_1} k_r ,$$
$$v_2 = \frac{a_2}{p_2} k_a + \frac{b_2}{p_2} k_b + \cdots + \frac{r_2}{p_2} k_r .$$
$$\cdots\cdots\cdots\cdots\cdots\cdots\cdots\cdots$$
$$v_n = \frac{a_n}{p_n} k_a + \frac{b_n}{p_n} k_b + \cdots + \frac{r_n}{p_n} k_r .$$

8. *Berechnen von* $[v v p]$ und Vergleichen mit $-[0 \cdot 3]$ oder mit $-[w k]$, oder auch Berechnung nach der Formel

$$[v v p] = -[0 \cdot 3] = \frac{w_a^2}{\left[\frac{a a}{p}\right]} + \frac{[w_b \cdot 1]^2}{\left[\frac{b b}{p} \cdot 1\right]} + \frac{[w_c \cdot 2]^2}{\left[\frac{c c}{p} \cdot 2\right]} + \cdots .$$

9. *Mittlerer Fehler* einer Beobachtung vom Gewicht 1

$$m_0 = \pm \sqrt{\frac{[v v p]}{r}} .$$

10. *Berechnen der günstigsten Werte*

$$x_1 = l_1 + v_1 , \quad x_2 = l_2 + v_2 \quad \text{usw.}$$

11. *Bilden der Schlußprobe* durch Einsetzen von $x_1, x_2, \ldots, x_n$ in die ursprünglichen Bedingungsgleichungen, die erfüllt sein müssen.

12. *Berechnen des Gewichtes einer ausgeglichenen Beobachtung* l_i

$$\frac{1}{P_i} = \frac{1}{p_i} - \frac{\left(\frac{a_i}{p_i}\right)^2}{\left[\frac{a a}{p}\right]} - \frac{\left[\frac{b_i}{p_i} \cdot 1\right]^2}{\left[\frac{b b}{p} \cdot 1\right]} - \frac{\left[\frac{c_i}{p_i} \cdot 2\right]^2}{\left[\frac{c c}{p} \cdot 2\right]}$$

mit der Probe

$$\left[\frac{p_i}{P_i}\right]_1^n = n - r .$$

13. *Berechnen des Gewichtes einer Funktion der ausgeglichenen Größen*

$$\begin{aligned} F &= F(l_1 + v_1 , \quad l_2 + v_2 , \ldots , l_n + v_n) \\ &= F(l_1 , l_2 , \ldots , l_n) + \frac{\partial F}{\partial l_1} v_1 + \frac{\partial F}{\partial l_2} v_2 + \cdots + \frac{\partial F}{\partial l_n} v_n \\ &= \qquad f_0 \qquad + f_1 v_1 + f_2 v_2 + \cdots + f_n v_n , \end{aligned}$$

in der nicht alle Beobachtungen vorkommen, sondern nur diejenigen, die für die Funktion benötigt werden. Dann ist bei drei Bedingungen

$$\frac{m_F^2}{m_0^2} = \frac{1}{P} = \left[\frac{f f}{p} \cdot 3\right] = \left[\frac{f f}{p}\right] - \left(\frac{\left[\frac{a f}{p}\right]^2}{\left[\frac{a a}{p}\right]} + \frac{\left[\frac{b f}{p} \cdot 1\right]^2}{\left[\frac{b b}{p} \cdot 1\right]} + \frac{\left[\frac{c f}{p} \cdot 2\right]^2}{\left[\frac{c c}{p} \cdot 2\right]}\right) .$$

$1/P$ kann nach dieser Formel unmittelbar ausgerechnet werden oder beim Aufstellen der Normalgleichungen gemäß Ziff. 4 und 5 nebenher erhalten werden.

Zusatz: Als Kriterium dafür, ob eine Aufgabe nach vermittelnden oder nach bedingten Beobachtungen zu lösen ist, dient in der Regel die Anzahl der Normalgleichungen. Für die bedingten Beobachtungen spricht, daß die Bedingungsgleichungen meistens einfacher gebaut sind als die Fehlergleichungen. Dagegen lassen sich bei den vermittelnden Beobachtungen die mittleren Fehler der aus der Ausgleichung hervorgehenden Unbekannten mit Hilfe der Gewichtsreziproken leichter bestimmen als die mittleren Fehler der ausgeglichenen Größen bei den bedingten Beobachtungen, für die es der Berechnung des Funktionsgewichtes bedarf.

§ 33. Einfache Anwendungen der Ausgleichung nach bedingten Beobachtungen.

Aufgabe 24. *Winkelmessung in allen Kombinationen (II).*

Die Aufgabe 14 ist nach dem Verfahren der bedingten Beobachtungen auszugleichen. Da Näherungswerte nicht eingeführt zu werden brauchen, wird für die Beobachtungen das Symbol l benutzt. Es werden ferner, um die Normalgleichungen bequem auflösen zu können, die Bedingungsgleichungen so angesetzt, daß die Koeffizientensumme der drei vom Anfangsstrahl ausgehenden Beobachtungen gleich Null wird. Man erhält der Reihe nach:

1. *Die ursprünglichen Bedingungsgleichungen*

$$\begin{array}{llllllr}
+l_1+v_1 & -l_2-v_2 & & +l_4+v_4 & & & =0\\
-l_1-v_1 & & +l_3+v_3 & & -l_5-v_5 & & =0\\
 & +l_2+v_2 & -l_3-v_3 & & & +l_6+v_6 & =0\\
\hline
 & & & +l_4+v_4 & -l_5-v_5 & +l_6+v_6 & =0
\end{array}$$

2. *Die Widersprüche*

$$\begin{array}{llllllr}
+l_1 & -l_2 & & +l_4 & & & =w_a\\
-l_1 & & +l_3 & & -l_5 & & =w_b\\
 & +l_2 & -l_3 & & & +l_6 & =w_c\\
\hline
 & & & +l_4 & -l_5 & +l_6 & =[w]
\end{array}$$

3. *Die umgeformten Bedingungsgleichungen*

$$\begin{array}{lllllllr}
+v_1 & -v_2 & & +v_4 & & & +w_a & =0\\
-v_1 & & +v_3 & & -v_5 & & +w_b & =0\\
 & +v_2 & -v_3 & & & +v_6 & +w_c & =0\\
\hline
 & & & +v_4 & -v_5 & +v_6 & +[w] & =0
\end{array}$$

4. *Die Normalgleichungen*

$$\begin{array}{rrrrr}
+3k_a & -k_b & -k_c & +w_a & =0\\
-k_a & +3k_b & -k_c & +w_b & =0\\
-k_a & -k_b & +3k_c & +w_c & =0\\
\hline
k_a & +k_b & +k_c & +[w] & =0
\end{array}$$

5. *Die Korrelaten.* Die Addition der Summengleichung unter 4. zu jeder Zeile gibt

$$4\,k_a + w_a + [w] = 0 \quad \text{oder} \quad k_a = -\frac{1}{2}\,w_a - \frac{1}{4}\,w_b - \frac{1}{4}\,w_c$$

$$4\,k_b + w_b + [w] = 0 \quad \text{oder} \quad k_b = -\frac{1}{4}\,w_a - \frac{1}{2}\,w_b - \frac{1}{4}\,w_c$$

$$4\,k_c + w_c + [w] = 0 \quad \text{oder} \quad k_c = -\frac{1}{4}\,w_a - \frac{1}{4}\,w_b - \frac{1}{2}\,w_c$$

$$[k] = -\quad w_a - \quad w_b - \quad w_c$$

6. bis 9. Nach Einsetzen der Zahlenwerte folgen
die Berechnung der v aus den Korrelatengleichungen,
die Berechnung von $[vv]$ aus den v nebst den $[vv]$-Proben,
die Berechnung von $m^2 = [vv]/r$, wobei $r = 3$ ist.

10. und 11. Berechnen der günstigsten Werte und Schlußprobe.

12. *Berechnen des Gewichtes einer ausgeglichenen Richtung.* Der symmetrischen Anordnung wegen sind alle ausgeglichenen Winkel gleichgewichtig. Es genügt mithin die Berechnung der Funktionsgewichte für den Winkel $x_1 = l_1 + v_1$. Ist $1/P_1$ das Gewicht des ausgeglichenen Winkels x_1, so gilt nach § 32 Ziff. 12, da drei Bedingungsgleichungen vorhanden sind,

$$\frac{1}{P_1} = 1 - \frac{a_1^2}{[aa]} - \frac{[b_1 \cdot 1]^2}{[bb \cdot 1]} - \frac{[c_1 \cdot 2]^2}{[cc \cdot 2]}\,.$$

Aus den umgeformten Bedingungsgleichungen und den Normalgleichungen entnehme man

$$a_1 = +1\,;\quad b_1 = -1\,;\quad c_1 = 0\,;\quad [aa] = 3\,;\quad [ab] = -1\,;\quad [bb] = 3$$

und hat dann

$$[b_1 \cdot 1] = b_1 - a_1\frac{[ab]}{[aa]} = -\frac{2}{3}\,;\quad [bb \cdot 1] = [bb] - \frac{[ab]}{[aa]} = +\frac{8}{3}\,,$$

so daß man als Gewicht für einen *ausgeglichenen* Winkel erhält

$$\frac{1}{P} = 1 - \frac{1}{3} - \frac{[2/3]^2}{8/3} = \frac{1}{2}$$

mit der Probe

$$\left[\frac{1}{P}\right]_1^6 = \frac{1}{2} + \frac{1}{2} + \frac{1}{2} + \frac{1}{2} + \frac{1}{2} + \frac{1}{2} = 3 = n - r\,.$$

Also ist das Gewicht eines *ausgeglichenen* Winkels gleich 2, wenn die *beobachteten* Winkel das Gewicht 1 erhalten. Wird wie üblich einer beobachteten *Richtung* das Gewicht 1 erteilt, so erhält der beobachtete Winkel das Gewicht 1/2 und damit die ausgeglichene Richtung das Gewicht 2. Bei der Ausgleichung nach vermittelnden Beobachtungen war dafür der Ausdruck $s/2$ erhalten, wobei s die Anzahl der Strahlen ist. Da in unserem Beispiel 4 Strahlen vorhanden sind, ergibt sich als Gewicht einer ausgeglichenen Richtung ebenfalls der Wert 2.

Aufgabe 25. *Ausgleichung geometrischer Nivellements (II).*

Die Aufgabe 9 ist nach dem Verfahren der bedingten Beobachtungen auszugleichen.

1. *Anzahl der Bedingungsgleichungen.* Zur Bestimmung der drei Neupunkte C, D, E sind drei Beobachtungen erforderlich. Also sind $8 - 3 = 5$ Bedingungs-

gleichungen vorhanden, und zwar müssen die 4 Schleifenschlüsse den Höhenunterschied Null ergeben; es muß ferner der Sollhöhenunterschied $H_b - H_a$ erhalten bleiben. Wegen der einfachen Verhältnisse werden gleich

2. *die Widersprüche* gebildet:

$$\begin{array}{llllll}
+l_1-l_2 & & +l_7 & & & =w_a\,,\\
 & +l_4-l_5 & -l_7 & & & =w_b\,,\\
 & +l_5+l_6 & & -l_8 & & =w_c\,,\\
+l_2-l_3 & & & +l_8 & & =w_d\,,\\
+l_2 & +l_5 & & & +H_a-H_b & =w_e\,.
\end{array}$$

Das Aufstellen der ersten vier Gleichungen läßt sich dadurch prüfen, daß nach dem Anblick der Figur ihre Summengleichung ergeben muß

$$l_1 - l_3 + l_4 + l_6 = w_a + w_b + w_c + w_d\,.$$

3. *Die umgeformten Bedingungsgleichungen* lauten in Form einer Koeffiziententabelle zusammengestellt

v_i	$1/p_i$	a	b	c	d	e	f
1	s_1	$+1$					
2	s_2	-1			$+1$	$+1$	$+1$
3	s_3				-1		
4	s_4		$+1$				
5	s_5		-1	$+1$		$+1$	
6	s_6			$+1$			
7	s_7	$+1$	-1				
8	s_8			-1	$+1$		
w_i		w_a	w_b	w_c	w_d	w_e	

Die nächsten Schritte vom Aufstellen der Normalgleichungen bis zur Berechnung des mittleren Fehlers der Gewichtseinheit ($s = 1$ km) bereiten keinerlei Schwierigkeiten. Wird noch der mittlere Fehler m_D der ausgeglichenen Höhe von D gesucht, so lautet die Funktion, deren Gewicht zu suchen ist,

$$F = H_D = H_A + l_2 + v_2 \quad \text{oder symbolisch} \quad F = f_0 + f_2\,(l_2 + v_2)\,.$$

Die dem entsprechende f-Gleichung ist in der obigen Tabelle in der letzten Spalte eingetragen. Die weitere Behandlung geht nach § 32 Ziff. 4ff.

Aufgabe 26. *Ausgleichung trigonometrischer Höhenmessungen (II).*

Die in Aufgabe 10 gegebenen Beobachtungen sind nach der Methode der bedingten Beobachtungen auszugleichen.

a) Aufstellen der Bedingungsgleichungen und Berechnen der günstigsten Werte der Höhen. Auch bei der Methode der bedingten Beobachtungen kommt man am schnellsten zum Ziel, indem man aus den Zenitdistanzen die „beobachteten Höhenunterschiede" errechnet, sie mit dem Gewicht $1/s^2$ in die Rechnung einführt, im übrigen aber ebenso ausgleicht wie in Nivellementsnetzen. Um jedoch ein Beispiel für nichtlineare Bedingungsgleichungen zu bringen, soll hier darauf ausgegangen werden, die beobachteten Zenitdistanzen selbst zu verbessern.

Die Beobachtungen sind, wenn nur der reine Ablesevorgang ins Auge gefaßt wird, als gleichgewichtig anzusehen. Gewichtsunterschiede kommen herein durch den vom Quadrat der Strecke abhängigen Einfluß der Refraktion und durch die Messungsungenauigkeiten bei der Bestimmung von Instrumenten- und Zieltafelhöhe. Solange jedoch die Beobachtungsgenauigkeit 3″ bis 5″ und die Entfernung 4 km nicht übersteigt, können die Gewichtsunterschiede vernachlässigt und mithin die Beobachtungen als gleichgewichtig angesehen werden.

Da 3 Höhenunterschiede notwendig, aber 7 beobachtet sind, sind 4 Bedingungen vorhanden. Wird die Berechnung der Höhenunterschiede wie in Aufgabe 10 auf die Formel

$$\varDelta h = s \operatorname{ctg} z + K s^2$$

gegründet, so lauten die *ursprünglichen Bedingungsgleichungen*

$$\begin{aligned}
s_5 \operatorname{ctg}(z_5 + v_5) + s_7 \operatorname{ctg}(z_7 + v_7) - s_6 \operatorname{ctg}(z_6 + v_6) + K(s_5^2 + s_7^2 - s_6^2) &= 0\,,\\
s_1 \operatorname{ctg}(z_1 + v_1) + s_7 \operatorname{ctg}(z_7 + v_7) - s_2 \operatorname{ctg}(z_2 + v_2) + K(s_1^2 + s_7^2 - s_2^2) &= 0\,,\\
s_3 \operatorname{ctg}(z_3 + v_3) + s_5 \operatorname{ctg}(z_5 + v_5) - s_1 \operatorname{ctg}(z_1 + v_1) + K(s_3^2 + s_5^2 - s_1^2) &= 0\,,\\
s_3 \operatorname{ctg}(z_3 + v_3) + s_4 \operatorname{ctg}(z_4 + v_4) \qquad\qquad\qquad\qquad + K(s_3^2 + s_4^2) &= 0\,.
\end{aligned}$$

Die Strecken sind in der Regel aus einer Triangulation so genau bestimmt, daß sie als fehlerfrei angesehen werden können. Daher ergibt eine TAYLOR-Entwicklung

$$s \operatorname{ctg}(z + v) = s \operatorname{ctg} z - \frac{s}{\sin^2 z}\, v + \cdots.$$

Weil z nahe an 90° ist, kann $\sin z \approx 1$ gesetzt werden. Also ist, wenn v in Gradmaß erhalten werden soll,

$$s \operatorname{ctg}(z + v) = s \operatorname{ctg} z - \frac{s}{\varrho}\, v\,.$$

Wird dies in die ursprünglichen Bedingungsgleichungen eingesetzt, so gewinnt man die *Widersprüche*

$$\begin{aligned}
s_5 \operatorname{ctg} z_5 - s_6 \operatorname{ctg} z_6 + s_7 \operatorname{ctg} z_7 + K\,(s_5^2 - s_6^2 + s_7^2) &= w_a\,,\\
s_1 \operatorname{ctg} z_1 - s_2 \operatorname{ctg} z_2 + s_7 \operatorname{ctg} z_7 + K\,(s_1^2 - s_2^2 + s_7^2) &= w_b\,,\\
- s_1 \operatorname{ctg} z_1 + s_3 \operatorname{ctg} z_3 + s_5 \operatorname{ctg} z_5 + K\,(s_3^2 - s_1^2 + s_5^2) &= w_c\,,\\
s_3 \operatorname{ctg} z_3 + s_4 \operatorname{ctg} z_4 \qquad\qquad\qquad + K\,(s_3^2 + s_4^2) &= w_d\,.
\end{aligned}$$

Für die zahlenmäßige Ausrechnung der Koeffizienten und der Widersprüche bilde man vorbereitend die nebenstehenden Größen, in denen ϱ und damit auch die v in Altminuten angesetzt sind. Alsdann stelle man die hierunter stehende Koeffiziententabelle auf, die links die Koeffizienten und Widersprüche der umgeformten Bedingungsgleichungen in der Formelsprache, rechts in Zahlenwerten enthält. Alle Zahlenausdrücke sind, um die Zahlenrechnung übersichtlicher zu machen, mit 10 multipliziert, was ja — anders als bei den Fehlergleichungen der vermittelnden Beobachtungen — bei Bedingungsgleichungen erlaubt ist.

v	s/ϱ	$s \operatorname{ctg} z$	$K s^2$
v_1	0,341	+ 43,48	+ 0,09
v_2	0,467	+ 13,16	+ 0,18
v_3	0,534	+ 18,70	+ 0,23
v_4	0,534	— 19,06	+ 0,23
v_5	0,757	+ 24,33	+ 0,46
v_6	0,383	— 5,53	+ 0,12
v_7	0,495	— 30,26	+ 0,20

v	a	b	c	d	a	b	c	d	s
v_1		$-s_1/\varrho$	$+s_1/\varrho$			— 3,41	+ 3,41		0,00
v_2		$+s_2/\varrho$				+ 4,67			+ 4,67
v_3			$-s_3/\varrho$	$-s_3/\varrho$			— 5,34	— 5,34	— 10,68
v_4				$-s_4/\varrho$				— 5,34	— 5,34
v_5	$-s_5/\varrho$		$-s_5/\varrho$		— 7,57		— 7,57		— 15,14
v_6	$+s_6/\varrho$				+ 3,83				+ 3,83
v_7	$-s_7/\varrho$	$-s_7/\varrho$			— 4,95	— 4,95			— 9,90
w	w_a	w_b	w_c	w_d	+ 1,40	+ 1,70	+ 1,50	+ 1,00	+ 5,60

Nach Bilden der $[aa]$, $[ab]$ usw. sowie der Quersummenglieder $\Sigma_a = [as] + w_a$ usw. folgt daraus das *Normalgleichungssystem*

k_a	k_b	k_c	k_d	w	Σ
+ 96,47	+ 24,50	+ 57,30	.	+ 1,40	+ 179,67
	+ 57,93	− 11,63	.	+ 1,70	+ 72,50
		+ 97,45	+ 28,52	+ 1,50	+ 173,14
			+ 57,04	+ 1,00	+ 86,56
				0,00	+ 5,60

Die Auflösung dieses Normalgleichungssystems ergibt

$$k_d = -0{,}0059, \quad k_c = -0{,}0236, \quad k_b = -0{,}0380, \quad k_a = +0{,}0091$$

und

$$[0 \cdot 4] = [wk] = -0{,}0932.$$

Es folgt die *Berechnung der v* an Hand des obigen Koeffizientenschemas nebst der $[vv]$-Probe. Ferner sind die ausgeglichenen Zenitdistanzen und mit deren Hilfe die *endgültigen Höhenunterschiede* zu bilden. Die Resultate sind

Index	v'	$v'v'$	v''	Ausgeglichene Zenitdistanz	Endgültiger Höhenunterschied
1	+ 0,049	0,0025	+ 2,9	87°52′23″	+ 43,56 m
2	− 0,177	0,0313	− 10,6	89 31 37	+ 13,43
3	+ 0,158	0,0250	+ 9,5	89 25 09	+ 18,85
4	+ 0,032	0,0010	+ 1,9	90 35 43	− 18,85
5	+ 0,109	0,0111	+ 6,5	89 27 59	+ 24,70
6	+ 0,035	0,0012	+ 2,1	90 14 28	− 5,42
7	+ 0,143	0,0204	+ 8,6	91 01 15	− 30,13
		0,0933			

Mit den endgültigen Höhenunterschieden werden die ursprünglichen Bedingungsgleichungen bis auf 0,01 m erfüllt. Die *Fehlerrechnung* ergibt

$$m = \pm\sqrt{\frac{0{,}0933}{4}} = \pm\, 0{,}''153 = \pm\, 9{,}''2\,.$$

Mit der Ausgangshöhe $H_A = 147{,}23$ findet man endlich

$$H_B = 128{,}38\,, \qquad H_C = 171{,}93\,, \qquad H_D = 141{,}81\,.$$

b) Die Berechnung des mittleren Fehlers der ausgeglichenen Höhen diene als Beispiel für die Anwendung des Funktionsgewichtes. Für die Lösung dieser Aufgabe stehen zwei Wege zur Verfügung; nämlich

α) die Gewichtsermittlung mit Hilfe der Übertragungsgleichungen gemäß der Vorschrift auf S. 157 oben,

β) die Gewichtsermittlung durch Erweiterung des Normalgleichungssystems gemäß S. 157 unten.

Beiden Verfahren gemeinsam ist das Aufstellen der Funktionen, deren Gewichte bestimmt werden sollen, das Berechnen der partiellen Ableitungen f_1, f_2 usw.

sowie das Bilden der $[af]$, $[bf]$ usw. Die Funktionen, deren Gewichte bestimmt werden müssen, sind

$$H_B = H_A + s_4 \operatorname{ctg}(z_4 + v_4) + K s_4^2$$
$$= (H_A + s_4 \operatorname{ctg} z_4 + K s_4^2) - \frac{s_4}{\varrho} v_4 = 128{,}40 + f_4 v_4 ,$$
$$H_C = (H_A + s_5 \operatorname{ctg} z_5 + K s_5^2) - \frac{s_5}{\varrho} v_5 = 172{,}02 + f_5 v_5 ,$$
$$H_D = (H_A + s_6 \operatorname{ctg} z_6 + K s_6^2) - \frac{s_6}{\varrho} v_6 = 141{,}82 + f_6 v_6$$

mit den Zahlenwerten

$$f_4 = -0{,}534 , \qquad f_5 = -0{,}757 , \qquad f_6 = -0{,}383 .$$

Die Tabelle auf S. 166, die die Koeffizienten der Bedingungsgleichungen enthält, ist daher gemäß Abs. b) der Vorschrift auf S. 157 durch die nebenstehende Tabelle zu ergänzen, in der ebenfalls der Übersichtlichkeit halber die Koeffizienten f mit 10 multipliziert sind.

Index	f_B	f_C	f_D
1			
2			
3			
4	$-5{,}34$		
5		$-7{,}57$	
6			$-3{,}83$
7			

Damit erhält man die Produktsummen

für H_B: $[af] = [bf] = [cf] = 0$, $[df] = [ff] = 28{,}52$,
für H_C: $[af] = [cf] = [ff] = 57{,}30$, $[bf] = [df] = 0$,
für H_D: $[bf] = [cf] = [df] = 0$, $[af] = -14{,}67$, $[ff] = +14{,}67$.

Für die *Methode der Übertragungsgleichungen* ist nunmehr nach Abs. c) der Vorschrift auf S. 157 das nachstehende Normalgleichungssystem aufzustellen, dessen erste vier Spalten und dessen Reduktionsfaktoren von dem ursprünglichen Normalgleichungssystem auf S. 167 übernommen werden können, so daß lediglich die f-Spalten neu zu berechnen sind:

r_a	r_b	r_c	r_d	f_B	f_C	f_D
$+96{,}47$	$+24{,}50$	$+57{,}30$	.	.	$+57{,}30$	$-14{,}67$
	$+57{,}93$	$-11{,}63$	.	.	.	.
		$+97{,}45$	$+28{,}52$	.	$+57{,}30$	.
			$+57{,}04$	$+28{,}52$	.	.

Daraus folgen die Übertragungskoeffizienten

für H_B: $r_d = -0{,}698$, $r_c = +0{,}396$, $r_b = +0{,}200$, $r_a = -0{,}286$,
für H_C: $r_d = +0{,}221$, $r_c = -0{,}443$, $r_b = +0{,}057$, $r_a = -0{,}345$,
für H_D: $r_d = +0{,}148$, $r_c = -0{,}295$, $r_b = -0{,}221$, $r_a = +0{,}383$.

Man erhält endlich nach Abs. d) auf S. 157 die Gewichtsreziproken, jedoch mit dem hundertfachen Betrag, weil die Bedingungsgleichungen mit 10 multipliziert waren. Die Ergebnisse sind

für H_B: $100/P_B = 28{,}52 - 28{,}52 \cdot 0{,}698 = 8{,}61$,
für H_C: $100/P_C = 57{,}30 - 57{,}30 \cdot 0{,}345 - 57{,}30 \cdot 0{,}443 = 12{,}15$,
für H_D: $100/P_D = 14{,}67 - 14{,}67 \cdot 0{,}383 = 9{,}07$

oder

$$\frac{1}{P_B} = 0{,}0861 , \qquad \frac{1}{P_C} = 0{,}1215 , \qquad \frac{1}{P_D} = 0{,}0907 .$$

Für die *Gewichtsermittlung durch Erweiterung des Normalgleichungssystems* hätte man nach der Regel in § 31 Ziff. 2 in den Spalten f_B, f_C und f_D des obigen Normalgleichungssystems als letzte Zeile die Glieder $[ff]$ hinzuzufügen und diese Zeile ebenfalls zu reduzieren. Einfacher ist es jedoch, geradezu die Formel § 31 (9) anzuwenden und die Zahlenwerte aus den vorangegangenen, hier nur teilweise mitgeteilten Rechnungen zu übernehmen. Das gibt

$$\text{für } H_B\colon\ \frac{100}{P_B} = 28{,}52 - \left(\frac{0^2}{96{,}47} + \frac{0^2}{51{,}71} + \frac{0^2}{50{,}18} + \frac{28{,}52^2}{40{,}83}\right) = 8{,}61\,,$$

$$\text{für } H_C\colon\ \frac{100}{P_C} = 57{,}30 - \left(\frac{57{,}30^2}{96{,}47} + \frac{14{,}55^2}{51{,}71} + \frac{15{,}12^2}{50{,}18} + \frac{9{,}05^2}{40{,}83}\right) = 12{,}14\,,$$

$$\text{für } H_D\colon\ \frac{100}{P_D} = 14{,}67 - \left(\frac{14{,}67^2}{96{,}47} + \frac{3{,}72^2}{51{,}71} + \frac{6{,}02^2}{50{,}18} + \frac{6{,}02^2}{40{,}83}\right) = 9{,}06\,,$$

womit die Ergebnisse des ersten Verfahrens bestätigt sind. Die beiden Verfahren sind demnach in der Anwendung nicht so verschieden, wie es die Gegenüberstellung der Formeln (7) und (9) des § 31 vermuten läßt. Doch dürfte der Weg über die Formel (9) in der Regel am schnellsten zum Ziele führen.

Mit den Gewichtsreziproken erhält man endlich als mittlere Fehler der ausgeglichenen Höhen der Punkte B, C und D

$$m_B = m\sqrt{0{,}0861} = \pm 0{,}153 \cdot 0{,}294 = \pm 0{,}045 \text{ m}\,,$$

$$m_C = m\sqrt{0{,}1214} = \pm 0{,}153 \cdot 0{,}351 = \pm 0{,}053 \text{ m}\,,$$

$$m_D = m\sqrt{0{,}0906} = \pm 0{,}153 \cdot 0{,}302 = \pm 0{,}046 \text{ m}\,.$$

Die geringen Abweichungen gegenüber den Ergebnissen der Aufgabe 10 sind auf die Abrundungen zurückzuführen.

c) Die Berechnung des mittleren Fehlers der ausgeglichenen Zenitdistanzen. Diese soll ebenfalls auf zwei verschiedenen Wegen durchgeführt werden.

Die einfachste Lösung gibt, da alle Beobachtungen als gleichgewichtig angenommen sind, § 31 (13). Dazu hat man zunächst ausgehend von der Tabelle der a_i, b_i, c_i und d_i auf S. 166 nach den in § 31 (13) mitgeteilten Formeln für jedes v_i die Ausdrücke $[b_i \cdot 1]$, $[b_i \cdot 2]$ und $[d_i \cdot 3]$ zu berechnen; diese Rechnung macht, da die Normalgleichungskoeffizienten und Reduktionsfaktoren für das auf S. 167 mitgeteilte Normalgleichungssystem bereits berechnet sind, nur wenig Arbeit. Die Gewichtsformel und die zugehörigen Daten der Zahlenrechnung lauten

$$1 : P_i = 1 - \frac{a_i^2}{[aa]} - \frac{[b_i \cdot 1]^2}{[bb \cdot 1]} - \frac{[c_i \cdot 2]^2}{[cc \cdot 2]} - \frac{[d_i \cdot 3]^2}{[dd \cdot 3]}\,.$$

$1 : P_1 = 1$	$-\ 0{,}000$	$-\ 0{,}225$	$-\ 0{,}056$	$-\ 0{,}022$	$= 0{,}697$
$1 : P_2 = 1$	$-\ 0{,}000$	$-\ 0{,}422$	$-\ 0{,}111$	$-\ 0{,}044$	$= 0{,}423$
$1 : P_3 = 1$	$-\ 0{,}000$	$-\ 0{,}000$	$-\ 0{,}568$	$-\ 0{,}131$	$= 0{,}301$
$1 : P_4 = 1$	$-\ 0{,}000$	$-\ 0{,}000$	$-\ 0{,}000$	$-\ 0{,}699$	$= 0{,}301$
$1 : P_5 = 1$	$-\ 0{,}594$	$-\ 0{,}071$	$-\ 0{,}089$	$-\ 0{,}035$	$= 0{,}211$
$1 : P_6 = 1$	$-\ 0{,}152$	$-\ 0{,}018$	$-\ 0{,}153$	$-\ 0{,}060$	$= 0{,}617$
$1 : P_7 = 1$	$-\ 0{,}254$	$-\ 0{,}264$	$-\ 0{,}023$	$-\ 0{,}009$	$= 0{,}450$
$[1 : P] = 7$	$-\ 1{,}000$	$-\ 1{,}000$	$-\ 1{,}000$	$-\ 1{,}000$	$= 3{,}000$
					$= n - r.$

Die letzte Zeile bestätigt die Probe § 31 (14). Die mittleren Fehler der ausgeglichenen Zenitdistanzen $M_i = m/\sqrt{P_i}$ sind $M_1 = 7'',7$; $M_2 = \pm 6'',0$; $M_3 = M_4 = \pm 5'',1$; $M_5 = \pm 4'',2$; $M_6 = \pm 7'',2$; $M_7 = \pm 6'',2$.

Die zweite Lösung, die wir auf die Bestimmung des ausgeglichenen Wertes Z_1 der Beobachtung z_1 beschränken, folgt als Beispiel für die Berechnnug des *Gewichts einer Funktion von Funktionen der ausgeglichenen Beobachtungen.*

Z_1 läßt sich darstellen als Funktion der endgültigen Höhen H_B und H_C, die ihrerseits Funktionen der aus der Ausgleichung hervorgegangenen Zenitdistanzen sind. Die „Funktion von Funktionen", deren Gewicht gesucht wird, ist demnach

$$Z_1 = \operatorname{arc\,ctg} \frac{H_C - H_B}{s_1}.$$

Um eine lineare Beziehung zwischen der gesuchten Funktion Z_1 und den Größen H_B und H_C, den gegebenen Funktionen der ausgeglichenen Beobachtungen, zu bekommen, bilde man vorbereitend

$$\frac{\partial Z_1}{\partial H_B} = -\frac{-1}{1+\left(\frac{H_C - H_B}{s_1}\right)^2}\frac{1}{s_1} = +8{,}54 \cdot 10^{-4},$$

$$\frac{\partial Z_1}{\partial H_C} = -\frac{+1}{1+\left(\frac{H_C - H_B}{s_1}\right)^2}\frac{1}{s_1} = -8{,}54 \cdot 10^{-4}.$$

Dann ist, da die Strecke s_1 zwischen den beiden Punkten als fehlerfrei betrachtet werden kann, der gesuchte lineare Zusammenhang

$$dZ_1 = \varrho \frac{\partial Z}{\partial H_B} dH_B + \varrho \frac{\partial Z}{\partial H_C} dH_C$$

oder in der Schreibweise des § 31 (18) mit leicht erkennbaren Identitäten

$$dZ_1 = h_1\, dH_B + h_2\, dH_C$$

mit

$$h_1 = +8{,}54 \cdot 10^{-4} \cdot 3438 = +2{,}94\,,$$

$$h_2 = -8{,}54 \cdot 10^{-4} \cdot 3438 = -2{,}94\,.$$

Anwendung der TIENSTRAschen Regel ergibt als Gewichtsreziproke für dZ_1

$$1 : P_1 = Q_{Z_1 Z_1} = (h_1 Q_B + h_2 Q_C)^2 = h_1^2 Q_{BB} + 2 h_1 h_2 Q_{BC} + h_2^2 Q_{CC}\,.$$

Hierin sind $Q_{BB} = 1/P_B$ und $Q_{CC} = 1/P_C$ bereits auf S.168 unten berechnet. Man findet ferner auf Grund der Formel § 31 (21) $Q_{BC} = +0{,}0632$. Einsetzen dieser Werte in die vorige Gleichung gibt

$$1 : P_1 = 2{,}94^2 \cdot 0{,}0861 - 2 \cdot 2{,}94^2 \cdot 0{,}0632 + 2{,}94^2 \cdot 0{,}1215 = 0{,}699.$$

Der mittlere Fehler der ausgeglichenen Zenitdistanz Z_1 ist dann

$$M_1 = \frac{m}{\sqrt{P_1}} = 0{,}153\sqrt{0{,}699} = 0{,}'128 = 7{,}''7$$

in Übereinstimmung mit der ersten Berechnung.

§ 34. Bedingungsgleichungen in Dreiecksnetzen.

1. Einführen von Seitengleichungen.

C. F. GAUSS hat die Methode der Ausgleichung nach bedingten Beobachtungen für die Ausgleichung seiner Hannoverschen Dreiecke entwickelt. Die Triangulation ist seither das Hauptanwendungsgebiet der bedingten Beobachtungen geblieben. Eigentümlich ist hierbei, daß neben Bedingungen, die aussagen, daß die Winkelsumme um einen Punkt stets 4 R beträgt, und den Winkelsummenbedingungen in Dreiecken, Vierecken usw. eine weniger in die Augen fallende Art der Bedingungen erscheint, nämlich die sogenannten Seitengleichungen. Eine Seitengleichung tritt immer dann auf, wenn zwei Seiten eines Netzes oder Teilnetzes auf verschiedenen Wegen miteinander in Verbindung gebracht werden können. Als Beispiel diene das Diagonalenviereck.

Aufgabe 27. *Ausgleichung eines Diagonalenvierecks mit beobachteten Winkeln.*

Das nebenstehende Diagonalenviereck, in dem die Winkel l_1 bis l_8 beobachtet sind, ist nach bedingten Beobachtungen auszugleichen. Die Beobachtungen sind

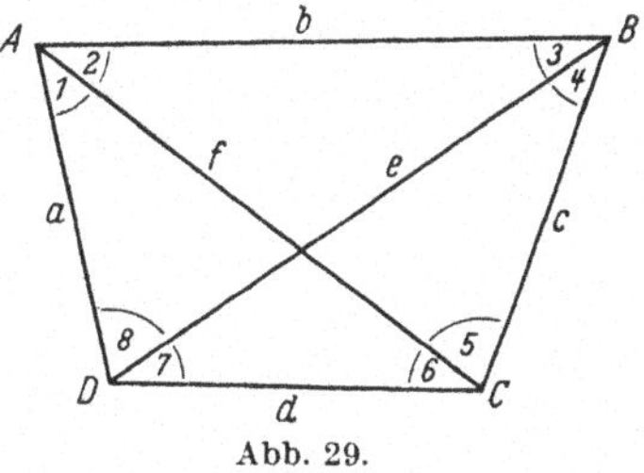

Abb. 29.

$l_1 = 45{,}6347 \cdot 5^g$ $\qquad l_5 = 81{,}4196 \cdot 2^g$

$l_2 = 41{,}5214 \cdot 1$ $\qquad l_6 = 40{,}4064 \cdot 8$

$l_3 = 37{,}1402 \cdot 2$ $\qquad l_7 = 38{,}2551 \cdot 9$

$l_4 = 39{,}9191 \cdot 9$ $\qquad l_8 = 75{,}7054 \cdot 9$

a) Aufstellen der ursprünglichen Bedingungsgleichungen. Wie bereits in § 27 unter 2. ausgeführt ist, sind 4 Bedingungen vorhanden, 3 Winkelsummenbedingungen und 1 Seitengleichung. Werden unter (1), (2) usw. die ausgeglichenen Größen verstanden, so lauten die Winkelsummenbedingungen

$$a: \quad (2) + (3) + (4) + (5) - 200^g = 0,$$
$$b: \quad (4) + (5) + (6) + (7) - 200^g = 0,$$
$$c: \quad (1) + (6) + (7) + (8) - 200^g = 0.$$

Eine Seitengleichung ist notwendig, weil man z. B. die Seite d aus der Seite a auf verschiedenen Wegen ableiten kann. Sie läßt sich folgendermaßen ansetzen:

Ist etwa die Seite a gegeben, so läßt sich aus ihr mit Hilfe des Sinussatzes die Seite b ableiten, aus b die Seite c, aus c die Seite d, und endlich aus d wieder a. Verlangt wird, daß aus dieser Rechnung a unverändert hervorgeht. Es muß also

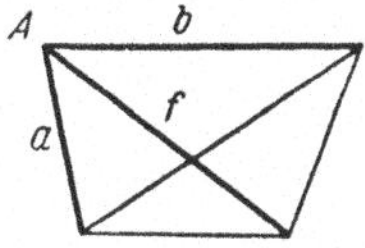

$$\frac{a}{b}\,\frac{b}{c}\,\frac{c}{d}\,\frac{d}{a} = 1 \quad \text{oder} \quad \frac{\sin(3)\sin(5)\sin(7)\sin(1)}{\sin(8)\sin(2)\sin(4)\sin(6)} = 1 \quad \text{sein.}$$

Statt über die Umfangsseiten zu gehen, kann auch der Weg über die Diagonalen gewählt werden. Hier bieten sich die vier Möglichkeiten der Abb. 30:

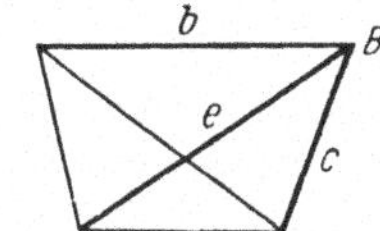

α) Zentralpunkt A:

$$\frac{a}{f}\,\frac{f}{b}\,\frac{b}{a} = 1 \quad \text{oder} \quad \frac{\sin(6)}{\sin(7+8)}\,\frac{\sin(3+4)}{\sin(5)}\,\frac{\sin(8)}{\sin(3)} = 1,$$

β) Zentralpunkt B:

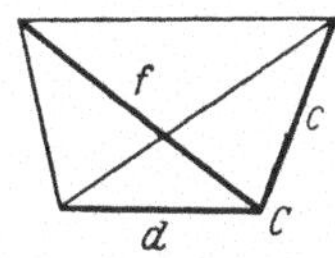

$$\frac{b}{e}\,\frac{e}{c}\,\frac{c}{b} = 1 \quad \text{oder} \quad \frac{\sin(8)}{\sin(1+2)}\,\frac{\sin(5+6)}{\sin(7)}\,\frac{\sin(2)}{\sin(5)} = 1,$$

γ) Zentralpunkt C:

$$\frac{c}{f}\,\frac{f}{d}\,\frac{d}{c} = 1 \quad \text{oder} \quad \frac{\sin(2)}{\sin(3+4)}\,\frac{\sin(7+8)}{\sin(1)}\,\frac{\sin(4)}{\sin(7)} = 1,$$

δ) Zentralpunkt D:

$$\frac{a}{e}\,\frac{e}{d}\,\frac{d}{a} = 1 \quad \text{oder} \quad \frac{\sin(3)}{\sin(1+2)}\,\frac{\sin(5+6)}{\sin(4)}\,\frac{\sin(1)}{\sin(6)} = 1.$$

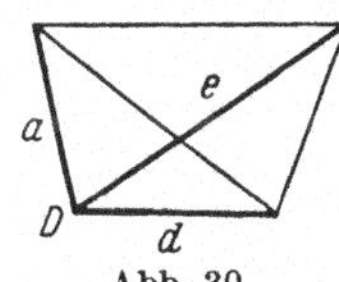

Abb. 30.

Die Gleichungen α) bis δ) sind bequemer als die erstgenannte Form, weil sie ein Glied weniger aufweisen. Von ihnen ist am günstigsten die Gleichung, die die spitzesten Winkel enthält; denn je spitzer ein Winkel ist, um so empfindlicher ist sein Sinus gegen Änderungen. Nach einem Satz von ZACHARIAE und JORDAN wählt man daher als Zentralpunkt die Ecke, die der größten Dreiecksfläche gegenüberliegt Das ist in unserem Falle der Punkt D, auf dem die Seitengleichung ausgeschrieben lautet

$$\frac{\sin(l_3 + v_3)\sin(l_5 + l_6 + v_5 + v_6)\sin(l_1 + v_1)}{\sin(l_1 + l_2 + v_1 + v_2)\sin(l_4 + v_4)\sin(l_6 + v_6)} = 1 .$$

b) Umformen der Bedingungsgleichungen. Zum Linearisieren wird zweckmäßig das Verfahren der logarithmischen Fortschritte benutzt, das bereits in § 3, Beisp. 8, Anwendung gefunden hat. Ist Δ_i ein Symbol für den Tafelfortschritt an der Stelle lg sin i, so ist

$$\lg\sin(l_i + v) = \lg\sin l_i + \Delta_i\, v .$$

Damit läßt sich die vorangegangene Gleichung umbilden in

$$\lg\sin l_3 + \Delta_3 v_3 + \lg\sin(l_5 + l_6) + \Delta_{5,6}(v_5 + v_6) + \lg\sin l_1 + \Delta_1 v_1 -$$
$$- \{\lg\sin(l_1 + l_2) + \Delta_{1,2}(v_1 + v_2) + \lg\sin l_4 + \Delta_4 v_4 + \lg\sin l_6 + \Delta_6 v_6\} = 0 .$$

Bildet man weiter den *Widerspruch*

$$\lg\sin l_3 + \lg\sin(l_5 + l_6) + \lg\sin l_1 - \{\lg\sin(l_1 + l_2) + \lg\sin l_4 + \lg\sin l_6\} = w_d ,$$

so folgt nach Ordnen der v die *umgeformte Seitengleichung*

$$(\Delta_1 - \Delta_{1,2})v_1 - \Delta_{1,2}v_2 + \Delta_3 v_3 - \Delta_4 v_4 + \Delta_{5,6}v_5 + (\Delta_{5,6} - \Delta_6)v_6 + w_d = 0 .$$

c) Die Zahlenrechnung ergibt

$$l_2 + l_3 + l_4 + l_5 - 200^g = w_a = + \ 4{,}4 ,$$
$$l_4 + l_5 + l_6 + l_7 - 200^g = w_b = + \ 4{,}8 ,$$
$$l_1 + l_6 + l_7 + l_8 - 200^g = w_c = + 19{,}1 .$$

Für die Seitengleichung nimmt man, um bequeme Zahlen zu erhalten, die Fortschritte für 1^{cc} in Einheiten der 6. Mantissenstelle und erhält

		für 1^{cc}			für 1^{cc}
$\sin l_3$	9·741 0432	+ 1,0	$\sin(l_1 + l_2)$....	9·991 1008	+ 0,1
$\sin(l_5 + l_6)$....	9·973 9599	− 0,2	$\sin l_4$	9·768 4589	+ 0,9
$\sin l_1$	9·817 5636	+ 0,8	$\sin l_6$	9·773 0099	+ 0,9
Zähler	9·532 5667		Nenner	9·532 5696	

$$\text{Zähler} - \text{Nenner} = w_d = -2{,}9 \cdot 10^{-6} .$$

Damit ergibt sich endlich die untenstehende Koeffizientenabelle, nach der die Normalgleichungen aufgestellt und aufgelöst werden können. Die Korrelaten lauten

$$k_a = -4{,}6746 , \quad k_b = +7{,}5815 , \quad k_c = -8{,}1326 , \quad k_d = +4{,}3232 .$$

Die Verbesserungen sind in der letzten Spalte der Koeffizientabelle eingetragen. Der mittlere Fehler einer ursprünglichen Beobachtung ist

$$m = \pm 6{,}2^{cc} .$$

v	a	b	c	d	v
1			+ 1	+ 0,7	− 5,1
2	+ 1			− 0,1	− 5,1
3	+ 1			+ 1,0	− 0,4
4	+ 1	+ 1		− 0,9	− 1,0
5	+ 1	+ 1		− 0,2	+ 2,0
6		+ 1	+ 1	− 1,1	− 5,3
7		+ 1	+ 1		− 0,6
8			+ 1		− 8,1
w	+ 4,4	+ 4,8	+ 19,1	− 2,9	

Eine allgemeine mechanische Probe für richtiges Aufstellen der Bedingungsgleichungen gibt es nicht. Für die Winkelsummengleichungen lassen sich manchmal Summenproben finden. So muß im vorliegenden Beispiel die algebraische Summe $w_a + w_c$

$-w_b$ den Widerspruch im Dreieck ABD ergeben. In den Seitengleichungen lassen sich die Koeffizienten prüfen. Wird nämlich statt der Tafelfortschritte die TAYLORsche Reihe verwandt, so gilt bekanntlich

$$\lg \sin (l_i + v_i) = \lg \sin l_i + \frac{\text{Mod} \operatorname{ctg} l_i}{\varrho} v_i + \cdots,$$

andererseits ist bei Verwendung logarithmischer Differenzen in unserer Schreibweise

$$\lg \sin (l_i + v_i) = \lg \sin l_i + \Delta_i v_i.$$

Es muß also der logarithmische Fortschritt

$$\Delta_i = \frac{\text{Mod}}{\varrho} \operatorname{ctg} l_i$$

sein, wobei in der Regel der Ausdruck rechter Hand die genaueren Werte liefert. Für die Rechnung nehme man

$$\frac{\text{Mod}}{\varrho^{cc}} 10^6 = 0{,}682 \qquad \lg \left(\frac{\text{Mod}}{\varrho^{cc}} 10^6\right) = 9{\cdot}8339.$$

2. Bedingungen bei Winkelbeobachtungen in freien Netzen.

In freien, d. h. ohne geometrischen Zusammenhang mit anderen Triangulationen entstandenen Netzen, in denen Winkel (nicht Richtungen) beobachtet sind, werden die Bedingungsgleichungen unterteilt in

I. Klasse: Stationsgleichungen,
II. Klasse: Winkelsummengleichungen,
III. Klasse: Seitengleichungen.

Stationsgleichungen treten auf, wenn auf einer Station mit s Strahlen mehr als $(s-1)$ Winkel beobachtet sind. Praktisch vorkommende Fälle sind die Winkelmessung mit Horizontschluß (Aufgaben 3, 5 und 22) und die Winkelmessung in allen Kombinationen (Aufgaben 14 und 24). Wegen der Sektorenmethode, bei der die Winkel mit Hilfe des allgemeinen arithmetischen Mittels abgestimmt werden, vergleiche § 37, Aufgabe 31.

Winkelsummengleichungen entstehen, wenn in einem geschlossenen Polygon alle Polygonwinkel beobachtet werden. Ihre Aufstellung bedarf keiner Erläuterung.

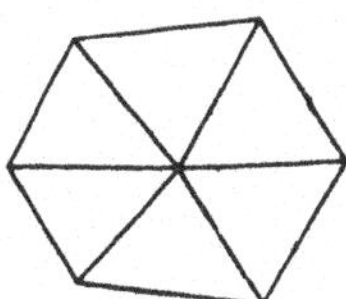

Abb. 31. Zentralsysteme

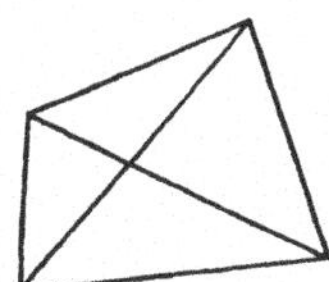

Abb. 32. Diagonalfiguren

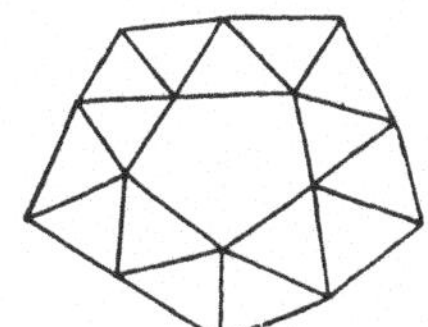

Abb. 33. Dreieckskränze

Seitengleichungen haben auszudrücken, daß, wenn mehr als zwei Strahlen die Lage eines Punktes bestimmen, diese sich in *einem* Punkte schneiden müssen. Sie sind, wie bereits erwähnt, immer dann vorhanden, wenn eine Seite aus einer anderen auf verschiedenen Wegen abgeleitet werden kann. Praktische Fälle sind in Abb. 31 bis 33 (S. 173) dargestellt.

Wie die Seitergleichurgen aufgestellt werden, ist für den Fall der Abb. 32 unter 1. behandelt. In den beiden anderen Fällen hat man eine Ausgangsseite mit Hilfe des Sinussatzes um die ganze Figur herum in sich selbst zurückzurechnen und dann mit logarithmischen Fortschritten oder nach TAYLOR zu linearisieren.

Die Gesamtzahl der Bedingungsgleichungen. Es sei in einem Netz

r die Zahl der unabhängigen Bedingungsgleichungen
p die Anzahl der Eckpunkte,
W die Anzahl der beobachteten Winkel.

Für die ersten beiden Punkte — die Endpunkte der Ausgangsseite — bedarf es keiner Winkelmessung. Für jeden weiteren Punkt sind 2 Winkel erforderlich.

Also verlangen:		Mithin überschüssige Beobachtungen:
3 Punkte	2 Winkel	$W - 2 \cdot 1 = W - 2\ (3 - 2)$
4 ,,	4 ,,	$W - 2 \cdot 2 = W - 2\ (4 - 2)$
5 ,,	6 ,,	$W - 2 \cdot 3 = W - 2\ (5 - 2)$
p ,,	$2p - 4$,,	$W - 2\ (p - 2)$

Daraus folgt als Gesamtzahl der Bedingungsgleichungen überhaupt:

$$r = W - 2p + 4. \tag{1}$$

Die Anzahl der Winkelsummengleichungen. Es sei

l die Zahl aller beobachteten Linien (Dreiecksseiten),
l' die Anzahl der einseitig beobachteten Linien,
$l - l'$ die Anzahl der beiderseits beobachteten Linien.

Sind p Punkte durch p Linien miteinander verbunden, so ist eine Linie überschüssig. Jede beiderseits beobachtete Linie, die hinzutritt, bringt ein weiteres überschüssiges Stück. Dagegen gibt eine einseitig beobachtete Linie, wie Abb. 34 zeigt, keine neue Bedingung. Mithin bestehen

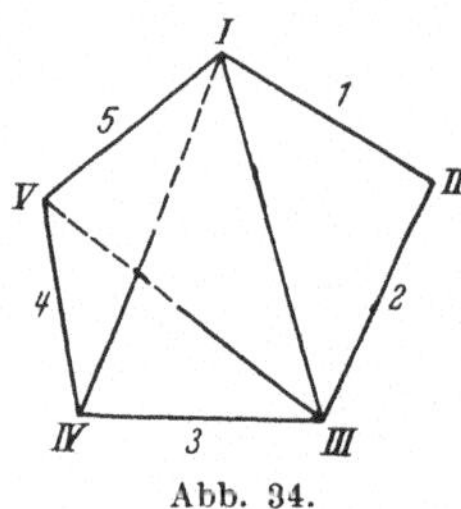

Abb. 34.

$$(l - l') - p + 1 \tag{2}$$

Winkelsummengleichungen. Hierbei dürfen Punkte, die nur vorwärts oder nur rückwärts eingeschnitten sind, nicht mitgezählt werden. Da solche Punkte aber wohl niemals in die Netzausgleichung einbezogen werden, hat diese Einschränkung nur theoretische Bedeutung.

Die Anzahl der Seitengleichungen. Eine gegebene Seite (Linie) legt zwei Punkte fest. Für jeden weiteren Punkt verlangt man zwei Linien.

Also sind für

3 Punkte	$(1+2)$	Linien	erforderlich
4 ,,	$(1+4)$	,,	,,
5 ,,	$(1+6)$	,,	,,
p ,,	$(1+2(p-2))$	,,	,,

Hierbei ist es gleichgültig, ob die Linien einseitig oder zweiseitig beobachtet sind. Daher bestehen, wenn l Linien beobachtet sind,

$$l-2p+3 \text{ Seitengleichungen.} \tag{3}$$

Die Anzahl der Stationsgleichungen. Auf einer Station mit s Strahlen sind, wenn n die Anzahl der auf der Station beobachteten Winkel ist,

$$n-s+1 \text{ Stationsbedingungen} \tag{4}$$

vorhanden. Eine Formel, die alle Stationsbedingungen eines Netzes erfaßt, erübrigt sich, weil die Verhältnisse sich leicht übersehen lassen und weil im allgemeinen die Stationsausgleichungen eine Sonderbehandlung erfahren, mit dem Ziele, sie von der eigentlichen Netzausgleichung zu trennen. Zum Einüben der Formeln (1) bis (4) dienen die folgenden Beispiele.

a) Einfache Dreieckskette (Abb. 35). Abzählen ergibt 5 Dreiecksschlüsse. Zur Prüfung durch die Formeln ist

$$W=15\,,\qquad p=7\,,\qquad l=11\,.$$

Winkelsummengleichungen:	$11-7+1=5\,,$
Seitengleichungen:	$11-14+3=0\,,$
Stationsbedingungen:	$0\,,$
Gesamtzahl:	$15-14+4=5\,.$

Abb. 35.

Beachte: In einer einfachen Dreieckskette treten keine Seitengleichungen auf.

b) Zentralsystem und Diagonalfigur (Abb. 36). Abzählen ergibt eine Stationsbedingung, 5 Dreiecksschlüsse und 2 Seitengleichungen (1 Zentralsystem, 1 Diagonale). Das sind insgesamt 8 Bedingungen. Zur Prüfung durch die Formeln ist

$$W=14\,,\qquad p=5\,,\qquad l=9\,.$$

Winkelsummengleichungen:	$9-5+1=5\,,$
Seitengleichungen:	$9-10+3=2\,,$
Stationsbedingungen: (auf I)	$1\,,$
Gesamtzahl:	$14-10+4=8\,.$

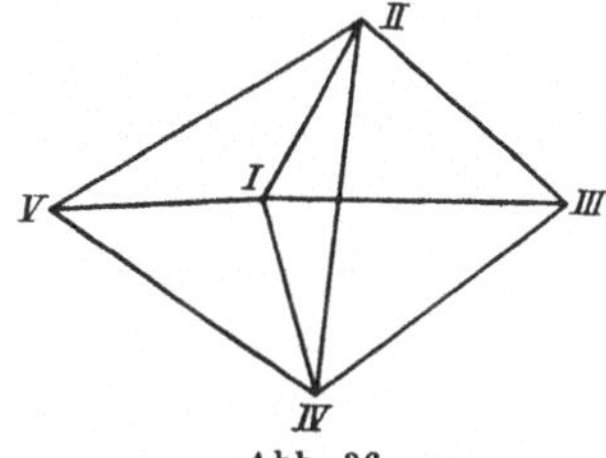

Abb. 36.

c) Kranzsystem (in Abb. 37 voll ausgezogen). Abzählen ergibt 18 Winkelsummen und 1 Seitengleichung, zusammen 19 Bedingungen.

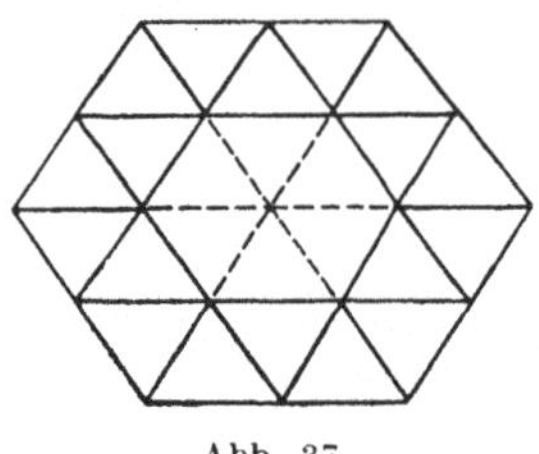

Abb. 37.

Zur Anwendung der Formeln ist

$$W = 54, \qquad p = 18, \qquad l = 36.$$

Winkelsummen-gleichungen:	$36 - 18 + 1 = 19$,
Seitengleichungen:	$36 - 36 + 3 = 3$,
Stationsbedingungen:	0,
Gesamtzahl:	$54 - 36 + 4 = 22$!

Beim Abzählen sind also drei Gleichungen, die sogenannten Polygongleichungen, übersehen. Die Polygongleichungen besagen, daß ein Polygonzug, der entweder auf der Außen- oder auf der Innenseite eines Kranzsystems entlanglaufend zu denken ist, ohne Verfehlung abschließen muß. Der gedachte Polygonzug hat wie ein gewöhnlicher Polygonzug eine Winkelsummengleichung und zwei Koordinatenabschlüsse, die den Seitengleichungen zuzurechnen sind. Zum Aufstellen der Polygongleichungen wird das Netz zweckmäßig mit vorläufigen Werten konform in einem rechtwinkligen ebenen System abgebildet. In diesem System werden die Winkelsummenbedingungen und die Koordinatenabschlußbedingungen ebenso gebildet wie beim gewöhnlichen Polygonzug.

d) Mehrere Zentralsysteme. Wird die innere Fläche der Abb. 37 mit dem gestrichelten Netz bedeckt, so fallen die Polygonbedingungen fort. An Hand der Figur zählt man 24 Dreiecke und 7 Zentralsysteme. Das gibt 7 Stationsbedingungen, 24 Winkelsummengleichungen und 7 Seitengleichungen, insgesamt 38 Bedingungen. Die Formeln geben mit

$$W = 72, \qquad p = 19, \qquad l = 42.$$

Winkelsummengleichungen:	$42 - 19 + 1 = 24$,
Seitengleichungen:	$42 - 38 + 3 = 7$,
Stationsbedingungen:	$= 7$,
Gesamtzahl:	$72 - 38 + 4 = 38$.

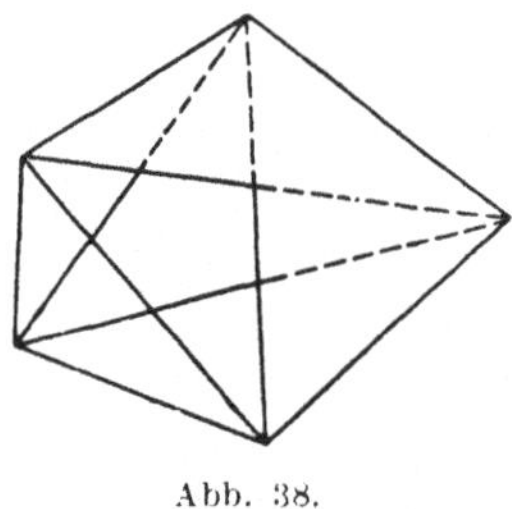

Abb. 38.

e) Einseitig beobachtete Strahlen (Abb. 38). An Figuren mit mehreren Diagonalen und einseitig beobachteten Strahlen läßt sich die Anzahl der Bedingungen an der Figur nur unsicher ablesen. Im nebenstehenden Falle geben die Formeln mit

$$W = 11, \qquad p = 5, \qquad l = 10, \qquad l' = 4$$

Winkelsummengleichungen:	$(10 - 4) - 5 + 1 = 2$,
Seitengleichungen:	$10 - 10 + 3 = 3$,
Stationsbedingungen:	$= 0$,
Gesamtzahl:	$11 - 10 + 4 = 5$.

Werden die Figuren noch komplizierter, insbesondere mit zahlreichen Diagonalen und mit einseitig beobachteten Strahlen durchsetzt, die sich vielfach überschneiden, so versagen die Abzählformeln. Sie versagen ferner, wenn nicht alle Winkel gemessen sind und das Netz sich dadurch in mehrere Teilnetze zerlegen läßt. Für solche Fälle siehe die Abhandlungen von JUNG[1], BLANUSA[2] und KNORR[3].

3. Bedingungen in angeschlossenen Netzen.

Zu den Bedingungen des freien Netzes kommen die netzfremden oder Anschlußbedingungen. Sie treten auf, wenn neue Netzteile an vorhandene Netze, die unveränderlich festliegen, angeschlossen werden. Hierbei ist zu beachten:

1. *Eine* gegebene Seite oder Basis bewirkt keine Bedingung, während jede weitere Seite, die unverändert erhalten bleiben muß, eine Seitengleichung (Grundlinienbedingung) gibt.

2. Jeder beizubehaltende Winkel des alten Netzes hat eine Winkelsummengleichung zur Folge.

3. Verbindet das neue Netz zwei getrennte Altnetze, so treten die Polygonbedingungen auf.

Im folgenden werden einige Beispiele für Netze mit Anschlußzwang gegeben.

a) Einschalten längs einer Randfigur. Zu den 5 Winkelsummengleichungen des freien Netzes kommen 1 Seitengleichung und 1 Winkelsummengleichung hinzu (Abb. 39).

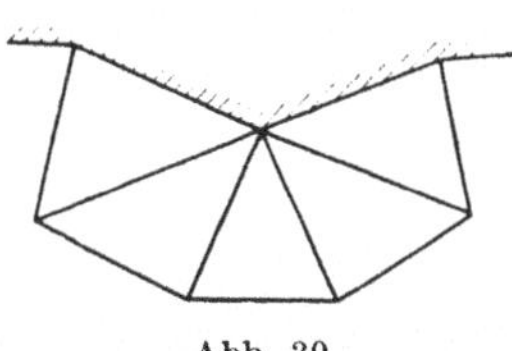

Abb. 39.

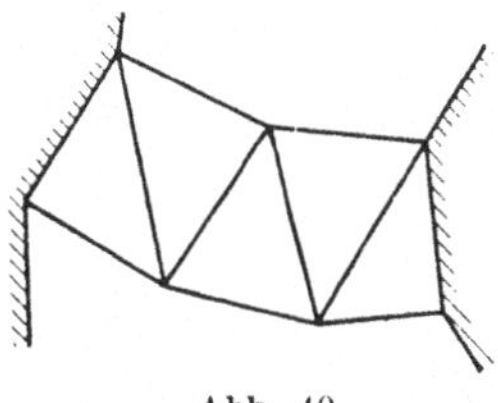

Abb. 40.

b) Einketten zwischen zwei festen Seiten. Außer den 5 Winkelsummengleichungen des freien Netzes treten 1 Seitengleichung und die 3 Polygonbedingungen auf. Insgesamt sind also 6 Winkelsummen- und 3 Seitengleichungen vorhanden (Abb. 40).

[1] JUNG, H.: Über die Anzahl der verschiedenartigen Bedingungsgleichungen in Triangulationsnetzen. Z. Vermessungsw. 1941 S. 482ff.

[2] BLANUSA, D.: Über die Anzahl der Bedingungsgleichungen in beliebigen geodätischen Netzen. Z. Vermessungsw. 1944 S. 54ff.

[3] KNORR, H.: Über die Anzahl der Bedingungsgleichungen bei Verwendung von Richtungsmessungen in Triangulationsnetzen mit Gelenkverbindungen. Z. Vermessungsw. 1953 S. 148ff.

c) Angeschlossene Kette. Das freie Netz der Abb. 41 enthält:

17 Winkelsummengleichungen,
1 Seitengleichung (auf Z),
1 Stationsbedingung (auf Z).

Durch den Anschlußzwang treten hinzu:

3 Seitenidentitätsgleichungen ($B:a$, $B:b$, $B:c$),
1 Winkelidentitätsgleichung [Winkel (bc)],
3 Polygongleichungen.

Insgesamt sind also 1 Stationsbedingung, 19 Winkelsummengleichungen und 6 Seitengleichungen zu berücksichtigen.

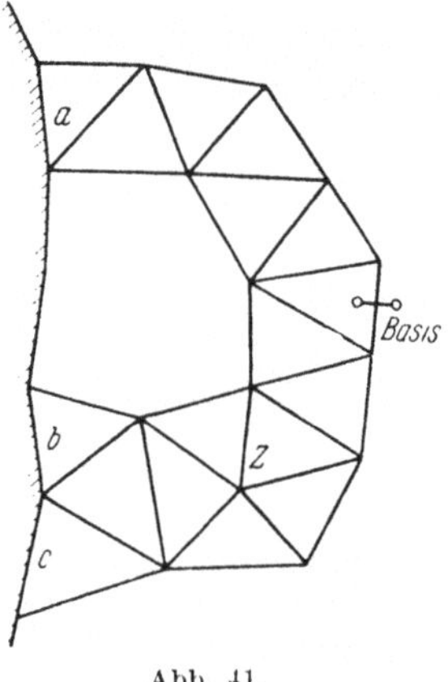

Abb. 41.

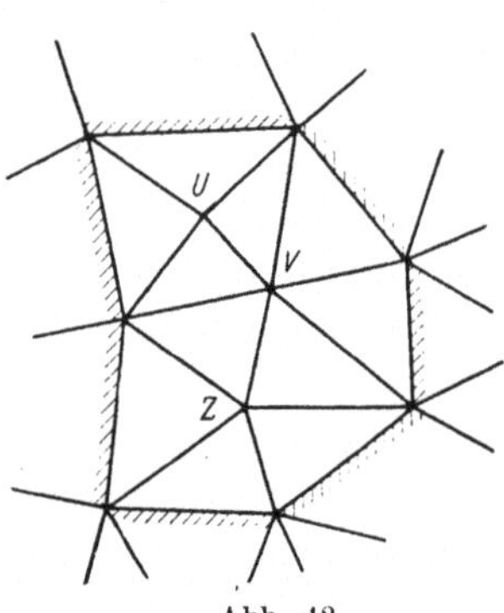

Abb. 42.

d) Füllnetze. Das freie Netz in Abb. 42 enthält:

11 Winkelsummengleichungen,
3 Seitengleichungen (U, V, Z),
3 Stationsbedingungen (U, V, Z).

Durch den Anschlußzwang, d. h. die Einpassung des freien Netzes in das Festpunktpolygon von 7 Festpunkten, kommen hinzu

5 Seitenidentitätsbedingungen
5 Winkelidentitätsbedingungen.

Damit nämlich zwei geschlossene Polygone mit je n Eckpunkten zusammenfallen, ist allgemein die Identität von $(n - 1)$ Seiten und $(n - 2)$ Winkeln notwendig und hinreichend. Da für die Ausgleichung von Füllnetzen der Maßstab des auf das Festpunktpolygon einzupassenden freien Netzes frei gewählt werden kann, fällt eine Seitenidentitätsbedingung fort, so daß je $(n - 2)$ Seiten- und Winkelidentitätsbedingungen verbleiben.

Insgesamt sind also 27 Bedingungsgleichungen zu berücksichtigen und demnach 27 Normalgleichungen aufzulösen. Nimmt man für U, V, Z jedoch eine gemeinsame Koordinatenausgleichung nach vermittelnden Beobachtungen vor, so sind nur 6 Koordinatenverbesserungen als Unbekannte zu berechnen und damit nur 6 Normalgleichungen aufzulösen.

4. Behandlung von Richtungssätzen.

Beim Aufstellen der Bedingungsgleichungen ist es zweckmäßig, zunächst einmal anzunehmen, es seien Winkel gemessen, und die Bedingungsgleichungen unter dieser Annahme aufzustellen. Alsdann führe man an Stelle der Winkel ihre beiden Schenkel und damit die Richtungen ein und stelle für jede Richtung eine Verbesserung in Rechnung. Die Bedingungsgleichungen weisen in einem Dreiecksnetz, das nach Richtungen beobachtet ist, folgende Besonderheiten auf:

a) In jeder Bedingungsgleichung ist die algebraische Summe der Koeffizienten aller v gleich Null, weil der rechte Schenkel eines jeden Winkels stets der linke Schenkel des nächsten Winkels ist.

b) Die Richtungsverbesserungen müssen, stationsweise addiert, die Summe Null ergeben, weil andernfalls die bei der Richtungsmessung automatisch erzielte Stationswinkelsumme von 360° bzw. 400^g gestört würde.

c) Die Summe der Koeffizienten der v auf einer Station muß ebenfalls gleich Null sein. Drückt man nämlich die v durch die Korrelatengleichungen § 28 (3) aus und bildet stationsweise die Summe, so ist mit Rücksicht auf die Regel b, wenn wieder 3 Bedingungsgleichungen unterstellt werden,

$$[v] = [a] k_a + [b] k_b + [c] k_c = 0,$$

wobei die Summenzeichen sich auf die betreffende Station beziehen. Das ist aber nur möglich, wenn

$$[a] = [b] = [c] = 0$$

ist.

Diese Regeln lassen sich an Hand der Koeffiziententabelle der nachfolgenden Aufgabe 28 zahlenmäßig leicht bestätigen.

Zur Ableitung von Abzählformeln für die Zahl der notwendigen Bedingungen bezeichne man die Anzahl der Richtungen mit R und beachte, daß $R = 2l - l'$ sein muß. Die Stationsausgleichungen fallen bei Richtungsbeobachtungen fort. Streicht man entsprechend der Bemerkung zu (2) die *nur* vorwärts oder *nur* rückwärts beobachteten

Punkte, die in der Praxis ausschließlich durch Einschneiden bestimmt werden, aus dem Netzbild, so erhält man

$$\left.\begin{array}{rl} (l - l') - p + 1 & \text{Winkelsummengleichungen,} \\ l - 2p + 3 & \text{Seitengleichungen,} \\ R - 3p + 4 & \text{Bedingungsgleichungen insgesamt.} \end{array}\right\} \quad (5)$$

Aufgabe 28.

Ausgleichung einer sphärischen Kette mit Richtungsbeobachtungen.

In der dem Zwischenpunktsnetz der Verbindungskette Berlin–Schubin entnommenen Dreieckskette sind die Richtungen l_1 bis l_{14} beobachtet. Die Kette soll hier in der Weise ausgeglichen werden, daß die Längen der angegebenen Abschlußseiten nicht verändert werden. Die beobachteten Richtungen entnehme man der Tabelle auf S. 181. Gegeben ist ferner

$\lg s_a = 4 \cdot 238\,2223$, $\lg s_e = 4 \cdot 457\,2644$, $\varepsilon_1 = 0''{,}98$, $\varepsilon_2 = 0''{,}83$, $\varepsilon_3 = 0''{,}85$.

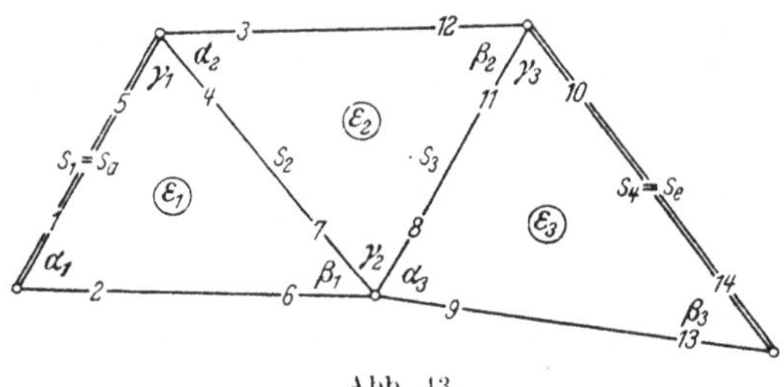

Abb. 43.

Die Figur enthält drei Winkelsummen- und eine Grundlinienbedingung (Seitengleichung). Man nehme vorübergehend an, es seien nicht Richtungen, sondern die eingetragenen Winkel beobachtet; dann ergeben sich, wenn unter α_i, β_i, γ_i ausgeglichene Größen verstanden werden, die drei Winkelsummenbedingungen aus

$$\alpha_i + \beta_i + \gamma_i - (180^\circ + \varepsilon_i) = 0 . \quad (6)$$

Die Grundlinienbedingung lautet nach dem sphärischen Sinussatz

$$\frac{\sin\alpha_1 \sin\alpha_2 \sin\alpha_3}{\sin\beta_1 \sin\beta_2 \sin\beta_3} = \frac{\sin\dfrac{s_e}{r}}{\sin\dfrac{s_a}{r}} . \quad (7)$$

Wenn man hierin, wie es die sogenannte Additamentenmethode[1] verlangt, die Sinus der Seiten durch die beiden ersten Glieder der Sinusreihe ersetzt und gleichzeitig logarithmiert, so erhält die Grundlinienbedingung die Form

$$[\lg\sin\alpha_i] - [\lg\sin\beta_i] - \left(\lg s_e - \frac{\text{Mod}}{6r^2} s_e^2\right) + \left(\lg s_a - \frac{\text{Mod}}{6r^2} s_a^2\right) = 0 . \quad (8)$$

Für die Zahlenrechnung sind nun anstatt der Winkel die beobachteten Richtungen und ihre Verbesserungen einzuführen, indem man an Hand der Abb. 43 setzt

$$\alpha_1 = (l_2 - l_1) + v_2 - v_1, \quad \beta_1 = (l_7 - l_6) + v_7 - v_6 \quad \text{usw.}$$

[1] Vgl. W. Grossmann: Geodätische Rechnungen und Abbildungen in der Landesvermessung, S. 24 bis 26. Hannover-Wolfenbüttel 1949.

Das ergibt dann die aus der untenstehenden Tabelle unter a, b, c ersichtlichen Winkelsummengleichungen.

Die Koeffizienten und den Widerspruch der linearisierten Seitengleichung errechnet man zweckmäßig nach dem Muster der Aufgabe 27. Man erhält dann, wenn die Fortschritte in Einheiten der 6. Stelle des Logarithmus angegeben werden, folgende Zahlenrechnung:

$$\begin{aligned}
\lg\sin\alpha_1 &= \lg\sin 64^\circ 29' 24{,}''68 = 9\cdot 9554528 + 1{,}00\, v_2 - 1{,}00\, v_1\\
\lg\sin\alpha_2 &= \lg\sin 61\;37\;53{,}09 = 9\cdot 9444379 + 1{,}13\, v_4 - 1{,}13\, v_3\\
\lg\sin\alpha_3 &= \lg\sin 99\;49\;58{,}07 = 9\cdot 9935730 - 0{,}37\, v_3 + 0{,}37\, v_9\\
\lg s_a &= 4\cdot 2382223\\
-\frac{\text{Mod}\,10^7}{6r^2}\, s_a^2 &= \qquad \times 5\\
\lg \text{Zähler} &= 4\cdot 1316855
\end{aligned}$$

$$\begin{aligned}
\lg\sin\beta_1 &= \lg\sin 41^\circ 58' 45{,}''16 = 9\cdot 8253369 + 2{,}35\, v_7 - 2{,}35\, v_6\\
\lg\sin\beta_2 &= \lg\sin 76\;41\;43{,}58 = 9\cdot 9881845 + 0{,}50\, v_{12} - 0{,}50\, v_{11}\\
\lg\sin\beta_3 &= \lg\sin 46\;32\;48{,}85 = 9\cdot 8608993 + 2{,}00\, v_{14} - 2{,}00\, v_{13}\\
\lg s_e &= 4\cdot 4572644\\
-\frac{\text{Mod}\,10^7}{6r^2}\, s_e^2 &= \qquad \times 85\\
\lg \text{Nenner} &= 4\cdot 1316836
\end{aligned}$$

$$\lg \text{Zähler} - \lg \text{Nenner} = 19, \qquad \text{also} \quad w_d = +1{,}9.$$

Damit erhält man die in der nachstehenden Tabelle unter d eingetragenen Werte.

	Beobachtungen		a	b	c	d	v
l_1	337° 12′ 36,″32	v_1	− 1			− 1,00	+ 0,18
l_2	41 42 01,00	v_2	+ 1			+ 1,00	− 0,18
l_3	22 02 50,78	v_3		− 1		− 1,13	+ 0,00
l_4	83 40 43,87	v_4	− 1	+ 1		+ 1,13	+ 0,07
l_5	157 12 34,84	v_5	+ 1				− 0,07
l_6	221 41 58,63	v_6	− 1			+ 2,35	− 0,17
l_7	263 40 44,24	v_7	+ 1	− 1		− 2,35	+ 0,06
l_8	305 21 07,90	v_8		+ 1	− 1	− 0,37	+ 0,15
l_9	45 11 05,97	v_9			+ 1	+ 0,37	− 0,04
l_{10}	91 43 52,45	v_{10}			− 1		0,00
l_{11}	125 21 06,32	v_{11}		− 1	+ 1	+ 0,50	− 0,17
l_{12}	202 02 49,90	v_{12}		+ 1		− 0,50	+ 0,17
l_{13}	225 11 03,66	v_{13}			− 1	+ 2,00	− 0,21
l_{14}	271 43 52,51	v_{14}			+ 1	− 2,00	+ 0,21
		w	+ 0,28	− 0,50	− 0,06	+ 1,9	

Die auf Grund dieser Tabelle aufgestellten Normalgleichungen ergeben aufgelöst die Korrelaten

$$k_a = -0{,}076\,, \qquad k_b = +0{,}115\,, \qquad k_c = \pm 0{,}000\,, \qquad k_d = -0{,}105\,,$$

mit deren Hilfe man die in der letzten Spalte der Tabelle eingetragenen Verbesserungen errechnet.

Verprobung der Seitengleichungen[1]. a) Nach § 34, Aufgabe 27 am Schluß, können die Sinusfortschritte in den Seitengleichungen mit etwas höherer Genauigkeit auf Grund des Ansatzes

$$\Delta_i = \frac{\text{Mod}}{\varrho} \operatorname{ctg} l_i$$

berechnet werden. Multipliziert man im Hinblick hierauf die Seitengleichung mit ϱ/Mod, so erhalten die v als Koeffizienten die natürlichen Werte der Cotangenten, während das Widerspruchsglied noch den Faktor ϱ/Mod hinzubekommt. Die Grundlinienbedingung unseres Beispiels lautet dann

$$-v_1 \operatorname{ctg} \alpha_1 + v_2 \operatorname{ctg} \alpha_1 - v_4 \operatorname{ctg} \alpha_2 + v_5 \operatorname{ctg} \alpha_2 - + \cdots + 1{,}9 \frac{\varrho}{\text{Mod}} 10^{-6} = 0.$$

Das Verfahren hat den Nebenvorteil, daß oftmals die Koeffizienten in der Größenordnung besser zu denen der Winkelsummenbedingungen passen.

b) Statt nach der Additamentenmethode kann man die Verebnung der sphärischen Dreiecke auch mit Hilfe des LEGENDREschen Satzes[2] vornehmen. Die Bedingungsgleichung lautet dann

$$\frac{\sin\left(\alpha_1 - \frac{\varepsilon_1}{3}\right) \sin\left(\alpha_2 - \frac{\varepsilon_2}{3}\right) \sin\left(\alpha_3 - \frac{\varepsilon_3}{3}\right)}{\sin\left(\beta_1 - \frac{\varepsilon_1}{3}\right) \sin\left(\beta_2 - \frac{\varepsilon_2}{3}\right) \sin\left(\beta_3 - \frac{\varepsilon_3}{3}\right)} = \frac{s_e}{s_a}$$

oder

$$\left[\lg \sin\left(\alpha_i - \frac{\varepsilon_i}{3}\right)\right] - \left[\lg \sin\left(\beta_i - \frac{\varepsilon_i}{3}\right)\right] - (\lg s_e - \lg s_a) = 0. \tag{9}$$

c) Die Gegenüberstellung von (8) und (9) liefert eine Probe für das Aufstellen sphärischer Seitengleichungen. Hierzu entwickle man (9) nach TAYLOR und bekommt unter Verzicht auf die höheren Ableitungen

$$\left[\lg \sin \alpha_i - \frac{\varepsilon_i}{3} \operatorname{ctg} \alpha_i \frac{\text{Mod}}{\varrho}\right] - \left[\lg \sin \beta_i - \frac{\varepsilon_i}{3} \operatorname{ctg} \beta_i \frac{\text{Mod}}{\varrho}\right] = \lg s_e - \lg s_a.$$

(8) liefert $$[\lg \sin \alpha_i] - [\lg \sin \beta_i] + \frac{\text{Mod}}{6 r^2} (s_e^2 - s_a^2) = \lg s_e - \lg s_a.$$

Damit erhält man zur Verprobung der Exzesse und Cotangenten bzw. der den letzteren proportionalen logarithmischen Sinusfortschritte

$$[\varepsilon_i (\operatorname{ctg} \alpha_i - \operatorname{ctg} \beta_i)] = -\frac{\varrho}{2 r^2} (s_e^2 - s_a). \tag{10}$$

In Zentralsystemen und Diagonalfiguren vereinfacht sich die Probe zu

$$[\varepsilon_i (\operatorname{ctg} \alpha_i - \operatorname{ctg} \beta_i)] = 0. \tag{11}$$

[1] Vgl. M. KNEISSL: Die Aufstellung und Vorprobung der sphärischen Seiten- oder Sinusbedingungsgleichungen bei der Netzausgleichung nach bedingten Beobachtungen. Z. Vermessungsw. 1950 S. 168ff.

[2] Vgl. Anmerkung 1 auf S. 180.

§ 35. Reduzierte Bedingungsgleichungen.

Durch eine Reduktion der Koeffizienten der Bedingungsgleichungen, ganz ähnlich dem Verfahren, das bei den vermittelnden Beobachtungen auf die reduzierten Fehlergleichungen führt, kann bei den bedingten Beobachtungen eine Bedingungsgleichung abgetrennt werden, so daß bei der Auflösung der Normalgleichungen eine Reduktionsstufe erspart wird.

Gegeben seien die Bedingungsgleichungen

$$\left.\begin{aligned} a_1 v_1 + a_2 v_2 + \cdots + a_n v_n + w_a &= 0, \\ b_1 v_1 + b_2 v_2 + \cdots + b_n v_n + w_b &= 0, \\ c_1 v_1 + c_2 v_2 + \cdots + c_n v_n + w_c &= 0. \end{aligned}\right\} \tag{1}$$

Ihnen entsprechen die Normalgleichungen

$$\left.\begin{aligned} [aa]k_a + [ab]k_b + [ac]k_c + w_a &= 0, \\ [ab]k_a + [bb]k_b + [bc]k_c + w_b &= 0, \\ [ac]k_a + [bc]k_b + [cc]k_c + w_c &= 0. \end{aligned}\right\} \tag{2}$$

Damit die erste Normalgleichung und dadurch die erste Korrelate unabhängig von den übrigen werden, ist es erforderlich, daß die gemischten Koeffizienten $[ab]$ und $[ac]$ den Wert Null erhalten. Dies läßt sich durch eine Umformung erreichen. Während nämlich bei den vermittelnden Beobachtungen die Multiplikation einer Fehlergleichung mit irgendeinem Faktor eine Gewichtsänderung zur Folge hat, dürfen Bedingungsgleichungen beliebig erweitert werden, wenn nur ihre Zahl und Unabhängigkeit erhalten bleibt. Wir multiplizieren daher die erste Bedingungsgleichung mit einem vorläufig noch unbestimmten Faktor ξ_1 und addieren sie zu der zweiten. Ferner werde die mit ξ_2 multiplizierte erste Gleichung zur dritten addiert. Dann lautet das System der Bedingungsgleichungen

$$\left.\begin{aligned} a_1 v_1 + a_2 v_2 + \cdots + w_a &= 0 \\ (b_1 + a_1\xi_1) v_1 + (b_2 + a_2\xi_1) v_2 + \cdots + (w_b + w_a\xi_1) &= 0 \\ (c_1 + a_1\xi_2) v_1 + (c_2 + a_2\xi_2) v_2 + \cdots + (w_c + w_a\xi_2) &= 0. \end{aligned}\right\} \tag{3}$$

Nunmehr wird über ξ_1 und ξ_2 in der Weise verfügt, daß beim Aufstellen der Normalgleichungen die gemischten Koeffizienten verschwinden. Man setzt also

$$\left.\begin{aligned} a_1(b_1 + a_1\xi_1) + a_2(b_2 + a_2\xi_1) + \cdots + a_n(b_n + a_n\xi_1) &= 0, \\ a_1(c_1 + a_1\xi_2) + a_2(c_2 + a_2\xi_2) + \cdots + a_n(c_n + a_n\xi_2) &= 0. \end{aligned}\right\} \tag{4}$$

Daraus ergibt sich

$$\xi_1 = -\frac{[ab]}{[aa]}, \qquad \xi_2 = -\frac{[ac]}{[aa]},$$

und es erhalten die Koeffizienten und Widersprüche der zweiten und dritten Bedingungsgleichung in (3) die Formen[1]

$$\left.\begin{aligned} b_1 - a_1\frac{[ab]}{[aa]} &= b_1', & b_2 - a_2\frac{[ab]}{[aa]} &= b_2' \quad \text{usw.}, \\ c_1 - a_1\frac{[ac]}{[aa]} &= c_1', & c_2 - a_2\frac{[ac]}{[aa]} &= c_2' \quad \text{usw.}, \\ w_b - w_a\frac{[ab]}{[aa]} &= w_b', & w_c - w_a\frac{[ac]}{[aa]} &= w_c', \end{aligned}\right\} \tag{5}$$

die in (3) eingesetzt die *reduzierten Bedingungsgleichungen* ergeben:

$$\left.\begin{aligned} b_1'v_1 + b_2'v_2 + \cdots + b_n'v_n + w_b' &= 0, \\ c_1'v_1 + c_2'v_2 + \cdots + c_n'v_n + w_c' &= 0. \end{aligned}\right\} \tag{6}$$

Die Normalgleichungen lauten

$$\left.\begin{aligned} [aa]k_a \qquad\qquad\qquad\qquad\quad + w_a &= 0, \\ [b'b']k_b + [b'c']k_c + w_b' &= 0, \\ [b'c']k_b + [c'c']k_c + w_c' &= 0. \end{aligned}\right\} \tag{7}$$

Die Verbesserungen folgen aus den Korrelatengleichungen

$$\left.\begin{aligned} v_1 &= a_1k_a + b_1'k_b + c_1k_c, \\ v_2 &= a_2k_a + b_2'k_b + c_2'k_c \quad \text{usw.} \end{aligned}\right\} \tag{8}$$

Die Fehlerrechnung bietet keine Besonderheiten.

Werden die Normalgleichungskoeffizienten in (7) mit Hilfe von (5) durch Koeffizienten der ursprünglichen Bedingungsgleichungen (1) ausgedrückt, so erkennt man, daß

$$[b'b'] = [bb] - 2[ab]\frac{[ab]}{[aa]} + [aa]\frac{[ab]^2}{[aa]^2} = [bb\cdot 1]$$

und entsprechend

$$[b'c'] = [bc\cdot 1], \qquad [c'c'] = [cc\cdot 1], \qquad w_b' = [w_b\cdot 1] \quad \text{usw.}$$

ist. Die Koeffizienten der letzten beiden Normalgleichungen (7) sind also die einmal reduzierten Koeffizienten des ursprünglichen Systems.

Das Verfahren der reduzierten Bedingungsgleichungen kann sowohl mehrere Male hintereinander geschaltet als auch in der Weise erweitert werden, daß gleichzeitig mehrere Bedingungen abgetrennt werden (Krügersches Zweigruppenverfahren).

Zusatz: Die Formeln (4) bis (8) enthalten *einen* Weg für die Zahlenrechnung. Man bekommt indessen nach einem Satz von C. F. Gauss, auf dessen Beweis hier verzichtet wird, auch dann ein strenges Ausgleichungsergebnis, wenn man zunächst nur einen Teil der Bedingungsgleichungen für sich ausgleicht und dann mit den auf Grund der Teil-

[1] b_1', b_2', ... ist identisch mit $[b_1\cdot 1]$, $[b_2\cdot 1]$, ... in Formel (13) des § 31, desgl. w_b', w_c', ... mit $[w_b\cdot 1]$, $[w_c\cdot 1]$, ... in Formel (8) des § 28 und später.

ausgleichung erstmalig verbesserten Beobachtungen — als wenn es sich um ursprüngliche Beobachtungen handelte — nochmals *alle* Bedingungen einer gemeinsamen Ausgleichung unterzieht. Zur Anwendung dieses Satzes auf unseren Fall wird man zunächst nur die *erste* Bedingung (1) berücksichtigen, daraus k_a berechnen und die Beobachtungen mit den von k_a abhängigen Fehleranteilen — vergleiche (8) — *erstmalig* verbessern. Bei der dann folgenden gemeinsamen Ausgleichung *aller* Bedingungen aber erhält die neue erste Korrelate den Wert Null, weil der Widerspruch der ersten Gleichung durch die Vorausgleichung verschwunden ist. Der zweite Ausgleichungsgang beschränkt sich daher auf die Ausgleichung der mit den verbesserten Beobachtungen aufgestellten reduzierten Bedingungsgleichungen. Wir erhalten damit folgenden *zweiten* Weg für die Zahlenrechnung:

a) Aufstellen der ersten Bedingungsgleichung (1), Bilden von $k_a = -w_a:[aa]$ und Errechnen der ersten Teilverbesserungen

$$v_1' = a_1 k_a, \qquad v_2' = a_2 k_a, \qquad v_3' = a_3 k_a \quad \text{usw.}$$

b) Aufstellen der übrigen Bedingungsgleichungen (1) mit den durch die v' verbesserten Beobachtungswerten.

c) Bilden der Koeffizienten und Widersprüche der reduzierten Bedingungsgleichungen nach (5) und Berechnen der Korrelaten k_b und k_c aus den zugehörigen Normalgleichungen (7).

d) Ermitteln der zweiten Teilverbesserungen

$$v_1'' = b_1' k_b + c_1' k_c, \qquad v_2'' = b_2' k_b + c_2' k_c \quad \text{usw.},$$

die angebracht an den erstmalig verbesserten Beobachtungen die endgültigen Werte ergeben.

e) Berechnen des mittleren Fehlers einer ursprünglichen Beobachtung aus

$$m = \pm\sqrt{\frac{[(v' + v'')^2]}{r}}.$$

Als Anwendungsbeispiel dient die strenge Ausgleichung eines Polygonzuges auf den folgenden Seiten.

Aufgabe 29. *Strenge Ausgleichung eines Polygonzuges.*

Die in Abb. 44 auf S. 186 eingetragenen Bezeichnungen sind ohne weiteres verständlich. Es seien weiter

$v_1, v_2, \ldots$ die Verbesserungen, die an den beobachteten Brechungswinkeln anzubringen sind,

$\lambda_1, \lambda_2, \ldots$ die Verbesserungen, die an den beobachteten Strecken anzubringen sind,

$\alpha_1, \alpha_2, \ldots$ die Richtungswinkel der auf (1), (2) ... folgenden Polygonseiten,

$\Delta\alpha_1, \Delta\alpha_2, \ldots$ die Verbesserungen, die die Richtungswinkel durch die Ausgleichung erhalten.

Grundlage der Ausgleichung sind eine Winkelsummenbedingung und zwei Koordinatenabschlußbedingungen. Sie lauten im Falle der obigen Figur in ihrer ursprünglichen Form, wenn in den Absolutgliedern im Interesse der Allgemeingültigkeit die Indizes a und e statt 1 und 4 benutzt werden:

$$\beta_1+v_1+\beta_2+v_2+\beta_3+v_3+\beta_4+v_4 \pm n\cdot 180^\circ-(\alpha_e-\alpha_a)=0,$$
$$(s_1+\lambda_1)\sin(\alpha_1+\Delta\alpha_1)+(s_2+\lambda_2)\sin(\alpha_2+\Delta\alpha_2)+(s_3+\lambda_3)\sin(\alpha_3+\Delta\alpha_3)-(y_e-y_a)=0,$$
$$(s_1+\lambda_1)\cos(\alpha_1+\Delta\alpha_1)+(s_2+\lambda_2)\cos(\alpha_2+\Delta\alpha_2)+(s_3+\lambda_3)\cos(\alpha_3+\Delta\alpha_3)-(x_e-x_a)=0.$$

Zur Vereinfachung setzt man in der ersten Gleichung

$$(\alpha_e-\alpha_a)-[\beta]\pm n\cdot 180^\circ=f_\beta. \tag{9}$$

Für die zweite und dritte Gleichung ergibt eine TAYLOR-Entwicklung

$$(s+\lambda)\sin(\alpha+\Delta\alpha)=s\sin\alpha+\sin\alpha\,\lambda+s\cos\alpha\,\Delta\alpha+\cdots,$$
$$(s+\lambda)\cos(\alpha+\Delta\alpha)=s\cos\alpha+\cos\alpha\,\lambda-s\sin\alpha\,\Delta\alpha+\cdots.$$

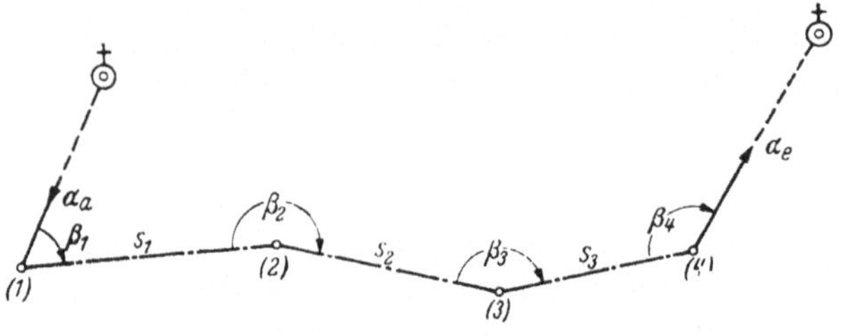

Abb. 44.

Diese Gleichungen lassen sich zusammenfassen zu

$$[\sin\alpha\,\lambda]+[s\cos\alpha\,\Delta\alpha]+[s\sin\alpha]-(y_e-y_a)=0,$$
$$[\cos\alpha\,\lambda]-[s\sin\alpha\,\Delta\alpha]+[s\cos\alpha]-(x_e-x_a)=0.$$

Nun ist

$$\alpha_1=\alpha_a+\beta_1\pm 180^\circ,\qquad \alpha_2=\alpha_a+\beta_1+\beta_2\pm 2\cdot 180^\circ\quad \text{usw.}$$

und

$$\Delta\alpha_1=v_1,\qquad \Delta\alpha_2=v_1+v_2,\qquad \Delta\alpha_3=v_1+v_2+v_3.$$

Damit wird

$$\begin{aligned}[s\cos\alpha\,\Delta\alpha]=(s_1\cos\alpha_1+s_2\cos\alpha_2+s_3\cos\alpha_3)\,v_1&\\ +(s_2\cos\alpha_2+s_3\cos\alpha_3)\,v_2&\\ +(s_3\cos\alpha_3)\,v_3&\end{aligned}$$

oder auch, da man in der Regel vorläufige Koordinaten berechnet hat,

$$[s\cos\alpha\,\Delta\alpha]=(x_e-x_1)v_1+(x_e-x_2)v_2+(x_e-x_3)v_3.$$

In derselben Weise läßt sich $-[s\sin\alpha\,\Delta\alpha]$ umbilden, so daß die linearisierten Bedingungsgleichungen lauten

$$\begin{aligned} &v_1+v_2+v_3+v_4 && -f_\beta &&=0,\\ &[\sin\alpha\,\lambda]+[(x_e-x_i)v_i]+[s\sin\alpha] && -(y_e-y_a) &&=0,\\ &[\cos\alpha\,\lambda]-[(y_e-y_i)v_i]+[s\cos\alpha] && -(x_e-x_a) &&=0.\end{aligned}$$

Dieses System soll auf dem in diesem Paragraphen als Zusatz angegebenen Wege reduziert werden. Zuerst wird, wie bei der üblichen Näherungsausgleichung, die Winkelsummenbedingung durch gleichmäßige Verteilung des Widerspruchs auf die Brechungswinkel für sich allein ausgeglichen und dann der Zug mit den erstmalig verbesserten Richtungswinkeln α' durchgerechnet. Man setze die dabei auftretenden Koordinatenabschlußfehler

$$\left.\begin{aligned}(y_e - y_a) - [s \sin\alpha'] &= f_y, \\ (x_e - x_a) - [s \cos\alpha'] &= f_x.\end{aligned}\right\} \qquad (10)$$

Man bezeichne weiter die noch unbekannten zweiten Verbesserungen der Brechungswinkel mit δ und gewinnt damit als zweite Verbesserungen der Richtungswinkel

$$d\alpha_1 = \delta_1, \qquad d\alpha_2 = \delta_1 + \delta_2, \qquad d\alpha_3 = \delta_1 + \delta_2 + \delta_3.$$

Benutzt man endlich, um Platz zu sparen, für einen Augenblick die Abkürzungen

$$s_1 = \sin\alpha'_1 \quad \text{und} \quad c_1 = \cos\alpha'_1 \quad \text{usw.}$$

Dann lauten die Bedingungsgleichungen mit den erstmalig verbesserten Beobachtungen

$$\begin{aligned}\delta_1 + \delta_2 + \delta_3 + \delta_4 &= 0, \\ s_1\lambda_1 + s_2\lambda_2 + s_3\lambda_3 + (x_4 - x_1)\delta_1 + (x_4 - x_2)\delta_2 + (x_4 - x_3)\delta_3 - f_y &= 0, \\ c_1\lambda_1 + c_2\lambda_2 + c_3\lambda_3 - (y_4 - y_1)\delta_1 - (y_4 - y_2)\delta_2 - (y_4 - y_3)\delta_3 - f_x &= 0.\end{aligned}$$

Als Vorbereitung für die Ermittlung der reduzierten Koeffizienten nach (5) berechne man

$$\begin{aligned}-\frac{[ab]}{[aa]} &= -\frac{1}{4}\left\{(x_4 - x_1) + (x_4 - x_2) + (x_4 - x_3)\right\} \\ &= -\frac{1}{4}\left\{4\,x_4 - x_1 - x_2 - x_3 - x_4\right\} \\ -\frac{[ac]}{[aa]} &= +\frac{1}{4}\left\{(y_4 - y_1) + (y_4 - y_2) + (y_4 - y_3)\right\} \\ &= +\frac{1}{4}\left\{4\,y_4 - y_1 - y_2 - y_3 - y_4\right\}\end{aligned}$$

und bilde diese Ausdrücke durch Einführen des Schwerpunktes

$$x_0 = \frac{x_1 + x_2 + x_3 + x_4}{4}, \qquad y_0 = \frac{y_1 + y_2 + y_3 + y_4}{4} \qquad (11)$$

um in

$$-\frac{[ab]}{[aa]} = +(x_0 - x_4) \qquad -\frac{[ac]}{[aa]} = -(y_0 - y_4).$$

Multipliziert man dann die erste Bedingungsgleichung mit $(x_0 - x_4)$ und addiert sie zur zweiten Gleichung, und addiert weiter die mit $-(y_0 - y_4)$ multiplizierte erste Gleichung zur dritten Gleichung, so folgen die reduzierten Bedingungsgleichungen

$$\begin{aligned}s_1\lambda_1 + s_2\lambda_2 + s_3\lambda_3 + (x_0 - x_1)\delta_1 + (x_0 - x_2)\delta_2 + (x_0 - x_3)\delta_3 + (x_0 - x_4)\delta_4 - f_y &= 0, \\ c_1\lambda_1 + c_2\lambda_2 + c_3\lambda_3 - (y_0 - y_1)\delta_1 - (y_0 - y_2)\delta_2 - (y_0 - y_3)\delta_3 - (y_0 - y_4)\delta_4 - f_x &= 0.\end{aligned}$$

Wir beziehen endlich die Koordinaten mittels

$$x_1 - x_0 = \xi_1, \quad x_2 - x_0 = \xi_2, \ldots; \quad y_1 - y_0 = \eta_1, \quad y_2 - y_0 = \eta_2, \ldots \qquad (12)$$

auf den Schwerpunkt, eliminieren die s_i und die c_i mittels der Relationen

$$\sin\alpha' = \frac{\Delta y}{s}, \qquad \cos\alpha' = \frac{\Delta x}{s},$$

in denen die s auf der rechten Seite wieder die Strecken bedeuten, und gehen durch Anfügen von ϱ auf das Gradmaß über; dann erhalten die *reduzierten Be-*

dingungsgleichungen die endgültige Form

$$\left.\begin{aligned}\frac{\Delta y_1}{s_1}\lambda_1+\frac{\Delta y_2}{s_2}\lambda_2+\frac{\Delta y_3}{s_3}\lambda_3-\frac{\xi_1}{\varrho}\delta_1-\frac{\xi_2}{\varrho}\delta_2-\frac{\xi_3}{\varrho}\delta_3-\frac{\xi_4}{\varrho}\delta_4-f_y=0\,,\\ \frac{\Delta x_1}{s_1}\lambda_1+\frac{\Delta x_2}{s_2}\lambda_2+\frac{\Delta x_3}{s_3}\lambda_3+\frac{\eta_1}{\varrho}\delta_1+\frac{\eta_2}{\varrho}\delta_2+\frac{\eta_3}{\varrho}\delta_3+\frac{\eta_4}{\varrho}\delta_4-f_x=0\,.\end{aligned}\right\}\qquad(13)$$

Zum Aufstellen der Normalgleichungen sind noch die Gewichte zu bestimmen; insbesondere muß ein zutreffendes Verhältnis von Winkel- und Streckengewichten hergestellt werden. Dazu müssen gute Näherungswerte für die mittleren Fehler im voraus (a priori) bekannt sein. Es sei $m_w = m$ der mittlere Fehler a priori eines beobachteten Winkels, während der entsprechende mittlere Fehler einer beobachteten Strecke sich in dem für Polygonseiten in Frage kommenden Bereich genau genug in der Form $m_s = c\sqrt{s}$ darstellen lassen wird. Dann sind die Gewichtsreziproken für die Strecken und Winkel

$$\frac{1}{p_s}=c^2\,s\,,\qquad \frac{1}{p_w}=m^2\,.\qquad(14)$$

Mit deren Hilfe bildet man die Normalgleichungskoeffizienten und erhält, wenn die Korrelaten nunmehr mit k_1 und k_2 bezeichnet werden, die *Normalgleichungen*

$$\left.\begin{aligned}\left(\left[\frac{\Delta y^2}{s}\right]c^2+\left[\xi^2\right]\frac{m^2}{\varrho^2}\right)k_1+\left(\left[\frac{\Delta x\,\Delta y}{s}\right]c^2-\left[\xi\,\eta\right]\frac{m^2}{\varrho^2}\right)k_2-f_y=0\,,\\ \left(\left[\frac{\Delta x\,\Delta y}{s}\right]c^2-\left[\xi\,\eta\right]\frac{m^2}{\varrho^2}\right)k_1+\left(\left[\frac{\Delta x^2}{s}\right]c^2+\left[\eta^2\right]\frac{m^2}{\varrho^2}\right)k_2-f_x=0\,.\end{aligned}\right\}\qquad(15)$$

Die restlichen Verbesserungen ergeben sich aus den Korrelatengleichungen

$$\left.\begin{aligned}\lambda_1&=c^2\,(\Delta y_1\,k_1+\Delta x_1\,k_2)\,,\qquad \lambda_2=c^2\,(\Delta y_2\,k_1+\Delta x_2\,k_2)\ldots,\\ \delta_1&=\frac{m^2}{\varrho}\,(-\xi_1\,k_1+\eta_1\,k_2)\,,\qquad \delta_2=\frac{m^2}{\varrho}\,(-\xi_2\,k_1+\eta_2\,k_2)\ldots.\end{aligned}\right\}\qquad(16)$$

Zum Schluß wird der Zug nach Anbringen von λ und δ an den erstmalig verbesserten Beobachtungen ein zweites Mal durchgerechnet, er muß dann — das ist die Schlußprobe — ohne Fehler abschließen.

Will man die zweite Durchrechnung des Zuges ersparen, dann muß man die Verbesserungen

$$d\alpha_1=\delta_1\,,\qquad d\alpha_2=\delta_1+\delta_2\,,\qquad d\alpha_3=\delta_1+\delta_2+\delta_3\qquad(17)$$

der bei der ersten Durchrechnung benutzten Richtungswinkel α' errechnen und erhält ausgehend von der strengen Beziehung

$$\begin{aligned}\Delta y+d\,\Delta y&=(s+\lambda)\sin(\alpha'+d\alpha)\,,\\ \Delta x+d\,\Delta x&=(s+\lambda)\cos(\alpha'+d\alpha)\end{aligned}$$

auf Grund einer TAYLOR-Entwicklung für die vorläufigen Koordinatenunterschiede die Verbesserungen

$$\left.\begin{aligned}d\Delta y&=\frac{\lambda}{s}\,\Delta y+\frac{d\alpha}{\varrho}\,\Delta x\,,\\ d\Delta x&=\frac{\lambda}{s}\,\Delta x-\frac{d\alpha}{\varrho}\,\Delta y\,.\end{aligned}\right\}\qquad(18)$$

Zur Ermittlung des mittleren Fehlers der Gewichtseinheit hat man die bei der ersten Abstimmung der Winkelsummengleichung angeführten ersten Verbesserungen $(v-\delta)$ mit den δ zu den v zusammenzusetzen und findet

$$m_0=\pm\sqrt{\frac{[p_s\,\lambda\,\lambda]+[p_w\,v\,v]}{3}}\,.\qquad(19)$$

Dieser Ausdruck wird, wenn die mittleren Fehler a priori zutreffend geschätzt sind, nahezu 1 ergeben.

Als Zahlenbeispiel möge der in den Preußischen Ergänzungsbestimmungen zu den Anweisungen VIII, IX und X in Anlage 28 berechnete Polygonzug streng ausgeglichen werden. Da es sich um einen gewöhnlichen Feldmeßzug handelt, können beim Bestimmen des Verhältnisses von Winkel- und Streckengewichten die in dem gleichen Buch angegebenen Fehlergrenzen des Beirats für das Vermessungswesen vom Jahre 1927 zugrunde gelegt werden. An sich werden mittlere Fehler gebraucht, während der Beirat Grenzfehler festgesetzt hat. Da es aber lediglich auf das Verhältnis ankommt, ist das unbedenklich. Wir setzen daher für den Brechungswinkel $m_w = \pm 1'$ und bringen die Fehlerfunktion für die Strecken in die für die ersten 400 m völlig ausreichende Form $m_s = \pm 0{,}01 \sqrt{s}$.

Damit die Gewichte nicht allzu unterschiedlich werden, ist es zweckmäßig, die Winkelfehler in Altminuten und die Strecken und Streckenfehler in Dezimetern anzugeben. Es ist also die Formel für m_s umzuschreiben in

$$m_s\,(\text{in dm}) = 0{,}01 \sqrt{10} \sqrt{s\,(\text{in dm})} = 0{,}032 \sqrt{s\,(\text{in dm})}\ ,$$

so daß für c^2 der Wert 0,001 erhalten wird. Mit den genannten Zahlen wird dann

$$\left.\begin{aligned} \frac{1}{p_w} &= m^2 = 1\,, \\ \frac{1}{p_s} &= 0{,}032^2\, s_{(\text{dm})} = 0{,}001\, s_{(\text{dm})}\,. \end{aligned}\right\} \qquad (14\text{a})$$

Damit sind die Vorbereitungen beendet.

Die Messungsergebnisse, die Abstimmung der Brechungswinkel und die Berechnung der vorläufigen Koordinatenunterschiede sind aus der Anweisung auf das Rechenblatt S. 190 übernommen. Mit Hilfe roher Näherungswerte berechnet man nach (11) und (12) zuerst die Schwerpunktkoordinaten ξ und η und bildet dann in der nachstehenden Tabelle die Gewichte gemäß (14a) sowie die Koeffizienten der reduzierten Bedingungsgleichungen in der Form, wie sie in (13) enthalten sind. Auf Grund dieser Tabelle — also nicht nach (15) — werden die Normalgleichungskoeffizienten auf dem üblichen Wege berechnet.

	$1/p$	Koeffizienten der y-Gleichung	Koeffizienten der x-Gleichung	λ bzw. δ
λ_1	1,6	+ 0,84	— 0,54	+ 0,05 dm
λ_2	1,2	+ 0,97	— 0,24	+ 0,18 dm
λ_3	1,3	+ 0,99	+ 0,12	+ 0,35 dm
λ_4	1,3	+ 0,85	— 0,52	+ 0,06 dm
λ_5	1,3	+ 0,74	— 0,68	— 0,03 dm
λ_6	1,1	+ 1,00	— 0,09	+ 0,22 dm
δ_1	1	— 0,41	— 1,06	— 0,41′
δ_2	1	— 0,17	— 0,68	— 0,24′
δ_3	1	— 0,08	— 0,33	— 0,12′
δ_4	1	— 0,12	+ 0,04	— 0,02′
δ_5	1	+ 0,08	+ 0,38	+ 0,13′
δ_6	1	+ 0,34	+ 0,66	+ 0,28′
δ_7	1	+ 0,37	+ 0,99	+ 0,38′
w		— 1,30	— 1,20	—

Die Normalgleichungen und ihre Korrelaten sind

$$\begin{aligned} 6{,}75\, k_1 - 0{,}96\, k_2 - 1{,}30 &= 0\,, \\ -0{,}96\, k_1 + 4{,}78\, k_2 - 1{,}20 &= 0\,, \\ k_1 = 0{,}235 \qquad k_2 &= 0{,}297\,. \end{aligned}$$

P	Brechungs-winkel β	Richtungs-winkel α	Strecken s	$\sin\alpha'$ $\cos\alpha'$	$\Delta y = s\cdot\sin\alpha'$	$\Delta x = s\cdot\cos\alpha'$	Endgültige Koordinaten y	Endgültige Koordinaten x	P	Näherungs-koordinaten (y)	Näherungs-koordinaten (x)	Schwerpunkts-koordinaten η	Schwerpunkts-koordinaten ξ
22		17°09′12″											
26	285°22′42″ (+8)						2576,18	2347,58	26	576	348	−365	+142
		122°32′02″	157,86	+0,84308 −0,53780	+133,09 (+1)	−84,90 (+1)	+133,10	−84,89					
1	161°30′24″ (+8)						2709,28	2262,69	1	709	263	−232	+57
		104°02′34″	123,66	+0,97011 −0,24265	+119,96 (+3)	−30,01 (+2)	+119,99	−29,99					
2	159°00′12″ (+7)						2829,27	2232,70	2	829	233	−112	+27
		83°02′53″	127,90	+0,99265 +0,12103	+126,96 (+3)	+15,48 (+3)	+126,99	+15,51					
3	218°37′24″ (+8)						2956,26	2248,21	3	956	248	+15	+40
		121°40′25″	134,46	+0,85106 −0,52512	+114,43 (+2)	−70,61 (+3)	+114,45	−70,58					
4	190°48′54″ (+7)						3070,71	2177,63	4	1071	178	+130	−28
		132°29′26″	130,70	+0,73738 −0,67552	+96,38 (+2)	−88,29 (+2)	+96,40	−88,27					
5	142°24′48″ (+8)						3167,11	2089,36	5	1167	89	+226	−117
		94°54′22″	115,32	+0,99634 −0,08553	+114,90 (+2)	−9,86 (+1)	+114,92	−9,85					
16	15°53′18″ (+8)						3282,03	2079,51	16	1282	80	+341	−126
	1173°37′42″	290°47′48″	789,90		+705,72	−268,19	+705,85	−268,07		6590	1439	+712	+266
26	900°	273°38′36″		Soll	+705,85	−268,07	$= y_e - y_a$	$= x_e - x_a$	1/7	941	206	−709	−271
	273°37′42″	$= \alpha_e - \alpha_a$			$f_y = +13$	$f_x = +12$				$= y_0$	$= x_0$		
Soll	273°38′36″												
	$f_\beta = +54''$												

Die gemäß (16) erhaltenen λ und δ sind in der letzten Spalte der Koeffiziententabelle eingetragen. Mit Hilfe von (17) und (18) gewinnt man schließlich als Verbesserungen der vorläufigen Koordinatenunterschiede

$$\begin{aligned} d\,\Delta y_1 &= 0{,}04 + 0{,}10 = 14\text{ mm} & d\,\Delta x_1 &= -0{,}03 + 0{,}16 = 13\text{ mm}\\ d\,\Delta y_2 &= 0{,}17 + 0{,}06 = 23\text{ mm} & d\,\Delta x_2 &= -0{,}04 + 0{,}23 = 19\text{ mm}\\ d\,\Delta y_3 &= 0{,}35 - 0{,}03 = 32\text{ mm} & d\,\Delta x_3 &= 0{,}04 + 0{,}28 = 32\text{ mm}\\ d\,\Delta y_4 &= 0{,}05 + 0{,}17 = 22\text{ mm} & d\,\Delta x_4 &= -0{,}03 + 0{,}26 = 23\text{ mm}\\ d\,\Delta y_5 &= -0{,}02 + 0{,}17 = 15\text{ mm} & d\,\Delta x_5 &= 0{,}02 + 0{,}18 = 20\text{ mm}\\ d\,\Delta y_6 &= 0{,}22 + 0{,}01 = 23\text{ mm} & d\,\Delta x_6 &= -0{,}02 + 0{,}13 = 11\text{ mm}\,. \end{aligned}$$

Nach Anfügen der abgerundeten Verbesserungen an die vorläufigen Koordinatenunterschiede schließt der Zug widerspruchsfrei ab. Die endgültigen Koordinaten unterscheiden sich von denen der Näherungsausgleichung um höchstens 2 cm.

Aus den mit den Gewichten multiplizierten λ bzw. δ der obigen Tabelle ergibt sich die Probe

$$[v\,v\,p] = -[w\,k] = 0{,}661\,.$$

Für die Fehlerrechnung sind indessen die δ mit den im Rechenschema der S. 190 an den Brechungswinkeln angebrachten ersten Verbesserungen zusammenzufassen. Es ergibt sich dann auf Grund der Gl. (19)

$$m_0 = \pm\sqrt{\frac{0{,}180 + 0{,}598}{3}} = \pm\,0{,}5\,,$$

$$m_w = \pm\frac{m_0}{\sqrt{p_w}} = \pm\,0{,}5'\,,$$

$$m_s\,(\text{in dm}) = \pm\frac{m_0}{\sqrt{p_s}} = \pm\,m_0\sqrt{\frac{s\,(\text{in dm})}{1000}} = \pm\,0{,}016\sqrt{s\,(\text{in dm})}\,.$$

Die Ausgleichung führt also auf mittlere Fehler, die halb so groß sind wie die a priori eingeführten Fehler. Das ist plausibel, da die letzteren Grenzfehler sind.

Die strenge Ausgleichung von Polygonzügen hat keine große praktische Bedeutung, weil hierbei im Gegensatz zu den trigonometrischen Aufgaben einer großen Anzahl gemessener Stücke nur drei Überbestimmungen gegenüberstehen, so daß die Ausgleichung nur eine unbedeutende Gewichtserhöhung mit sich bringt. Ihre strenge mathematische Behandlung muß jedoch so weitgehend wie möglich durchgeführt werden, um zu einwandfreien Erkenntnisformeln zu gelangen. Theoretisch ist die Aufgabe sehr interessant und darum in der Literatur sehr häufig behandelt. Von den neueren Veröffentlichungen seien erwähnt:

EGGERT: Die Ausgleichung von Polygonzügen nach der Methode der kleinsten Quadrate. Z. Vermessungsw. 1928 S. 657 und 1935 S. 1 (für unsere Darstellung benutzt).

FÖRSTNER: Ausgleichung und Genauigkeit von Polygonzügen im weitmaschigen Dreiecksnetz. Stuttgart 1933.

TSCHEBOTAREW: Kombiniertes Verfahren der strengen Ausgleichung von Polygonzügen. Z. Vermessungsw. 1935 S. 686.

MÖHLE: Die Ausgleichung von Polygonzügen. Z. Vermessungsw. 1936 S. 536.

NITTINGER: Ausgleichung polygonaler Züge und Netze. Berlin 1938.

BRENNECKE: Was ist Strenge der Ausgleichung in der praktischen Anwendung? Z. Vermessungsw. 1940 S. 422.

§ 36. Das Boltzsche Entwicklungsverfahren.

1. Gruppenweise Ausgleichung.

Der Umfang eines Normalgleichungssystems und damit die Auflösungsarbeit wachsen bei zunehmender Anzahl der Bedingungsgleichungen nahezu quadratisch. Daher entsteht der Wunsch, die Bedingungsgleichungen in zwei oder mehrere Gruppen zu zerlegen und jede für sich allein zu behandeln. Ohne weiteres ist das jedoch nicht möglich; denn es dürfen ja diejenigen Normalgleichungsanteile, die, wie das System (4) auf S. 195 erkennen läßt, Elemente aus verschiedenen Gruppen enthalten, nicht unberücksichtigt bleiben. In den Anfängen der Ausgleichungsrechnung hat man sich durch schrittweise Annäherung zu helfen versucht. Man glich zunächst nur eine Gruppe von Bedingungsgleichungen aus, brachte die daraus hervorgehenden Verbesserungen an allen Beobachtungen an und unterzog die verbesserten Beobachtungen einer neuen Ausgleichung in Beziehung auf die zweite Gruppe von Bedingungsgleichungen; alsdann wurden die abermals verbesserten Beobachtungen wieder den Bedingungsgleichungen der ersten Gruppe unterworfen, und so fortfahrend wurde abwechselnd die eine und die andere Gruppe ausgeglichen, bis alle Widersprüche verschwunden waren. Dieses Verfahren führt zwar zum Ziel, es konvergiert aber sehr langsam und ist daher unwirtschaftlich.

Zweckmäßiger ist es, die beiden für sich auszugleichenden Gruppen zunächst durch gewisse Umformungen unabhängig voneinander zu machen. Hierfür hat bereits C. F. Gauss mehrere Verfahren angegeben, deren eines das im § 35 besprochene Verfahren der reduzierten Bedingungsgleichungen ist. Ein zweiter Gausssscher Gedanke ist im § 35 im Zusatz angegeben worden. Gauss hat ferner ein elegantes Näherungsverfahren benutzt, das es erlaubt, in trigonometrischen Netzen die Winkel- und Seitengleichungen getrennt zu behandeln.

L. Krüger[1], der über diese Verfahren berichtet, hat das Verfahren der reduzierten Bedingungsgleichungen, das die gesonderte Behandlung *einer* Bedingungsgleichung erlaubt, zu dem ,,Krügerschen Zweigruppenverfahren“ ausgebaut, mit dessen Hilfe eine Gruppe von *mehreren* Bedingungsgleichungen abgespalten werden kann. Wie beim Verfahren der reduzierten Bedingungsgleichungen macht Krüger darin die Bedingungsgleichungen der abzuspaltenden Gruppe unabhängig von denen der Restgruppe, indem er sie umformt, und er gewinnt die dazu erforderlichen Umformungskonstanten aus der Forderung, daß die aus Anteilen beider Gruppen gemischten Normalgleichungskoeffizienten verschwinden müssen. Von einer eingehenden Darstellung dieses Ver-

---

[1] Krüger, L.: Über die Ausgleichung von bedingten Beobachtungen in zwei Gruppen. Veröff. Preuß. Geod. Inst. Neue Folge Nr. 18. Potsdam 1905.

fahrens kann abgesehen werden, da es einerseits nichts spezifisch Neues bringt, zum anderen hat H. BOLTZ es ausgebaut und vervollkommnet zu dem nach ihm benannten Entwicklungsverfahren[1].

Das Boltzsche Entwicklungsverfahren erlaubt es, nicht nur zwei, sondern mehrere Gruppen von Bedingungsgleichungen für sich zu behandeln. BOLTZ erreicht dies vor allem durch zwei Gedanken, deren einer an KRÜGERS Zweigruppenverfahren anschließt: Aus der ersten Gruppe der Bedingungsgleichungen werden (ohne Berücksichtigung der zweiten Gruppe) Näherungswerte der zugehörigen Korrelaten abgeleitet und durch Zwischenrechnungen so mit den Korrelaten der zweiten Gruppe verbunden, daß man diese sogleich streng erhält und damit die vorläufigen Werte der ersten Gruppe verbessern kann. Wichtiger noch ist BOLTZ' zweiter Gedanke: Es wird nicht, wie sonst üblich, darauf ausgegangen, auf kürzestem Wege Zahlenwerte der Korrelaten zu gewinnen, sondern BOLTZ „entwickelt" die Korrelaten als Funktionen der unbestimmt gelassenen Widersprüche. Treten dann später neue Bedingungsgleichungen hinzu, so kann deren Einfluß durch zusätzliche Glieder nachträglich angebracht werden, ohne daß die vorhandenen Entwicklungen verworfen werden müssen.

2. Die Entwicklung der Korrelaten nach den Widersprüchen.

Dies ist nichts anderes als die im § 16 besprochene sogenannte unbestimmte Auflösung der Normalgleichungen, durch die die Unbekannten x, y, z als Funktionen der Absolutglieder dargestellt werden. Dieses Verfahren wird auf die Methode der bedingten Beobachtungen übertragen, indem an die Stelle der Unbekannten des § 16 die Korrelaten und an die Stelle der Absolutglieder die Widersprüche treten. Die unbestimmten Koeffizienten — dort mit Q_{ik} bezeichnet — werden von BOLTZ f_{ik} genannt und — wenn der Einfachheit halber nur drei Bedingungsgleichungen angenommen werden — gemäß § 16 (2), (11) und (17) bestimmt aus den Gleichungen

$$\left.\begin{array}{c}
[aa]f_{11} + [ab]f_{12} + [ac]f_{13} = 1\,, \\
[ab]f_{11} + [bb]f_{12} + [bc]f_{13} = 0\,, \\
[ac]f_{11} + [bc]f_{12} + [cc]f_{13} = 0\,, \\
[aa]f_{21} + [ab]f_{22} + [ac]f_{23} = 0\,, \quad [aa]f_{31} + [ab]f_{32} + [ac]f_{33} = 0\,, \\
[ab]f_{21} + [bb]f_{22} + [bc]f_{23} = 1\,, \quad [ab]f_{31} + [bb]f_{32} + [bc]f_{33} = 0\,, \\
[ac]f_{21} + [bc]f_{22} + [cc]f_{23} = 0\,, \quad [ac]f_{31} + [bc]f_{32} + [cc]f_{33} = 1\,,
\end{array}\right\} \quad (1)$$

worin gemäß § 16 (24) die $f_{ik} = f_{ki}$ sind. Für die Korrelaten, die fortan abweichend von unserer bisherigen Übung Zahlenindizes erhalten,

[1] BOLTZ, H.: Entwicklungsverfahren zum Ausgleichen geodätischer Netze. Veröff. Preuß. Geod. Inst. Neue Folge Nr. 90. Berlin 1923. — JORDAN-EGGERT: Handbuch der Vermessungskunde Bd. I, 8. Aufl., § 81.

ergeben sich gemäß § 16 (26) die Entwicklungen

$$\left.\begin{aligned} k_1 &= f_{11} w_1 + f_{12} w_2 + f_{13} w_3, \\ k_2 &= f_{21} w_1 + f_{22} w_2 + f_{23} w_3, \\ k_3 &= f_{31} w_1 + f_{32} w_2 + f_{33} w_3. \end{aligned}\right\} \qquad (2)$$

Diese Gleichungen lassen das Bildungsgesetz vollständig erkennen, so daß die Übertragung auf größere Systeme keine Schwierigkeiten macht. Es ist jedoch nicht immer nötig, die f_{ik} auf Grund der Gln. (1) zu berechnen. Die Berechnung vereinfacht sich nämlich, wenn die Bedingungsgleichungen gewisse Regelmäßigkeiten aufweisen. Das ist vor allem bei Dreiecksketten der Fall.

Man betrachte z. B. die nachstehende Dreieckskette, die nach

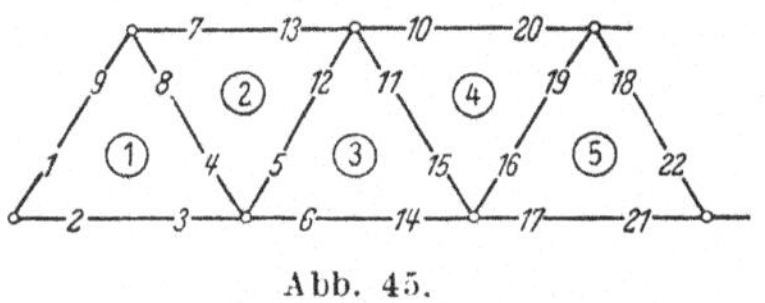

Abb. 45.

Richtungen (oder als Winkelmessung in allen Kombinationen) beobachtet sei, wobei alle Richtungen gleichgewichtig sind. Die Netzbedingungen sind dann in tabellarischer Form:

	a	*b*	*c*	*d*	*e*
1	— 1				
2	+ 1				
3	— 1				
4	+ 1	— 1			
5		+ 1	— 1		
6			+ 1		
7		— 1			
8	— 1	+ 1			
9	+ 1				
10				— 1	
11			— 1	+ 1	
12		— 1	+ 1		
13		+ 1			
14			— 1		
15			+ 1	— 1	
16				+ 1	— 1
17					+ 1
18					— 1
19				— 1	+ 1
20				+ 1	
21					— 1
22					+ 1
w	w_1	w_2	w_3	w_4	w_5

Aus den Bedingungsgleichungen erhalten wir die Normalgleichungen

$$\begin{aligned} 6k_1 - 2k_2 &+ w_1 = 0, \\ -2k_1 + 6k_2 - 2k_3 &+ w_2 = 0, \\ -2k_2 + 6k_3 - 2k_4 &+ w_3 = 0, \\ -2k_3 + 6k_4 - 2k_5 &+ w_4 = 0, \\ -2k_4 + 6k_5 &+ w_5 = 0. \end{aligned}$$

Für die Normalgleichungen gilt also folgendes Bildungsgesetz: Die Korrelate, die denselben Index hat wie der Widerspruch, hat den Faktor + 6, die Korrelaten der anschließenden Dreiecke haben die Faktoren — 2; in allen anderen Fällen ist der Faktor Null.

Für diese und andere häufig auftretende Konfigurationen sind Tabellen errechnet, die z. B. für den Fall der aus 5 Dreiecken bestehenden einfachen Dreieckskette des obigen Bildes folgenden Bau haben:

$$\begin{aligned}
k_1 &= -0{,}191\,w_1 - 0{,}073\,w_2 - 0{,}028\,w_3 - 0{,}010\,w_4 - 0{,}003\,w_5\,,\\
k_2 &= -0{,}073\,w_1 - 0{,}219\,w_2 - 0{,}083\,w_3 - 0{,}031\,w_4 - 0{,}010\,w_5\,,\\
k_3 &= -0{,}028\,w_1 - 0{,}083\,w_2 - 0{,}222\,w_3 - 0{,}083\,w_4 - 0{,}028\,w_5\,,\\
k_4 &= -0{,}010\,w_1 - 0{,}031\,w_2 - 0{,}083\,w_3 - 0{,}219\,w_4 - 0{,}073\,w_5\,,\\
k_5 &= -0{,}003\,w_1 - 0{,}010\,w_2 - 0{,}028\,w_3 - 0{,}073\,w_4 - 0{,}191\,w_5\,.
\end{aligned}$$

Diese Tabelle[1] zeigt sehr deutlich, daß die Korrelaten in erster Linie vom Widerspruch der zugehörigen Bedingungsgleichung (mit dem gleichen Index) abhängen, während der Einfluß der übrigen Bedingungen mit zunehmender Entfernung abnimmt.

3. Berechnung der Korrelaten in zwei getrennten Gruppen.

BOLTZ verbindet nun die Entwicklung der Korrelaten nach den Widersprüchen mit dem KRÜGERschen Zweigruppenverfahren und erzielt zugleich durch Benutzen von KoeffizIententabellen zusätzliche Rechenerleichterungen. Wir betrachten ein System von fünf unabhängigen Bedingungsgleichungen, von denen die drei ersten die I. Gruppe, die beiden letzten die II. Gruppe sein sollen:

$$\left.\begin{aligned}
a_1 v_1 + a_2 v_2 + a_3 v_3 + \cdots + a_n v_n + w_1 &= 0\,,\\
b_1 v_1 + b_2 v_2 + b_3 v_3 + \cdots + b_n v_n + w_2 &= 0\,,\\
c_1 v_1 + c_2 v_2 + c_3 v_3 + \cdots + c_n v_n + w_3 &= 0\,,\\
\hline
d_1 v_1 + d_2 v_2 + d_3 v_3 + \cdots + d_n v_n + w_4 &= 0\,,\\
e_1 v_1 + e_2 v_2 + e_3 v_3 + \cdots + e_n v_n + w_5 &= 0\,.
\end{aligned}\right\} \qquad (3)$$

Dazu gehören die aus didaktischen Gründen etwas umgestellten Normalgleichungen

$$\left.\begin{array}{l:l}
[aa]\,k_1 + [ab]\,k_2 + [ac]\,k_3 + w_1 & + [ad]\,k_4 + [ae]\,k_5 = 0\,,\\
[ab]\,k_1 + [bb]\,k_2 + [bc]\,k_3 + w_2 & + [bd]\,k_4 + [be]\,k_5 = 0\,,\\
[ac]\,k_1 + [bc]\,k_2 + [cc]\,k_3 + w_3 & + [cd]\,k_4 + [ce]\,k_5 = 0\,,\\
\hdashline
[ad]\,k_1 + [bd]\,k_2 + [cd]\,k_3 & + [dd]\,k_4 + [de]\,k_5 + w_4 = 0\,,\\
[ae]\,k_1 + [be]\,k_2 + [ce]\,k_3 & + [de]\,k_4 + [ee]\,k_5 + w_5 = 0\,.
\end{array}\right\} \qquad (4)$$

Hierin stehen oben links die Normalgleichungen, die allein der I. Gruppe von Bedingungsgleichungen entsprechen, unten rechts die Normalgleichungen der II. Gruppe und in den verbleibenden Sektoren diejenigen „störenden" Glieder, die die gegenseitige Abhängigkeit der beiden Gruppen erkennen lassen. Wenn man nun k_1, k_2 und k_3 allein

[1] Tabellen für einfache Dreiecksketten und einfache Zentral- und Kranzsysteme finden sich in BOLTZ' Originalschrift; für alle möglichen Figuren bis zu 9 Dreiecken und für Ketten in 6 strahligen Zentralsystemen in W. JENNE: Kettenbruchformeln und Korrelationstabellen für trigonometrische Netze. Veröff. Preuß. Geod. Inst. Neue Folge 107. Potsdam 1937.

aus der I. Gruppe rechnet, so bekommt man statt der endgültigen Werte der k_i vorläufige Werte k_1^0, k_2^0 und k_3^0, die entwickelt nach dem Schema (2) lauten

$$\left.\begin{aligned} k_1^0 &= f_{11} w_1 + f_{12} w_2 + f_{13} w_3 , \\ k_2^0 &= f_{12} w_1 + f_{22} w_2 + f_{23} w_3 , \\ k_3^0 &= f_{13} w_1 + f_{23} w_2 + f_{33} w_3 . \end{aligned}\right\} \quad (5)$$

Nun setze man für den Augenblick in (4)

$$\left.\begin{aligned} w_1 + [ad]\, k_4 + [ae]\, k_5 &= w_1' , \\ w_2 + [bd]\, k_4 + [be]\, k_5 &= w_2' , \\ w_3 + [cd]\, k_4 + [ce]\, k_5 &= w_3' . \end{aligned}\right\} \quad (6)$$

Damit erhält man strenge Entwicklungen für die k_i aus

$$\left.\begin{aligned} k_1 &= f_{11} w_1' + f_{12} w_2' + f_{13} w_3' , \\ k_2 &= f_{12} w_1' + f_{22} w_2' + f_{23} w_3' , \\ k_3 &= f_{13} w_1' + f_{23} w_2' + f_{33} w_3' . \end{aligned}\right\} \quad (7)$$

Der Vergleich der ersten Gln. (5) und (7) ergibt

$$k_1 - k_1^0 = f_{11}(w_1' - w_1) + f_{12}(w_2' - w_2) + f_{13}(w_3' - w_3) ,$$

und wenn man die erste Gl. (6) beachtet, so wird

$$\begin{aligned} k_1 - k_1^0 = f_{11}([ad]\, k_4 + [ae]\, k_5) &+ \\ + f_{12}([bd]\, k_4 + [be]\, k_5) &+ f_{13}([cd]\, k_4 + [ce]\, k_5) \end{aligned}$$

und geordnet nach k_4 und k_5

$$\begin{aligned} k_1 = k_1^0 &+ (f_{11}[ad] + f_{12}[bd] + f_{13}[cd])\, k_4 + \\ &+ (f_{11}[ae] + f_{12}[be] + f_{13}[ce])\, k_5 . \end{aligned}$$

Gleichlautende Ausdrücke lassen sich für k_2 und k_3 ableiten, wobei an die Stelle der f_{11}, f_{12}, f_{13} für k_2 die f_{12}, f_{22}, f_{23} und für k_3 die f_{13}, f_{23}, f_{33} treten. Zur Abkürzung werden dann für die Klammerausdrücke neue Bezeichnungen eingeführt, und zwar für die Koeffizienten von k_4

$$\left.\begin{aligned} z_{14} &= f_{11}[ad] + f_{12}[bd] + f_{13}[cd] , \\ z_{24} &= f_{12}[ad] + f_{22}[bd] + f_{23}[cd] , \\ z_{34} &= f_{13}[ad] + f_{23}[bd] + f_{33}[cd] \end{aligned}\right\} \quad (8\,a)$$

und für die Koeffizienten von k_5

$$\left.\begin{aligned} z_{15} &= f_{11}[ae] + f_{12}[be] + f_{13}[ce] , \\ z_{25} &= f_{12}[ae] + f_{22}[be] + f_{23}[ce] , \\ z_{35} &= f_{13}[ae] + f_{23}[be] + f_{33}[ce] . \end{aligned}\right\} \quad (8\,b)$$

Mit diesen Symbolen bekommt man dann die strengen Zusammenhänge

$$\left.\begin{aligned} k_1 &= k_1^0 + z_{14}\, k_4 + z_{15}\, k_5 , \\ k_2 &= k_2^0 + z_{24}\, k_4 + z_{25}\, k_5 , \\ k_3 &= k_3^0 + z_{34}\, k_4 + z_{35}\, k_5 . \end{aligned}\right\} \quad (9)$$

Diese Gleichungen zeigen in den beiden letzten Spalten die Zuschläge, die die vorläufigen Korrelaten der ersten Gruppe beim Hinzutreten zweier weiterer Bedingungsgleichungen erhalten müssen. Die z_{ik}, die dabei die Bindeglieder zwischen den vorläufigen Korrelaten und den endgültigen Korrelaten der I. Gruppe sind, werden von BOLTZ als *Zwischenkorrelaten* bezeichnet. Sie werden nach (8) errechnet, indem man in den Entwicklungen für die vorläufigen Korrelaten der ersten Gruppe in (5) an die Stelle der w_1, w_2, w_3 die Normalgleichungskoeffizienten $[ad]$, $[bd]$, $[cd]$ bzw. $[ae]$, $[be]$, $[ce]$ setzt. Die Zwischenkorrelaten fallen also bei der Rechnung sozusagen nebenher ab.

Um nun nach (9) von den vorläufigen zu den *endgültigen* Entwicklungen der Korrelaten der I. Gruppe zu gelangen, muß man zuvor die endgültigen Entwicklungen der Korrelaten der II. Gruppe aufstellen. Es müssen also ebenso wie beim GAUSSschen Algorithmus die Korrelaten mit den höchsten Indizes — hier k_4 und k_5 — zuerst ermittelt werden. Dazu eliminiert man aus den beiden letzten Gln. (4) k_1, k_2 und k_3 mit Hilfe von (9) und erhält

$$\begin{aligned}
&[ad]\,k_1^0 + [ad]\,z_{14}\,k_4 + [ad]\,z_{15}\,k_5 + \\
&+ [bd]\,k_2^0 + [bd]\,z_{24}\,k_4 + [bd]\,z_{25}\,k_5 + \\
&+ [cd]\,k_3^0 + [cd]\,z_{34}\,k_4 + [cd]\,z_{35}\,k_5 + \\
&+ \quad w_4 \quad + [dd]\cdot k_4 \quad + [de]\cdot k_5 = 0
\end{aligned}$$

und

$$\begin{aligned}
&[ae]\,k_1^0 + [ae]\,z_{14}\,k_4 + [ae]\,z_{15}\,k_5 + \\
&+ [be]\,k_2^0 + [be]\,z_{24}\,k_4 + [be]\,z_{25}\,k_5 + \\
&+ [ce]\,k_3^0 + [ce]\,z_{34}\,k_4 + [ce]\,z_{35}\,k_5 + \\
&+ \quad w_5 \quad + [de]\cdot k_4 \quad + [ee]\cdot k_5 = 0\,.
\end{aligned}$$

Es werden nun für die in jeder Gleichung vertikal übereinanderstehenden Faktoren von k_4 und k_5 und für die Absolutwerte neue Symbole eingeführt, nämlich

$$\left.\begin{aligned}
[dd] + [ad]\,z_{14} + [bd]\,z_{24} + [cd]\,z_{34} &= [DD]\,,\\
[de] + [ad]\,z_{15} + [bd]\,z_{25} + [cd]\,z_{35} &= [DE]\,,\\
w_4 + [ad]\,k_1^0 + [bd]\,k_2^0 + [cd]\,k_3^0 &= W_4\,,\\
[de] + [ae]\,z_{14} + [be]\,z_{14} + [ce]\,z_{34} &= [ED]\,,\\
[ee] + [ae]\,z_{15} + [be]\,z_{25} + [ce]\,z_{35} &= [EE]\,,\\
w_5 + [ae]\,k_1^0 + [be]\,k_2^0 + [ce]\,k_3^0 &= W_5\,.
\end{aligned}\right\} \tag{10}$$

Hierin muß, was als Rechenprobe dienen mag, $[DE] = [ED]$ sein. Werden dann die Ausdrücke (10) in die beiden vorangegangenen Gleichungen eingeführt, so erhält man zur Berechnung der endgültigen

Entwicklungen von k_4 und k_5 die *gestörten* Normalgleichungen der II. Gruppe

$$\left.\begin{aligned}[DD]\,k_4 + [DE]\,k_5 + W_4 = 0\,,\\ [DE]\,k_4 + [EE]\,k_5 + W_5 = 0\,.\end{aligned}\right\} \tag{11}$$

Boltz nennt diese Gleichungen *gestörte Normalgleichungen* und die Koeffizienten und Widersprüche in (10) *gestörte Koeffizienten bzw. Widersprüche*, weil er den Einfluß der I. Gruppe auf die II. Gruppe als Störung betrachtet. Die Gln. (11) sind indessen, worauf zuerst Wolf[1] hingewiesen hat, nichts anderes als die bei der Gaussschen Reduktion des Systems (4) nach der Elimination der Korrelaten der I. Gruppe verbleibenden reduzierten Normalgleichungen der II. Gruppe; daraus erhellt dann auch, daß $[DE] = [ED]$ sein muß. Das Boltzsche Entwicklungsverfahren hängt also viel enger mit dem Gaussschen Algorithmus zusammen, als es zunächst den Anschein hat. Boltz kürzt den Reduktionsvorgang dadurch ab, daß er fertige Korrelatenentwicklungen benutzt.

Auch die Gln. (11) werden zunächst nur unbestimmt aufgelöst. Sie weisen indessen nicht denselben einfachen Bau auf wie die ursprünglichen Normalgleichungen (4), so daß hier fertige Korrelatentabellen im allgemeinen nicht zu verwenden sind. Es müssen also durch unbestimmte Auflösung nach dem Gaussschen Algorithmus neue Faktoren F_{ik} errechnet werden, mit denen die zu (11) gehörigen Entwicklungen nunmehr lauten

$$\left.\begin{aligned}k_4 = F_{44}\,W_4 + F_{45}\,W_5\,,\\ k_5 = F_{45}\,W_4 + F_{55}\,W_5\,.\end{aligned}\right\} \tag{12}$$

Für den Sonderfall, daß die II. Gruppe aus den Winkelbedingungen einer einfachen Dreieckskette besteht, die mit dem Netzverband der I. Gruppe lediglich eine Seitengemeinschaft hat, gibt Boltz gleichfalls fertige Korrelatentabellen. Als Beispiel entnehmen wir aus den Boltzschen Tabellen auf S. 21 bis 23 seines Werkes die Korrelatenentwicklung für eine „gestörte" einfache Kette aus 3 Dreiecken:

$$\begin{aligned}2\,(8\,A-6)\,k_1 &= -16\,W_1 - 6\,w_2 - 2\,w_3\,,\\ 2\,(8\,A-6)\,k_2 &= -\ \ 6\,W_1 - 3\,A\,w_2 - A\,w_3\,,\\ 2\,(8\,A-6)\,k_3 &= -\ \ 2\,W_1 - A\,w_2 - (3\,A-2)\,w_3\,.\end{aligned}$$

Darin sind 1, 2 und 3 die Indizes für die drei Gleichungen der II. Gruppe, und es ist A der quadratische Koeffizient für die erste der gestörten Normalgleichungen.

[1] Wolf, H.: Die Stellung des Boltzschen Entwicklungsverfahrens in der Ausgleichungsrechnung nach bedingten Beobachtungen. Veröff. Inst. Erdmessung Nr. 3. Bamberg 1949. — Vgl. a. E. Gotthardt: Boltzsches Entwicklungsverfahren und Gaußscher Algorithmus. Z. Vermessungsw. 1953 S. 97ff.

Wie man sieht, erscheinen in diesen Entwicklungen auch die gestörten Widersprüche W. Diese hat man mit Beachtung von (10) und (5) durch die ursprünglichen Widersprüche zu ersetzen und erhält dann die endgültigen Entwicklungen der Korrelaten der II. Gruppe. Einsetzen in (9) gibt schließlich die endgültigen Entwicklungen auch für die I. Gruppe.

Soll jetzt noch eine weitere Gruppe von Bedingungsgleichungen in die Ausgleichung einbezogen werden, so betrachte man die bisherigen beiden Gruppen zusammen als neue I. Gruppe und die dritte Gruppe als neue II. Gruppe. Die bis jetzt erhaltenen Entwicklungen sind dann wieder die den Gln. (5) entsprechenden vorläufigen Werte, die gemäß (9) und (12) ergänzt werden müssen durch die Glieder, die den Einfluß der neu hinzutretenden Bedingungen zum Ausdruck bringen. Auf demselben Wege können immer weitere Gruppen angehängt werden. Am Schluß erst setzt man die Zahlenwerte der Widersprüche in die Entwicklungen ein und erhält damit auch die Zahlenwerte der Korrelaten. Die Berechnung der Verbesserungen und die Fehlerrechnung vollziehen sich auf dem üblichen Wege. Einige Besonderheiten, insbesondere hinsichtlich der Verprobung, mögen hier außer Betracht bleiben.

Durch fortgesetzte Anwendung seines Verfahrens hat BOLTZ mehrere hundert Bedingungsgleichungen in einem Guß ausgeglichen. Sehr zugute gekommen ist ihm dabei, daß, wie die Tabelle auf S.195 oben zeigt, der Einfluß eines Widerspruches mit der Entfernung beträchtlich zurückgeht und schließlich ganz verschwindet. BOLTZ hat die Grenze noch weiter heraufgesetzt durch sein Substitutionsverfahren[1], das es erlaubt, zwei nach dem Entwicklungsverfahren ausgeglichene Netze zu vereinigen. Die Darstellung dieses Verfahrens geht jedoch über den Rahmen dieses Buches hinaus.

Ein praktischer Rechenweg wird in dem nachfolgenden Beispiel gezeigt.

Aufgabe 30.

Korrelatenentwicklungen in einer einfach gestörten Dreieckskette.

In dem nebenstehenden Netz, das in 2 Gruppen unterteilt ist, sind die Korrelaten als Funktionen der Widersprüche nach dem BOLTZschen Verfahren zu entwickeln. Als I. Gruppe gelten die Dreiecke ① bis ④, als II. Gruppe die Dreiecke ⑤ und ⑥.

Es sei vorweg das Normalgleichungssystem für alle Dreiecke nach dem Bildungsgesetz der S. 194 zusammengestellt, damit man die ausfallenden Koeffizienten schnell erkennen kann.

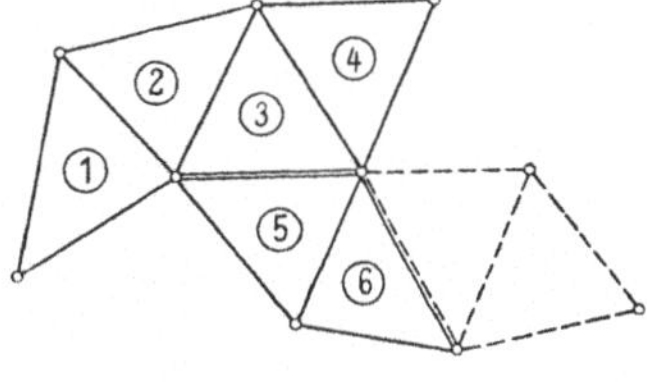

Abb. 46.

[1] BOLTZ, H.: Substitutionsverfahren zum Ausgleichen großer Dreiecksnetze in einem Guß. Veröff. Preuß. Geod. Inst. Neue Folge Nr. 108. Potsdam 1938.

$$\begin{array}{lllllll}
 & a & b & c & d & e & f \\
a & 6k_1 - 2k_2 & & & & & + w_1 = 0 \\
b & -2k_1 + 6k_2 - 2k_3 & & & & & + w_2 = 0 \\
c & & -2k_2 + 6k_3 - 2k_4 - 2k_5 & & & & + w_3 = 0 \\
d & & -2k_3 + 6k_4 & & & & + w_4 = 0 \\
e & & -2k_3 & & +6k_5 - 2k_6 & & + w_5 = 0 \\
f & & & & -2k_5 + 6k_6 & & + w_6 = 0 \,.
\end{array}$$

Es ergibt sich folgender Rechenweg:

a) Aufstellen der Normalgleichungen für die I. Gruppe.

$$\begin{aligned}
6k_1^0 - 2k_2^0 \qquad\qquad\quad & + w_1 = 0 \\
-2k_1^0 + 6k_2^0 - 2k_3^0 \qquad & + w_2 = 0 \\
-2k_2^0 + 6k_3^0 - 2k_4^0 & + w_3 = 0 \\
-2k_3^0 + 6k_4^0 & + w_4 = 0 \,.
\end{aligned}$$

b) Aufstellen der vorläufigen Entwicklungen für die Korrelaten der I. Gruppe. Man entnimmt aus Boltz' Tafeln (a. a. O. S. 11) für einfache Dreiecksketten, wenn an Stelle der Dezimalbrüche des Schemas auf S. 195 aus didaktischen Gründen ganze Zahlen benutzt werden,

$$\begin{aligned}
110\,k_1^0 &= -21\,w_1 - 8\,w_2 - 3\,w_3 - 1\,w_4 \,, \\
110\,k_2^0 &= -8\,w_1 - 24\,w_2 - 9\,w_3 - 3\,w_4 \,, \\
110\,k_3^0 &= -3\,w_1 - 9\,w_2 - 24\,w_3 - 8\,w_4 \,, \\
110\,k_4^0 &= -1\,w_1 - 3\,w_2 - 8\,w_3 - 21\,w_4 \,.
\end{aligned}$$

c) Berechnen der Zwischenkorrelaten. Gemäß dem aus (8) zu erkennenden Bildungsgesetz gilt für 4 Korrelaten

$$\begin{aligned}
z_{15} &= f_{11}[ae] + f_{12}[be] + f_{13}[ce] + f_{14}[de] \,, \\
z_{25} &= f_{12}[ae] + f_{22}[be] + f_{23}[ce] + f_{24}[de] \text{ usw.}
\end{aligned}$$

oder mit den unter b) aus Boltz entnommenen Werten für die f_{ik}

$$\begin{aligned}
110\,z_{15} &= -21[ae] - 8[be] - 3[ce] - 1[de] \,, \\
110\,z_{25} &= -8[ae] - 24[be] - 9[ce] - 3[de] \text{ usw.}
\end{aligned}$$

Wegen $[ae] = [be] = [de] = [af] = [bf] = [cf] = [df] = 0$; $[ce] = -2$ bleibt dann lediglich

$$z_{15} = +\frac{3}{55}; \quad z_{25} = +\frac{9}{55}; \quad z_{35} = +\frac{24}{55}; \quad z_{45} = +\frac{8}{55},$$

$$z_{16} = 0; \quad z_{26} = 0; \quad z_{36} = 0; \quad z_{46} = 0 \,.$$

d) Berechnen der gestörten Koeffizienten. Anwendung von (10) gibt

$$[EE] = [ee] + [ae]z_{15} + [be]z_{25} + [ce]z_{35} + [de]z_{45} = 6 - \frac{2 \cdot 24}{55} = \frac{282}{55}$$

$$[EF] = [ef] + [ae]z_{16} + [be]z_{26} + [ce]z_{36} + [de]z_{46} = -2$$

$$\begin{aligned}
W_5 &= w_5 + [ae]k_1^0 + [be]k_2^0 + [ce]k_3^0 + [de]k_4^0 = w_5 - 2k_3^0 \\
&= w_5 + \frac{3}{55}w_1 + \frac{9}{55}w_2 + \frac{24}{55}w_3 + \frac{8}{55}w_4
\end{aligned}$$

$$\begin{aligned}
[EF] &= [ef] + [af]z_{15} + [bf]z_{25} + [cf]z_{35} + [df]z_{45} = [ef] = -2 \\
[FF] &= [ff] + [af]z_{16} + [bf]z_{26} + [cf]z_{36} + [df]z_{46} = [ff] = +6 \\
W_6 &= w_6 + [af]k_1^0 + [bf]k_2^0 + [cf]k_3^0 + [df]k_4^0 = w_6 \,.
\end{aligned}$$

Damit lauten die gestörten Normalgleichungen der II. Gruppe

$$\frac{282}{55}\,k_5 - 2\,k_6 + W_5 = 0\,,$$
$$-2\,k_5 + 6\,k_6 + w_6 = 0\,.$$

e) Entnehmen der Entwicklungen für gestörte einfache Dreiecksketten aus BOLTZ' Werk S. 21 und 22. Dort findet sich für k_5 und k_6, indem unter A der gestörte quadratische Koeffizient verstanden wird,

$$2\,(3\,A - 2)\,k_5 = -6\,W_5 - 2\,w_6 \equiv 2\left(\frac{3\cdot 282}{55} - 2\right)k_5 = -6\,W_5 - 2\,w_6\,,$$

$$2\,(3\,A - 2)\,k_6 = -2\,W_5 - A\,w_6 \equiv 2\left(\frac{3\cdot 282}{55} - 2\right)k_5 = -2\,W_5 - \frac{282}{55}\,w_6\,.$$

Lösen der Klammer und Einführen der Entwicklungen für W_5 aus d) gibt

$$1472\,k_5 = -18\,w_1 - 54\,w_2 - 144\,w_3 - 48\,w_4 - 330\,w_5 - 110\,w_6\,,$$
$$1472\,k_6 = -6\,w_1 - 18\,w_2 - 48\,w_3 - 16\,w_4 - 110\,w_5 - 282\,w_6\,.$$

f) Aufstellen der Entwicklungen für die Korrelaten der I. Gruppe. Nach dem aus (9) zu erkennenden Bildungsgesetz ist mit Rücksicht auf c)

$$k_1 = k_1^0 + z_{15}\,k_5 + z_{16}\,k_6 = k_1^0 + \frac{6}{110}\,k_5\,,$$

$$k_2 = k_2^0 + z_{25}\,k_5 + z_{26}\,k_6 = k_2^0 + \frac{18}{110}\,k_5\,,$$

$$k_3 = k_3^0 + z_{35}\,k_5 + z_{36}\,k_6 = k_3^0 + \frac{48}{110}\,k_5\,,$$

$$k_4 = k_4^0 + z_{45}\,k_5 + z_{46}\,k_6 = k_4^0 + \frac{16}{110}\,k_5\,.$$

Hierin setze man die Entwicklungen aus b) und e) ein und beachte, um mit ganzen Zahlen rechnen zu können, daß $1472 \cdot 110 = 161\,920$ ist; dann wird

$$161\,920\,k_1 = 1472\cdot 110\,k_1^0 + 6\cdot 1472\,k_5\,,$$
$$161\,920\,k_2 = 1472\cdot 110\,k_2^0 + 18\cdot 1472\,k_5\,,$$
$$161\,920\,k_3 = 1472\cdot 110\,k_3^0 + 48\cdot 1472\,k_5\,,$$
$$161\,920\,k_4 = 1472\cdot 110\,k_4^0 + 16\cdot 1472\,k_5\,.$$

Wegen

$$1472\cdot 110\,k_1^0 = -30\,912\,w_1 - 11\,776\,w_2 - 4416\,w_3 - 1472\,w_4 \quad \text{und}$$
$$6\cdot 1472\,k_5 = -108\,w_1 - 324\,w_2 - 864\,w_3 - 288\,w_4 - 1980\,w_5 - 660\,w_6$$

lautet dann die vollständige Entwicklung für k_1

$$161\,920\,k_1 = 31\,020\,w_1 - 12\,100\,w_2 - 5280\,w_3 - 1760\,w_4 - 1980\,w_5 - 660\,w_6\,.$$

Entsprechend ergeben sich die vollständigen Entwicklungen für k_2, k_3 und k_4.

g) Zusammenstellen der Entwicklungen für die I. in die II. Gruppe. Aus den unter f) erhaltenen Entwicklungen der I. Gruppe läßt sich der Faktor 220, aus den unter e) stehenden Entwicklungen der II. Gruppe der Faktor 2 herausheben. Man erhält also schließlich die folgenden endgültigen Entwicklungen der I. und II. Gruppe

$$\begin{array}{rrrrrrr}
736\,k_1 = & -\underline{141}\,w_1 & -55\,w_2 & -24\,w_3 & -8\,w_4 & -9\,w_5 & -3\,w_6\,, \\
736\,k_2 = & -55\,w_1 & -\underline{165}\,w_2 & -72\,w_3 & -24\,w_4 & -27\,w_5 & -9\,w_6\,, \\
736\,k_3 = & -24\,w_1 & -72\,w_2 & -\underline{192}\,w_3 & -64\,w_4 & -72\,w_5 & -24\,w_6\,, \\
736\,k_4 = & -8\,w_1 & -24\,w_2 & -64\,w_3 & -\underline{144}\,w_4 & -24\,w_5 & -8\,w_6\,, \\
736\,k_5 = & -9\,w_1 & -27\,w_2 & -72\,w_3 & -24\,w_4 & -\underline{165}\,w_5 & -55\,w_6\,, \\
736\,k_6 = & -3\,w_1 & -9\,w_2 & -24\,w_3 & -8\,w_4 & -55\,w_5 & -\underline{141}\,w_6\,.
\end{array}$$

Die Symmetrie dieses Schemas zur Diagonalen ist gleichzeitig eine vorzügliche Probe für die nichtquadratischen Glieder, während die quadratischen Glieder durch unabhängige Doppelberechnung geprüft werden müssen. Die Entwicklungen für k_1 und k_6 stimmen in Beziehung auf w_2, w_3 und w_5 spiegelbildlich miteinander überein, weil die Dreiecke ① und ⑥ symmetrisch zu ②, ③ und ⑤ liegen.

h) Anschließen weiterer Gruppen. Ist nun noch eine III. Gruppe, etwa bestehend aus den gestrichelt gezeichneten Dreiecken, anzuschließen, so betrachte man diese letzten als II., dagegen die unter g) stehenden Entwicklungen als solche der I. Gruppe. Die Entwicklungen unter g) sind dann gemäß (5) „Vorläufige Entwicklungen" der I. Gruppe, und das Verfahren beginnt von c) an neu zu laufen. Entsprechend gestaltet sich der Anschluß weiterer Gruppen.

Mit den endgültigen Entwicklungen ist das Ziel des Entwicklungsverfahrens erreicht. Die Zahlenwerte der Korrelaten ergeben sich, wenn die w_i durch ihre Zahlenwerte ersetzt werden. Der weitere Gang der Ausgleichung vollzieht sich nach dem Schema der bedingten Beobachtungen.

§ 37. Vermittelnde Beobachtungen mit Bedingungsgleichungen.

Neben den klassischen Formen der Ausgleichungsrechnung, den Verfahren der direkten, vermittelnden und bedingten Beobachtungen, haben sich für bestimmte Ausgleichungsaufgaben Mischformen als zweckmäßig erwiesen. Ein solcher Fall liegt vor, wenn zwischen den durch Ausgleichung nach vermittelnden Beobachtungen zu bestimmenden Unbekannten gewisse streng zu erfüllende Bedingungen bestehen. Für diese Aufgabe gibt es zahlreiche Lösungen. Sie kann zunächst nach der Methode der vermittelnden Beobachtungen behandelt werden. Man benutzt dann die gegebenen r Bedingungsgleichungen, um r Unbekannte aus den n Fehlergleichungen zu eliminieren und hat alsdann ein System von n Fehlergleichungen mit $(u - r)$ Unbekannten aufzulösen. Ebenso kann die Lösung auf die Methode der bedingten Beobachtungen zurückgeführt werden, indem man aus den n Fehlergleichungen $+ r$ Bedingungsgleichungen die u Unbekannten eliminiert und dann $(n + r - u)$ Bedingungsgleichungen aufstellt.

Neben diesen beiden indirekten Lösungen gibt es jedoch auch einen direkten Weg. Gegeben seien

n Fehlergleichungen mit u Unbekannten

$$\left.\begin{array}{ll} v_1 = a_1 x + b_1 y + c_1 z + \cdots - l_1 & \text{Gewicht } p_1, \\ v_2 = a_2 x + b_2 y + c_2 z + \cdots - l_2 & \quad ,, \quad p_2, \\ \cdots\cdots\cdots\cdots\cdots\cdots & \\ v_n = a_n x + b_n y + c_n z + \cdots - l_n & \text{Gewicht } p_n, \end{array}\right\} \quad (1)$$

r Bedingungsgleichungen zwischen den Unbekannten

$$\left.\begin{array}{l} \alpha_0 + \alpha_1 x + \alpha_2 y + \alpha_3 z + \cdots = 0\,. \\ \beta_0 + \beta_1 x + \beta_2 y + \beta_3 z + \cdots = 0\,, \\ \cdots\cdots\cdots\cdots\cdots\cdots\,. \end{array}\right\} \quad (2)$$

Um die Minimumsbedingung im Hinblick auf (2) zu erfüllen, bilde man wie im § 28 die partiellen Ableitungen der Funktion

$$\begin{aligned} F = [vvp] &+ 2\,k_\alpha\,(\alpha_0 + \alpha_1\,x + \alpha_2\,y + \alpha_3\,z + \cdots) + \\ &+ 2\,k_\beta\,(\beta_0 + \beta_1\,x + \beta_2\,y + \beta_3\,z + \cdots) + \\ &+ \cdots\cdots\cdots\cdots\cdots \end{aligned}$$

nach den Unbekannten und setze sie gleich Null. Beschränken wir uns auf $u = 3$ Unbekannte mit $r = 2$ Bedingungsgleichungen und beachten bei der Differentiation, daß auf Grund der Gln. (1)

$$\begin{aligned} [vvp] = [aap]\,x^2 &+ 2\,[abp]\,xy + 2\,[acp]\,xz - 2\,[alp]\,x \\ &+ \quad [bbp]\,y^2 \;\; + 2\,[bcp]\,yz - 2\,[blp]\,y \\ &\qquad\qquad + \quad [ccp]\,z^2 \;\; - 2\,[clp]\,z + [llp] \end{aligned}$$

ist, heben wir ferner aus den gleich Null gesetzten Ableitungen den Koeffizienten 2 heraus und fügen dann noch die Bedingungsgleichungen (2) hinzu, so erhalten wir zum Berechnen der Unbekannten und der Korrelaten das System

$$\left.\begin{array}{l} [aap]\,x + [abp]\,y + [acp]\,z + \alpha_1\,k_\alpha + \beta_1\,k_\beta - [alp] = 0\,, \\ [abp]\,x + [bbp]\,y + [bcp]\,z + \alpha_2\,k_\alpha + \beta_2\,k_\beta - [blp] = 0\,, \\ [acp]\,x + [bcp]\,y + [ccp]\,z + \alpha_3\,k_\alpha + \beta_3\,k_\beta - [clp] = 0\,, \\ \quad \alpha_1\,x + \quad \alpha_2\,y + \quad \alpha_3\,z \qquad\qquad\qquad + \alpha_0 \quad = 0\,, \\ \quad \beta_1\,x + \quad \beta_2\,y + \quad \beta_3\,z \qquad\qquad\qquad + \beta_0 \quad = 0\,. \end{array}\right\} \quad (3)$$

Hieraus reduziert man zweckmäßig zunächst k_α und k_β heraus; dann lassen sich nach § 16 aus dem reduzierten System neben den Unbekannten auch ihre Gewichtsreziproken ableiten. Die v errechnet man aus (1) mit der Probe

$$[vvp] = [llp] - [alp]\,x - [blp]\,y - [clp]\,z + \alpha_0\,k_\alpha + \beta_0\,k_\beta. \qquad (4)$$

Schließlich findet man als mittleren Fehler einer Beobachtung vom Gewicht 1

$$m_0 = \pm \sqrt{\frac{[vvp]}{(n-u)+r}}\,, \qquad (5)$$

woraus sich dann mit Hilfe der Gewichtsreziproken auch die mittleren Fehler der Unbekannten errechnen lassen.

F. W. Bessel und P. Hansen haben diese Aufgabe gelöst, indem sie die Ausgleichung in zwei Teile zerlegten. Ihre Entwicklungen gehen jedoch über den Rahmen dieses Buches hinaus[1]. Wir werden statt dessen im § 39 noch eine Lösung mit Hilfe äquivalenter Fehlergleichungen bringen.

[1] Vgl. [*9*] 4. Kap. § 4 und [*10*] §§ 57 und 58.

In vielen Fällen läßt sich endlich eine schematische Auflösung nach dem GAUSSschen Algorithmus gänzlich vermeiden, indem man die mannigfachen Beziehungen zwischen den Unbekannten ausnutzt, um abkürzende Wege ausfindig zu machen.

Als Beispiel für diese letztgenannte Möglichkeit bringen wir die in jüngster Zeit häufig angewandte Schweizer Sektorenmethode und ergänzen damit die im § 24 angegebene Liste der Stationsausgleichungen um ein weiteres interessantes Verfahren. Die hierfür von F. BAESCHLIN[1] angegebene Lösung ist gleichzeitig ein bemerkenswerter Beitrag dafür, wie allein durch eine geschickte Bezeichnungsweise eine übersichtliche Darstellung erzielt wird[2].

Aufgabe 31. *Winkelmessung nach der Schweizer Sektorenmethode.*

Es seien die in Abb. 47 eingezeichneten Winkel mit den in nachstehenden Fehlergleichungen angemerkten Gewichten beobachtet. Durch Ausgleichung sollen unter Beachtung aller Messungen zunächst die günstigsten Werte der Sektorenwinkel zwischen den stark ausgezogenen Hauptrichtungen bestimmt und dann die Zwischenrichtungen zwischen den Hauptrichtungen eingepaßt werden.

Aus der Abb. 47 entnimmt man unschwer folgende

Fehlergleichungen		und	*Bedingungsgleichungen*	
$v_{x_0} = x_0 - l_{x_0}$	Gewicht p_{x_0}		$x_0 + y_0 + z_0 - 4R = 0$	Korrel. k_0
$v_{x'_1} = x'_1 - l_{x'_1}$	„ $p_{x'_1}$		$x'_1 + x''_1 + x'''_1 - x_0 = 0$	„ k_{x1}
$v_{x''_1} = x''_1 - l_{x''_1}$	„ $p_{x''_1}$		$x'_2 + x_{x''_2} - x_0 = 0$	„ k_{x2}
$v_{x'''_1} = x'''_1 - l_{x'''_1}$	„ $p_{x'''_1}$		$y'_1 + y_{y''_1} - y_0 = 0$	„ k_{y1}
$v_{x'_2} = x'_2 - l_{x'_2}$	„ $p_{x'_2}$			
$v_{x''_2} = x''_2 - l_{x''_2}$	„ $p_{x''_2}$			
$v_{y_0} = y_0 - l_{y_0}$	„ p_{y_0}			
$v_{y'_1} = y'_1 - l_{y'_1}$	„ $p_{y'_1}$			
$v_{y''_1} = y''_1 - l_{y''_1}$	„ $p_{y''_1}$			
$v_{z_0} = z_0 - l_{z_0}$	„ p_{z_0}			

x_0, y_0, z_0 sind in diesem Beispiel nicht wie sonst Näherungswerte, sondern die strengen Werte der ausgeglichenen Sektoren. Bei der praktischen Rechnung wird man jedoch Näherungen benutzen, so daß dann statt $x_0, y_0, \ldots \delta x_0, \delta y_0 \ldots$ zu schreiben ist und unter den l_i die Unterschiede von Messungs- und Näherungswert

[1] BAESCHLIN, F.: Compensation simplifiée d'une station observée d'après la «Méthode des secteurs». Schweiz. Z. Vermessungsw. u. Kulturtechn. 1925 S. 49ff.

[2] Vgl. a. M. KNEISSL: Betrachtungen zur Horizontalwinkelmessung unter besonderer Berücksichtigung der Sektorenmethode. Nachr. aus dem Reichsvermessungsdienst 1941, S. 249ff; ferner H. WOLF: Die Erweiterung des SCHREIBERschen Verfahrens der Winkelmessung in allen Kombinationen durch Zusatzmessungen, und K. LEVASSEUR: Anpassen der SCHREIBERschen Beobachtungspläne zu Beginn der Winkelmessung I. Ordnung an besondere Umstände. Ebendort 1942 S. 308ff. u. S. 329ff.

verstanden werden müssen. Die Gewichte der beobachteten Winkel pflegt man proportional zur Anzahl der gemessenen Sätze anzunehmen.

Wenn man die Fehlergleichungen in dem üblichen Schema schreibt, so sieht man, daß die Fehlergleichungskoeffizienten von oben links nach unten rechts $= 1$, im übrigen $= 0$ sind. Daher sind in den Normalgleichungen, soweit sie sich aus den Fehlergleichungen herleiten, die quadratischen Koeffizienten $= 1$, alle anderen $= 0$. Mithin erhält man nach dem Muster (3) die auf S. 206 übersichtlich zusammengestellten Normalgleichungen.

Diese Gleichungen lassen sich in mehreren kleinen Schritten auflösen. Zunächst ergeben die Normalgleichungen Nr. 2 bis 4

$$\frac{k_{x1}}{p_{x'_1}} = l_{x'_1} - x'_1; \quad \frac{k_{x1}}{p_{x''_1}} = l_{x''_1} - x''_1; \quad \frac{k_{x1}}{p_{x'''_1}} = l_{x'''_1} - x'''_1 .$$

Wenn man diese Gleichungen aufsummiert und dabei

$$\frac{1}{p_{x'_1}} + \frac{1}{p_{x''_1}} + \frac{1}{p_{x'''_1}} = \left[\frac{1}{p_{x1}}\right],$$

$$l_{x'_1} + l_{x''_1} + l_{x'''_1} = [l_{x1}]$$

und $x'_1 + x''_1 + x'''_1 = [x_1]$

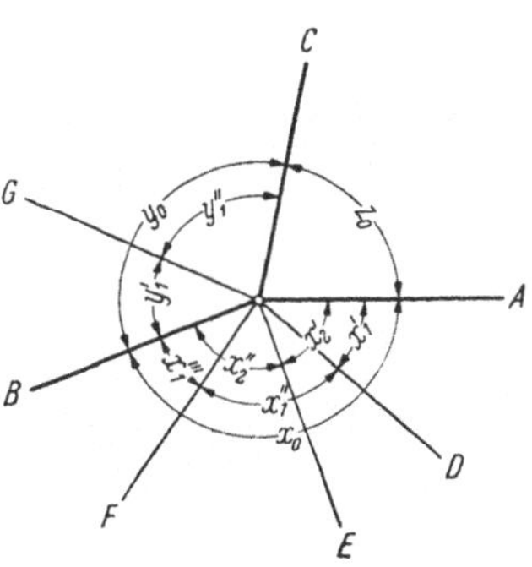

Abb. 47.

setzt, so wird

$$k_{x1} = \frac{1}{[1/p_{x1}]}([l_{x1}] - [x_1]).$$

Ebenso folgt aus den Normalgleichungen Nr. 5 und 6

$$k_{x2} = \frac{1}{[1/p_{x2}]}([l_{x2}] - [x_2]).$$

Als nächster Schritt sind diese Werte in die erste Normalgleichung einzusetzen. Man beachte jedoch, daß nach der 12. und 13. Normalgleichung

$$[x_1] = x_0 \quad \text{und} \quad [x_2] = x_0$$

ist. Benutzen wir ferner, um die Übersicht zu erleichtern, die Identitäten

$$p_{x1} = \frac{1}{[1/p_{x1}]} \quad \text{und} \quad p_{x2} = \frac{1}{[1/p_{x2}]},$$

so ergibt das Einführen von k_{x_1} und k_{x_2} in die erste Normalgleichung:

$$p_{x0}\, x_0 + k_0 - p_{x1}([l_{x1}] - x_0) - p_{x2}([l_{x2}] - x_0) - p_{x0}\, l_{x0} = 0 .$$

Wir setzen weiter

$$p_{x0} + p_{x1} + p_{x2} = [p_x],$$

bilden entsprechend

$$p_{x0}\, l_{x0} + p_{x1}\,[l_{x1}] + p_{x2}\,[l_{x2}] = [p_x\, l_x],$$

und führen dies in die vorangegangene Gleichung ein. Behandelt man dann die 7. und 10. Normalgleichung ebenso wie die erste und fügt noch die 11. Normalgleichung hinzu, so erhält man die Gleichungen

$$\begin{aligned}
k_0 + [p_x]\, x_0 - [p_x\, l_x] &= 0 ,\\
k_0 + [p_y]\, y_0 - [p_y\, l_y] &= 0 ,\\
k_0 + [p_z]\, z_0 - [p_z\, l_z] &= 0 ,\\
x_0 + y_0 + z_0 &= 4 R ,
\end{aligned}$$

Normalgleichungen

Nr.	
1	$p_{x_0} x_0 + k_0 - k_{x_1} - k_{x_2} - p_{x_0} l_{x_0} = 0$
2	$+ p_{x_1}' x_1' + k_{x_1} - p_{x_1}' l_{x_1}' = 0$
3	$+ p_{x_1}'' x_1'' + k_{x_1} - p_{x_1}'' l_{x_1}'' = 0$
4	$+ p_{x_1}''' x_1''' + k_{x_1} - p_{x_1}''' l_{x_1}''' = 0$
5	$+ p_{x_2}' x_2' + k_{x_2} - p_{x_2}' l_{x_2}' = 0$
6	$+ p_{x_2}'' x_2'' + k_{x_2} - p_{x_2}'' l_{x_2}'' = 0$
7	$+ p_{y_0} y_0 + k_0 - k_{y_1} - p_{y_0} l_{y_0} = 0$
8	$+ p_{y_1}' y_1' + k_{y_1} - p_{y_1}' l_{y_1}' = 0$
9	$+ p_{y_1}'' y_1'' + k_{y_1} - p_{y_1}'' l_{y_1}'' = 0$
10	$+ p_{z_0} z_0 + k_0 - p_{z_0} l_{z_0} = 0$
11	$+ x_0 + y_0 + z_0 - 4R = 0$
12	$- x_0 + x_1' + x_1'' + x_1''' = 0$
13	$- x_0 + x_2' + x_2'' = 0$
14	$- y_0 + y_1' + y_1'' = 0$

die nach k_0, x_0, y_0 und z_0 aufzulösen sind. Zunächst werden zur Berechnung von k_0 die drei ersten Gleichungen durch die Koeffizienten von x_0 bzw. y_0 bzw. z_0 geteilt, und es wird aus den so behandelten drei Gleichungen die Summe gebildet. Führt man dann noch folgende Symbole ein

$$P_x \equiv [p_x]; \quad P_y \equiv [p_y]; \quad P_z \equiv [p_z],$$
$$L_x \equiv \frac{[p_x l_x]}{[p_x]}; \quad L_y \equiv \frac{[p_y l_y]}{[p_y]}; \quad L_z \equiv \frac{[p_z l_z]}{[p_z]},$$

so wird, wenn man noch die obige vierte Gleichung beachtet,

$$k_0 = \frac{(L_x + L_y + L_z) - 4R}{\frac{1}{P_x} + \frac{1}{P_y} + \frac{1}{P_z}}.$$

Zur knapperen Darstellung benutze man weiter den Horizontwiderspruch

$$W = L_x + L_y + L_z - 4R$$

und erhält schließlich als ausgeglichene Werte der Sektoren

$$x_0 = L_x - W \frac{\frac{1}{P_x}}{\frac{1}{P_x} + \frac{1}{P_y} + \frac{1}{P_z}},$$

$$y_0 = L_y - W \frac{\frac{1}{P_y}}{\frac{1}{P_x} + \frac{1}{P_y} + \frac{1}{P_z}},$$

$$z_0 = L_z - W \frac{\frac{1}{P_z}}{\frac{1}{P_x} + \frac{1}{P_y} + \frac{1}{P_z}}.$$

In Worten: *Nachdem man für jeden Sektor das allgemeine arithmetische Mittel aus der direkten Messung des Winkels und den ihn füllenden Zwischenwinkeln gebildet hat, stellt man die Sektoren im Kreis zusammen und hat dann den Widerspruch proportional zu den Gewichtsreziproken zu verteilen. Diese Regel gilt, wie sich durch Wiederholung unseres Gedankenganges nachweisen läßt, entsprechend auch für die Unterverteilung des Teilwiderspruches in den Sektoren.*

Praktisch besteht die Lösung in einer mehrfachen Anwendung des allgemeinen arithmetischen Mittels und des Gewichtsfortpflanzungsgesetzes.

Der mittlere Fehler der Gewichtseinheit, d. h. also des einmal gemessenen Winkels, ergibt sich aus

$$M_0 = \pm \sqrt{\frac{[pvv]}{n - u + r}}$$

mit n = Anzahl der beobachteten Winkel,
u = Anzahl der Unbekannten,
r = Anzahl der Winkelsummenbedingungen, wobei der Horizontschluß nicht vergessen werden darf.

Nach einem Vorschlag von ZOELLY kann man die Quadratsumme der übrigbleibenden Fehler unter Umgehung der Gewichte auch aus den Unterschieden jedes einzelnen gemessenen Satzes gegen den entsprechenden ausgeglichenen Winkel errechnen.

Das Gewicht eines ausgeglichenen Sektorenwinkels läßt sich schnell mit der verallgemeinerten Formel § 11 (6) bestimmen. Nach dieser Formel ist für unseren

Fall, wenn G_{x_0} das Gewicht und M_{x_0} der mittlere Fehler des ausgeglichenen Sektors x_0 ist,

$$\frac{1}{G_{x_0}} = \frac{M_{x_0}^2}{m_0^2} = \frac{1}{P_x}\left(1 - \frac{\frac{1}{P_x}}{\frac{1}{P_x} + \frac{1}{P_y} + \frac{1}{P_z}}\right) = \frac{1}{P_x}\left(1 - \frac{P}{P_x}\right),$$

wobei
$$P = \frac{1}{\frac{1}{P_x} + \frac{1}{P_y} + \frac{1}{P_z}}$$
gesetzt ist.

Damit wird

$$G_{x_0} = P_x \frac{1}{1 - \frac{P}{P_x}} = P_x \frac{1 - \frac{P}{P_x} + \frac{P}{P_x}}{1 - \frac{P}{P_x}} = P_x + \frac{1}{\frac{1}{P} - \frac{1}{P_x}},$$

woraus im Hinblick auf die Definitionsgleichung für P folgt

$$G_{x_0} = P_x + \frac{1}{\frac{1}{P_y} + \frac{1}{P_z}}, \quad M_{x_0} = \frac{m_0}{\sqrt{G_{x_0}}}.$$

Entsprechend ergeben sich M_{y_0} und M_{z_0}.

Für die Gewichte der ausgeglichenen *Zwischen*winkel bedarf es einer weitläufigen Ableitung. Praktisch hat diese kaum Bedeutung, so daß wir darauf verzichten.

Das nachstehende *Zahlenbeispiel* ist mit einem Theodoliten der Firma Kern, Typ DKM/2, beobachtet und entspricht den Verhältnissen in Abb. 47.

Tabelle 1. *Stationsausgleichung.*

Sektor	*Winkel* Bezeichnung	Messung	Vorläufiger Sektorenwinkel	Gew. p	$1/p$	Verb. v	pvv	Ausgeglichener Winkel
x_0	x_1'	17,5844^g		4,0	0,25	+ 1	4	17,5845^g
	x_1''	87,3872		4,0	0,25	+ 2	16	87,3874
	x_1'''	40,4093		4,0	0,25	+ 2	16	40,4095
	$[x_1] = x_0$		145,3809^g	1,3	0,75	+ 5		145,3814
	x_2'	42,2184		2,0	0,50	— 3	18	42,2181
	x_2''	103,1636		2,0	0,50	— 3	18	103,1633
	$[x_2] = x_0$		145,3820	1,0	1,00	— 6		145,3814
	x_0	145,3807	145,3807	4,0	—	+ 7	196	145,3814
	allg. arithm. Mittel		145,3810	6,3	0,16	+ 4		145,3814
y_0	y_1'	138,9054		4,0	0,25	+ 5	100	138,9059
	y_1''	57,2298		4,0	0,25	+ 5	100	57,2303
	$[y_1] = y_0$		196,1352	2,0	0,50	+ 10		196,1362
	y_0	196,1360	196,1360	4,0	—	+ 2	16	196,1362
	allg. arithm. Mittel		196,1357	6,0	0,17	+ 5		196,1362
z_0	z_0	58,4820	58,4820	6,0	0,17	+ 4	96	58,4824
							$[pvv] = 580$	

In Tab. 1 sind in Spalte 3 die unmittelbar gemessenen Winkel eingetragen. Spalte 4 enthält die unmittelbaren und mittelbaren Beobachtungen der Sektorenwinkel zu allgemeinen arithmetischen Mitteln zusammengesetzt. Die so erhaltenen vorläufigen Sektorenwinkel werden in Tab. 2 durch Abstimmung auf den Horizont

Tabelle 2. *Horizontschluß.*

Sektor	Vorläufiger Sektorenwinkel	P	$1/P$	v	Ausgeglichener Sektorenwinkel
x_0	145,3810^g	6,3	0,16	+ 4	145,3814^g
y_0	196,1357	6,0	0,17	+ 5	196,1362
z_0	58,4820	6,0	0,17	+ 4	58,4824
Summe	399,9987	18,3	0,50	+ 13	400,0000

in endgültige Sektorenwinkel überführt. Diese endgültigen Ausgleichungsergebnisse werden in die Spalte 9 der Tab. 1 übernommen, und es werden hierauf die Winkel innerhalb eines jeden Sektors unter Beachtung ihrer ursprünglichen Gewichte abgestimmt. Tab. 3 enthält die Fehlerrechnung.

Tabelle 3. *Fehlerrechnung.*

$n = 10 \quad [pvv] = 580$
$u = 6$
$r = 4$

$$m_0 = \pm\sqrt{\frac{[pvv]}{n-u+r}} = \pm\sqrt{\frac{580}{8}} = \pm 8{,}5^{cc}$$

$$G_{x_0} = 6{,}3 + \frac{1}{0{,}17 + 0{,}17} = 9{,}3\,; \quad M_{x_0} = \pm\frac{m_0}{\sqrt{G_{x_0}}} = \pm\frac{8{,}5}{\sqrt{9{,}3}} = \pm 2{,}8^{cc}$$

$$G_{y_0} = G_{z_0} = 6{,}0 + \frac{1}{0{,}16 + 0{,}17} = 9{,}0; \quad M_{y_0} = M_{z_0} = \pm 2{,}8^{cc}.$$

§ 38. Bedingungsgleichungen mit Unbekannten.

1. Allgemeinste Form der Ausgleichungsaufgabe.

Auch die Auflösung von Bedingungsgleichungen mit Unbekannten läßt sich ähnlich wie die Aufgabe des vorigen Paragraphen auf die beiden einfachen Ausgleichungsverfahren zurückführen[1]. Wir wollen indessen auch hier ausgehend von einem allgemeinen Fall eine direkte Lösung suchen und dann eine Spezialisierung vornehmen.

Es mögen in einem System von Bedingungsgleichungen neben den Beobachtungen und ihren Widersprüchen auch die Unbekannten x, y, z enthalten sein, so daß es lautet

$$\left.\begin{aligned} a_1 v_1 + a_2 v_2 + \cdots + a_n v_n + \alpha_1 x + \beta_1 y + \gamma_1 z + w_a &= 0, \\ b_1 v_1 + b_2 v_2 + \cdots + b_n v_n + \alpha_2 x + \beta_2 y + \gamma_2 z + w_b &= 0, \\ \cdots\cdots\cdots\cdots\cdots\cdots\cdots\cdots\cdots\cdots & \\ r_1 v_1 + r_2 v_2 + \cdots + r_n v_n + \alpha_r x + \beta_r y + \gamma_r z + w_r &= 0. \end{aligned}\right\} \quad (1)$$

[1] Vgl. [*9*] Kap. 4, § 5.

Um dieses System einer Ausgleichung nach der Methode der kleinsten Quadrate zu unterziehen, hat man, wie in § 26 begründet ist, das Minimum der Funktion

$$\begin{aligned} F = [vvp] &- 2k_a(a_1 v_1 + a_2 v_2 + \cdots + a_n v_n + \alpha_1 x + \beta_1 y + \gamma_1 z + w_a) \\ &- 2k_b(b_1 v_1 + b_2 v_2 + \cdots + b_n v_n + \alpha_2 x + \beta_2 y + \gamma_2 z + w_b) \\ &\cdots\cdots\cdots\cdots\cdots\cdots\cdots\cdots\cdots\cdots \\ &- 2k_r(r_1 v_1 + r_2 v_2 + \cdots + r_n v_n + \alpha_r x + \beta_r y + \gamma_r z + w_r) \end{aligned}$$

zu suchen. Man bilde zu diesem Zweck die partiellen Ableitungen der vorstehenden Funktion nach $v_1, v_2, \ldots v_n, x, y, z$ und setze jede von ihnen gleich Null. Die Ableitungen nach den v_i führen auf die Korrelatengleichungen

$$\left.\begin{aligned} v_1 &= \frac{a_1}{p_1} k_a + \frac{b_1}{p_1} k_b + \cdots + \frac{r_1}{p_1} k_r, \\ v_2 &= \frac{a_2}{p_2} k_a + \frac{b_2}{p_2} k_b + \cdots + \frac{r_2}{p_2} k_r, \\ &\cdots\cdots\cdots\cdots\cdots\cdots \\ v_n &= \frac{a_n}{p_n} k_a + \frac{b_n}{p_n} k_b + \cdots + \frac{r_n}{p_n} k_r, \end{aligned}\right\} \quad (2)$$

und wenn diese in (1) eingesetzt werden, so erhält man die nachstehenden Normalgleichungen (3a). Werden dann noch die Ableitungen nach den Unbekannten — gleich Null gesetzt — als (3b) hinzugefügt, so hat man zur Errechnung der Korrelaten und Unbekannten die Gleichungen

$$\left.\begin{aligned} \left[\frac{aa}{p}\right] k_a + \left[\frac{ab}{p}\right] k_b + \cdots + \left[\frac{ar}{p}\right] k_r + \alpha_1 x + \beta_1 y + \gamma_1 z + w_a = 0, \\ \left[\frac{ab}{p}\right] k_a + \left[\frac{bb}{p}\right] k_b + \cdots + \left[\frac{br}{p}\right] k_r + \alpha_2 x + \beta_2 y + \gamma_2 z + w_b = 0, \\ \cdots\cdots\cdots\cdots\cdots\cdots\cdots\cdots\cdots\cdots \\ \left[\frac{ar}{p}\right] k_a + \left[\frac{br}{p}\right] k_b + \cdots + \left[\frac{rr}{p}\right] k_r + \alpha_r x + \beta_r y + \gamma_r z + w_r = 0 \end{aligned}\right\} \quad (3\text{a})$$

$$\left.\begin{aligned} \alpha_1 k_a + \alpha_2 k_b + \cdots + \alpha_r k_r &= 0, \\ \beta_1 k_a + \beta_2 k_b + \cdots + \beta_r k_r &= 0, \\ \gamma_1 k_a + \gamma_2 k_b + \cdots + \gamma_r k_r &= 0. \end{aligned}\right\} \quad (3\text{b})$$

Reduziert man aus diesem System die k_ν nach dem Gaussschen Algorithmus heraus, so erhält man zur Berechnung der Unbekannten Gleichungen von der Form

$$\left.\begin{aligned} (\alpha\alpha)\, x + (\alpha\beta)\, y + (\alpha\gamma)\, z + (\alpha w) &= 0, \\ (\alpha\beta)\, x + (\beta\beta)\, y + (\beta\gamma)\, z + (\beta w) &= 0, \\ (\alpha\gamma)\, x + (\beta\gamma)\, y + (\gamma\gamma)\, z + (\gamma w) &= 0, \end{aligned}\right\} \quad (4)$$

wobei Koeffizienten und Widersprüche folgendermaßen aufgebaut sind:

$$(\alpha\beta) = -\frac{\alpha_1\beta_1}{\left[\frac{aa}{p}\right]} - \frac{[\alpha_2\cdot 1][\beta_2\cdot 1]}{\left[\frac{bb}{p}\cdot 1\right]} - \frac{[\alpha_3\cdot 2][\beta_3\cdot 2]}{\left[\frac{cc}{p}\cdot 2\right]} - \cdots$$

$$(\alpha w) = -\frac{\alpha_1 w_a}{\left[\frac{aa}{p}\right]} - \frac{[\alpha_2\cdot 1][w_b\cdot 1]}{\left[\frac{bb}{p}\cdot 1\right]} - \frac{[\alpha_3\cdot 2][w_c\cdot 2]}{\left[\frac{cc}{p}\cdot 2\right]} - \cdots$$

usw.

Die v errechne man aus (2) mit der Probe

$$[vvp] = -[wk]$$

und findet schließlich als mittleren Fehler einer Beobachtung vom Gewicht 1

$$m_0 = \pm\sqrt{\frac{[pvv]}{r-u}}.$$

Wie ohne weiteres einleuchtet, können die Verfahren der vermittelnden und der bedingten Beobachtungen als Sonderfälle der hier vorgetragenen Aufgabe betrachtet werden. Wir wollen diesen Gedanken indessen nicht weiter verfolgen, sondern wollen eine Spezialisierung vornehmen mit dem Ziel, ein Verfahren zur Behandlung von

2. Fehlergleichungen mit verschiedenartigen Beobachtungsgrößen

zu gewinnen. Hierzu werden für das Ausgangssystem (1) folgende einengende Vorschriften gegeben:

a) Jede Verbesserung soll nur in *einer* Gleichung vorkommen.

b) Jede Gleichung soll nur *zwei* Verbesserungen enthalten.

c) Diese beiden Verbesserungen sollen zu *verschiedenartigen* Beobachtungen gehören.

Werden dann unter den v_i Verbesserungen der einen, unter v_i' Verbesserungen einer anderen Art verstanden, so erhält man an Stelle von (1) das neue Ausgangssystem

$$\left.\begin{array}{l} a_1 v_1 + a_1' v_1' \qquad\qquad + \alpha_1 x + \beta_1 y + \gamma_1 z + w_a = 0, \\ \qquad b_2 v_2 + b_2' v_2' \quad + \alpha_2 x + \beta_2 y + \gamma_2 z + w_b = 0, \\ \dots\dots\dots\dots\dots\dots \\ \qquad r_r v_r + r_r' v_r' + \alpha_r x + \beta_r y + \gamma_r z + w_r = 0. \end{array}\right\} \quad (5)$$

Sind ferner p_i und p_i' die den v_i und v_i' entsprechenden Gewichte, so lauten die den (3a) entsprechenden Normalgleichungen

$$\left(\frac{a_1^2}{p_1}+\frac{a_1'^2}{p_1'}\right)k_a+\alpha_1 x+\beta_1 y+\gamma_1 z+w_a=0,$$
$$\left(\frac{b_2^2}{p_2}+\frac{b_2'^2}{p_2'}\right)k_b+\alpha_2 x+\beta_2 y+\gamma_2 z+w_b=0,$$
$$\cdots\cdots\cdots\cdots\cdots\cdots\cdots\cdots$$
$$\left(\frac{r_r^2}{p_r}+\frac{r_r'^2}{p_r'}\right)k_r+\alpha_r x+\beta_r y+\gamma_r z+w_r=0.$$

Diese lassen sich mit Hilfe der Substitutionen

$$\frac{a_1^2}{p_1}+\frac{a_1'^2}{p_1'}=\frac{1}{g_1},\qquad \frac{b_2^2}{p_2}+\frac{b_2'^2}{p_2'}=\frac{1}{g_2}\qquad \text{usw.} \tag{6}$$

umbilden in

$$\left.\begin{aligned}\frac{k_a}{g_1}&=-\alpha_1 x-\beta_1 y-\gamma_1 z-w_a,\\ \frac{k_b}{g_2}&=-\alpha_2 x-\beta_2 y-\gamma_2 z-w_b,\\ &\cdots\cdots\cdots\cdots\cdots\\ \frac{k_r}{g_r}&=-\alpha_r x-\beta_r y-\gamma_r z-w_r.\end{aligned}\right\} \tag{7}$$

Eliminiert man mit Hilfe dieser Gleichungen die Korrelaten aus (3b), so erhält man das Normalgleichungssystem

$$\left.\begin{aligned}[\alpha\alpha g]x+[\alpha\beta g]y+[\alpha\gamma g]z+[\alpha w g]&=0,\\ [\alpha\beta g]x+[\beta\beta g]y+[\beta\gamma g]z+[\beta w g]&=0,\\ [\alpha\gamma g]x+[\beta\gamma g]y+[\gamma\gamma g]z+[\gamma w g]&=0,\end{aligned}\right\} \tag{8}$$

dessen Auflösung die Unbekannten x, y und z liefert. Setzt man diese in (7) ein, so bekommt man Zahlenwerte für die Korrelaten, und mit diesen findet man aus (2) schließlich die Verbesserungen v und v'

$$\left.\begin{aligned}v_1&=\frac{a_1}{p_1}k_a, & v_2&=\frac{b_2}{p_2}k_b,\ \ldots,\\ v_1'&=\frac{a_1'}{p_1'}k_a, & v_2'&=\frac{b_2'}{p_2'}k_b,\ \ldots.\end{aligned}\right\} \tag{9}$$

Der mittlere Fehler der Gewichtseinheit ist

$$m_0=\pm\sqrt{\frac{[v v p]+[v' v' p']}{r-u}}. \tag{10}$$

Man kann nun die Gln. (5) geradezu als Fehlergleichungen mit zwei verschiedenen Beobachtungsgrößen ansehen und die Gln. (6) bis (10) als die zugehörige Auflösungsvorschrift betrachten. Dann ist in den Formeln (5) bis (10) ein Weg gefunden, um eine Messungsserie, in der verschiedenartige Beobachtungen — etwa Winkel- und Streckenmessungen — vorkommen, gewissermaßen nach dem Verfahren der vermittelnden Beobachtungen auszugleichen.

Es liegt nahe, dieses Verfahren auf die strenge Ausgleichung von Polygonzügen anzuwenden, eine Aufgabe, die im vorigen Abschnitt mit Hilfe der reduzierten Bedingungsgleichungen gelöst worden ist. Das hat in der Tat G. FÖRSTNER[1] getan. Wir wollen indessen ein anderes Beispiel wählen:

Aufgabe 32.

Die Bestimmung der inneren Orientierung einer Meßkammer[2].

Zur Ermittlung der Brennweite f und der Lage des Bildhauptpunktes H einer Meßkammer ist bei vertikaler Bildebene eine Reihe von weit entfernten, jedoch etwa im Bildhorizont liegenden Marken P_i aufgenommen worden. Nach der Aufnahme wurde ein Theodolit mit seinem Achsenschnittpunkt an die Stelle der Blendenmitte des Kammerobjektivs gebracht, und es wurden die Richtungen α' nach denselben Zielen P_i gemessen, wobei als Nullrichtung der Strahl nach dem Bildhauptpunkt H gelten soll.

Die Bildabszissen der Ziele rechnet man vom Markenschnittpunkt aus, der eine genäherte Lage des Bildhauptpunktes darstellt; es werde ferner angenommen, Neigung und Kantung der Aufnahme seien so gering, daß die Abszissen der aufgenommenen Marken durch sie keine meßbare Beeinflussung erlitten haben.

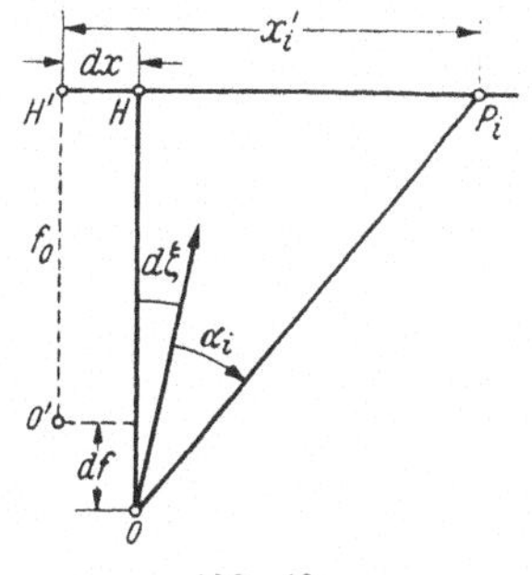

Abb. 48.

Sowohl die gemessenen Richtungen α' wie die Abszissen x' sind mit Messungsfehlern behaftet, die wir mit λ und v bezeichnen. An beiden Messungsgrößen sind außerdem noch Nullpunktskorrektionen anzubringen. Diese mögen unter der Voraussetzung, daß eine vorläufige Orientierung bereits stattgefunden hat, $\delta\zeta$ und δx heißen. Wird endlich für die Brennweite f — Abb. 48 — durch $f = f_0 + \delta f$ ein Näherungswert f_0 eingeführt, so besteht zwischen den verbesserten Beobachtungen die Beziehung

$$\operatorname{tg}(\alpha_i' + \lambda_i + \delta\zeta) = \frac{x_i' + v_i - \delta x}{f_0 + \delta f}. \tag{11}$$

Diese Gleichung ist zu linearisieren. Eine TAYLOR-Entwicklung der linken Seite ergibt

$$(f_0 + \delta f)\left(\operatorname{tg}\alpha_i' + \frac{\lambda_i}{\cos^2\alpha_i'} + \frac{\delta\zeta}{\cos^2\alpha_i'} + \cdots\right) = x_i' + v_i - \delta x$$

oder, wenn alle Glieder von höherer als erster Ordnung fortgelassen und die erforderlichen ϱ hinzugefügt werden,

$$\frac{f_0}{\varrho\cos^2\alpha_i'}\lambda_i - v_i + \delta x + \frac{f_0}{\varrho\cos^2\alpha_i'}\delta\zeta + \operatorname{tg}\alpha_i'\,\delta f + f_0\operatorname{tg}\alpha_i' - x_i' = 0.$$

---

[1] FÖRSTNER, G.: Ausgleichung und Genauigkeit von Polygonzügen im weitmaschigen Dreiecksnetz. Stuttgart 1933. Siehe auch Z. Vermessungsw. 1933 S. 49.

[2] Vgl. F. BAESCHLIN: Korrekte und strenge Behandlung des Problems der inneren Orientierung eines Phototheodoliten. Schweiz. Z. Vermessungsw. u. Kulturtechn. 1929 S. 31ff.

Um zu einfacheren Bezeichnungen zu gelangen, setze man

$$\left.\begin{aligned} \frac{f_0}{\varrho\cos^2\alpha'_i} = \frac{f_0}{\varrho}(1+\operatorname{tg}^2\alpha'_i) \approx \frac{f_0}{\varrho}\frac{f_0^2+x_i'^2}{f_0^2} = \frac{f_0^2+x_i'^2}{\varrho f_0} = a_i\,, \\ \operatorname{tg}\alpha'_i \approx x'_i/f_0 = b_i \quad \text{und} \quad f_0\operatorname{tg}\alpha'_i - x'_i = w_i\,. \end{aligned}\right\} \tag{12}$$

Dann gewinnt man in

$$a_i\lambda_i - v_i + \delta x + a_i\,\delta\zeta + b_i\,\delta f + w_i = 0 \tag{13}$$

Gleichungen, die in ihrem Aufbau mit den Identitäten

$$\left.\begin{aligned} a_i &\equiv +a_i\,, & a'_i &\equiv -1\,, \\ \alpha_i &\equiv +1\,, & \beta_i &\equiv +a_i\,, \\ \gamma_i &\equiv +b_i\,, & w_i &\equiv \quad w_i \end{aligned}\right\} \tag{14}$$

dem System (5) entsprechen und daher nach den Vorschriften (6) bis (10) aufzulösen sind.

Zuvor müssen noch die Gewichte bestimmt werden. Sind π und p die Gewichte, μ und m die mittleren Fehler von α und x; ist ferner c eine Konstante, dann ist $\pi = c/\mu^2$ und $p = c/m^2$. Setzt man, da es ja nur auf das Verhältnis ankommt, zur Vereinfachung $p = 1$, so wird $\pi = (m/\mu)^2$, wobei lediglich darauf zu achten ist, daß m und μ in denselben Einheiten gegeben werden wie f_0 und ϱ. Die Anwendung der Gl. (6) auf unser Beispiel ergibt die Rechenvorschrift[1]

$$\frac{a_i^2}{p_i} + \frac{a_i'^2}{p'_i} = \frac{a_i^2}{\pi_i} + \frac{(-1)^2}{1} = \frac{a_i^2}{\pi_i} + 1 = \frac{1}{g_i}\,. \tag{15}$$

Werden dann die Werte (14) und (15) in (8) eingesetzt, so erhält man zur Berechnung von δx, $\delta\zeta$ und δf das Normalgleichungssystem

$$\left.\begin{aligned} [g]\,\delta x + [ag]\,\delta\zeta + [bg]\,\delta f + [wg] &= 0\,, \\ [ag]\,\delta x + [aag]\,\delta\zeta + [abg]\,\delta f + [awg] &= 0\,, \\ [bg]\,\delta x + [abg]\,\delta\zeta + [bbg]\,\delta f + [bwg] &= 0\,. \end{aligned}\right\} \tag{16}$$

Es folgt die Berechnung der Verbesserungen und mittleren Fehler durch sinngemäße Anwendung der Gln. (7), (9) und (10), womit die Aufgabe in aller theoretischen Strenge gelöst ist.

Die Lösung vereinfacht sich sehr, wenn man, wie es meistens geschieht, die Richtungsmessungen α' als fehlerfrei ansieht. Ihre Gewichte haben dann den Wert unendlich, und es wird in (15)

$$a_1^2/\pi_1 = a_2^2/\pi_2 = \cdots = a_n^2/\pi_n = 0\,, \qquad g_1 = g_2 = \cdots = g_n = +1\,.$$

Die Fehlergleichungen (13) aber erhalten die vom Rückwärtseinschneiden her bekannte Form

$$v_i = +\delta x + a_i\,\delta\zeta + b_i\,\delta f + w_i\,,$$

und die Normalgleichungen lauten:

$$\left.\begin{aligned} [n]\,\delta x + [a]\,\delta\zeta + [b]\,\delta f + [w] &= 0\,, \\ [a]\,\delta x + [aa]\,\delta\zeta + [ab]\,\delta f + [aw] &= 0\,, \\ [b]\,\delta x + [ab]\,\delta\zeta + [bb]\,\delta f + [bw] &= 0\,. \end{aligned}\right\} \tag{17}$$

Die Aufgabe ist damit auf einen gewöhnlichen Rückwärtseinschnitt zurückgeführt. Man kann auch, wie es in Aufgabe 18 geschehen ist, die Unbekannte δx aus den

---

[1] Oder $\frac{1}{g_i} = \left(\frac{f_0^2 + x_i^2}{\varrho f_0}\right)^2\left(\frac{\mu}{m}\right)^2 + 1$. Das Gewicht g_i ist also, wie es sein muß, eine dimensionslose Größe.

Zahlenbeispiel zur Bestimmung der inneren Orientierung eines Phototheodoliten (Aufgabe 32).

Punkt	Gemessen mit Theodolit α'	$f_0 \operatorname{tg} \alpha'$ $f_0 = 551,4$	Gemessen am Stereokomparator x'	Koeffizienten der Fehlergleichung für die Unbekannten $+1$ dx	a $d\zeta$	b df	Widerspruch $f_0 \operatorname{tg}\alpha' - x'$ (3) — (4)	$g = \frac{\pi}{a^2+\pi}$ *)	Nach der Ausgleichung übrigbleibende Verbesserung v	λ	λ
	g	mm/10	mm/10				mm/10		mm/10	c	cc
1	2	3	4	5	6	7	8	9	10	11	12
1	365,0587	− 337,20	− 336,92	+ 1	0,119	− 0,611	− 0,28	0,980	+ 0,058	− 0,007	− 0,7
2	369,7192	− 284,02	− 283,68	+ 1	0,110	− 0,514	− 0,34	0,983	− 0,003	0,000	0,0
3	373,5041	− 243,73	− 243,30	+ 1	0,103	− 0,441	− 0,43	0,985	− 0,093	+ 0,010	+ 1,0
4	393,9408	− 52,64	− 52,35	+ 1	0,087	− 0,095	− 0,29	0,989	+ 0,037	− 0,003	− 0,3
5	399,5311	− 4,06	− 3,75	+ 1	0,087	− 0,007	− 0,31	0,989	+ 0,012	− 0,001	− 0,1
6	3,5493	+ 30,77	+ 31,10	+ 1	0,087	+ 0,056	− 0,33	0,989	− 0,012	+ 0,001	+ 0,1
7	30,1068	+ 282,12	+ 282,40	+ 1	0,109	+ 0,512	− 0,28	0,983	+ 0,003	0,000	0,0
8	32,1499	+ 304,83	+ 305,08	+ 1	0,113	+ 0,553	− 0,25	0,982	+ 0,029	− 0,003	− 0,3
9	36,5685	+ 356,88	+ 357,18	+ 1	0,123	+ 0,648	− 0,30	0,979	− 0,031	+ 0,004	+ 0,4

Normalgleichungen*)

$$\underline{9,0000\,dx} + 0,9380\,d\zeta + 0,1010\,df - 2,8100 = 0$$
$$+ \underline{0,0994\,d\zeta} + 0,0193\,df - 0,2916 = 0$$
$$+ \underline{1,8321\,df} + 0,0707 = 0$$
$$+ \underline{0,8989} = [vv]$$

$[vv] = 0,015464 \qquad m_0 = \pm 0,0508$

*) Die Gewichte wurden wegen ihrer geringfügigen Unterschiede in der Rechnung nicht berücksichtigt.

Ergebnis der Ausgleichung

Unbekannte	$dx = +0,365$ mm/10 $d\zeta = -0,500^{c}$ $df = -0,053$ mm/10
endgültige Werte	$dx = +0,0365$ mm $\pm 0,0038$ mm $d\zeta = -50,0^{cc} \pm 128,8^{cc}$ $f = 55,1347$ mm $\pm 0,0135$ mm

Fehlergleichungen herausreduzieren. Doch wird damit nicht viel gewonnen, da man auf die Berechnung der Größe δx und ihres mittleren Fehlers in der Regel nicht verzichten wird. Dagegen kann es von Nutzen sein, die Unbekannte $\delta\zeta$ etwa nach dem Verfahren von SCHREIBER, das im § 23 beschrieben ist, zu eliminieren.

Eine andere Möglichkeit ergibt sich, wenn die x'_i als fehlerfrei betrachtet werden. Dann wird nämlich:

$$1/g_i = a_i^2/\pi_i$$

oder, da alle α_i gleichgewichtig sind, wird nun $\pi_i = 1$ und

$$g_i = 1/a_i^2 . \tag{18}$$

Die Weiterentwicklung möge der Leser selbst vornehmen.

Zahlenbeispiel für die Formeln (11) bis (16). Zur Bestimmung der inneren Orientierung des leichten Phototheodoliten (TAL) Nr. 70119 von Zeiß, Bildformat $6{,}5 \times 9$ cm, Brennweite etwa 55 mm, sind die in der Tabelle der Seite 215 in den Spalten 2 und 4 angegebenen Beobachtungen gemacht und die in der gleichen Tabelle enthaltenen Ergebnisse erzielt worden.

Für die Zahlenrechnung sei auf folgendes hingewiesen:

1. Als Längeneinheit wurde $^1/_{10}$ mm und als Winkeleinheit 1^c gewählt.

2. Um das Gewichtsverhältnis von Winkel- und Streckenmessung zu bestimmen, wurden die mittleren Fehler aus der Stationsausgleichung bzw. aus Beobachtungsdifferenzen ermittelt. Es ergab sich

$$\mu = \pm\, 0{,}095^c \quad \text{und} \quad m = \pm\, 0{,}08\,\text{mm}/10, \quad \text{also} \quad \pi = 0{,}70.$$

3. Die verhältnismäßig großen mittleren Fehler von δx und $\delta\zeta$, die regelmäßig aufzutreten pflegen, sind u. a. durch den schmalen Sektor bedingt, der für die Bestimmung der Lage des Objektivmittelpunktes O zur Verfügung steht. Dadurch liegen die Bestimmungspunkte stets in der Nähe des gefährlichen Kreises[1].

4. Aus der geringen Größe der Winkelverbesserungen λ erkennt man, daß das übliche Verfahren, die Winkelbeobachtungen als fehlerfrei zu betrachten, praktisch auf das gleiche Ergebnis führt.

§ 39. Äquivalente Fehlergleichungen.

Wenn zwei verschiedene Systeme von Fehlergleichungen auf dieselben Normalgleichungssysteme führen, so ergeben sie auch gleiche Werte der Unbekannten und ihrer Gewichte. Solche Fehlergleichungssysteme heißen äquivalent[2]. Äquivalente Fehlergleichungen sind in manchen Fällen sehr nützlich zur Abkürzung der Ausgleichungsarbeit.

Als Beispiel für ein den ursprünglichen Fehlergleichungen äquivalentes System wollen wir das in § 14 (6) zusammengestellte System der Endgleichungen — jedoch unter Anbringen von Gewichten — betrachten. Dazu schreibe man die Endgleichungen in der Form

---

[1] Vgl. P. GAST: Vorlesungen über Photogrammetrie S. 182ff. Leipzig: J. A. Barth 1930.

[2] Vgl. [9] S. 213ff., ferner EGGERT: Einführung in die Geodäsie, S. 151ff. Berlin u. Leipzig 1907.

$$\left.\begin{aligned}0 &= x + \frac{[abp]}{[aap]} y + \frac{[acp]}{[aap]} z - \lambda_1,\\ 0 &= \qquad\qquad y + \frac{[bcp\cdot 1]}{[bbp\cdot 1]} z - \lambda_2,\\ 0 &= \qquad\qquad\qquad\qquad z - \lambda_3,\end{aligned}\right\} \qquad (1)$$

wobei

$$\lambda_1 = \frac{[alp]}{[aap]}; \qquad \lambda_2 = \frac{[blp\cdot 1]}{[bbp\cdot 1]}; \qquad \lambda_3 = \frac{[clp\cdot 2]}{[ccp\cdot 2]}$$

als fingierte Beobachtungen mit den fingierten Gewichten $[aap]$, $[bbp \cdot 1]$ und $[ccp \cdot 2]$ angesehen werden. Die Nullen auf der linken Seite vertreten dabei die Verbesserungen, welche in unserem Falle Null sein müssen, weil ja keine überschüssigen (fingierten) Beobachtungen vorhanden sind. Bildet man nun aus (1) ganz schematisch die Normalgleichungen, so kommt man bei Beachtung von § 14 (4) und (5) wieder auf das bekannte Normalgleichungssystem § 14 (3). Das System (1) ist also dem ursprünglichen Fehlergleichungssystem

$$\begin{aligned} v_1 &= a_1 x + b_1 y + c_1 z - l_1 \qquad &&\text{Gewicht } p_1,\\ v_2 &= a_2 x + b_2 y + c_2 z - l_2 \qquad &&\text{Gewicht } p_2\\ &\cdots\cdots\cdots\cdots \end{aligned}$$

äquivalent. Da nun die fingierten Beobachtungen λ_1, λ_2 und λ_3 als unabhängig voneinander anzusehen sind, können die fingierten Fehlergleichungen (1) mit anderen (tatsächlichen oder fingierten) Beobachtungen derselben Unbekannten zusammengefaßt und einer neuen Ausgleichung unterzogen werden, durch die sie jetzt auch Verbesserungen erhalten können. Heißen diese Verbesserungen u_1, u_2 und u_3, so lauten damit unsere äquivalenten Fehlergleichungen

$$\left.\begin{aligned} &&& \text{Gewichte:}\\ u_1 &= x + \frac{[abp]}{[aap]} y + \frac{[acp]}{[aap]} z - \lambda_1 \qquad && p_1 = [aap],\\ u_2 &= \qquad\qquad y + \frac{[bcp\cdot 1]}{[bbp\cdot 1]} z - \lambda_2 \qquad && p_2 = [bbp\cdot 1],\\ u_3 &= \qquad\qquad\qquad\qquad z - \lambda_3 \qquad && p_3 = [ccp\cdot 2],\end{aligned}\right\} \qquad (2)$$

wobei

$$\lambda_1 = \frac{[alp]}{[aap]}; \qquad \lambda_2 = \frac{[blp\cdot 1]}{[bbp\cdot 1]}; \qquad \lambda_3 = \frac{[clp\cdot 2]}{[ccp\cdot 2]}$$

ist.

Als Anwendung bringen wir ein zweites Verfahren zur Berechnung der Unbekannten für die erstmalig bereits im § 37 behandelte Aufgabe der vermittelnden Beobachtungen mit Bedingungsgleichungen. Wie im

§ 37 seien die Unbekannten zu errechnen auf Grund der Fehlergleichungen

$$\left.\begin{array}{l} v_1 = a_1 x + b_1 y + c_1 z - l_1 \\ v_2 = a_2 x + b_2 y + c_2 z - l_2 \\ \dots\dots\dots\dots\dots\dots \\ v_n = a_n x + b_n y + c_n z - l_n \end{array}\right\} \tag{3}$$

und der zwischen den Unbekannten bestehenden Bedingungsgleichungen

$$\left.\begin{array}{l} \alpha_0 + \alpha_1 x + \alpha_2 y + \alpha_3 z = 0 \\ \beta_0 + \beta_1 x + \beta_2 y + \beta_3 z = 0 \end{array}\right\} \tag{4}$$

Wird die Rechnung allein auf die Fehlergleichungen (3) gegründet, so kann sie nur Näherungswerte x_0, y_0 und z_0 ergeben, während Berücksichtigung von (3) und (4) auf die strengen Werte $x = x_0 + \delta x$; $y = y_0 + \delta y$; $z = z_0 + \delta z$ führen möge. Die gemeinsame Ausgleichung von (3) und (4) aber wird sehr vereinfacht, wenn man die Fehlergleichungen (3) durch äquivalente Fehlergleichungen nach dem Muster der Gleichungen (2) ersetzt, welche (bei gleichem Gewicht der ursprünglichen Beobachtungen) aufgelöst nach x, y und z lauten:

$$\left.\begin{array}{l} x = \lambda_1 + u_1 - \dfrac{[ab]}{[aa]}(\lambda_2 + u_2) - \left(\dfrac{[ac]}{[aa]} - \dfrac{[ab]}{[aa]}\dfrac{[bc\cdot 1]}{[bb\cdot 1]}\right)(\lambda_3 + u_3), \\ y = \lambda_2 + u_2 - \dfrac{[bc\cdot 1]}{[bb\cdot 1]}(\lambda_3 + u_3), \\ z = \lambda_3 + u_3. \end{array}\right\} \tag{5}$$

Diese Werte sind in (4) einzusetzen, und zwar ergibt die erste Gl. (4)

$$\alpha_0 + \alpha_1(\lambda_1 + u_1) + \left(\alpha_2 - \alpha_1\frac{[ab]}{[aa]}\right)(\lambda_2 + u_2) +$$
$$+ \left(\alpha_3 - \alpha_2\frac{[bc\cdot 1]}{[bb\cdot 1]} - \alpha_1\left(\frac{[ac]}{[aa]} - \frac{[ab]}{[aa]}\frac{[bc\cdot 1]}{[bb\cdot 1]}\right)\right)(\lambda_3 + u_3) = 0.$$

Vergleicht man nun die Klammerausdrücke mit der Tabelle auf S. 101, so erkennt man, daß sie vorschreiben, es sei α_2 einmal, α_3 zweimal auf dieselbe Art zu reduzieren wie die Normalgleichungskoeffizienten bei der Auflösung von Normalgleichungen nach dem Gaussschen Algorithmus[1]. Mit den bekannten Symbolen kann die obige Gleichung daher umgeschrieben werden in

$$\alpha_0 + \alpha_1(\lambda_1 + u_1) + [\alpha_2\cdot 1](\lambda_2 + u_2) + [\alpha_3\cdot 2](\lambda_3 + u_3) = 0,$$

wobei gemäß (2) die reziproken Gewichte der äquivalenten Beobachtungen

$$\frac{1}{p_1} = \frac{1}{[aa]}; \quad \frac{1}{p_2} = \frac{1}{[bb\cdot 1]}; \quad \frac{1}{p_3} = \frac{1}{[cc\cdot 2]}$$

sind.

---

[1] Vgl. auch § 31 (13).

Entsprechend läßt sich die Gl. (5) behandeln. Werden dann die bekannten Teile zusammengefaßt zu

$$\left.\begin{aligned}\alpha_0 + \alpha_1\lambda_1 + [\alpha_2 \cdot 1]\lambda_2 + [\alpha_3 \cdot 2]\lambda_3 &= W_\alpha\,,\\ \beta_0 + \beta_1\lambda_1 + [\beta_2 \cdot 1]\lambda_2 + [\alpha_3 \cdot 2]\lambda_3 &= W_\beta\,,\end{aligned}\right\} \tag{6}$$

so erhalten die Bedingungsgleichungen die Form

$$\left.\begin{aligned}\alpha_1 u_1 + [\alpha_2 \cdot 1]\, u_2 + [\alpha_3 \cdot 2]\, u_3 + W_\alpha &= 0\,,\\ \beta_1 u_1 + [\beta_2 \cdot 1]\, u_2 + [\beta_3 \cdot 2]\, u_3 + W_\beta &= 0\,.\end{aligned}\right\} \tag{7}$$

Bezeichnen wir die Koeffizienten der den Bedingungsgleichungen (7) entsprechenden Normalgleichungen mit $[AA]$, $[AB]$, $[BB]$, so ist demnach

$$\left.\begin{aligned}[AA] &= \frac{\alpha_1^2}{[aa]} + \frac{[\alpha_2 \cdot 1]^2}{[bb \cdot 1]} + \frac{[\alpha_3 \cdot 2]^2}{[cc \cdot 2]}\,,\\ [AB] &= \frac{\alpha_1 \beta_1}{[aa]} + \frac{[\alpha_2 \cdot 1][\beta_2 \cdot 1]}{[bb \cdot 1]} + \frac{[\alpha_3 \cdot 2][\beta_3 \cdot 2]}{[cc \cdot 2]}\,,\\ [BB] &= \frac{\beta_1^2}{[aa]} + \frac{[\beta_2 \cdot 1]^2}{[bb \cdot 1]} + \frac{[\beta_3 \cdot 2]^2}{[cc \cdot 2]}\,,\end{aligned}\right\} \tag{8}$$

Das sind Ausdrücke, die, wie ein Vergleich mit § 31 (20) und (21) erkennen läßt, Gewichtsverhältnisse zum Ausdruck bringen. Die Normalgleichungen aber lauten:

$$\left.\begin{aligned}[AA]\, k_\alpha + [AB]\, k_\beta + W_\alpha &= 0\,,\\ [AB]\, k_\alpha + [BB]\, k_\beta + W_\beta &= 0\,.\end{aligned}\right\} \tag{9}$$

Damit ergibt sich folgender Ausgleichungsweg:

1. Man bilde zunächst das den Fehlergleichungen (3) entsprechende nachstehende Normalgleichungssystem und komplettiere es mit den α_i und β_i, so daß man folgendes Koeffizientenschema erhält:

$$\begin{array}{cccc||cc} [aa] & [ab] & [ac] & -[al] & \alpha_1 & \beta_1\,. \\ [ab] & [bb] & [bc] & -[bl] & \alpha_2 & \beta_2\,. \\ [ac] & [bc] & [cc] & -[cl] & \alpha_3 & \beta_3\,. \end{array}$$

2. Dieses System reduziere man in der üblichen Weise durch und erhält dabei neben den Näherungswerten x_0, y_0 und z_0 die reduzierten Werte der α_i und β_i.

3. Dann werden nach (6) die Widersprüche und nach (8) die Koeffizienten für das Normalgleichungssystem (9) gebildet, und es wird dieses System nach k_α und k_β aufgelöst.

4. Mit Hilfe von k_α und k_β ergeben sich dann die u aus

$$\begin{aligned}u_1 &= \frac{\alpha_1}{[aa]}\, k_\alpha + \frac{\beta_1}{[aa]}\, k_\beta\,,\\ u_2 &= \frac{[\alpha_2 \cdot 1]}{[bb \cdot 1]}\, k_\alpha + \frac{[\beta_2 \cdot 1]}{[bb \cdot 1]}\, k_\beta\,,\\ u_3 &= \frac{[\alpha_3 \cdot 2]}{[cc \cdot 2]}\, k_\alpha + \frac{[\beta_3 \cdot 2]}{[cc \cdot 2]}\, k_\beta\,.\end{aligned}$$

5. Auf Grund von (5) erhält man weiter

$$\delta_z = u_3,$$

$$\delta_y = u_2 - \frac{[b\,c\cdot 1]}{[b\,b\cdot 1]} u_3,$$

$$\delta_x = u_1 - \frac{[a\,b]}{[a\,a]} u_2 - \left(\frac{[a\,c]}{[a\,a]} - \frac{[a\,b]}{[a\,a]}\,\frac{[b\,c\cdot 1]}{[b\,b\cdot 1]}\right) u_1.$$

6. Die endgültigen Werte der Unbekannten sind

$$x = x_0 + \delta x; \quad y = y_0 + \delta y; \quad z = z_0 + \delta z.$$

Sie müssen die Gln. (4) befriedigen.

7. Mit den endgültigen Werten von x, y und z errechne man auf Grund von (3) die v und findet schließlich als mittleren Fehler einer ursprünglichen Beobachtung

$$m = \pm \sqrt{\frac{[v\,v]}{n - u + r}},$$

wobei n der Anzahl der Beobachtungen, u (hier $= 3$) die der Unbekannten und r (hier $= 2$) die der Korrelaten ist.

Mit Hilfe der äquivalenten Beobachtungen läßt sich also ein größeres System in mehrere Teilausgleichungen zerlegen. O. EGGERT hat darauf einen Vorschlag zur Ausgleichung von Großraumtriangulationen gegründet[1].

Ein äquivalentes System anderer Art bilden die nach SCHREIBER im § 23 (7) aufgestellten Gleichungen.

Als Beispiel wurde das Zahlenbeispiel der Aufgabe 31 durchgerechnet. Es ergab sich scharfe Übereinstimmung mit den dort gefundenen Resultaten.

---

[1] Verhandlungen der Baltischen Geodätischen Kommission. Neunte Tagung S. 114ff. Helsinki 1934. Vgl. a. G. LEHMANN: Über ein Verfahren zur gruppenweisen Ausgleichung von Dreiecksnetzen nach bedingten Beobachtungen unter besonderer Berücksichtigung der Ausgleichung von Kranzsystemen. Z. Vermessungsw. 1936 S. 193ff.

V. Anhang.

§ 40. Ausgleichung durch schrittweise Annäherung.

Neben den bisher geschilderten (direkten) Ausgleichungsverfahren hat sich in manchen Fällen die Ausgleichung durch schrittweise Annäherung (Iteration) als zweckmäßig erwiesen. Die hierher zu rechnenden Verfahren sind wohl zu unterscheiden von den in § 1 genannten Näherungsausgleichungen, bei denen eine Verminderung der Ausgleichungsarbeit durch Verzicht auf letzte Strenge angestrebt wird. Durch Iteration erhält man, sofern nur die Ausgangsgleichungen mit theoretischer Strenge aufgestellt werden, dieselben Werte der ausgeglichenen Größen wie bei den direkten Verfahren. Ein Satz von Gauss, der hierher gehört, ist bereits im § 35 zitiert worden. Auch die mittleren Fehler der Beobachtungen selbst lassen sich mit ausreichender Genauigkeit ermitteln. Lediglich die Berechnung von Gewichtsreziproken und Funktionsgewichten zur Ermittlung des mittleren Fehlers abgeleiteter Größen bereitet so große Schwierigkeiten, daß davon meistens abgesehen wird.

Das Verfahren der schrittweisen Annäherung läßt sich sowohl auf Probleme der vermittelnden wie der bedingten Beobachtungen anwenden. Voraussetzung ist, daß man schon bei der ersten Zusammenstellung der Fehler- oder Bedingungsgleichungen gute Näherungen für die Schlußergebnisse hat. Durch Ausmitteln oder Abstimmen der dann noch auftretenden Fehlerreste gewinnt man zweite Näherungen, bestimmt und verteilt auch deren Differenzen und fährt so fort, bis alle Widersprüche verschwunden sind.

Das Verfahren der Iteration führt umso schneller zum Ziele, je besser die einzelnen Schritte konvergieren. Diese Frage hat schon C. F. Gauss, der sich der schrittweisen Annäherung gerne bedient hat, mehrfach beschäftigt. Gauss hat gezeigt, daß man die Konvergenz durch besondere Kunstgriffe, etwa durch Einsetzen von Hilfsunbekannten oder durch Umformung von Bedingungsgleichungen nach Art unseres § 35, erheblich beschleunigen kann. Weitere Beschleunigungsmöglichkeiten hat man beim Ansatz der Fehler- oder Bedingungsgleichungen sowie in der richtigen Reihenfolge der Annäherungsschritte. Hierzu bedarf es gewisser Erfahrungen, die sich bei einiger Übung von selbst einstellen. Darauf einzugehen, würde indessen den Rahmen dieses Buches überschreiten. Wir verweisen auf die einschlägige Literatur[1] und begnügen uns mit der Vorführung dreier für die Praxis wichtigen Beispiele, bei denen die Anwendung der schrittweisen Annäherung eine erhebliche Arbeitsersparnis bedeutet.

Aufgabe 33. *Schrittweise Ausgleichung unvollständiger Richtungssätze.*

Das Ausgleichungsverfahren entspricht im Ansatz der Ausgleichung nach vermittelnden Beobachtungen, die in Aufgabe 13 behandelt ist. Zuerst werden die einzelnen Sätze gegeneinander orientiert, und dann wird das Mittel aus den orientierten Beobachtungen gebildet. Im einzelnen wird dabei, wie man an Hand des nachstehenden Beispiels verfolgen möge, folgendermaßen vorgegangen:

Nachdem die beobachteten Richtungen in allen Sätzen — im 3. Satz des Beispiels durch vorläufige Orientierung — auf eine gemeinsame Nullrichtung bezogen sind, werden sie in der linken Hälfte der ersten Abteilung unseres Rechenblattes eingetragen und gemittelt. In den Spalten 6 bis 8 werden die Unterschiede d zwischen den gegebenen Richtungen r und den Mittelwerten R gebildet. Wird dann in jedem Satz die Summe der d gezogen, so gewinnt man in den $z = [d]/n$ erste Näherungswerte für die Orientierungsunbekannten der einzelnen Sätze. Diese legt man in den Spalten 2 bis 4 der zweiten Abteilung den gegebenen Richtungen r zu und erhält damit die erstmalig orientierten Richtungen r_1 und ihr Mittel R_1. Die Differenzen $(R_1 - r_1)$ ergeben rechter Hand die d_1, aus denen die ersten Orientierungsverbesserungen $z_1 = [d_1]/n$ abgeleitet werden. Dieses Verfahren wird so lange wiederholt, bis in allen Sätzen $[d] = 0$ wird. Dann ist in jedem Satz $[z]$ die endgültige Orientierungsunbekannte für den betreffenden Satz, während die Mittelwerte der endgültig orientierten Sätze die endgültigen Richtungen darstellen. Als Schlußprobe werden den ausgeglichenen Richtungen die mit den Orientierungsunbekannten $[z]$ sowie den letzten d verbesserten ursprünglichen Beobachtungen gegenübergestellt. Falls der Anfangsstrahl des endgültigen Richtungsbüschels von Null abweicht, kann man ihn, um mit der Gewohnheit in Übereinstimmung zu bleiben, durch eine zusätzliche Drehung des Büschels leicht zu Null machen. Das ist in der letzten Abteilung unseres Beispiels geschehen.

Die bei der letzten Orientierung verbliebenen Unterschiede $d = R - r$ sind nichts anderes als die sonst mit v bezeichneten übrigbleibenden Fehler. Mit diesen d erhält man, wenn unter (r) die Gesamtzahl aller beobachteten Richtungen, unter (z) die der Sätze (oder Orientierungsunbekannten) und unter s die aller Ziele (Strahlen) verstanden wird, den mittleren Fehler einer ursprünglichen Beobachtung aus

$$m = \pm \sqrt{\frac{[dd]}{(r) - (z) - (s - 1)}}.$$

Das Verfahren ist nach HELMERT ([*9*] S. 199) in England ausgebildet worden. F. G. GAUSS hat es in die Preußische Vermessungsanweisung IX übernommen und im V. Abschnitt seiner Trigonometrischen und Polygonometrischen Rechnungen (4. Aufl. 1922) erläutert. Eine Umbildung bringt KNEISSL in der Z. Vermessungsw. 1940 S. 225.

[1] VOGLER: Lehrbuch der praktischen Geometrie, II. Teil, §§ 297—303. Braunschweig 1899. — DERS.: Geodätische Übungen, Teil II, Winterübungen, 3. Aufl., Aufgaben 108—111. Berlin 1913. — WOLF: Geodätische Anwendungen des Verfahrens der schrittweisen Annäherung. Z. Vermessungsw. 1951 S. 48ff. sowie die dort angegebenen Fundstellen.

Schrittweise Vereinigung unvollständiger Richtungssätze.

Ziel	Beobachtete Richtungen r			Mittel R	Differenzen $d = R - r$			
	1. Satz	2. Satz	3. Satz		1. Satz	2. Satz	3. Satz	Σ
1	2	3	4	5	6	7	8	9
A	0000	0000		0,0000	0	0		0
B		0928	0928	62,0928		0	0	0
C	1735			129,1735	0			0
D	8936	8924	8952	158,8937	+ 1	+ 13	− 15	− 1
E	0012		0046	213,0029	+ 17		− 17	0
				$[d] =$	+ 18	+ 13	− 32	− 1
				$z = [d]/n =$	+ 4	+ 4	− 11	
	Einmal orientierte Richt. $r_1 = r + z$			Mittel R_1	Differenzen $d_1 = R_1 - r_1$			
A	0004	0004		0,0004	0	0		0
B		0932	0917	62,0924		− 8	+ 7	− 1
C	1739			129,1739	0			0
D	8940	8928	8941	158,8936	− 4	+ 8	− 5	− 1
E	0016		0035	213,0026	+ 10		− 9	+ 1
				$[d_1] =$	+ 6	0	− 7	− 1
				$z_1 = [d_1]/n =$	+ 1	0	− 2	
	Zweimal orientierte Richt. $r_2 = r_1 + z_1$			Mittel R_2	Differenzen $d_2 = R_2 - r_2$			
A	0005	0004		0,0004	− 1	0		− 1
B		0932	0915	62,0924		− 8	+ 9	+ 1
C	1740			129,1740	0			0
D	8941	8928	8939	158,8936	− 5	+ 8	− 3	0
E	0017		0033	213,0025	+ 8		− 8	0
				$[d_2] =$	+ 2	0	− 2	0
				$z_2 = [d_2]/n =$	+ 1	0	− 1	
	Dreimal orientierte Richt. $r_3 = r_2 + z_2$			Mittel R_3	Differenzen $d_3 = R_3 - r_3$			
A	0006	0004		0,0005	− 1	+ 1		0
B		0932	0914	62,0923		− 9	+ 9	0
C	1741			129,1741	0			0
D	8942	8928	8938	158,8936	− 6	+ 8	− 2	0
E	0018		0032	213,0025	+ 7		− 7	0
				$[d_3] =$	0	0	0	0
				Reduktion auf Null	Quadrate $d_3 d_3$			
A				0,0000	1	1		2
B				62,0918		81	81	162
C				129,1736	0			0
D				158,8931	36	64	4	104
E				213,0020	49		49	98
	$m = \sqrt{\dfrac{366}{10-3-(5-1)}} = \pm 11^{cc}$						$[d_3 d_3] =$	366

Aufgabe 34. *Stufenweise Ausgleichung eines Nivellementsnetzes.*

Nivellementsnetze sind in den Aufgaben 9 und 25 nach vermittelnden und bedingten Beobachtungen direkt ausgeglichen worden. In beiden Fällen kann die Lösung auch durch schrittweise Annäherung gefunden werden; als besonders bequem hat sich indessen nur die stufenweise Tilgung der Widersprüche in den Bedingungsgleichungen erwiesen. Die Ausgleichung des in Abb. 49 dargestellten Netzes beginnt daher mit der Zusammenstellung der beobachteten Höhenunterschiede und Gewichtsreziproken in den Spalten 2 bis 4 des nachstehenden Rechenblattes, wobei alle Schleifen im gleichen Drehsinn umfahren werden müssen. In Anwendung eines GAUSSschen Kunstgriffes wird zur Beschleunigung der Konvergenz als weitere Bedingung eine Schleife hinzugefügt, die aus den das Netz nach außen abgrenzenden Linien zusammengesetzt ist. Diese Umringsbedingung bringt keinen zusätzlichen Zwang. Sie ist lediglich eine Summengleichung und bewirkt, daß nunmehr alle Linien zweimal auftreten. Die dabei anzuhaltenden Sollhöhenunterschiede zwischen gegebenen Festpunkten haben das Gewicht unendlich. In Spalte 4 ist daher für sie $s = 1/p = 0$ eingetragen.

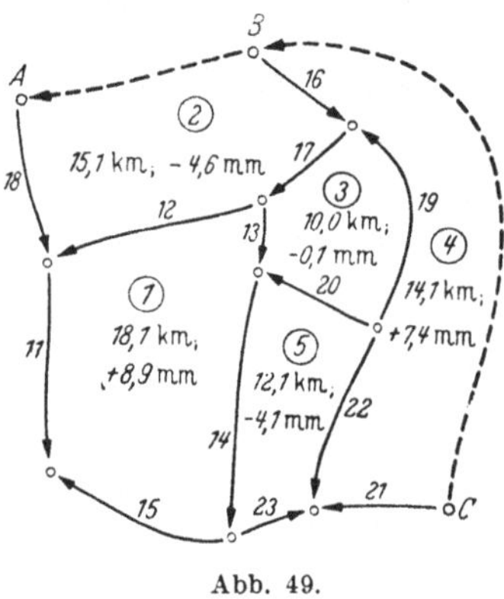

Abb. 49.

Sind w die Widersprüche und $[s]$ die Umfänge der Schleifen in Kilometern, so berechnet man für jede Schleife $w^2/[s]$ und trägt diesen Wert für jede einzelne Bedingung in die Kopfzeile der ersten Rechenstufe (Spalte 5) ein. Darunter vermerkt man den — bereits in der Spalte 3 gebildeten — Widerspruch der betreffenden Schleife in Zehntelmillimetern. Jetzt sucht man die Schleife mit dem größten $w^2/[s]$ (in unserem Falle Schleife 1) und macht in ihr den Widerspruch zu Null, indem man ihn proportional den Wegelängen s verteilt. Gleichzeitig aber hat man die so erhaltenen vorläufigen Verbesserungen in den Schleifen anzumerken, in denen die Höhenunterschiede ein zweites Mal auftreten, und zwar mit umgekehrten Vorzeichen, wenn die Wegerichtung entgegengesetzt ist. Unberührt ist bis jetzt in unserem Beispiel die Schleife 4 geblieben. Sie wird in gleicher Weise behandelt wie die Schleife 1. Schließlich werden die Verbesserungen schleifenweise zu den in der Kopfzeile vermerkten ursprünglichen Widersprüchen hinzuaddiert. Damit erhält man in den Schlußzeilen des für die einzelnen Bedingungen vorgesehenen Raumes die erstmalig verbesserten Widersprüche, wobei man die Probe hat, daß die Summe der Widersprüche in den notwendigen Schleifen den der Umringsschleife ergeben muß.

Zur Einleitung des nächsten Schrittes werden die erstmalig verbesserten Widersprüche in die Kopfzeile der zweiten Rechenstufe (Spalte 6) übertragen. Alsdann wird wiederum für jede Schleife $w^2/[s]$ gebildet, der Größtwert herausgesucht (in unserem Beispiel Schleife 3) und der Widerspruch wie in der ersten Rechenstufe verteilt. Das Verfahren wird so lange fortgesetzt, bis die Widersprüche, abgesehen von zu vernachlässigenden Restfehlern, in allen Schleifen zu Null geworden sind. Die Quersumme aller vorläufigen Verbesserungen für einen Höhenunterschied gibt seine endgültige Verbesserung v, so daß durch Anbringen der v an den ursprünglichen Höhenunterschieden die ausgeglichenen Höhenunterschiede erhalten werden. Schleifenweise aufaddiert muß in jeder Schleife $[v] = -w$ sein.

Stufenweise Ausgleichung eines Nivellementsnetzes.

Schleife	Linie	Gemessener Höhenunterschied	Strecke $s = 1/p$	Rechenstufen in $^1/_{10}$ mm					v	vv/s — vvp	Ausgeglichener Höhenunterschied
				I	II	III	IV	V			
1	2	3	4	5	6	7	8	9	10	11	12
			$w^2/[s] =$	438	0	4	0	0,1			
			$w =$	+ 89	0	— 9	0	+ 1			
1	11	× 2,2876	3,9	— 19	— 6	+ 2		— 1	— 24	148	× 2,2852
	12	× 8,4172	4,1	— 20		+ 2	— 1		— 19	88	× 8,4153
	13	3,7261	0,8	— 4	+ 2	0		0	— 2	5	3,7259
	14	0,7389	5,6	— 28		+ 3	+ 2		+ 1 — 23	94	0,7367
	15	4,8391	3,7	— 18	— 5	+ 2		— 1	— 22	131	4,8369
		$w =$ 89	18,1	0	— 9	0	+ 1	— 1	+ 1 — 90		0,0000
			$w^2/[s] =$	140	1	0,6	0,6	0			
			$w =$	— 46	— 4	— 3	— 3	0			
2	*AB*	(× 8,0430)	0,0	—	—	—	—	—	—		(× 8,0430)
	16	0,5515	4,1	+ 22		+ 2	+ 1		+ 25	152	0,5540
	17	1,1722	3,1		+ 7		0	+ 1	+ 8	21	1,1730
	12	1,5828	4,1	+ 20		— 2	+ 1		+ 19		1,5847
	18	× 8,6459	3,8		— 6		+ 1	— 1	— 6	9	× 8,6453
		$w =$ × 54	15,1	— 4	— 3	— 3	0	0	+ 46		0,0000
			$w^2/[s] =$	0	58	0	0,4	0,9			
			$w =$	— 1	+ 24	0	+ 2	+ 3			
3	17	× 8,8278	3,1		— 7		0	— 1	— 8		× 8,8270
	19	× 6,3734	4,1	+ 21	— 10	+ 2		— 1	+ 12	35	× 6,3746
	20	8,5248	2,0		— 5		+ 1	— 1	— 5	12	8,5243
	13	× 6,2739	0,8	+ 4	— 2	0		0	+ 2		× 6,2741
		$w =$ × 99	10,0	+ 24	0	+ 2	+ 3	0	+ 1		0,0000
			$w^2/[s] =$	388	0	3	0	0			
			$w =$	+ 74	0	+ 6	0	0			
4	*BC*	(× 8,9860)	0,0	—	—	—	—	—	—		(× 8,9860)
	21	11,8315	2,8	— 15	— 4	— 1		— 1	— 21	157	11,8294
	22	× 86,1148	3,1	— 16		— 1	+ 1		— 16	83	× 86,1132
	19	3,6266	4,1	— 21	+ 10	— 2		+ 1	— 12		3,6254
	16	× ,4485	4,1	— 22		— 2	— 1		— 25		× ,4460
		$w =$ 74	14,1	0	+ 6	0	0	0	— 74		0,0000
			$w^2/[s] =$	139	1	3	1,3	0			
			$w =$	— 41	+ 3	+ 6	+ 4	0			
5	23	× 5,3744	1,4		— 2		0		— 2	3	× 5,3742
	14	× ,2611	5,6	+ 28		— 3	— 2		— 1 + 23		× ,2633
	20	× 1,4752	2,0		+ 5		— 1	+ 1	+ 5		× 1,4757
	22	13,8852	3,1	+ 16		+ 1	— 1		+ 16		13,8868
		$w =$ × 59	12,1	+ 3	+ 6	+ 4	0	+ 1	— 1 + 42		0,0000

Stufenweise Ausgleichung eines Nivellementsnetzes (Fortsetzung).

Schleife	Linie	Gemessener Höhenunterschied	Strecke $s = 1/p$	Rechenstufen in $^1/_{10}$ mm					v	vv/s $-vvp$	Ausgeglichener Höhenunterschied
				I	II	III	IV	V			
1	2	3	4	5	6	7	8	9	10	11	12
Umring			$w^2/[s] =$	360	34	0	0,6	1,0			
			$w =$	+ 75	+ 23	0	+ 3	+ 4			
	AB	(× 8,0430)	0,0	—	—	—	—	—	—		(× 8,0430)
	BC	(× 8,9860)	0,0	—	—	—	—	—	—		(× 8,9860)
	21	11,8315	2,8	− 15	− 4	− 1		− 1	− 21		11,8294
	23	× 5,3744	1,4		− 2		0		− 2		× 5,3742
	15	4,8391	3,7	− 18	− 5	+ 2		− 1	− 22		4,8369
	11	× 2,2876	3,9	− 19	− 6	+ 2		− 1	− 24		× 2,2852
	18	× 8,6459	3,8		− 6		+ 1	− 1	− 6		× 8,6453
		$w =$ 75	15,6	+ 23	0	+ 3	+ 4	0	− 75	938	0,0000

$$m_{1\,\mathrm{km}} = \sqrt{\frac{938}{5}} = \pm 1{,}4 \text{ mm}$$

Zur Berechnung des mittleren Fehlers der Gewichtseinheit darf selbstverständlich jede Linie und damit jedes v nur einmal verwendet werden. Es dürfen ferner nur die r *notwendigen* Bedingungen angesetzt werden. Als mittlerer Fehler einer in die Rechnung eingeführten Beobachtung von 1 km Länge ergibt sich dann

$$m = \sqrt{\frac{1}{r}\left[\frac{vv}{s}\right]}.$$

Das Verfahren stammt nach VOGLER[1] von C. F. GAUSS. VOGLER selbst hat eine strenge Begründung hinzugefügt. Die schematische Anordnung unseres Beispiels entspricht VOGLERs Abhandlung im Taschenbuch der Landmessung und Kulturtechnik 1918, S. 177. Über VOGLERs Vorschläge hinaus kann man die Konvergenz durch Springen von einer Stufe in die andere noch etwas verbessern. Konvergenzverzögerungen können auftreten, wenn im Anfang oder nach den ersten Stufen mehrere nebeneinanderliegende Schleifen Widersprüche gleicher Größenordnung und gleichen Vorzeichens aufweisen. Dann ist es zur Konvergenzbeschleunigung geboten, diese Schleifen zu einer Hauptschleife mit dem Gewicht $w^2/[s]$ zusammenzufassen und die Hauptschleife als zusätzliche Bedingung in die Rechnung aufzunehmen. Sie wird dann so lange mitgeführt, bis der Widerspruch abgeklungen ist. Fast unüberwindlich können die Schwierigkeiten werden, wenn feste Anschlußpunkte im Innern des Netzes anzuhalten sind. Dann bleibt oft nichts anderes übrig, als zu den klassischen Ausgleichungsverfahren zu greifen oder sich mit Näherungslösungen zu begnügen.

Aufgabe 35. *Ausgleichung trigonometrischer Höhenmessungen durch wiederholte Mittelbildung.*

Die Ausgleichung trigonometrischer Höhenmessungen ist umständlicher als die Ausgleichung von Nivellements, weil die Sichten einander vielfach überschneiden. Andererseits sind die Ansprüche an die Genauigkeit geringer, so daß das Mißverhältnis von Arbeitsaufwand und Ausgleichungseffekt bei den in den

[1] VOGLER: Praktische Geometrie, Bd. II, § 302.

Aufgaben 10 und 26 geschilderten Verfahren, zumal für ausgedehnte Netze, besonders augenfällig ist. In der Praxis werden daher fast ausschließlich Näherungslösungen angewandt. Zweckmäßiger als solche oft recht angreifbare Methoden ist die Ausgleichung durch wiederholte Mittelbildung.

Diesem Verfahren liegt folgender Gedankengang zugrunde: In einem trigonometrisch beobachteten Höhennetz seien die Höhenunterschiede h_i von Punkt zu Punkt gemessen, und es seien für alle Punkte P_i genäherte Höhen H_i^0 errechnet worden. Um die Näherungshöhen zu verbessern, betrachte man für den Augenblick einen bestimmten Punkt P mit der Näherungshöhe H_p^0 als Neupunkt, während alle übrigen Höhen H_i^0 als festgegebene Anschlußhöhen gelten. Dann erhält man auf Grund des allgemeinen arithmetischen Mittels als verbesserte Höhe von P

$$H_p^0 + d_1 = \frac{[(H_i^0 + h_i)\, p_i]}{[p]}, \tag{1}$$

wobei man gemäß Aufgabe 10 die Gewichte der zweiseitig beobachteten Strahlen in der Regel mit $1/s^2$, die der einseitig beobachteten mit $1/2s^2$ ansetzen wird.

In der gleichen Weise wie dieser Punkt P werden nacheinander alle übrigen Netzpunkte behandelt, indem man den jeweils zu verbessernden Punkt als Neupunkt, alle übrigen als Festpunkte betrachtet. Sind auf diese Weise alle Punkte erstmalig verbessert, so werden auf demselben Wege zweite Verbesserungen errechnet und so fort, bis alle Abweichungen getilgt sind. Im einzelnen möge das Verfahren an Hand des in Abb. 50 dargestellten Netzes erläutert werden:

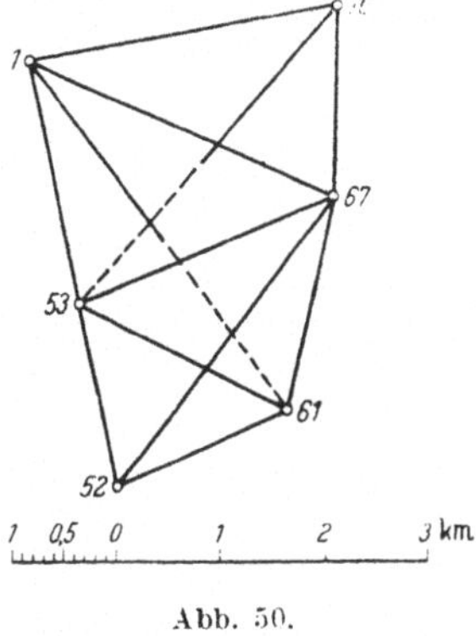

Abb. 50.

Nachdem in den Spalten 2 bis 4 des Rechenblattes die vorläufigen Höhen H_i^0 und die beobachteten Höhenunterschiede h_i eingetragen sind und für jeden Punkt die Summe $(H_i^0 + h_i)$ gebildet ist, müssen die ersten Verbesserungen d_1 berechnet werden. Um jedoch nicht mit den Höhen selbst, sondern mit Höhendifferenzen arbeiten zu können, wird in (1) H_p^0 auf die rechte Seite gebracht, so daß man erhält

$$d_1 = \frac{[(H_i^0 + h_i)\, p_i]}{[p]} - H_p^0 = \frac{[(H_i^0 + h_i - H_p^0)\, p_i]}{[p]};$$

wenn man dann einführt

$$\Delta_i = (H_i^0 + h_i) - H_p^0, \tag{2}$$

so wird

$$d_1 = \frac{[\Delta_i\, p_i]}{[p]}. \tag{3}$$

(2) und (3) sind die nächsten, in den Spalten 5 bis 7 zu erledigenden, Rechenschritte; mit ihnen ist die erste Stufe beendet.

In der zweiten Stufe wird von den erstmalig verbesserten Höhen ausgegangen. Wieder gilt ein Punkt P als Neupunkt, während alle übrigen Punkte P_i als Festpunkte betrachtet werden. Die „Festpunkte" aber haben gegenüber der Ausgangslage durch die erste Stufe die Höhenänderung d_{1i} erlitten; also muß der „Neupunkt" die weitere Verbesserung

$$d_2 = \frac{[d_{1i}\, p_i]}{[p]} \tag{4}$$

Ausgleichung trigonometrischer Höhenmessungen durch wiederholte Mittelbildung.

Anschlußpunkt P_i / Neupunkt P	Anschlußhöhe H_i^0	Höhenunterschied h_i	Vorläufige Höhe $H_i^0+h_i$ / Ausgangshöhe H_p^0	p / $[p]$	I. Stufe $\Delta_i = H_i^0+h_i-H_p^0$	I. Stufe $\Delta_i p_i$ + / $[\Delta p]$	$\Delta_i p_i$ − / $d_1 = \frac{[\Delta p]}{[p]}$	II. Stufe d_{1i}	II. Stufe $d_{1i} p_i$ + / $[d_1 p]$	$d_{1i} p_i$ − / $d_2 = \frac{[d_1 p]}{[p]}$	III. Stufe d_{2i}	III. Stufe $d_{2i} p_i$ + / $[d_2 p]$	$d_{2i} p_i$ − / $d_3 = \frac{[d_2 p]}{[p]}$	$[d]$	$[d]_{ed.}$	H_i+h_i / Endgült. Höhe H	Fehlerrechnung v	vp / $[vp]$ / m_H	vvp / $[vvp]$
1	2	3	4	5	6	7		8	9		10	11		12	13	14	15	16	17
76	51,12	+5,05	56,17	0,4	−1		0,4	−3,7		1,5	+2,6	1,0				56,17	−1	0	0
67	50,70	+5,43	13	0,4	−5		2,0	+4,7	1,9		−1,8		0,7			19	+1	0	0
61	51,39	+4,83	22	0,1	+4	0,4		+0,4			+0,2					25	+7	+1	7
53	57,37	−1,22	15	0,7	−3		2,1	−0,1		0,1	−0,6		0,4			17	−1	−1	1
				1,6		0,4	4,5		1,9	1,6		1,0	1,1					0	8
1			56,18	·			−2,6			+0,2			−0,1	−2,5	0	56,18		±0,01	
67	50,70	+6,61	57,31	0,6	−6		3,6	+4,7	2,8		−1,8		1,1			57,37	−2	−1	2
61	51,39	+5,98	37	0,8	0			+0,4	0,3		+0,2	0,2				40	+1	+1	1
52	57,02	+0,35	37	1,2	0			−2,2		2,6	+0,7	0,8				38	−1	−1	1
1	56,18	+1,22	40	0,7	+3	2,1		−2,6		1,8	+0,2	0,1				40	+1	+1	1
76	51,12	+6,30	42	0,2	+5	1,0		−3,7		0,7	+2,6	0,5				42	+3	+1	3
				3,5		3,1	3,6		3,1	5,1		1,6	1,1					+1	8
53			57,37				−0,1			−0,6			+0,1	−0,6	+1,9	57,39		±0,01	
53	57,37	−0,35	57,02	1,2	0			−0,1		0,1	−0,6		0,7			57,04	+1	+1	1
67	50,70	+6,24	56,94	0,3	−8		2,4	+4,7	1,4		−1,8		0,5			00	−3	−1	3
61	51,39	+5,60	99	1,2	−3		3,6	+0,4	0,5		+0,2	0,2				02	−1	−1	1
				2,7			6,0		1,9	0,1		0,2	1,2					−1	5
52			57,02				−2,2			+0,7			−0,4	−1,9	+0,6	57,03		±0,01	

Fortsetzung nächste Seite

(Fortsetzung)

Anschluß-punkt P_i / Neu-punkt P	An-schluß-höhe H_i^0	Höhen-unter-schied h_i	Vor-läufige Höhe $H_i^0+h_i$ / Aus-gangs-höhe H_p^0	p / $[p]$	I. Stufe $\Delta_i = H_i^0+h_i-H_p^0$	I. Stufe $\Delta_i p_i$ + / $[\Delta p]$	I. Stufe $\Delta_i p_i$ − / $d_1=\frac{[\Delta p]}{[p]}$	II. Stufe d_{1i}	II. Stufe $d_{1i} p_i$ + / $[d_1 p]$	II. Stufe $d_{1i} p_i$ − / $d_2=\frac{[d_1 p]}{[p]}$	III. Stufe d_{2i}	III. Stufe $d_{2i} p_i$ + / $[d_2 p]$	III. Stufe $d_{2i} p_i$ − / $d_3=\frac{[d_2 p]}{[p]}$	$[d]$	$[d]_{red.}$	H_i+h_i / End-gült. Höhe H	Fehlerrechnung v	Fehlerrechnung vp / $[vp]$ / m_H	Fehlerrechnung vvp / $[vvp]$
1	2	3	4	5	6	7		8	9		10	11		12	13	14	15	16	17
52	57,02	−5,60	51,42	1,2	+3	3,6		−2,2		2,6	+0,7	0,8				51,43	+1	+1	1
53	57,37	−5,98	39	0,8	0			−0,1		0,1	−0,6		0,5			41	−1	−1	1
1	56,18	−4,83	35	0,2	−4		0,8	−2,6		0,5	+0,2					35	−7	−1	7
67	50,70	+0,67	37	0,8	−2		1,6	+4,7	3,8		−1,8		1,4			43	+1	+1	1
				3,0		3,6	2,4		3,8	3,2		0,8	1,9					0	10
61			51,39			+0,4			+0,2			−0,4		+0,2	+2,7	51,42		±0,01	
61	51,39	−0,67	50,72	0,8	+2	1,6		+0,4	0,3		+0,2	0,2				50,75	−1	−1	1
52	57,02	−6,24	78	0,3	+8	2,4		−2,2		0,7	+0,7	0,2				79	+3	+1	3
53	57,37	−6,61	76	0,6	+6	3,6		−0,1		0,1	−0,6		0,4			78	+2	+1	2
1	56,18	−5,43	75	0,4	+5	2,0		−2,6		1,0	+0,2	0,1				75	−1	0	0
76	51,12	−0,37	75	1,2	+5	6,0		−3,7		4.4	+2,6	3,1				75	−1	−1	1
				3,3		15,6			0,3	6,2		3,6	0,4					0	7
67			50,70			+4,7			−1,8			+1,0		+3,9	+6,4	50,76		±0,01	
1	56,18	−5,05	51,13	0,4	+1	0,4		−2,6		1,0	+0,2	0,1				51,13	+1	0	0
67	50,70	+0,37	07	1,2	−5		6,0	+4,7	5,6		−1,8		2.2			13	+1	+1	1
53	57,37	−6,30	07	0,2	−5		1,0	−0,1			−0,6		0,1			04	−3	−1	3
				1,8		0,4	7,0		5,6	1,0		0,1	2,3					0	4
76			51,12			−3,7			+2,6			−1,2		−2,3	+0,2	51,12		±0,01	

erhalten. In gleicher Weise werden alle übrigen Punkte mit zweiten Verbesserungen versehen. Ganz entsprechend folgt

$$d_3 = \frac{[d_{2i}\, p_i]}{[p]} \tag{5}$$

usw.

In unserem Beispiel haben sich, da gute Näherungswerte vorlagen, eine zweite und eine dritte Verbesserung als ausreichend erwiesen, wofür die Spalten 8 bis 11 in Anspruch genommen sind. In Spalte 12 bildet man $[d]$ und hat dann für ein freies Netz

$$H = H_p^0 + d_1 + d_2 + \cdots + d_n = H_p^0 + [d]\,. \tag{6}$$

In der Regel wird jedoch für einen Punkt des Netzes eine endgültige Höhe schon bekannt sein. Man wendet dann (6) auf diesen Punkt an, vergleicht das Ergebnis mit der Sollhöhe und erhält daraus einen für alle Netzpunkte konstanten Zuschlag, um den die Verbesserungen $[d]$ zu reduzieren sind, so daß in diesem Fall erhalten wird

$$H = H_p^0 + [d]_{red}\,. \tag{7}$$

Hierfür stehen die Spalten 13 und 14 zur Verfügung. Sind im Netz mehrere Punkte mit Sollhöhen vorhanden, so kann man diese im Rechenblatt ganz schematisch mit durchrechnen, indem man auf ihnen die d stets gleich Null setzt; allerdings wird dadurch die Konvergenz sehr verzögert.

Im Rahmen der Fehlerberechnung interessiert weniger der mittlere Fehler einer Beobachtung als vielmehr die erzielte Punktgenauigkeit. Da aber die Berechnung von Gewichtsreziproken und Funktionsgewichten einen unangemessenen Aufwand bedeuten würde, begnügt man sich mit einem Näherungsverfahren. Hierfür werden auf jedem Punkt die mit den verbesserten Höhen H_i der „Anschlußpunkte" herzuleitenden Werte $(H_i + h_i)$ der endgültigen Höhe H des „Neupunktes" gegenübergestellt und es wird daraus die Differenz $(H_i + h_i) - H = v$ gebildet und in Spalte 16 eingetragen. Dann hat man zunächst in $[v p] = 0$ eine erwünschte Probe und findet schließlich mit

$$m_H = \pm \sqrt{\frac{[v v p]}{[p]\,(n-1)}}$$

ein plausibles Maß für die relative Punktgenauigkeit.

Die Konvergenzbetrachtungen zeigen ein ähnliches Bild wie bei der stufenweisen Ausgleichung der Nivellements. Zur Konvergenzbeschleunigung ist eine Unbekannte mehr eingeführt als erforderlich. Lokale Fehlerhäufungen und Anschlußzwänge können hier wie dort die Konvergenz beträchtlich verlangsamen. Liegen mehrere Anschlußpunkte vor, so empfiehlt es sich im allgemeinen, zunächst zwangsfrei auszugleichen und den Anschlußzwang durch eine Zusatzrechnung oder durch proportionale Verteilung zu berücksichtigen.

Das hier gezeigte Verfahren ist von H. Anér[1] angegeben und von H. Lichte[2] begründet und ausgebaut worden. Lichte behandelt dort eingehend die Frage des Anschlusses an mehrere Festpunkte. Er bringt ferner gewisse Näherungen in Vorschlag, die sich bei der Ausgleichung umfangreicher Höhennetze empfehlen.

---

[1] Anér, H.: Ausgleichung durch Anwendung des arithmetischen Mittels. Z. Vermessungsw. 1926 S. 65ff.

[2] Lichte, H.: Ausgleichung umfangreicher Höhennetze. Z. Vermessungsw. 1949 S. 2.

§ 41. Genäherte Darstellung von Funktionen.

In der Naturwissenschaft ist es des öfteren erforderlich, eine der Beobachtung zugängliche Erscheinung als Funktion einer oder mehrerer unabhängiger Veränderlicher darzustellen. Wenn nun, wie es oft der Fall ist, die Funktion selbst nur näherungsweise bekannt ist, so mischen sich die Fehler der Theorie mit den Beobachtungsfehlern. Es entsteht dann die Aufgabe, eine den Beobachtungen sich möglichst eng anschließende Funktion zu ermitteln. Diese Aufgabe läßt sich mit Hilfe der M. d. kl. Q. lösen, indem man die Quadratsumme der Abweichungen zwischen den Beobachtungen und den (gesuchten) Funktionswerten zum Minimum macht. Die Zusammenhänge sind indessen nicht immer so einfach und eindeutig in Fehler- oder Bedingungsgleichungen darzustellen, wie bei den bisher behandelten Aufgaben.

Wir behandeln nachstehend zuerst den Sonderfall einer linearen Funktion, betrachten sodann Funktionen, die sich durch Potenzreihen erfassen lassen und fügen schließlich den Fall einer periodischen Erscheinung an.

1. Bestimmen der ausgleichenden Geraden.

Es sei eine Anzahl von Beobachtungen gemacht, zwischen denen ein linearer Zusammenhang besteht, und es sei jede Beobachtung in einem Cartesischen Koordinatensystem durch einen Punkt mit den Koordinaten x und y versinnbildlicht, wobei unter y der gemessene Funktionswert verstanden wird — den wir sonst mit l bezeichnet haben — und unter x die — meistens frei wählbare — Stelle, an der die Funktion gemessen ist. Verlangt sei die Gleichung der ausgleichenden Geraden

$$y = a + b x , \tag{1}$$

für die der Achsenabschnitt a und das Steigungsmaß $b = \operatorname{tg} \varphi$ durch Ausgleichung zu ermitteln sind.

Diese Aufgabe läßt sich verschieden anfassen. Man kann die Fehler entweder allein den y oder allein den x oder den x und y gemeinsam zur Last legen[1].

Sind die Fehler allein den beobachteten Funktionswerten y zuzuschreiben, so haben die Fehlergleichungen die Form

$$v_{y\,i} = a + x_i\, b - y_i . \tag{2}$$

---

[1] Hugershoff, R.: Ausgleichungsrechnung, Kollektivmaßlehre und Korrelationsrechnung. Berlin 1940. — Wolf, H.: Beitrag zur Bestimmung der plausibelsten Geraden. Z. Vermessungsw. 1941 S. 411. — Pinkwart: Nochmals die Bestimmung einer Geraden. Z. Vermessungsw. 1942 S. 217. — Friedrich, K.: Strenge Fassung der Gleichungen Werkmeisters für die ausgleichende Gerade. Z. Vermessungsw. 1950 S. 139.

Es handelt sich mithin um einen einfachen Fall der Ausgleichung nach vermittelnden Beobachtungen, und zwar liegt, wenn auch die geometrischen Vorstellungen etwas andere sind, ausgleichstechnisch gesehen, derselbe Fall vor, wie im § 13, Aufgabe 6 (Maßstabsvergleich). Auch kann, wie im § 23, Aufgabe 11, die Konstante a als Orientierungsunbekannte angesehen und eliminiert werden. Als Anwendung kommt das ganze Gebiet der Konstantenbestimmung in Frage, also die Bestimmung der Konstanten von optischen Distanzmessern, von Libellenprüfern und Planimetern, ferner die Bestimmung von Stand-, Teilungs- und Temperaturkorrektionen bei Federbarometern, schließlich die Aufstellung empirischer Funktionstafeln, sofern die Zusammenhänge linear sind oder — etwa durch Logarithmieren oder Einführen von neuen Unbekannten — linear gemacht werden können.

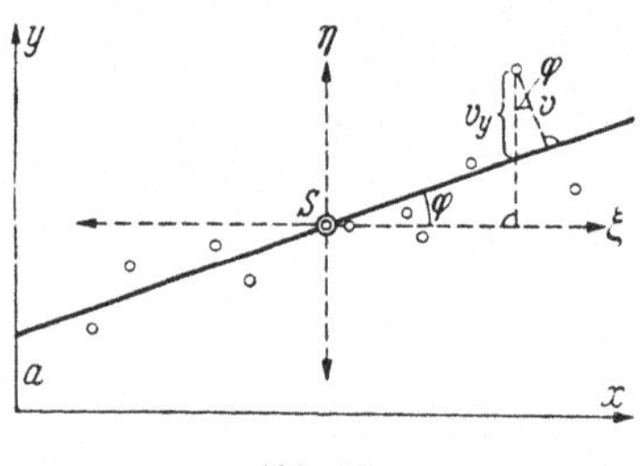

Abb. 51.

Daß allein die x fehlerhaft sind, wird nur in Ausnahmefällen vorkommen, da die Ablesestellen in der Regel recht genau bekannt sind.

Fehler in x *und* y sind anzunehmen, wenn die Punkte stärker streuen, was meistens dann eintreten wird, wenn zwischen x und y nur ein loser funktionaler Zusammenhang besteht. Man könnte dann, wie im § 38 (5) bis (10) gezeigt ist, die x *und* y verbessern. Man erreicht jedoch das gleiche auf einfacherem Wege, indem man an Hand der Abb. 51 als übrigbleibende Fehler v_i nicht die $v_{y\,i}$ der Gl. (2), sondern die senkrechten Abstände der beobachteten Punkte von der ausgleichenden Geraden, also die $v_i = v_{y\,i} \cos\varphi$ ansieht und demgemäß die Geraden so bestimmt, daß die Quadratsumme dieser v_i zum Minimum gemacht wird. Die Fehlergleichungen lauten dann

$$v_i = (a + x_i\, b - y_i) \cos\varphi\,. \tag{3}$$

Um rechentechnisch schnell zum Ziel zu kommen, bestimme man mit

$$x_s = \frac{[x]}{n} \quad \text{und} \quad y_s = \frac{[y]}{n} \tag{4}$$

den Schwerpunkt S der eingetragenen Punkte und erhält in

$$\xi = x - x_s \quad \text{und} \quad \eta = y - y_s \tag{5}$$

die Koordinaten ξ, η der Punkte in einem System, dessen Ursprung der Schwerpunkt ist, und dessen Achsen denen des gegebenen Systems parallel laufen mit der Probe $[\xi] = [\eta] = 0$. Einsetzen von (5) in (3) gibt, wenn gleichzeitig beachtet wird, daß $b = \operatorname{tg}\varphi$ ist,

$$v_i = (a + x_s \operatorname{tg}\varphi - y_s) \cos\varphi + \xi_i \sin\varphi - \eta_i \cos\varphi\,.$$

Es ist aber nach Abb. 51, weil die ausgleichende Gerade durch den Schwerpunkt geht,

$$a = y_s - x_s \operatorname{tg} \varphi \,. \tag{6}$$

Der Klammerausdruck in der vorangegangenen Gleichung verschwindet also, und die Fehlergleichungen vereinfachen sich zu

$$v_i = \xi_i \sin \varphi - \eta_i \cos \varphi \,. \tag{7}$$

Zum Aufsuchen des Minimums bilde man

$$[v\,v] = [\xi\,\xi] \sin^2 \varphi + [\eta\,\eta] \cos^2 \varphi - 2\,[\xi\,\eta] \sin \varphi \cos \varphi \tag{8}$$

und

$$\frac{d\,[v\,v]}{d\,\varphi} = 2\,[\xi\,\xi] \sin \varphi \cos \varphi - 2\,[\eta\,\eta] \sin \varphi \cos \varphi - 2\,[\xi\,\eta]\,(\cos^2 \varphi - \sin^2 \varphi)\,,$$

setze die Ableitung zum Aufsuchen des Minimums gleich Null und erhält

$$\sin 2\,\varphi\,([\xi\,\xi] - [\eta\,\eta]) - 2 \cos 2\,\varphi\,[\xi\,\eta] = 0$$

oder

$$\operatorname{tg} 2\,\varphi = \frac{2\,[\xi\,\eta]}{[\xi\,\xi] - [\eta\,\eta]}\,. \tag{9}$$

Daraus lassen sich φ und $b = \operatorname{tg} \varphi$ errechnen; auf Grund von (6) erhält man a und hat damit die Konstanten der ausgleichenden Geraden in der Ausgangsform (1) gefunden.

Die übrigbleibenden Fehler errechnen sich am schnellsten nach (7), wobei $[v] = 0$ sein muß und darüber hinaus die Gl. (8) als Probe dienen kann. Schließlich gewinnt man als mittleren Fehler eines beobachteten Abstandes

$$m = \pm \sqrt{\frac{[v\,v]}{n-2}}\,. \tag{10}$$

Wird, was oft der Fall sein wird, der mittlere Fehler in der Ordinatenrichtung gebraucht, so findet man bei Beachtung der Abb. 51 und der Gl. (7)

$$v_{y\,i} = \frac{v_i}{\cos \varphi} = \xi_i \operatorname{tg} \varphi - \eta_i\,, \tag{11}$$

wobei sich auch $[v_{y\,i}] = 0$ ergeben muß. Der mittlere Fehler einer Ordinate ist dann

$$m_y = \pm \sqrt{\frac{[v_y^2]}{n-2}}\,. \tag{12}$$

Die $v_{x\,i}$ und m_x werden kaum benötigt, so daß sie nicht berechnet zu werden brauchen.

Die meisten Aufgaben, die sowohl auf dem in Aufgabe 6 bzw. Aufgabe 11 benutzten Wege als auch nach den Gln. (3) bis (12) durchrechnet werden, weisen im Ergebnis nur so unbedeutende Unterschiede auf, daß man den erstgenannten einfachen Weg vorziehen wird, zumal sich dabei auch die mittleren Fehler von a und b leichter errechnen lassen. Nur wenn zwischen x und y kein straffer funktionaler Zusammenhang besteht, oder gar beide völlig unabhängig voneinander sind, ist, wie schon erwähnt, die zweite Lösung, die bereits in das Gebiet der Korrelationsrechnung überleitet, vorzuziehen. Auch die nachstehende Aufgabe würde man am besten nach dem Muster der Aufgabe 6 lösen. Um jedoch ein Beispiel für den zweiten Weg zu bringen, wird sie nach dem Ansatz (3) bis (12) durchgerechnet werden.

Aufgabe 36. *Bestimmen der Standkorrektion und des Temperaturkoeffizienten eines Federbarometers.*

Ablesungen an Federbarometern pflegt man zum Ausschalten des Temperatureinflusses zu reduzieren nach der Formel

$$Q_0 = F + a + bt\,.$$

Dabei ist F die Ablesung am Federbarometer, t die Temperatur in Celsiusgraden, b der Temperaturkoeffizient und a die Standkorrektion, während Q_0, die berichtigte Ablesung, der auf 0° reduzierten Ablesung an einem fehlerfreien Quecksilberbarometer entsprechen soll. Zur Bestimmung der Konstanten a und b des Federbarometers Nr. 1301 des Geodätischen Instituts der T.H. Hannover wurden an einem heißen Junitage 13 Federbarometerablesungen F_i einer entsprechenden Anzahl gleichzeitig beobachteter und auf 0° reduzierter Quecksilberbarometerablesungen Q_{0i} gegenübergestellt, wobei die letzten 5 Ablesungen unter Verwendung einer Kühlvorrichtung erzielt wurden.

Die Ablesungen und die wichtigsten Daten der Rechnung nach den Formeln (4) bis (9), (11) und (12) sind:

Uhrzeit	$x = t$	$y = Q_0 - F$	$\xi = x - x_s$	$\eta = y - y_s$	$10^2 v_y$	$10^4 v_y^2$
13^{05}	+ 31°,4	− 6,96	+11,3	− 0,76	+ 2,7	7,3
13^{40}	29,7	− 6,86	+ 9,6	− 0,66	− 3,4	11,6
14^{10}	28,4	− 6,74	+ 8,3	− 0,54	− 0,8	0,6
14^{30}	26,2	− 6,62	+ 6,1	− 0,42	+ 0,3	0,1
15^{00}	24,4	− 6,54	+ 4,3	− 0,34	+ 0,6	0,4
15^{50}	22,8	− 6,40	+ 2,7	− 0,20	− 2,0	4,0
16^{45}	20,4	− 6,23	+ 0,3	− 0,03	+ 1,0	1,0
17^{55}	18,2	− 6,05	− 1,9	+ 0,15	+ 1,6	2,6
19^{10}	16,2	− 5,94	− 3,9	+ 0,26	+ 4,6	21,2
21^{30}	13,6	− 5,76	− 6,5	+ 0,44	+ 0,4	0,2
23^{15}	12,0	− 5,64	− 8,1	+ 0,56	− 2,7	7,3
1^{00}	10,2	− 5,49	− 9,9	+ 0,71	− 0,5	0,3
3^{40}	7,7	− 5,38	−12,4	+ 0,82	− 1,2	1,4
Σ	261,2	80,61	− 0,1	− 0,01	+ 0,6	58,0
S	+ 20,1	− 6,20				

Daraus folgt

$$\operatorname{tg} 2\varphi = \frac{-2\cdot 49{,}88}{730{,}3 - 3{,}42} = -0{,}13724$$

$$2\varphi = -7^\circ\, 48{,}'9$$

$$\varphi = -3^\circ\, 54{,}'5$$

$$b = \operatorname{tg}\varphi = -0{,}0683$$

$$a = -6{,}20 + 0{,}00683 \cdot 20{,}1$$
$$a = -4{,}83$$

$$n = 13; \quad u = 2; \quad [v\,v] = 0{,}00580$$

$$m_y = \pm \sqrt{\frac{0{,}00580}{13 - 2}}$$

$$m_y = \pm\, 0{,}023\,.$$

Die gesuchte Reduktionsformel lautet also:

$$Q_0 = F - 4{,}83 \text{ mm} - 0{,}0683\, t\,.$$

Der mittlere Fehler eines Vergleichs von Quecksilber- und Federbarometer beträgt $m_y = \pm\, 0{,}023$ mm.

2. Darstellung einer Funktion durch eine Potenzreihe.

Diese Aufgabe entspricht im Ansatz ganz der vorigen. Es möge jedoch beim Auftragen der Messungsergebnisse zu erkennen sein, daß die Beziehung zwischen x und y nicht linear ist, sondern etwa die Form

$$y = a + b\,x + c\,x^2 \tag{13}$$

hat. Diese Aufgabe tritt wie die vorige in sehr verschiedener Fassung auf, und ihre Lösung verlangt von Fall zu Fall besondere Rechenkniffe. In einzelnen Fällen kann sich das Eliminieren von a nach § 23, in anderen das Einführen von Schwerpunktskoordinaten gemäß (4) und (5) empfehlen. Oftmals sind die (gesuchten) Konstanten von sehr unterschiedlicher Größenordnung; dann wird man Hilfsunbekannte benutzen, die um ein oder zwei Zehnerpotenzen größer oder kleiner sind als die gesuchten Unbekannten. Vielfach sind die x-Werte gleichabständig; dann führt man zweckmäßig eine neue Variable ein, die den in der Mitte liegenden x-Wert zu Null macht und die *positiven* ganzen Zahlen nach der einen, die *negativen* ganzen Zahlen nach der anderen Seite durchläuft[1]. Gelegentlich führt ein Ansatz von der Form

$$y = a + b\,(x + c)^2 \tag{14}$$

am schnellsten zum Ziel[2]. Weisen die übrigbleibenden Fehler regelmäßige Bestandteile auf, so kann es geraten sein, dem ursprünglichen Ansatz noch ein Glied mit x^3 anzufügen. Stets beachte man jedoch, daß bei all diesen Verfahren die Konstanten der gesuchten Funktionen ledig-

[1] Siehe H. VON SANDEN: Mathematisches Praktikum, 2. Aufl. Berlin-Leipzig 1944 S. 55. — Vgl. a. R. A. HIRVONEN: Bestimmung der Libellenempfindlichkeit und eines konstanten Verhältnisses im allgemeinen. Z. Vermessungsw. 1950 S. 137ff.

[2] Vgl. P. WERKMEISTER: Beitrag zur Bestimmung der Gleichungen der plausibelsten Kurve einer fehlerzeigenden Punktreihe. Z. Vermessungsw. 1932 S. 727ff.

lich durch Interpolation gefunden werden. Über den Bereich der zugrunde liegenden Beobachtungen hinaus wird man die Funktion daher nur mit äußerster Vorsicht benützen dürfen.

Von den vorgenannten Rechenkniffen ist das Arbeiten mit Schwerpunktskoordinaten an die wenigsten Voraussetzungen gebunden und daher am allgemeinsten zu verwenden. Wir denken uns demnach in (13) Schwerpunktskoordinaten gemäß (4) und (5) eingeführt und erhalten damit die zu bestimmende Funktion in der Form

$$\eta_i = a + b\,\xi_i + c\,\xi_i^2\,, \tag{15}$$

in der allerdings die gesuchten Konstanten a, b und c nicht mehr dieselbe Bedeutung haben wie in (13).

Meistens sind nun die ξ_i, worunter man etwa freiwählbare Einstellungen oder Ablesestellen verstehen möge, als praktisch fehlerfrei zu betrachten, so daß die Fehler ausschließlich den η_i, d. h. den an den Ablesestellen ermittelten Funktionswerten zuzuschreiben sind. Also lauten nunmehr unsere Fehlergleichungen, wenn jetzt unter den v_i die Verbesserungen in der Ordinatenrichtung verstanden werden,

$$v_i = a + \xi_i\,b + \xi^2\,c - \eta_i\,. \tag{16}$$

Beiderseitiges Quadrieren und Aufsummieren über die i von 1 bis n gibt, da im Schwerpunktssystem $[\xi] = 0$ und $[\eta] = 0$ ist,

$$[vv] = n\cdot a^2 + (b^2 + 2ac)[\xi^2] + 2bc[\xi^3] + c^2[\xi^4] - 2b[\xi\eta] - 2c[\xi^2\eta] + [\eta^2]\,.$$

Zum Gewinnen des Minimus bilde man die partiellen Ableitungen nach a, b und c und setze sie gleich Null. Dann erhält man das Normalgleichungssystem

$$\left.\begin{aligned} n\cdot a \qquad\qquad + [\xi^2]\,c \qquad\qquad &= 0\\ + [\xi^2]\,b + [\xi^3]\,c - [\xi\,\eta] &= 0\\ + [\xi^2]\,a + [\xi^3]\,b + [\xi^4]\,c - [\xi^2\,\eta] &= 0\,, \end{aligned}\right\} \tag{17}$$

welches sich leicht auflösen läßt in

$$\left.\begin{aligned} c &= \frac{[\xi^2][\xi^2\,\eta] - [\xi\,\eta][\xi^3]}{[\xi^2][\xi^4] - [\xi^3]^2 - \frac{1}{n}[\xi^2]^3}\\ b &= \frac{[\xi\,\eta] - c\,[\xi^3]}{[\xi^2]}\\ a &= -c\,\frac{[\xi^2]}{n}\,. \end{aligned}\right\} \tag{18}$$

Damit sind die Konstanten der Gl. (15) gefunden. Ihre Gewichtsreziproken erhält man, indem man in (17) die Absolutglieder in bekannter Weise (§ 16) durch 1, 0, 0 usw. ersetzt. Die übrigbleibenden Fehler v_i errechne man auf Grund von (16) mit der Probe

$$[v\,v] = [\eta\,\eta] - [\xi\,\eta]\,b - [\xi^2\,\eta]\,c \tag{19}$$

und findet schließlich als mittleren Fehler einer Beobachtung

$$m = \pm \sqrt{\frac{[v\,v]}{n-3}}. \tag{20}$$

Die Rechnungen vereinfachen sich noch etwas, wenn die x_i der Gln. (13) in ungerader Anzahl mit gleichen Intervallen aufeinander folgen, weil dann $[\xi^3]$ gleich Null wird. Der Weg über die Schwerpunktskoordinaten unterscheidet sich damit in der Zahlenrechnung nur noch wenig von den in der ersten Anmerkung auf S. 235 zitierten speziellen Verfahren von von Sanden und Hirvonen; denn die Abszissen werden bei diesen Verfahren ebenfalls von ihrem Schwerpunkt an gezählt, und die Ordinaten unterscheiden sich lediglich um den Betrag der Schwerpunktsordinate.

Wünscht man die Funktion in dem der Gl. (13) zugrundeliegenden ursprünglichen System dargestellt zu haben (d. h. Abszissenzählung vom Ursprung $x = 0$ ab), so hat man in (15) ξ und η gemäß (5) durch $(x - x_s)$ und $(y - y_s)$ zu ersetzen und dann nach Potenzen von x zu ordnen.

Als Beispiel diene

Aufgabe 37. *Bestimmen von Stand und Gang einer Pendeluhr.*

Zur Bestimmung von Stand und Gang einer mehrfach umgearbeiteten Pendeluhr wurde die Uhr an 13 aufeinanderfolgenden Tagen um 0^h Weltzeit mit dem Zeitzeichen des Senders Norddeich verglichen. Das Auftragen der Meßwerte ließ erkennen, daß der Gang nicht linear ist. Es wurde daher ein Zusammenhang nach Gl. (13) unterstellt, wobei a als Stand, b als linearer Teil des Ganges und c als Accellerationskoeffizient gedeutet werden kann. Die Rechnung wurde unter Einführung von Schwerpunktskoordinaten nach den obigen Formeln (15) bis (18) durchgeführt. Versteht man unter x die Zeit in Tagen und unter y die Differenz

Zeitzeichen — Uhrablesung

in Sekunden, so hat man die nachstehenden Beobachtungen und Rechenergebnisse:

Datum	x	y	$\xi = x - x_s$	$\eta = y - y_s$	v	$v\,v$
27. 2.	1	8,457	− 6	− 2,829	− 0,109	0,0119
28. 2.	2	8,741	− 5	− 2,545	− 3	0
1. 3.	3	9,077	− 4	− 2,209	+ 78	61
2. 3.	4	9,521	− 3	− 1,765	+ 79	62
3. 3.	5	10,021	− 2	− 1,265	+ 50	25
4. 3.	6	10,550	− 1	− 0,736	+ 21	4
5. 3.	7	11,082	0	− 0,204	+ 14	2
6. 3.	8	11,677	+ 1	+ 0,391	− 28	8
7. 3.	9	12,317	+ 2	+ 1,031	− 88	77
8. 3.	10	12,897	+ 3	+ 1,611	− 61	37
9. 3.	11	13,528	+ 4	+ 2,242	− 57	32
10. 3.	12	14,129	+ 5	+ 2,843	+ 3	0
11. 3.	13	14,720	+ 6	+ 3,434	+ 0,100	100
Σ	91	146,717	0	− 1	− 1	0,0527
S	7	11,286				

Damit ist

$$[\xi^2] = 182\,, \qquad [\xi^3] = 0\,, \qquad [\xi^4] = 4550\,,$$
$$[\xi\eta] = +\ 98{,}169\,, \quad [\xi^2\eta] = +\ 27{,}091\,, \quad [\eta\eta] = 53{,}371\,,$$

und man erhält:

$$c = \frac{182 \cdot 27{,}091}{182 \cdot 4550 - \frac{1}{13}\, 182^3} = +\ 0{,}01355\,,$$

$$b = \frac{98{,}169}{182} = +\ 0{,}5394\,,$$

$$a = -\ 0{,}01355 \cdot \frac{182}{13} = -\ 0{,}190\,.$$

Damit lautet die Uhrgleichung im System des Schwerpunktes — Gl. (15) —

$$\eta = -\ 0{,}190 + 0{,}5394\ \xi + 0{,}01355\ \xi^2.$$

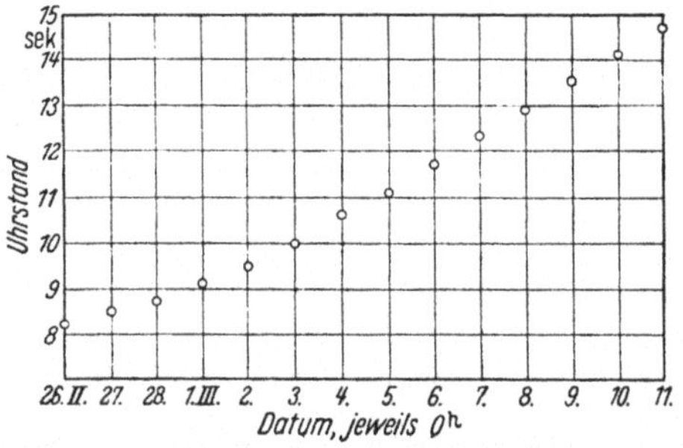

Abb. 52.

d. h. — 0,190 ist die Standkorrektion am 7. Tag; denn durch Einführen des Schwerpunktes sind die ξ von diesem Tage an vor- und rückwärts gezählt.

Im ursprünglichen System — (Gl. 13) — lautet die Gleichung

$$y - 11{,}286 = -\ 0{,}190 + 0{,}5394\ (x - 7) + 0{,}01355\ (x - 7)^2$$
$$y = +\ 7{,}987 + 0{,}349\ x + 0{,}01355\ x^2\,,$$

d. h. + 7,987 ist die Standkorrektion am 0. Tag, und die x sind vom 0. Tag an zu zählen. Die y ergeben sich um y_s größer als die η.

Die übrigbleibenden Fehler v lassen eine leichte Systematik erkennen, woraus geschlossen werden kann, daß der Vorgang durch eine Funktion von der Form der Gl. (13) noch nicht scharf erfaßt wird. Die Einführung eines Gliedes mit x^3 dürfte jedoch bei der geringen Anzahl der Beobachtungen keinen vertretbaren Nutzen bringen.

Der mittlere Fehler — berechnet aus den übrigbleibenden v — ergibt sich zu:

$$m = \sqrt{\frac{[v\,v]}{n - u}} = \sqrt{\frac{0{,}053}{13 - 3}} = \pm\ 0{,}072\,.$$

Mit Hilfe der Gewichtsreziproken erhält man

$$m_a = \pm\ 0{,}02\,, \quad m_b = \pm\ 0{,}005\,, \quad m_c = \pm\ 0{,}0016\,.$$

Alle Endergebnisse sind in Zeitsekunden zu verstehen.

3. Darstellung einer Funktion durch trigonometrische Reihen.

Ist die Erscheinung, die man erfassen will, periodischer Natur, so gelangt man in der Regel zum Ziel, wenn man die Funktionen in Form einer FOURIER-Reihe

$$F(t) = \alpha + a\sin(t + A) + b\sin(2t + B) + c\sin(3t + C) + \dots \quad (21)$$

ansetzt, in der t eine frei zu wählende unabhängige Veränderliche — etwa die Zeit — sein möge. Es seien nun zu den Zeiten $t_0 = 0$, $t_1 = t$, $t_2 = 2t$, $t_3 = 3t, \dots$ die Beobachtungen $F_0, F_1, F_2, F_3, \dots$ gemacht. Dann sind die (unbekannten) Konstanten $\alpha, a, b, c, \dots, A, B, C, \dots$ so zu bestimmen, daß die Quadratsumme der übrigbleibenden Unterschiede zwischen Funktionswert und Beobachtungen ein Minimum wird.

Um die (21) entsprechenden Fehlergleichungen

$$v_i = \alpha + a\sin(t_i + A) + b\sin(2t_i + B) + c\sin(3t_i + C)\dots - F(t) \quad (22)$$

in Beziehung auf die Unbekannten linear zu machen, setzt man zunächst

$$\left.\begin{aligned} \sin(t_i + A) &= \sin A\cos t_i + \cos A\sin t_i \\ \sin(2t_i + B) &= \sin B\cos 2t_i + \cos B\sin 2t_i \\ \sin(3t_i + C) &= \sin C\cos 3t_i + \cos C\sin 3t_i \text{ usw.} \end{aligned}\right\} \quad (23)$$

Alsdann führt man an Stelle der gesuchten Unbekannten als Hilfsunbekannte

$$\left.\begin{aligned} a\sin A &= x_1 & a\cos A &= x_2 \\ b\sin B &= y_1 & b\cos B &= y_2 \\ c\sin C &= z_1 & c\cos C &= z_2 \quad \text{usw.} \end{aligned}\right\} \quad (24)$$

ein und erhält bei Beschränkung auf nur zwei Glieder die umgeformten Fehlergleichungen

$$\left.\begin{aligned} v_0 &= \alpha + \cos t_0\, x_1 + \sin t_0\, x_2 + \cos 2t_0\, y_1 + \sin 2t_0\, y_2 - F_0, \\ v_1 &= \alpha + \cos t_1\, x_1 + \sin t_1\, x_2 + \cos 2t_1\, y_1 + \sin 2t_1\, y_2 - F_1, \\ &\dots\dots\dots\dots\dots\dots\dots\dots\dots\dots \\ v_n &= \alpha + \cos t_n\, x_1 + \sin t_n\, x_2 + \cos 2t_n\, y_1 + \sin 2t_n\, y_2 - F_n. \end{aligned}\right\} \quad (25)$$

Die entsprechenden Normalgleichungen lauten abgekürzt geschrieben

$$\left.\begin{aligned} \underline{n\alpha} + [\cos t]\,x_1 + [\sin t]\,x_2 + [\cos 2t]\,y_1 + [\sin 2t]\,y_2 - [F] &= 0 \\ + \underline{[\cos^2 t]\,x_1} + [\cos t\sin t]\,x_2 + [\cos t\cos 2t]\,y_1 + [\cos t\sin 2t]\,y_2 - [F\cos t] &= 0 \\ + \underline{[\sin^2 t]\,x_2} + [\sin t\cos 2t]\,y_1 + [\sin t\sin 2t]\,y_2 - [F\sin t] &= 0 \\ + \underline{[\cos^2 2t]\,y_1} + [\cos 2t\sin 2t]\,y_2 - [F\cos 2t] &= 0 \\ + \underline{[\sin^2 2t]\,y_2} - [F\sin 2t] &= 0 \end{aligned}\right\} \quad (26)$$

Wenn nun die t_i in gerader Anzahl gleichmäßig auf eine Periode verteilt werden, so ist, wie am einfachsten ein Blick auf die Funktionsbilder in Abb. 53 zeigt, $[\cos t] = 0$ und $[\sin t] = 0$. Ebenso verschwinden $[\cos 2t]$, $[\sin 2t]$ usw.

Deutet man ferner an Hand der untenstehenden Abb. 54 in der Produktsumme $[\sin t \cos t]$ die Ausdrücke $\sin t_i \cos t_i$ als Fläche, dann erkennt man, daß die Summe je zweier um 90° voneinander abstehenden Produkte Null ergibt. Damit entfallen also auch die gemischten Produkte. Bei n Beobachtungen findet endlich für die quadratischen Glieder $n/2$ mal die Gleichung $\cos^2 t + \cos^2(90 - t) = 1$ statt, so daß die Ausdrücke $[\cos^2 t]$ und ebenso $[\sin^2 t]$ usw. jeweils $n/2$ ergeben.

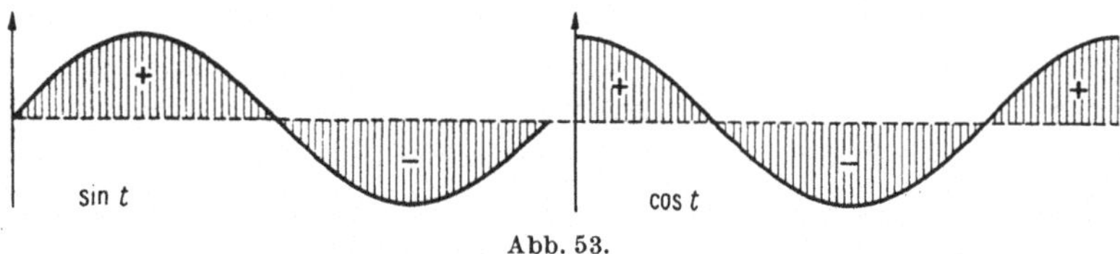

Abb. 53.

Mithin bleiben in den Normalgleichungen (26) neben den Absolutgliedern nur die unterstrichenen Ausdrücke auf der Diagonale übrig, und zwar hat in der ersten Normalgleichung α den Koeffizienten n, während die übrigen verbleibenden Koeffizienten sämtlich den Wert $n/2$ haben.

Auf Grund der ersten Normalgleichung ergibt sich α als arithmetisches Mittel aus allen Beobachtungen. Diesen Wert kann man vorweg berechnen und damit die Absolutglieder der verbleibenden Normalgleichungen für die Rechung noch etwas umbilden. Es ist nämlich wegen $[\cos t] = 0$

$$[F \cos t] = [F \cos t] - \alpha [\cos t] = [(F - \alpha) \cos t].$$

Ebenso gilt

$$[F \sin t] = [(F - \alpha) \sin t] \qquad \text{usw.}$$

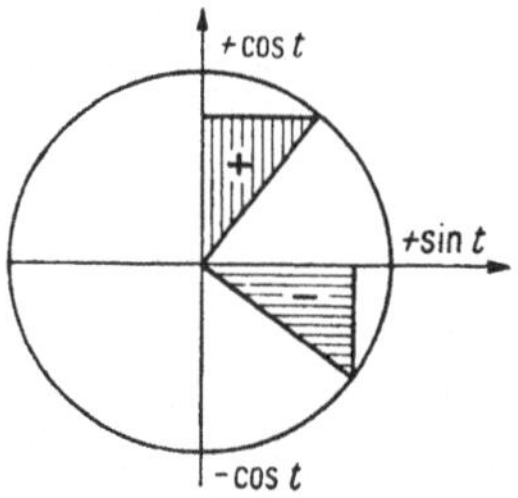

Abb. 54.

Damit erhält man schließlich folgende Normal- und Gewichtsgleichungen

$$\left.\begin{aligned}
n\alpha - [F] &= 0 & n Q_{11} &= 1 \\
\frac{n}{2} x_1 - [(F - \alpha) \cos t] &= 0 & \frac{n}{2} Q_{22} &= 1 \\
\frac{n}{2} x_2 - [(F - \alpha) \sin t] &= 0 & \frac{n}{2} Q_{33} &= 1 \\
\frac{n}{2} y_1 - [(F - \alpha) \cos 2t] &= 0 & \frac{n}{2} Q_{44} &= 1 \\
\frac{n}{2} y_2 - [(F - \alpha) \sin 2t] &= 0 & \frac{n}{2} Q_{55} &= 1
\end{aligned}\right\} \qquad (27)$$

Hieraus können α, x_1, x_2, y_1, y_2 usw. und ihre Gewichtsreziproken leicht errechnet werden. Es ist ferner wegen (24)

$$\left.\begin{aligned} \frac{x_1}{x_2} &= \operatorname{tg} A & a &= \frac{x_1}{\sin A} = \frac{x_2}{\cos A}, \\ \frac{y_1}{y_2} &= \operatorname{tg} B & b &= \frac{y_1}{\sin B} = \frac{y_2}{\cos B}. \end{aligned}\right\} \tag{28}$$

Einsetzen dieser Ausdrücke sowie des bereits gefundenen α in (21) ergibt die gesuchte Funktion.

Nachdem sodann auf Grund der Fehlergleichungen (25) die v_i und $[vv]$ gebildet sind, errechnet man den mittleren Fehler einer Beobachtung F nach der bekannten Formel

$$m = \pm \sqrt{\frac{[vv]}{n-u}}, \tag{29}$$

wobei in unserem Falle $u = 5$, bei Mitführen der Glieder mit $3t$ aber $u = 7$ sein würde. Mittels der Gewichtsreziproken in (27) gewinnt man daraus leicht die mittleren Fehler von α, x_1, $x_2, \ldots, y_1$, $y_2, \ldots$, aus denen sich die mittleren Fehler von $a, b, \ldots, A, B, \ldots$ mit Hilfe des Funktionsgewichtes (§ 19) ableiten lassen. Wegen einiger Vereinfachungen bei der Verprobung von $[vv]$ vergleiche [*10*] S. 41.

Als Anwendungsbeispiel diene HEUVELINKS Verfahren zur Bestimmung der regelmäßigen Teilungsverbesserungen von Teilkreisen[1].

Aufgabe 38. *Heuvelinks Verfahren zur Bestimmung der regelmäßigen Teilungsverbesserungen.*

Die Teilkreise unserer Theodolite weisen sowohl regelmäßige wie unregelmäßige Teilungsfehler auf. Die vorangegangenen Entwicklungen setzen uns in den Stand, die regelmäßigen Anteile zu ermitteln und ihre Auswirkung auf die Winkelmessung kennenzulernen. Nun pflegt man in der Praxis immer an zwei um 200^g voneinanderstehenden Mikroskopen zu beobachten und das Beobachtungsmittel in die Rechnung einzuführen. HEUVELINK sucht daher nicht den regelmäßigen Teilungsfehler selbst, sondern er bestimmt die an dem Mittel aus beiden Ablesungen anzubringenden Teilungsverbesserungen, die sogenannten Durchmesserkorrektionen. Ist φ die für die Ablesung am ersten Mikroskop benutzte Kreislage, so lautet HEUVELINKS Ansatz für eine Durchmesserkorrektion

$$\Delta\varphi = a \sin(2\varphi + A) + b \sin(4\varphi + B) + c \sin(6\varphi + C) + \cdots, \tag{30}$$

wobei φ von 0^g bis 200^g läuft und die ungeraden Vielfachen von φ nicht auftreten, weil die durch sie auszudrückenden Fehleranteile durch die Mittelung herausgefallen sind. Es werde nun ein und derselbe Winkel β in n gleich weit voneinander

[1] Vgl. Hk. J. HEUVELINK: Bestimmung des regelmäßigen und des mittleren zufälligen Durchmesserteilungsfehlers von Theodoliten und Universalinstrumenten. Z. Vermessungsw. 1913 S. 441/452; DERS.: Die Prüfung der Kreisteilungen von Theodoliten und Universalinstrumenten, Z. Instrumentenkde. 1925 S. 70/84 und F. ACKERL: Untersuchung der Teilung eines WILDschen Präzisionstheodolits, Z. Instrumentenkde. 1928 S. 516/523.

abstehenden Kreislagen mehrere Male gemessen, und es sei l das arithmetische Mittel mehrerer Beobachtungen in einer Kreislage, α dagegen der günstigste Wert aus allen Beobachtungen. Dabei sei φ die Kreislage, die bei der Ablesung des linken Winkelschenkels benutzt wird, während der rechte Schenkel in die Kreislage $\varphi + \beta$ fallen möge. Dann gilt für jede Beobachtung l_i

$$\alpha = l_i + v_i - \Delta\varphi_i + \Delta(\varphi + \beta)_i, \tag{31}$$

und die Fehlergleichungen lauten

$$\left.\begin{aligned} v_i = -l_i + \alpha &+ a\sin(2\varphi_i + A) - a\sin(2\varphi_i + 2\beta + A) \\ &+ b\sin(4\varphi_i + B) - b\sin(4\varphi_i + 4\beta + B) \\ &+ c\sin(6\varphi_i + C) - c\sin(6\varphi_i + 6\beta + C). \end{aligned}\right\} \tag{32}$$

Zweimalige Anwendung des Additionstheorems ergibt

$$\begin{aligned} &a\sin(2\varphi + A) - a\sin(2\varphi + 2\beta + A) \\ &\qquad = -2a\sin\beta\cos(\beta + A)\cos 2\varphi + 2a\sin\beta\sin(\beta + A)\sin 2\varphi, \\ &b\sin(4\varphi + B) - b\sin(4\varphi + 4\beta + B) \\ &\qquad = -2b\sin 2\beta\cos(2\beta + B)\cos 4\varphi + 2b\sin 2\beta\sin(2\beta + B)\sin 4\varphi, \\ &c\sin(6\varphi + C) - c\sin(6\varphi + 6\beta + C) \\ &\qquad = -2c\sin 3\beta\cos(3\beta + C)\cos 6\varphi + 2c\sin 3\beta\sin(3\beta + C)\sin 6\varphi. \end{aligned}$$

Setzt man dann noch

$$\left.\begin{aligned} -2a\sin\beta\cos(\beta + A) &= x_1 & +2a\sin\beta\sin(\beta + A) &= x_2, \\ -2b\sin 2\beta\cos(2\beta + B) &= y_1 & +2b\sin 2\beta\sin(2\beta + B) &= y_2, \\ -2c\sin 3\beta\cos(3\beta + C) &= z_1 & +2c\sin 3\beta\sin(3\beta + C) &= z_2, \end{aligned}\right\} \tag{33}$$

so lauten die umgeformten Fehlergleichungen

$$\begin{aligned} v_i = \alpha + \cos 2\varphi_i\, x_1 + \sin 2\varphi_i\, x_2 + \cos 4\varphi_i\, y_1 + \sin 4\varphi_i\, y_2 &+ \\ + \cos 6\varphi_i\, z_1 + \sin 6\varphi_i\, z_2 - l_i&. \end{aligned} \tag{34}$$

Daraus aber ergeben sich gemäß (26) und (27) die Unbekannten und Gewichtsreziproken

$$\left.\begin{aligned} \alpha &= \frac{1}{n}[l] & Q_{11} &= \frac{1}{n} \\ x_1 &= \frac{2}{n}[(l - \alpha)\cos 2\varphi] & Q_{22} &= \frac{2}{n} \\ x_2 &= \frac{2}{n}[(l - \alpha)\sin 2\varphi] & Q_{33} &= \frac{2}{n} \\ y_1 &= \frac{2}{n}[(l - \alpha)\cos 4\varphi] & Q_{44} &= \frac{2}{n} \\ y_2 &= \frac{2}{n}[(l - \alpha)\sin 4\varphi] & Q_{55} &= \frac{2}{n} \\ z_1 &= \frac{2}{n}[(l - \alpha)\cos 6\varphi] & Q_{66} &= \frac{2}{n} \\ z_2 &= \frac{2}{n}[(l - \alpha)\sin 6\varphi] & Q_{77} &= \frac{2}{n}. \end{aligned}\right\} \tag{35}$$

Man gewinnt sodann, da β ein bekannter Wert ist,

$$\left.\begin{aligned} &A \quad \text{aus} \quad \operatorname{tg}(A + \beta) = -\frac{x_2}{x_1}, \\ &B \quad \text{aus} \quad \operatorname{tg}(B + 2\beta) = -\frac{y_2}{y_1}, \\ &C \quad \text{aus} \quad \operatorname{tg}(C + 3\beta) = -\frac{z_2}{z_1} \end{aligned}\right\} \tag{36}$$

und findet schließlich

$$\left.\begin{aligned} a &= \frac{-x_1}{2\sin\beta\ \cos(\beta + A)} = \frac{+x_2}{2\sin\beta\ \sin(\beta + A)}, \\ b &= \frac{-y_1}{2\sin 2\beta\cos(2\beta + B)} = \frac{+y_2}{2\sin 2\beta\sin(2\beta + B)}, \\ c &= \frac{-z_1}{2\sin 3\beta\cos(3\beta + C)} = \frac{+z_2}{2\sin 3\beta\sin(3\beta + C)}. \end{aligned}\right\} \tag{37}$$

Damit sind alle Konstanten berechnet, womit gleichzeitig die gesuchte Funktion bestimmt ist.

Das Beobachtungsprogramm wird zweckmäßig folgendermaßen gestaltet: Ein Winkel von 50^g wird in vier Reihen zu je zehn Kreislagen beobachtet. In jeder Kreislage werden zwei Sätze gemessen, deren jeder seinerseits aus Hin- und Rückgang besteht, so daß zu jeder Reihe insgesamt $n = 20$ Sätze oder 40 Messungen des Winkels α gehören. Die l unserer Fehlergleichungen sind dann die Mittel aus vier Einzelbeobachtungen. Ein entsprechendes Beobachtungsbeispiel ist in der Tab. 1 auf S. 246 zusammengestellt.

Die Fehlerrechnung gründet sich auf folgende Zusammenhänge: Der gemäß Formel (29) aus den v zu errechnende Gesamtfehler M einer Beobachtungsgröße l setzt sich zusammen aus einem Beobachtungsfehler m und einem Teilungsfehler t gemäß

$$M^2 = m^2 + t^2 .$$

Wenn nun der mittlere Beobachtungsfehler einer einmal beobachteten Richtung mit μ bezeichnet ird, so ist der mittlere Beobachtungsfehler eines einmal gemessenen Winkels $\mu\sqrt{2}$, und man erhält für einen viermal beobachteten Winkel

$$m^2 = \frac{2\mu^2}{4} = \frac{1}{2}\mu^2 .$$

Der mittlere Teilungsfehler tritt, da die vier Einzelbeobachtungen in derselben Kreislage gemacht sind, für jeden Schenkel nur einmal auf, so daß, wenn sein Wert für einen Durchmesser gleich τ gesetzt wird,

$$t^2 = 2\tau^2$$

und damit

$$M^2 = \frac{1}{2}\mu^2 + 2\tau^2 \tag{38}$$

ist. Es sind also μ, M und τ zu berechnen.

Den mittleren Beobachtungsfehler μ bestimmt man zweckmäßig nach der Formel § 6 (4) aus den Beobachtungsdifferenzen d der beiden Winkelmessungen, die im Hin- und Rückgang an derselben Kreisstelle vorgenommen werden; doch werden die d von HEUVELINK, um etwaige konstante Abweichungen im Hin- und Rückgang zu eliminieren, satzweise auf Null reduziert, so daß in die genannte, den mittleren Winkelfehler liefernde Formel an Stelle von d

$$d' = d - \frac{[d]}{n}$$

einzusetzen ist. $[d'd']$ berechne man gemäß § 24 (2) ff. und findet dann für den mittleren Beobachtungsfehler einer einmal beobachteten Richtung

$$\mu^2 = \frac{1}{2}\,\frac{[d'd']}{2n} = \frac{1}{4n}\left([dd] - \frac{[d]^2}{n}\right) = \frac{1}{4}\left(\frac{[dd]}{n} - \frac{[d]^2}{n^2}\right). \tag{39}$$

Für den mittleren Gesamtfehler M einer (aus vier Einzelmessungen) gemittelten Beobachtung ergeben sich folgende Werte:

a) Bei Außerachtlassen der Teilungsverbesserungen sind die v der Gl. (34) lediglich aus den $(l - \alpha)$ zu errechnen. Da bei r Reihen jede Unbekannte ihr eigenes x hat, sind r Unbekannte vorhanden. Man hat also

$$[vv] = (l - \alpha)^2$$

und

$$M^2 = \frac{[vv]}{n - r}. \tag{40}$$

b) Bei Berücksichtigung des ersten Gliedes der Teilungsverbesserung treten zwei Unbekannte hinzu. Dann wird also

$$[v'v'] = [vv] - \frac{2}{n}[(l - \alpha)\cos 2\varphi]^2 - \frac{2}{n}[(l - \alpha)\sin 2\varphi]^2$$

und

$$M'^2 = \frac{[v'v']}{n - r - 2}. \tag{41}$$

c) Bei Berücksichtigung auch des zweiten Gliedes wird

$$\left.\begin{aligned} [v''v''] &= [v'v'] - \frac{2}{n}[(l - \alpha)\cos 4\varphi]^2 - \frac{2}{n}[(l - \alpha)\sin 4\varphi]^2, \\ M''^2 &= \frac{[v''v'']}{n - r - 4} \end{aligned}\right\} \tag{42}$$

usw.

Für den mittleren Teilungsfehler ergeben sich damit auf Grund der Gl. (38) die entsprechenden Werte

$$\left.\begin{aligned} \tau^2 &= \frac{1}{2} M^2 - \frac{1}{4}\mu^2, \\ \tau'^2 &= \frac{1}{2} M'^2 - \frac{1}{4}\mu^2, \\ \tau''^2 &= \frac{1}{2} M''^2 - \frac{1}{4}\mu^2 \quad \text{usw.} \end{aligned}\right\} \tag{43}$$

τ wird in der Literatur als mittlerer totaler Kreisteilungsfehler bezeichnet, während $\tau', \tau'', \ldots$ ein mehr oder weniger zutreffendes Urteil über die zufälligen Teilungsfehler erlauben.

Als mittlere Fehler der Amplituden findet HEUVELINK schließlich mit Hilfe des Funktionsgewichtes

$$M_a = \frac{M}{\sin\beta}\sqrt{\frac{1}{2n}}, \qquad M_b = \frac{M}{\sin 2\beta}\sqrt{\frac{1}{2n}}, \quad \ldots . \tag{44}$$

Ein Zahlenbeispiel nach Beobachtungen im Geod. Inst. der T. H. Hannover ist in Tab. 1 auf S. 246 zusammengestellt, wobei die l das Mittel der Ablesungen aus zwei um 200^g voneinander abstehenden Mikroskopen bedeuten. Dort ist auch gleich der Winkel α berechnet, und zwar für jede Reihe besonders, um etwaige Veränderungen von α während der Messungen möglichst unschädlich zu machen. Ferner sind in Tab. 1 auch die Differenzen d und die zur Berechnung der Absolutglieder erforderlichen $(l - \alpha)$ angegeben worden. In Tab. 2 sind dann die Ausdrücke $[(l-\alpha)\cos 2\varphi]$, $[(l-\alpha)\sin 2\varphi]$ usw. gebildet, womit die Unbekannten nach (35) bis (37) errechnet werden können.

Gemäß (35) ergeben die Summenglieder mit $n = 40$

$$x_1 = -\frac{2 \cdot 100{,}37}{40} = -5{,}018 \qquad x_2 = +\frac{2 \cdot 1{,}71}{40} = +0{,}086$$

$$y_1 = +\frac{2 \cdot 11{,}56}{40} = +0{,}578 \qquad y_2 = +\frac{2 \cdot 4{,}64}{40} = +0{,}232$$

$$z_1 = -\frac{2 \cdot 15{,}86}{40} = -0{,}793 \qquad z_2 = -\frac{2 \cdot 37{,}50}{40} = -1{,}875\,.$$

Einsetzen in (36) gibt

$$\operatorname{tg}(\beta + A) = \frac{-0{,}086}{-5{,}018} = +0{,}017 \qquad \beta + A = 201^g$$

$$\operatorname{tg}(2\beta + B) = \frac{-0{,}232}{+0{,}578} = -0{,}401 \qquad 2\beta + B = 376^g$$

$$\operatorname{tg}(3\beta + C) = \frac{+1{,}875}{-0{,}793} = -2{,}365 \qquad 3\beta + C = 125^g$$

oder wegen $\beta = 50^g$

$$A = 151^g, \qquad B = 276^g, \qquad C = 375^g\,.$$

Schließlich folgt mit (37)

$$a = -\frac{-5{,}018}{2 \cdot +0{,}707 \cdot -1{,}000} = +\frac{+0{,}086}{2 \cdot +0{,}707 \cdot -0{,}017} = -3{,}55^{cc},$$

$$b = -\frac{+0{,}578}{2 \cdot +1{,}000 \cdot +0{,}928} = +\frac{+0{,}232}{2 \cdot +1{,}000 \cdot -0{,}372} = -0{,}31^{cc},$$

$$c = -\frac{-0{,}793}{2 \cdot +0{,}707 \cdot -0{,}390} = +\frac{-1{,}875}{2 \cdot +0{,}707 \cdot +0{,}921} = -1{,}44^{cc}.$$

Das Ergebnis der Untersuchung ist also

$$\Delta\varphi^{cc} = -3{,}55\sin(2\varphi + 151^g) - 0{,}31\sin(4\varphi + 276^g) - 1{,}44\sin(6\varphi + 375^g)\,.$$

Für die Fehlerrechnung erhält man mit (40) bis (42) der Reihe nach

$$[vv] = 938{,}46$$

$$[v'v'] = 938{,}46 - \frac{2}{40}(100{,}37^2 + 1{,}71^2) = 434{,}67$$

$$[v''v''] = 434{,}67 - \frac{2}{40}(11{,}56^2 + 4{,}64^2) = 426{,}91$$

$$[v'''v'''] = 426{,}91 - \frac{2}{40}(15{,}86^2 + 37{,}50^2) = 344{,}01$$

Tabelle 1. *Beobachtungen.* *Winkel* = 50,02^g + l

Nummer des Satzes I	II	Kreislage φ g	Halbreihe I Hin l_1 cc	Rück l_2 cc	$d_1 = l_1 - l_2$ cc	Halbreihe II Hin l_3 cc	Rück l_4 cc	$d_2 = l_3 - l_4$ cc	Gesamtmittel l cc	$l - \alpha$ cc	Fehlerrechnung
Reihe 1											
1	20	0,0	40,4	28,2	+ 12,2	20,5	18,5	+ 2,0	26,90	− 0,37	$[(l-\alpha)^2]$ = 172,70
2	19	20,0	39,4	19,4	+ 20,0	17,0	12,5	+ 4,5	22,08	− 5,19	
3	18	40,0	40,7	30,7	+ 10,0	19,0	22,5	− 3,5	28,22	+ 0,95	$[dd]$ = 1249,28
4	17	60,0	32,1	26,8	+ 5,3	26,5	21,8	+ 4,7	26,80	− 0,47	
5	16	80,0	29,4	32,5	− 3,1	24,1	30,0	− 5,9	29,00	+ 1,73	$[d]$ = + 51,4
6	15	100,0	30,6	27,5	+ 3,1	39,5	51,3	− 11,8	37,22	+ 9,95	
7	14	120,0	26,5	26,9	− 0,4	38,0	30,6	+ 7,4	30,50	+ 3,23	n = 10
8	13	140,0	23,3	17,9	+ 5,4	25,8	28,7	− 2,9	23,92	− 3,35	μ^2 = 24,63
9	12	160,0	14,8	20,0	− 5,2	36,2	24,2	+ 12,0	23,80	− 3,47	
10	11	180,0	24,2	20,2	+ 4,0	23,2	29,6	− 6,4	24,30	− 2,97	$\mu = \pm$ 4,96
			01,4	50,1	+ 51,3 = $[d_1]$	69,8	69,7	+ 0,1 = $[d_2]$	27,27 = α	+ 0,04	
Reihe 2											
21	40	10,2	36,1	27,2	+ 8,9	30,3	31,2	− 0,9	31,20	− 3,46	$[(l-\alpha)^2]$ = 171,95
22	39	30,2	33,7	41,6	− 7,9	18,5	24,1	− 5,6	29,48	− 5,18	
23	38	50,2	55,0	43,6	+ 11,4	28,0	29,7	− 1,7	39,08	+ 4,42	$[dd]$ = 861,50
24	37	70,2	42,3	45,0	− 2,7	34,5	31,7	+ 2,8	38,38	+ 3,72	
25	36	90,2	46,2	42,5	+ 3,7	31,8	36,5	− 4,7	39,25	+ 4,59	$[d]$ = + 6,0
26	35	110,2	31,9	29,2	+ 2,7	39,3	47,8	− 8,5	37,05	+ 2,39	
27	34	130,2	28,0	29,9	− 1,9	47,0	49,3	− 2,3	38,55	+ 3,89	n = 10
28	33	150,2	24,7	32,6	− 7,9	35,9	42,4	− 6,5	33,90	− 0,76	μ^2 = 21,45
29	32	170,2	23,3	15,6	+ 7,7	36,9	34,3	+ 2,6	27,52	− 7,14	
30	31	190,2	30,7	29,5	+ 1,2	42,0	26,4	+ 15,6	32,15	− 2,51	$\mu = \pm$ 4,63
			51,9	36,7	+ 15,2 = $[d_1]$	44,2	53,4	− 9,2 = $[d_2]$	34,66 = α	− 0,04	
Reihe 3											
41	60	5,0	29,9	32,3	− 2,4	34,5	24,1	+ 10,4	30,20	− 10,51	$[(l-\alpha)^2]$ = 301,20
42	59	25,0	33,5	35,3	− 1,8	37,7	30,3	+ 7,4	34,20	− 6,51	
43	58	45,0	45,0	39,9	+ 5,1	43,0	37,4	+ 5,6	41,32	+ 0,61	$[dd]$ = 930,49
44	57	65,0	57,6	45,8	+ 11,8	30,9	32,6	− 1,7	41,72	+ 1,01	
45	56	85,0	53,9	58,4	− 4,5	32,8	37,8	− 5,0	45,72	+ 5,01	$[d]$ = + 70,9
46	55	105,0	42,5	40,9	+ 1,6	60,0	53,1	+ 6,9	49,12	+ 8,41	
47	54	125,0	43,4	41,2	+ 2,2	47,6	50,8	− 3,2	45,75	+ 5,04	n = 10
48	53	145,0	41,3	37,5	+ 3,8	45,7	43,3	+ 2,4	41,95	+ 1,24	μ^2 = 10,69
49	52	165,0	48,0	38,8	+ 9,2	40,8	37,4	+ 3,4	41,25	+ 0,54	
50	51	185,0	42,6	24,5	+ 18,1	38,9	37,3	+ 1,6	35,82	− 4,89	$\mu = \pm$ 3,27
			37,7	94,6	+ 43,1 = $[d_1]$	11,9	84,1	+ 27,8 = $[d_2]$	40,71 = α	− 0,05	

noch Tabelle 1 *(Fortsetzung).* *Winkel* = $50{,}02^g + l$

Nummer des Satzes I	II	Kreislage φ g	Halbreihe I Hin l_1 cc	Rück l_2 cc	$d_1 = l_1 - l_2$ cc	Halbreihe II Hin l_3 cc	Rück l_4 cc	$d_2 = l_3 - l_4$ cc	Gesamtmittel l cc	$l - \alpha$ cc	Fehlerrechnung
Reihe 4											
61	80	15,2	32,2	24,7	+ 7,5	39,2	39,8	− 0,6	33,98	− 7,20	$[(l-\alpha)^2] = 292{,}61$
62	79	35,2	50,0	49,7	+ 0,3	31,2	33,9	− 2,7	41,20	+ 0,02	
63	78	55,2	50,4	47,6	+ 2,8	42,0	37,8	+ 4,2	44,45	+ 3,27	
64	77	75,2	40,6	42,9	− 2,3	32,0	30,6	+ 1,4	36,52	− 4,66	$[dd] = 625{,}05$
65	76	95,2	44,9	41,6	+ 3,3	46,2	47,3	− 1,1	45,00	+ 3,82	$[d] = +10{,}2$
66	75	115,2	45,8	46,9	− 1,1	59,9	61,5	− 1,6	53,52	+ 12,34	
67	74	135,2	28,4	30,7	− 2,3	36,6	51,5	− 14,9	36,80	− 4,38	$n = 10$
68	73	155,2	52,0	38,0	+ 14,0	40,4	41,2	− 0,8	42,90	+ 1,72	$\mu^2 = 15{,}37$
69	72	175,2	36,9	34,5	+ 2,4	41,7	34,2	+ 7,5	36,82	− 4,36	
70	71	195,2	37,8	38,5	− 0,7	40,5	45,6	− 5,1	40,60	− 0,58	$\mu = \pm 3{,}92$
			19,0	95,1	+ 23,9 $= [d_1]$	09,7	23,4	− 13,7 $= [d_2]$	41,18 $= \alpha$	− 0,01	

Tabelle 2.

Reihe	$[(l-\alpha) \times \cos 2\varphi]$	$\sin 2\varphi]$	$\cos 4\varphi]$	$\sin 4\varphi]$	$\cos 6\varphi]$	$\sin 6\varphi]$	$[(l-\alpha)^2]$	μ
1	− 20,53	+ 4,76	+ 13,72	+ 0,22	− 7,32	− 7,83	172,70	± 4,96
2	− 24,08	+ 6,86	− 1,39	+ 0,16	+ 11,41	− 3,40	171,95	± 4,63
3	− 35,99	− 6,84	− 4,60	− 2,90	− 9,49	− 6,49	301,20	± 3,27
4	− 19,77	− 3,07	+ 3,83	+ 7,16	− 10,46	− 19,78	292,61	± 3,92
	− 100,37	+ 1,71	+ 11,56	+ 4,64	− 15,86	− 37,50	938,46	± 4,46

Forts. v. S. 245

$$M^2 = \frac{938{,}46}{40-4} = 26{,}07 \qquad M = \pm 5{,}11^{cc}$$

$$M'^2 = \frac{434{,}67}{40-4-2} = 12{,}78 \qquad M' = \pm 3{,}57^{cc}$$

$$M''^2 = \frac{426{,}91}{40-4-4} = 13{,}34 \qquad M'' = \pm 3{,}65^{cc}$$

$$M'''^2 = \frac{344{,}01}{40-4-6} = 11{,}47 \qquad M''' = \pm 3{,}39^{cc}.$$

Endlich erhält man gemäß (43)

$$\tau^2 = \frac{26{,}07}{2} - \frac{19{,}92}{4} = 8{,}06 \qquad \tau = \pm 2{,}84^{cc}$$

$$\tau'^2 = \frac{12{,}78}{2} - \frac{19{,}92}{4} = 1{,}41 \qquad \tau' = \pm 1{,}19^{cc}$$

$$\tau''^2 = \frac{13{,}34}{2} - \frac{19{,}92}{4} = 1{,}69 \qquad \tau'' = \pm 1{,}30^{cc}$$

$$\tau'''^2 = \frac{11{,}47}{2} - \frac{19{,}92}{4} = 0{,}76 \qquad \tau''' = \pm 0{,}87^{cc}$$

§ 42. Mittlere Fehler der Genauigkeitsmaße.

1. Die mittleren Fehler des durchschnittlichen und des mittleren Fehlers.

Der mittlere, der durchschnittliche und der wahrscheinliche Fehler werden naturgemäß um so sicherer erhalten, je größer die Anzahl der Beobachtungen ist, aus denen sie hergeleitet sind. Ein mittlerer Fehler, der auf Grund von einer oder zwei überschüssigen Beobachtungen ermittelt ist, verdient infolgedessen nur wenig Vertrauen. Er ist mit einer großen Unsicherheit behaftet, die man ihrerseits durch einen mittleren Fehler — also den mittleren Fehler des mittleren Fehlers — charakterisieren kann. Ebenso lassen sich für den durchschnittlichen und den wahrscheinlichen Fehler mittlere (aber auch durchschnittliche oder wahrscheinliche) Fehler angeben.

Wir beschränken uns darauf, die mittleren Fehler des durchschnittlichen und des mittleren Fehlers zu berechnen, indem wir die aus einer unendlichen Fehleranzahl folgenden strengen Werte des durchschnittlichen und des mittleren Fehlers mit den Werten vergleichen, die man bei Verwendung einer endlichen Zahl von Beobachtungen erhält.

Bei einer endlichen Zahl von Beobachtungen errechnet man den durchschnittlichen Fehler aus

$$t = \pm \frac{[|\varepsilon|]}{n}$$

und das Quadrat des mittleren Fehlers aus

$$m^2 = \frac{[\varepsilon\varepsilon]}{n}.$$

Zur Unterscheidung mögen die strengen Werte, die man bei Annahme einer unendlich großen Anzahl von Beobachtungen erhalten würde, mit T für den durchschnittlichen Fehler und mit M^2 für das Quadrat des mittleren Fehlers bezeichnet werden.

Die Differenz entsprechender Werte kann man als wahre Fehler[1] von t und m^2 ansehen, und zwar ist der wahre Fehler von t:

$$\Delta_t = \frac{[|\varepsilon|]}{n} - T,$$

der wahre Fehler von m^2:

$$\Delta_{(m^2)} = \frac{[\varepsilon\varepsilon]}{n} - M^2.$$

Um von dem wahren auf den mittleren Fehler überzugehen, bildet man wie üblich zunächst die Quadrate der wahren Fehler und geht dann zu Durchschnittswerten über. Die gesuchten Quadrate sind

[1] Das Vorzeichen ist in Übereinstimmung mit [*9*] I. Kap., § 4 und [*10*] § 144 gewählt.

$$\left.\begin{aligned}\Delta_t^2 &= \frac{1}{n}([|\varepsilon|] - n\,T)^2 = \frac{1}{n^2}(|\varepsilon_1| + |\varepsilon_2| + \cdots + |\varepsilon_n| - n\,T)^2 \\ &= \frac{1}{n^2}\Big(\varepsilon_1^2 + \varepsilon_2^2 + \cdots + \varepsilon_n^2 + 2\,|\varepsilon_1\varepsilon_2| + 2\,|\varepsilon_1\varepsilon_3| + \cdots + 2\,|\varepsilon_{n-1}\varepsilon_n| - \\ &\qquad - 2\,n\,T\,(|\varepsilon_1| + |\varepsilon_2| + \cdots + |\varepsilon_n|) + n^2\,T^2\Big),\end{aligned}\right\}\tag{1}$$

$$\left.\begin{aligned}\Delta_{(m^2)}^2 &= \frac{1}{n^2}([\varepsilon\varepsilon] - n\,M^2)^2 = \frac{1}{n^2}(\varepsilon_1^2 + \varepsilon_2^2 + \cdots + \varepsilon_n^2 - n\,M^2)^2 \\ &= \frac{1}{n^2}\Big(\varepsilon_1^4 + \varepsilon_2^4 + \cdots + \varepsilon_n^4 + 2\,\varepsilon_1^2\varepsilon_2^2 + 2\,\varepsilon_1^2\varepsilon_3^2 + \cdots + 2\,\varepsilon_{n-1}^2\varepsilon_n^2 - \\ &\qquad - 2\,n\,M^2\,(\varepsilon_1^2 + \varepsilon_2^2 + \cdots + \varepsilon_n^2) + n^2\,M^4\Big).\end{aligned}\right\}\tag{2}$$

Nunmehr denke man sich die n Beobachtungen νmal wiederholt ($\nu \to \infty$), summiere die sich so ergebenden Reihen (1) und (2) auf und bilde Durchschnittswerte der einzelnen Summanden; dann erhält man in der Summe aller Durchschnittswerte den mittleren Fehler des betreffenden Fehlermaßes.

Der Durchschnittswert für $\varepsilon_1^2, \varepsilon_2^2, \ldots \varepsilon_n^2$ ist M^2; der Durchschnittswert für $|\varepsilon_1|, |\varepsilon_2| \ldots |\varepsilon_n|$ ist T. Damit wird

$$m_t^2 = \frac{1}{n^2}\left(n\,M^2 + \frac{2\,n\,(n-1)}{1\cdot 2}\,T^2 - 2\,n\,T\cdot n\,T + n^2\,T^2\right).$$

M und T können in aller Strenge nie angegeben werden. Wir dürfen sie jedoch, wenn n eine nicht zu kleine Zahl ist, für unsere Abschätzung genau genug durch m und t ersetzen. Dann wird

$$m_t^2 = \frac{1}{n^2}(n\,m^2 - n\,t^2) = \frac{1}{n}(m^2 - t^2).$$

Unter der Voraussetzung, daß die Beobachtungen das Gaussſche Fehlergesetz erfüllen, lassen m und t sich, wenn wir auch insoweit die Unterschiede von T und t bzw. M und m vernachlässigen, gemäß § 7 (15) und (16) als Funktionen der Genauigkeitszahl h darstellen. Dann bekommt man

$$m^2 = \frac{1}{n}\left(\frac{1}{2\,h^2} - \frac{1}{h^2\,\pi}\right) = \frac{1}{h^2\,\pi}\cdot\frac{\pi - 2}{2\,n}$$

und erhält daraus als mittleren Fehler des durchschnittlichen Fehlers

$$m_t = \pm\,t\sqrt{\frac{\pi - 2}{2\,n}} = \pm\,t\,\frac{0{,}7555}{\sqrt{n}}, \tag{3}$$

so daß nunmehr die Formel für den durchschnittlichen Fehler selbst lautet

$$t = \pm\frac{[|\varepsilon|]}{n}\left(1 \pm \frac{0{,}7555}{\sqrt{n}}\right). \tag{4}$$

Die Formel für den mittleren Fehler des mittleren Fehlerquadrates gibt nach Einführen der obengenannten Durchschnittsmaße in (2)

$$m^2_{(m^2)} = \frac{1}{n^2}\left([\varepsilon^4] + \frac{2\,n\,(n-1)}{1\cdot 2} M^4 - 2\,n\,M^2 \cdot n\,M^2 + n^2 M^4\right)$$

oder

$$m^2_{(m^2)} = \frac{1}{n^2}\left([\varepsilon^4] - n\,M^4\right). \tag{5}$$

Zur Abschätzung von $[\varepsilon^4]$ entnehme man von S. 42, 7. Zeile

$$\frac{[\varepsilon^2]}{n} = \frac{h}{\sqrt{\pi}} \int\limits_{-\infty}^{+\infty} \varepsilon^2 e^{-h^2\varepsilon^2} d\varepsilon.$$

Wenn nun links und rechts auf $[\varepsilon^4]$ übergegangen und wieder $\varepsilon = \frac{u}{h}$ und $d\varepsilon = \frac{du}{h}$ gesetzt wird, so folgt

$$\frac{[\varepsilon^4]}{n} = \frac{h}{\sqrt{\pi}} \int\limits_{-\infty}^{+\infty} \varepsilon^4 e^{-h^2\varepsilon^2} d\varepsilon = \frac{2}{h^4\sqrt{\pi}} \int\limits_{0}^{+\infty} u^4 e^{-u^2} du\,.$$

Partielle Integration des Integranden gibt

$$\int u^3 \cdot u\,e^{-u^2} du = -\frac{u^3}{2} e^{-u^2} + \frac{3}{2}\int u^2 e^{-u^2} du\,,$$

und wenn man die Grenzen 0 und $+\infty$ einführt und für das letzte Integral das Ergebnis der entsprechenden Rechnung in § 7 Nr. 4 beachtet, so folgt

$$\frac{[\varepsilon^4]}{n} = \frac{2}{h^4\sqrt{\pi}} \cdot \frac{3\sqrt{\pi}}{8} = \frac{3}{4\,h^4}$$

oder

$$[\varepsilon^4] = \frac{3\,n}{4\,h^4} = 3\,n\,M^4. \tag{6}$$

Dies wird in (5) eingesetzt und gleichzeitig § 7 (16) beachtet. Wird dann wieder das unbekannte M durch den Näherungswert m ersetzt, so ist

$$m^2_{(m^2)} = \frac{1}{n^2}\left(\frac{3\,n}{4\,h^4} - \frac{n}{4\,h^4}\right) = \frac{1}{4\,h^4}\,\frac{2}{n}\,.$$

$$m_{(m^2)} = \pm\frac{1}{2\,h^2}\sqrt{\frac{2}{n}} = \pm m^2 \sqrt{\frac{2}{n}}\,. \tag{7}$$

Nun wird aber nicht $m_{(m^2)}$, sondern $m_{(m)}$ verlangt. Nach dem Fehlerfortpflanzungsgesetz § 3 (6) ist bekanntlich der mittlere Fehler für $x = \sqrt{y}$

$$m_x = \frac{1}{2\sqrt{y}}\,m_y\,;$$

also ist auch der mittlere Fehler für $m = \sqrt{m^2}$

$$m_{(m)} = \frac{1}{2\sqrt{m^2}} \cdot m_{(m^2)}\,.$$

Damit wird der mittlere Fehler des mittleren Fehlers

$$m_{(m)} = \pm m \sqrt{\frac{1}{2n}} = \pm m \frac{0{,}7071}{\sqrt{n}}, \tag{8}$$

und die vollständige Formel für den mittleren Fehler selbst lautet

$$m = \pm \sqrt{\frac{[\varepsilon\varepsilon]}{n}} \left(1 \pm \frac{0{,}7071}{\sqrt{n}}\right). \tag{9}$$

Mit den Formeln (3) und (8) sind die mittleren Fehler des durchschnittlichen und des mittleren Fehlers abgeleitet worden; auf die Berechnung des mittleren Fehlers des wahrscheinlichen Fehlers verzichten wir; denn der wahrscheinliche Fehler wird meistens nicht direkt berechnet, sondern aus dem mittleren Fehler durch Multiplikation mit der in § 7 (22) abgeleiteten Zahl 0,6745 gewonnen.

2. Der mittlere Fehler des mittleren Fehlers aus scheinbaren Fehlern.

In der Regel wird m^2 nicht aus wahren, sondern nach der Formel § 4 (5) aus scheinbaren Fehlern errechnet. Der wahre Fehler des so gewonnenen mittleren Fehlerquadrates ist dann

$$\Delta_{(m^2)} = \frac{[vv]}{n-1} - M^2.$$

Nach § 4 Nr. 2 am Schluß ist

$$[vv] = [\varepsilon\varepsilon] - \frac{[\varepsilon]^2}{n}.$$

Mithin ist

$$\Delta_{(m^2)} = \frac{[\varepsilon\varepsilon] - \frac{[\varepsilon]^2}{n}}{n-1} - M^2 = \frac{1}{n(n-1)}\left(n[\varepsilon\varepsilon] - [\varepsilon]^2 - n(n-1)M^2\right)$$

$$\left.\begin{aligned}\Delta^2_{(m^2)} = \frac{1}{n^2(n-1)^2}\Big(n^2[\varepsilon\varepsilon]^2 + [\varepsilon]^4 + n^2(n-1)^2 M^4 - 2n[\varepsilon\varepsilon][\varepsilon]^2 - \\ - 2n^2(n-1)[\varepsilon\varepsilon]M^2 + 2n(n-1)[\varepsilon]^2 M^2\Big).\end{aligned}\right\} \tag{10}$$

Wir nehmen wieder ν derartige Reihen an ($\nu \to \infty$) und bilden zum Übergang auf den mittleren Fehler die Durchschnittswerte der Summanden. Wird als Durchschnittswert der ε_i^2 wieder der Mittelwert M^2 benutzt, so ergibt sich für das 1. Glied in der Klammer von (10)

$$n^2[\varepsilon\varepsilon]^2 = n^2(\varepsilon_1^2 + \varepsilon_2^2 + \cdots + \varepsilon_n^2)^2 = n^2\left([\varepsilon^4] + \frac{2n(n-1)}{1\cdot 2}M^4\right)$$

und bei Beachtung von (6)

$$n^2[\varepsilon\varepsilon]^2 = n^2(3nM^4 + n(n-1)M^4) \approx n^3(n+2)m^4, \tag{11}$$

Das 2. Glied der Klammer von (10) ist

$$[\varepsilon]^4 = (\varepsilon_1 + \varepsilon_2 + \cdots + \varepsilon_n)^4 = [\varepsilon^4] + (6\varepsilon_1^2\varepsilon_2^2 + \cdots) + (4\varepsilon_1\varepsilon_2^3 + \cdots).$$

Da aber der Durchschnittswert einer Gruppe mit ungeraden Potenzen wegen des wechselnden Vorzeichens der ε gegen Null geht, so bleibt

$$[\varepsilon]^4 = 3\,n\,M^4 + 3\,n\,(n-1)\,M^4 \approx 3\,n^2\,m^4\,. \tag{12}$$

Das 3. Glied in (10) bedarf keiner Erläuterung. Es wird lediglich anstelle des unbekannten M der Näherungswert m verwandt, so daß man hat

$$n^2\,(n-1)^2\,M^4 \approx n^2\,(n-1)^2\,m^4\,. \tag{13}$$

Für das 4. Glied in (10) bilde man vorbereitend

$$[\varepsilon\varepsilon]\,[\varepsilon]^2 = (\varepsilon_1^2 + \varepsilon_2^2 + \cdots \varepsilon_n^2)\,(\varepsilon_1^2 + \varepsilon_2^2 + \cdots \varepsilon_n^2 + 2\,\varepsilon_1\varepsilon_2 + 2\,\varepsilon_1\varepsilon_3 + \cdots)\,.$$

Auch hier verschwinden die gemischten Ausdrücke; es bleibt also, wenn man noch (11) beachtet,

$$-\,2\,n\,[\varepsilon\varepsilon]\,[\varepsilon]^2 = -\,2\,n\,[\varepsilon\varepsilon]^2 \approx -\,2\,n^2\,(n+2)\,m^4\,. \tag{14}$$

Mit den gewonnenen Ergebnissen hat man weiter für das 5. und 6. Glied

$$-\,2\,n^2\,(n-1)\,[\varepsilon\varepsilon]\,M^2 \approx -\,2\,n^3\,(n-1)\,m^4\,, \tag{15}$$

$$+\,2\,n\;\,(n-1)\,[\varepsilon]^2\,M^2 \approx +\,2\,n^2\,(n-1)\,m^4\,. \tag{16}$$

Werden nunmehr die Abschätzungsergebnisse (11) bis (16) in (10) eingesetzt und wird zugleich auf der linken Seite der Durchschnittswert $m^2_{(m^2)}$ eingeführt, so erhält man

$$m^2_{(m^2)} = \frac{2\,n^3\,m^4 - 2\,n^2\,m^4}{n^2\,(n-1)^2} = \frac{2\,m^4}{n-1}$$

oder

$$m_{(m^2)} = m^2\sqrt{\frac{2}{n-1}}\,.$$

Zu $m_{(m)}$ gelangt man auf demselben Wege wie von (7) auf (8) und findet damit als mittleren Fehler eines aus scheinbaren Fehlern errechneten mittleren Fehlers

$$m_{(m)} = \pm\,m\sqrt{\frac{1}{2\,(n-1)}} = \pm\,m\,\frac{0{,}7071}{\sqrt{n-1}}\,. \tag{17}$$

und die vollständige Formel für m lautet

$$m = \pm\sqrt{\frac{[v\,v]}{n-1}}\left(1 \pm \frac{0{,}7071}{\sqrt{n-1}}\right)\,. \tag{18}$$

Die Formel (17) unterscheidet sich von (18) nur dadurch, daß statt $\sqrt{n}$ hier $\sqrt{n-1}$ im Nenner steht. Die Berechnung des mittleren Fehlers aus (18) ist also namentlich bei größeren n nur wenig ungenauer als die Rechnung nach (9).

Für den Fall, daß mehrere Unbekannte (Anzahl u) vorhanden sind, lautet die Formel für m

$$m = \sqrt{\frac{[vv]}{n-u}}\left(1 \pm \frac{0{,}7071}{\sqrt{n-u}}\right). \tag{19}$$

Diese Formel ist ziemlich umständlich abzuleiten; wir verweisen daher auf [*9*] Kap. III § 5, III.

Wir machen noch folgende Zusammenstellung: Bei direkter Berechnung des mittleren Fehlers aus wahren Fehlern ist gemäß (8)

$$m_{(m)} = m\,\frac{0{,}7071}{\sqrt{n}},$$

bei Berechnung aus scheinbaren Fehlern gemäß (17)

$$m_{(m)} = m\,\frac{0{,}7071}{\sqrt{n-1}}.$$

Gelegentlich wird der mittlere Fehler zur Zeitersparnis aus dem durchschnittlichen Fehler abgeleitet. Dann ist gemäß § 7 (18) in Verbindung mit (4) dieses Paragraphen

$$m = 1{,}253\,t\left(1 \pm \frac{0{,}7555}{\sqrt{n}}\right)$$

und damit

$$m_{(m)} = \pm m\,\frac{0{,}7555}{\sqrt{n}}. \tag{20}$$

Am sichersten wird also der mittlere Fehler aus wahren Fehlern erhalten; die Berechnung aus scheinbaren Fehlern steht dem kaum nach. Der Umweg über den durchschnittlichen Fehler gibt m dagegen um rund 7 % ungenauer. Die Ungenauigkeit wird noch größer, wenn die Verteilung der Fehler nicht ganz dem Fehlergesetz entspricht.

Schrifttum (Auswahl).

1. Gauss, C. F.: Abhandlungen zur Methode der kleinsten Quadrate, herausgegeben von A. Börsch und P. Simon. Berlin 1889.
2. Hagen, G.: Grundzüge der Wahrscheinlichkeitsrechnung. Berlin 1837.
3. Gerling, Chr. L.: Ausgleichungsrechnungen in der praktischen Geometrie oder die Methode der kleinsten Quadrate. Hamburg 1843.
4. Hansen, P.: Von der Methode der kleinsten Quadrate. Leipzig 1867.
5. Vogler, Chr. A.: Grundzüge der Ausgleichungsrechnung. Braunschweig 1883.
6. Koppe, C.: Die Ausgleichungsrechnung nach der Methode der kleinsten Quadrate in der praktischen Geometrie. Nordhausen 1885.
7. Czuber, E.: Theorie der Beobachtungsfehler. Leipzig 1891.
8. Koll, O.: Methode der kleinsten Quadrate. Berlin 1893.
9. Helmert, F. R.: Die Ausgleichungsrechnung nach der Methode der kleinsten Quadrate, 3. Aufl. Leipzig u. Berlin 1924.
10. Jordan-Eggert: Handbuch der Vermessungskunde, I. Band, 8. Aufl. Stuttgart 1935.
11. Wellisch, S.: Theorie und Praxis der Ausgleichungsrechnung. I. und II. Bd., Wien und Leipzig 1909 bzw. 1910.
12. Näbauer, M.: Grundzüge der Geodäsie mit Einschluß der Ausgleichungsrechnung, 2. Aufl. Leipzig u. Berlin 1925.
13. Abendroth, A.: Die Ausgleichungspraxis in der Landesvermessung. Berlin 1916.
14. Hegemann, E.: Ausgleichungsrechnung. Leipzig u. Berlin 1919.
15. — Übungsbuch für die Anwendung der Ausgleichungsrechnung, 3. Aufl. Berlin 1927.
16. Happach, V.: Ausgleichungsrechnung nach der Methode der kleinsten Quadrate. 2. Aufl. Leipzig 1950.
17. Weitbrecht, W.: Ausgleichungsrechnung nach der Methode der kleinsten Quadrate, I. und II. Teil, Sammlung Göschen. Berlin 1938 und 1920.
18. Werkmeister, P.: Einführung in die Ausgleichungsrechnung. Stuttgart 1928.
19. Czuber, E.: Wahrscheinlichkeitsrechnung und ihre Anwendung auf Fehlerausgleichung, Statistik und Lebensversicherung, I. Band, 5. Aufl. Leipzig und Berlin 1938.
20. Hugershoff, R.: Ausgleichungsrechnung, Kollektivmaßlehre und Statistik. Berlin 1940.
21. Stahlkopf, H.: Grundlagen der Ausgleichungsrechnung. Berlin 1949.
22. Geod. Inst. d. Univ. Bonn: Formeln für die Ausgleichungsrechnung. Bonn. 1950.
23. Niemczyk, O.: Bergmännisches Vermessungswesen, 1. Band. Berlin 1951.
24. Gotthardt, E.: Ableitung der Grundformeln der Ausgleichungsrechnung mit Hilfe der Matrizenrechnung. Veröff. der Deutschen Geodätischen Kommission 1952.

Namen- und Sachverzeichnis.

The manufacturer's authorised representative in the EU is Springer Nature Customer Service Centre GmbH, Europaplatz 3, 69115 Heidelberg, Germany. If you have any concerns regarding our products, please contact ProductSafety@springernature.com

Printed and bound by CPI Group (UK) Ltd, Croydon, CR0 4YY
15/07/2026
02167621-0004